洪涝灾害应急管理与水上救援实务

吴晓波　等　编著

中国水利水电出版社
www.waterpub.com.cn
·北京·

内 容 提 要

本书系统总结了我国洪涝灾害水上救援的理论和笔者多年从事防汛抢险救援及培训工作的实践经验，基于应急管理理论形成了洪涝灾害条件下的水上救援队伍建设标准、培训体系和操作要点，这在国内尚属首次。本书以安全指挥和规范操作为首要前提，大量采用实战和训练图片，图文并茂、语言严谨，可读性强，部分核心内容多次在四川省各类水上救援技能培训、冲锋舟驾驶员适任考核、应急管理讲座中讲授，得到参训单位和学员的一致好评，具有较强的指导性、系统性和可操作性，可满足水上应急救援培训和实战处置需要。

本书主要读者对象是从事水上救援工作的管理人员、一线指战员和救援队员（包括解放军、武警、公安、应急、消防、水利等官方和民间的各类应急救援队伍），以及各级防汛部门、物资仓储、涉水文旅项目的相关人员。

图书在版编目（CIP）数据

洪涝灾害应急管理与水上救援实务 / 吴晓波等编著. -- 北京 : 中国水利水电出版社, 2022.9
ISBN 978-7-5226-0993-5

Ⅰ. ①洪… Ⅱ. ①吴… Ⅲ. ①水灾一灾害防治②水上救护 Ⅳ. ①P426.616②G861.17

中国版本图书馆CIP数据核字(2022)第168653号

书 名	洪涝灾害应急管理与水上救援实务 HONGLAO ZAIHAI YINGJI GUANLI YU SHUISHANG JIUYUAN SHIWU
作 者	吴晓波 等 编著
出版发行	中国水利水电出版社 （北京市海淀区玉渊潭南路1号D座 100038） 网址：www.waterpub.com.cn E-mail：sales@mwr.gov.cn 电话：（010）68545888（营销中心）
经 售	北京科水图书销售有限公司 电话：（010）68545874、63202643 全国各地新华书店和相关出版物销售网点
排 版	中国水利水电出版社微机排版中心
印 刷	北京天工印刷有限公司
规 格	184mm×260mm 16开本 21印张 511千字
版 次	2022年9月第1版 2022年9月第1次印刷
印 数	0001—6000册
定 价	**98.00**元

凡购买我社图书，如有缺页、倒页、脱页的，本社营销中心负责调换

本 书 编 委 会

编撰人员：吴晓波　贾永乐　丁凌峰

慕玲利　何　彬　高　聪

插图绘制：李梦婷　李秋瑞

前　言

我国水资源时空分布极为不均、洪涝灾害易发。2020年汛期，出现1998年以来最严重汛情，长江、淮河、松花江、太湖等流域洪水齐发，836条河流发生超警戒水位以上洪水；2021年7月，河南郑州等地发生特大暴雨灾害，导致严重城市内涝、河流洪水、山洪滑坡等多灾并发，造成重大人员伤亡和财产损失。可以预见，随着全球变暖加剧，台风、超强降雨等极端天气更加频发，在未来仍有可能发生同等程度甚至超出当前规模的洪涝灾害。

中华人民共和国成立后，我国在水库、堤防等防洪工程建设，防汛行政指挥管理和综合应急救援体系建设等方面取得了较大成就，然而洪涝灾害条件下内陆、内河水上救援的系统性培训教材基本为空白或勉强使用海事救援教材，具体实务培训多依赖于有经验的救援队员口传手授，存在针对性不强、专业性不足、内容不够全面、随意性大等问题，严重阻碍水上救援队伍建设，不利于应对愈加复杂严峻的防汛抢险形势。另外，近年来我国文旅事业发展迅猛，很多地方举办了漂流、龙舟竞赛等涉水文旅活动，但由于驾驶人员操作不当、专业水上救援力量薄弱等原因，也发生了如“4·21”广西桂林龙舟翻船等事故，因此，加强从事此类项目人员的水上救援系统培训也是非常有必要的。

笔者在从事多年防汛抢险救援及培训工作的基础上，系统总结了我国洪涝灾害水上救援的理论和实践经验，基于应急管理理论形成了洪涝灾害条件下的水上救援队伍建设标准、培训体系和操作要点，这在国内尚属首次。本书以安全指挥和规范操作为首要前提，大量采用实战和训练图片，图文并茂、语言严谨、可读性强，部分核心内容多次在四川省各类水上救援技能培训、冲锋舟驾驶员适任考核、应急管理讲座中讲授，得到参训单位和学员的一致好评，具有较强的指导性、系统性和可操作性，可满足水上应急救援培训和实战处置需要，为进一步遏制洪涝灾害应急、救援事故奠定了系统的理论基础。

本书主要读者对象是从事水上救援工作的管理人员、一线指战员和救援队员（包括解放军、武警、公安、应急、消防、水利等官方和民间的各类应急救援队伍），以及各级防汛部门、物资仓储、涉水文旅项目的相关人员。

本书参考借鉴了应急管理、洪涝灾害应急救援相关文献，也多次向长期在一线从事洪涝灾害水上救援的指挥人员、抢险队员和专家进行了请教，成都市应急管理局李洪富、国际应急管理协会中国区副主席、四川师范大学公共安全与应急研究院院长罗宏森提出了宝贵修订意见，成都市防汛抢险机动队、成都京穗船机贸易有限公司、四川蜀安嘉实业有限公司给予了部分技术上的支持和建议，在此一并表示衷心的感谢！

由于作者水平有限，加之时间仓促，本书难免存在不足之处，恳请读者来电垂询、不吝赐教，我们将不断完善，共同促进我国洪涝灾害应急救援事业发展。吴晓波（15196678556 微信同号）、贾永乐（15228867107），876252706@qq. com。

作者

2022 年 4 月

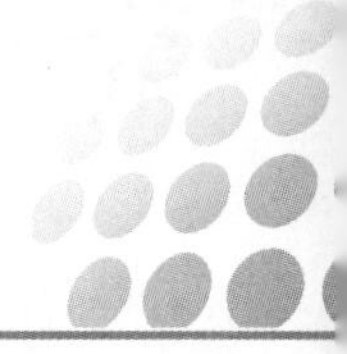

目 录

前言

第 1 章　我国洪涝灾害概述 …… 1

1.1　我国洪涝灾害的现状 …… 2

1.2　开展洪涝灾害应急救援工作的依据 …… 3

1.2.1　主要依据 …… 3

1.2.2　相关依据的应用 …… 3

1.3　我国洪涝灾害的基本特点 …… 9

1.3.1　洪涝灾害的定义及分类 …… 9

1.3.2　我国洪涝灾害的特征 …… 11

1.4　洪涝灾害基础知识 …… 12

1.4.1　基本术语 …… 12

1.4.2　防汛“三线”水位 …… 15

1.4.3　气象常识 …… 16

1.4.4　城市内涝 …… 18

第 1 章练习题 …… 20

第 2 章　洪涝灾害应急管理 …… 22

2.1　我国应急管理机构的发展与变化概述 …… 22

2.1.1　我国应急管理历史沿革 …… 22

2.1.2　应急管理与应急救援体系 …… 23

2.2　应急委员会组成及主要职能 …… 26

2.2.1　总则 …… 26

2.2.2　机构组成 …… 26

2.2.3　主要职能 …… 26

2.2.4　主要工作制度 …… 27

2.3　防汛抗旱（专项）指挥部组成及主要职能 …… 28

2.3.1　总则 …… 28

2.3.2　组成及办事机构 …… 29

2.3.3　防汛抗旱指挥部及办公室主要职责 …… 31

2.4 防汛抗旱指挥主要工作制度 …… 34
2.4.1 工作原则 …… 34
2.4.2 工作机制 …… 34
2.4.3 工作任务 …… 35
2.4.4 专家库（组）管理制度 …… 35
2.4.5 动员部署制度 …… 35
2.4.6 隐患排查制度 …… 35
2.4.7 调度会商制度 …… 36
2.4.8 督导检查制度 …… 37
2.4.9 协调联动制度 …… 37
2.4.10 预警信息发布制度 …… 37
2.4.11 评估总结与持续改进制度 …… 38
2.4.12 奖励与责任追究制度 …… 38
2.5 预防和预警 …… 38
2.5.1 预防准备工作 …… 38
2.5.2 预报预警 …… 39
2.6 应急预案编制与管理 …… 42
2.6.1 洪涝灾害应急预案编制 …… 43
2.6.2 洪涝灾害应急预案管理 …… 46
2.7 应急演练 …… 48
2.7.1 应急演练目的 …… 48
2.7.2 应急演练分类 …… 48
2.7.3 应急演练工作要求 …… 49
2.7.4 应急演练实施基本流程 …… 49
2.8 应急保障 …… 54
2.9 应急响应 …… 55
2.9.1 总体要求 …… 55
2.9.2 启动、终止条件及响应行动建议案 …… 55
2.9.3 应急救援组织架构及职责分工 …… 59
2.9.4 不同洪涝灾害的应急响应措施 …… 61
2.9.5 防汛值班 …… 62
2.9.6 信息报送和发布 …… 63
2.9.7 社会力量动员 …… 64
2.9.8 媒体应对 …… 65
2.10 后期处置 …… 66
参考文献 …… 67
第2章练习题 …… 67

第 3 章　水上救援常用装备及应用 …… 73
3.1　常用团队装备及应用 …… 73
3.1.1　冲锋舟艇 …… 73
3.1.2　舟艇配套设备 …… 85
3.2　常用单兵装备及应用 …… 87
3.2.1　物品类 …… 87
3.2.2　药品类 …… 93
3.3　其他新型装备及应用 …… 93
3.3.1　新型通信工具 …… 93
3.3.2　无人机 …… 95
3.3.3　水上救援机器人 …… 96
3.3.4　夜视仪 …… 97
3.3.5　测距仪 …… 97
3.3.6　便携式户外净水器 …… 98
3.3.7　救生抛投器 …… 99
3.3.8　心肺复苏机 …… 100
3.3.9　自动体外除颤器 …… 101
3.3.10　泛光灯 …… 101
3.3.11　应急救援指挥车 …… 102
3.3.12　移动发电机 …… 103
3.3.13　抽排设备 …… 103
第 3 章练习题 …… 104
第 4 章　防汛物资仓储管理 …… 106
4.1　仓库建设 …… 106
4.1.1　仓库选址 …… 106
4.1.2　仓库建筑物 …… 106
4.1.3　新建仓库主要建筑物要求 …… 107
4.1.4　仓库配置 …… 112
4.1.5　防汛物资仓库信息化系统设计与配置 …… 119
4.1.6　消防建设 …… 123
4.2　防汛物资储备管理 …… 127
4.2.1　基本要求 …… 127
4.2.2　管理机构和职责 …… 131
4.2.3　常态管理流程 …… 133
4.3　防汛物资种类及储备定额建议案 …… 143
4.3.1　防汛物资种类 …… 143
4.3.2　防汛物资储备定额建议案 …… 144

4.4 物资仓储和维护保养 …… 150
4.4.1 物资仓储要求 …… 150
4.4.2 物资维护保养 …… 152
4.5 舟艇起泊入库保养 …… 159
4.5.1 舟艇起泊 …… 159
4.5.2 冲锋舟运行维护保养 …… 160
4.5.3 主船体（舟体）日常保养 …… 160
参考文献 …… 161
第 4 章练习题 …… 161
第 5 章 水上救援理论与实务 …… 165
5.1 水上救援概述 …… 165
5.1.1 水上救援的定义 …… 165
5.1.2 水上救援基本原则 …… 166
5.2 水流对舟艇操纵性能的影响 …… 167
5.2.1 水流运动相关常识 …… 167
5.2.2 水流对航速的影响 …… 170
5.2.3 水流对冲程的影响 …… 171
5.2.4 水流对舟艇漂移的影响 …… 171
5.2.5 水流对舟艇旋回运动的影响 …… 171
5.2.6 水流对舟艇转向的影响 …… 171
5.3 风对舟艇操纵性能的影响 …… 172
5.3.1 风动力及其转向力矩 …… 172
5.3.2 有侧风作用时掉头方向的选择 …… 173
5.4 舟艇航行驾驶基本准则 …… 174
5.4.1 《内河避碰规则》航行基本规定 …… 174
5.4.2 操纵舟艇基本要领 …… 174
5.5 舟艇水上搜救行驶 …… 178
5.5.1 水上救援时的条件 …… 178
5.5.2 搜救行驶基本要求 …… 179
5.5.3 城镇内涝搜救 …… 181
5.5.4 江河洪水水上救援 …… 183
5.5.5 不同航道航行要领 …… 184
5.5.6 善后处理工作 …… 186
5.6 舟艇常见故障及排除方法 …… 186
5.6.1 发动机启动困难 …… 186
5.6.2 正常行驶中熄火 …… 187
5.6.3 怠速不稳 …… 188

5.6.4 排水孔排水不畅 …… 189
5.6.5 发动机动力不足 …… 189
5.6.6 发动机“闷油”故障 …… 190
5.6.7 发动机“乱挡”故障 …… 190
5.7 意外情况下的水中自救和他救 …… 190
5.7.1 救生泳姿简介 …… 191
5.7.2 舟艇倾覆落水时的自救和他救措施 …… 192
5.7.3 跌入消力池时的自救措施 …… 193
5.7.4 游泳抽筋时的自救措施 …… 194
5.8 水上大型漂流物的应急处置 …… 195
5.8.1 驾驶汽艇或冲锋舟拖曳漂流物 …… 196
5.8.2 实施漂流物自沉 …… 198
5.8.3 爆破处置 …… 198
5.9 山洪泥石流灾害自救与救援 …… 198
5.9.1 山洪简介及应对措施 …… 198
5.9.2 泥石流简介及应对措施 …… 198
5.9.3 山洪泥石流抢险救援措施 …… 199
5.10 其他救援常识 …… 201
5.10.1 雷击预防措施 …… 201
5.10.2 解决饮水问题 …… 202
参考文献 …… 204
第5章练习题 …… 204
第6章 洪涝灾害水上救援实训 …… 207
6.1 实训基本要求 …… 207
6.1.1 适用对象及总体要求 …… 207
6.1.2 实操培训主要科目 …… 208
6.1.3 训前准备 …… 208
6.2 防汛工作认识实训 …… 209
6.2.1 实训目的 …… 209
6.2.2 实训场地 …… 209
6.2.3 实训内容 …… 209
6.2.4 实训方法及要求 …… 212
6.3 洪涝灾害应急救援物资的认识实训 …… 213
6.3.1 实训目的 …… 213
6.3.2 实训场地 …… 213
6.3.3 实训内容 …… 213
6.3.4 实训方法及要求 …… 215

6.4 军事体能实训 …… 215
6.4.1 实训目的 …… 215
6.4.2 实训场地 …… 215
6.4.3 实训内容 …… 215
6.4.4 实训方法及要求 …… 215
6.5 划桨基本动作要领实训 …… 217
6.5.1 实训目的 …… 217
6.5.2 实训场地 …… 217
6.5.3 实训内容 …… 218
6.5.4 实训方法及要求 …… 218
6.6 舟艇组装调试实训 …… 219
6.6.1 实训目的 …… 219
6.6.2 实训场地 …… 219
6.6.3 实训内容 …… 219
6.6.4 实训方法及要求 …… 224
6.7 舟艇离靠岸操作实训 …… 224
6.7.1 实训目的 …… 224
6.7.2 实训场地 …… 224
6.7.3 实训内容 …… 224
6.7.4 实训方法及要求 …… 226
6.8 舟艇编队行驶实训 …… 227
6.8.1 实训目的 …… 227
6.8.2 实训场地 …… 227
6.8.3 实训内容 …… 227
6.8.4 实训方法及要求 …… 228
6.9 集结实训 …… 228
6.9.1 实训目的 …… 228
6.9.2 实训场地 …… 229
6.9.3 实训内容 …… 229
6.9.4 实训方法及要求 …… 230
6.10 驾驶冲锋舟水上救生实训 …… 230
6.10.1 实训目的 …… 230
6.10.2 实训场地 …… 230
6.10.3 实训内容 …… 231
6.10.4 实训方法及要求 …… 234
6.11 驾驶舟艇进行孤岛（孤楼）救援实训 …… 235
6.11.1 实训目的 …… 235
6.11.2 实训场地 …… 235

6.11.3 实训内容 …… 235
6.11.4 实训方法及要求 …… 236
6.12 救生泳姿实训 …… 237
6.12.1 实训目的 …… 237
6.12.2 实训场地 …… 237
6.12.3 实训内容 …… 237
6.12.4 实训方法及要求 …… 241
6.13 溺水现场急救实训 …… 241
6.13.1 实训目的 …… 241
6.13.2 实训场地 …… 241
6.13.3 实训内容 …… 241
6.13.4 实训方法及要求 …… 244
6.14 水上应急救援实训科目竞赛 …… 245
6.14.1 实训目的 …… 245
6.14.2 实训场地 …… 245
6.14.3 竞赛规则 …… 245
6.14.4 计分准则 …… 245
6.14.5 其他 …… 246
6.15 救援舟艇适任证书考核标准 …… 246
6.15.1 理论知识部分 …… 246
6.15.2 实操要领部分 …… 247
第6章练习题 …… 248
第7章 案例分析 …… 250
7.1 2007年成都市某县水政执法冲锋舟翻沉事故 …… 250
7.1.1 事故概况 …… 250
7.1.2 事故原因分析 …… 250
7.1.3 事故教训 …… 251
7.2 “5·12”抗震救灾——成功抢建水上生命线 …… 251
7.2.1 行动背景 …… 251
7.2.2 行动概况 …… 251
7.2.3 经验教训总结 …… 253
7.3 “5·12”抗震救灾——崇州市鸡冠山堰塞湖抢险处置 …… 255
7.3.1 行动背景 …… 255
7.3.2 行动概况 …… 255
7.3.3 经验教训总结 …… 256
7.4 2013年金堂县“7.9”洪涝灾害水上救援冲锋舟翻沉事故分析 …… 258
7.4.1 行动背景 …… 258

7.4.2 行动概况 …… 259
7.4.3 经验教训总结 …… 260
7.5 广西桂林“4.21”龙舟翻沉事故案例分析 …… 261
7.5.1 事故概况 …… 261
7.5.2 事故原因 …… 261
7.5.3 案例拓展 …… 262
附录 洪涝灾害应急管理与水上救援常用文档模板参考 …… 266
附录1 地级市防汛抗旱指挥部办公室主要业务工作清单及任务分工表（建议案） …… 266
附录2 防汛抗旱指挥部办公室“三单一书”模板 …… 267
附录3 防汛抗旱指挥部办公室“两书一函”模板 …… 270
附录4 洪涝灾害应急救援专家库管理办法建议案 …… 273
附录5 辖区主要江河重要断面洪水流量对应表 …… 278
附录6 水库、水电站汛期报汛制度（建议案） …… 279
附录7 水库、水电站工程技术信息和抢险报告情况表 …… 281
附录8 洪涝灾害风险评估报告编制大纲 …… 283
附录9 洪涝灾害应急资源调查报告编制大纲 …… 284
附录10 洪涝灾害应急预案编制格式和要求 …… 285
附录11 ××××年汛期应急救援桌面推演工作清单 …… 288
附录12 ××××年极端洪涝灾害应急救援演练导调脚本 …… 290
附录13 ××市应对极端洪涝灾害应急响应总体工作方案 …… 303
附录14 极端洪涝灾害（超Ⅰ级）应急预案（建议稿） …… 307
附录15 洪涝灾害营救情况统计表 …… 314
附录16 洪涝灾害应急救援任务总结报告编制大纲 …… 315
附录17 水上救援应急预案范本 …… 317
附录18 冲锋舟、艇船员适任证书考核申请表、体检表 …… 319

第1章　我国洪涝灾害概述

我国自古就是一个洪水多发的国家，从大禹治水到都江堰水利枢纽，从王景治河到2020年抗洪抢险，可以说防洪治水贯穿了整个中华文明。新中国成立以来，党和国家高度重视，大幅提高了水利基础设施及防汛抢险投入，增加了应急救援力量。但同时也应看到，部分地区存在重“抢”轻“防”、应急预案实际可操作性差、灾后总结不够深入、灾害防御和抢险救援知识培训体系不尽完善等问题。

习近平总书记在中国共产党第十九次全国代表大会上的报告指出，中国特色社会主义进入新时代，我国社会的主要矛盾已经转化为人民日益增长的美好生活需要和不平衡不充分的发展之间的矛盾。我国稳定解决了十几亿人的温饱问题，人民对美好生活的向往，不仅对物质文化生活提出了更高要求，而且在民主、法治、公平、正义、安全、环境等方面的需求也日益增长。加强社会治理制度建设，完善党委领导、政府负责、社会协同、公众参与、法治保障的社会治理体制，提高社会治理社会化、法治化、智能化、专业化水平。树立安全发展理念，弘扬生命至上、安全第一的思想，健全公共安全体系，完善安全生产责任制，坚决遏制重特大安全事故，提升防灾减灾救灾能力。

习近平总书记强调，必须牢固树立灾害风险管理和综合减灾理念，坚持以防为主、防抗救相结合，坚持常态减灾和非常态救灾相统一，努力实现从注重灾后救助向注重灾前预防转变，从应对单一灾种向综合减灾转变，从减少灾害损失向减轻灾害风险转变。

2017年1月10日，《中共中央　国务院关于推进防灾减灾救灾体制机制改革的意见》（以下简称《意见》）指出：“我国是世界上自然灾害最为严重的国家之一，灾害种类多，分布地域广，发生频率高，造成损失重。近年来，基于对自然灾害形势的研判，我国不断探索，确立了以防为主、防抗救相结合的工作方针，积累了宝贵经验，综合防灾减灾救灾能力明显提升。但也应看到，我国面临的自然灾害形势仍然复杂严峻，当前防灾减灾救灾体制机制有待完善，灾害信息共享和防灾减灾救灾资源统筹不足，重救灾轻减灾思想还比较普遍，一些地方城市高风险、农村不设防的状况尚未根本改变，社会力量和市场机制作用尚未得到充分发挥，防灾减灾宣传教育不够普及”。并强调：“加强救灾应急专业力量建设，充实队伍，配置装备，强化培训，组织军地联合演练，完善以军队、武警部队为突击力量，以公安消防等专业队伍为骨干力量，以地方和基层应急救援队伍、社会应急救援队伍为辅助力量的灾害应急救援力量体系。”提出：“将防灾减灾纳入国民教育计划，加强科普宣传教育基地建设，推进防灾减灾知识和技能进学校、进机关、进企事业单位、进社区、进农村、进家庭……定期开展社区防灾减灾宣传教育活动，组织居民开展应急救护技能培训和逃生避险演练，增强风险防范意识，提升公众应急避险和自救互救技能。”

《意见》指明，当严重自然灾害发生后，我们应科学高效抗灾、减灾，发挥军警民三位一体应急救援合力。因此，防御洪涝灾害仍然是当前和未来的一项艰巨任务，要求我们

切实落实“平战结合、以训备战”，在历次抢险救援实践经验、教训的基础上，建立健全科学全面的技能培训、演练机制，通过学校教育、单位培训、科普宣传等形式，扩大受训人员数量，强化抢险救援人员的专业技能，最大限度地减少抢险救援各项成本，提高实际抢险救援效率，让灾害损失降低到最低程度，是当前应急管理、水利等工作的重要环节。

2018 年 3 月，根据第十三届全国人民代表大会第一次会议批准的国务院机构改革方案，应急管理部设立，标志着我国进入“大应急”时代，原设在水利部的国家防汛抗旱总指挥部办公室转设在应急管理部。为便于理解，同时考虑到传统习惯和统一性，本书中所提防汛抢险的概念和内涵等同于洪涝灾害应急救援。

1.1　我国洪涝灾害的现状

我国由于降水时空分布极不均衡，加之全球变暖导致极端天气频发，洪水灾害在我国已成为发生频率高、危害范围广、对国民经济影响最为严重的自然灾害。据统计，20 世纪 90 年代，我国洪灾造成的直接经济损失约 12000 亿元人民币，仅 1998 年就高达 2600 亿元人民币。水灾损失占国民生产总值（GDP）的比例为 1%～4%，为美国、日本等发达国家的 10～20 倍。以 2020 年为例，我国降雨偏多，时间、空间集中，长江、黄河、淮河、珠江、太湖等流域的大江大河发生 12 次编号洪水。长江发生流域性大洪水，三峡水库出现 3 次 $50000m^3/s$ 以上的入库洪峰，中下游干流沙市以下江段及洞庭湖、鄱阳湖区全线超警，最长超警时间是 42 天；淮河发生流域性较大洪水，干流王家坝至正阳关河段超保、润河集到汪集等河段超历史；太湖发生流域性大洪水，最高水位达 4.79m，这是历史第 3 位，历史最高达 4.97m。全国共有 634 条河流发生超警戒以上洪水，其中 194 条超保、53 条超历史。长江、淮河流域防洪工程出险 5237 处，主要集中在支流和圩堤[❶]，有 892 个圩垸[❷]运用蓄洪；安徽省共运用行蓄洪区 11 个。各地紧急转移安置群众 400.6 万人，组织国家综合性消防救援队伍出动 17.5 万人次，直升机飞行救援 122 架次，营救、疏散群众 15 万余人。

新中国成立以来，我国对主要江河进行了大规模治理，洪水得到了一定的控制。但是，洪水是一种自然现象，是客观存在的。对于洪涝灾害，人类所能做的只是尽可能地采取各种防御、救援、抢护等措施，将灾害损失降到最低。防洪抢险，具体分为“防”与“抢”两方面，以“防”为长期战略，或者又叫主动干预手段。这就要求我们不仅要在非汛期有计划地修建大量江河堤防、水库大坝、闸坝等水利工程建筑物，达到疏导、控制水患，还应在国家相关法律法规的框架下，结合各地区自身防洪特点，构建完善如防洪预警、预警响应、组织宣传、防洪预案等机制，落实各类水工建筑物汛前、汛中、汛后运行安全鉴定，专业救援技能培训、演练、人财物储备等防洪措施准备。最后，以“抢”为短期战术，又称为被动减灾手段。当洪涝灾害发生时，在现有防汛指挥机构组织领导框架

❶ 圩堤［wéi dī］，汉语词汇，意指围垦沙洲、滩地的堤埝。在沿江、滨湖以及滨海的低洼地区，圈围田地房舍，防御外水侵入，以便进行垦殖的围堤。

❷ 圩垸［wéi yuàn］，指沿江、滨湖低地四周有圩堤围护，内有灌排系统的农业区。在长江下游叫做“圩”，中游叫做“垸”，统称“圩垸”。若干个圩垸连成一片，叫做圩区或圩垸地区。

下，各成员单位条块职能明确。例如，下级防汛部门应服从上级防汛部门领导，各成员单位应统一在当地政府防汛部门的领导下，共同协作，保证各项指令畅通、资源整合及时到位；迅速启动防洪各项机制，针对不同险情，组织各级抢险救援队伍，展开救援行动；统筹开展各项灾后处置工作，进行灾民安置、卫生防疫、灾情统计、信息报送等善后工作。

1.2 开展洪涝灾害应急救援工作的依据

1.2.1 主要依据

洪涝灾害应急救援相关的法律法规主要有《中华人民共和国突发事件应对法》（以下简称《突发事件应对法》）、《中华人民共和国防洪法》（以下简称《防洪法》）、《中华人民共和国防汛条例》（以下简称《防汛条例》）、《国务院办公厅关于印发〈突发事件应急预案管理办法〉的通知》（以下简称《应急预案管理办法》）、《国家发展改革委关于加强城市重要基础设施安全防护工作的紧急通知》（发改电〔2021〕213号）以及各级人民政府制定的《关于〈中华人民共和国防洪法〉实施办法》等。

1.2.2 相关依据的应用

1. 关于组织架构及职能职责的规定

《突发事件应对法》第四条规定："国家建立统一领导、综合协调、分类管理、分级负责、属地管理为主的应急管理体制。"《防洪法》第三十八条规定："防汛抗洪工作实行各级人民政府行政首长负责制，统一指挥、分级分部门负责。"第三十九条规定："国务院设立国家防汛指挥机构，负责领导、组织全国的防汛抗洪工作，……在国家确定的重要江河、湖泊可以设立由有关省、自治区、直辖市人民政府和该江河、湖泊的流域管理机构负责人等组成的防汛指挥机构，指挥所管辖范围内的防汛抗洪工作，……有防汛抗洪任务的县级以上地方人民政府设立由有关部门、当地驻军、人民武装部负责人等组成的防汛指挥机构，……"

因此，各级政府均需设立防汛抗旱指挥部，负责领导组织、指挥全区的防汛抗旱工作，其办事机构为防汛抗旱指挥部办公室。现行机构编制下，中央层面成立了国家防汛抗旱总指挥部，办公室设在应急管理部；而省、市、县级地方人民政府通常成立（突发公共事件）应急委员会，下设多个专项指挥部（四川省为18个，详见图2.2.1），其中防汛抗旱指挥部为其中之一，由应急管理、水利（务）、气象、住房与城乡建设、交通运输等多个部门构成成员单位，如图1.2.1所示。

2. 关于预案编制的规定

《突发事件应对法》第十七条规定："国家建立健全突发事件应急预案体系。国务院制定国家突发事件总体应急预案，组织制定国家突发事件专项应急预案；……地方各级人民政府和县级以上地方各级人民政府有关部门根据有关法律、法规、规章、上级人民政府及其有关部门的应急预案以及本地区的实际情况，制定相应的突发事件应急预案。应急预案制定机关应当根据实际需要和情势变化，适时修订应急预案。应急预案的制定、修订程序

由国务院规定”。

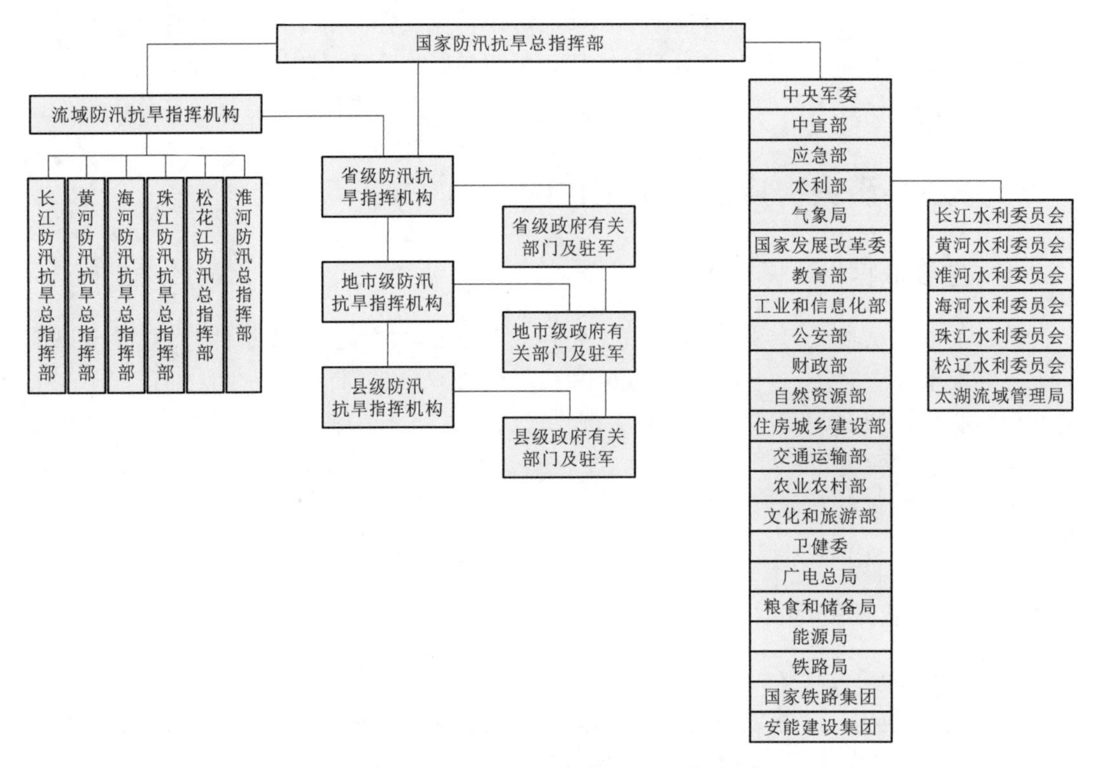

图 1.2.1　国家防汛指挥系统架构图

《应急预案管理办法》第六条规定：“应急预案按照制定主体划分，分为政府及其部门应急预案、单位和基层组织应急预案两大类。”第七条规定：“政府及其部门应急预案由各级人民政府及其部门制定，包括总体应急预案、专项应急预案、部门应急预案等。”第二十四条规定：“应急预案编制单位应当建立定期评估制度，分析评价预案内容的针对性、实用性和可操作性，实现应急预案的动态优化和科学规范管理。”

防汛（抗旱）应急预案属于专项应急预案的一种，应由防汛（抗旱）指挥部制定报本级人民政府审批，必要时经本级人民政府常务会议或专题会议审议，以本级人民政府办公厅（室）名义印发，抄送上一级防汛（抗旱）指挥部备案，并适时进行修订，并应向社会公布。考虑到当前气候变化引起的极端天气频发，易造成人员伤亡，还应特别制定《极端天气应急预案》，落实大灾巨灾“熔断”机制。关于不同层级的预案内容侧重点，《应急预案管理办法》第八条作了明确规定，本书不再赘述。关于防汛（抗旱）应急预案的编制方法，可参见本书第 2 章第 6 节。

3. 关于应急演练的规定

《突发事件应对法》第二十九条规定：“县级人民政府及其有关部门、乡级人民政府、街道办事处应当组织开展应急知识的宣传普及活动和必要的应急演练。居民委员会、村民委员会、企业事业单位应当根据所在地人民政府的要求，结合各自的实际情况，开展有关突发事件应急知识的宣传普及活动和必要的应急演练。”

《应急预案管理办法》第六条规定："应急预案编制单位应当建立应急演练制度，根据实际情况采取实战演练、桌面推演等方式，组织开展人员广泛参与、处置联动性强、形式多样、节约高效的应急演练。专项应急预案、部门应急预案至少每 3 年进行一次应急演练。地震、台风、洪涝、滑坡、山洪泥石流等自然灾害易发区域所在地政府，……应当有针对性地经常组织开展应急演练。"

此两条详细说明了防汛应急演练的必要性，规定了演练方式、频次等。

4. 关于防洪规划的规定

《防洪法》第二章指出，防洪规划是指为防治某一流域、河段或者区域的洪涝灾害而制定的总体部署，包括国家确定的重要江河、湖泊的流域防洪规划，其他江河、河段、湖泊的防洪规划以及区域防洪规划。防洪规划应当服从所在流域、区域的综合规划（专业规划服从综合规划）；区域防洪规划应当服从所在流域的流域防洪规划（区域服从流域）。防洪规划是江河、湖泊治理和防洪工程设施建设的基本依据。明确了防洪规划编制的原则、需要考虑的因素、注意事项，同时针对不同重要程度的江河、湖泊，各级人民政府、水行政主管部门（流域管理机构）及其他部门在防洪规划编制工作中应承担相应的职责。

5. 关于洪涝灾害等级划分的规定

《突发事件应对法》第三条规定："本法所称突发事件，是指突然发生，造成或者可能造成严重社会危害，需要采取应急处置措施予以应对的自然灾害、事故灾难、公共卫生事件和社会安全事件。按照社会危害程度、影响范围等因素，自然灾害、事故灾难、公共卫生事件分为特别重大、重大、较大和一般四级……"

洪涝灾害属于自然灾害的一种，也应按照此标准进行分级。其中，社会危害程度、影响范围等因素主要有农作物受灾面积、倒塌（损坏）房屋间数、死亡人数、经济损失、转移人数等。

6. 关于应急响应及信息公布的规定

《国家发展改革委关于加强城市重要基础设施安全防护工作的紧急通知》第三条要求："抓紧完善落实应急响应机制。坚持'宁可十防九空，不可失防万一'原则，按照最严酷的极端天气情况完善应急预案，建立第一时间响应机制。气象部门要加强对强降雨、台风等灾害预报预警，各相关部门要充分利用各种渠道和方式向社会发布预警避险信息。一旦出现极端天气等非常情况，要坚决即时启动最高等级响应，该停学的停学，该停工的停工，该停业的停业，该停运的停运，对隧道、涵洞等易涝区段，要及时警戒并采取封路措施，有序疏散群众，杜绝侥幸心理，克服麻痹思想，防止贻误战机，尽最大可能保护人民群众生命财产安全。"

《突发事件应对法》第十条规定："有关人民政府及其部门作出的应对突发事件的决定、命令，应当及时公布。"第四十二条规定："国家建立健全突发事件预警制度。可以预警的自然灾害、事故灾难和公共卫生事件的预警级别，按照突发事件发生的紧急程度、发展势态和可能造成的危害程度分为一级、二级、三级和四级，分别用红色、橙色、黄色和蓝色标示，一级为最高级别。预警级别的划分标准由国务院或者国务院确定的部门制定。"

《防汛条例》第二十九条规定："汛期，电力调度通信设施必须服从防汛工作需要；邮电部门必须保证汛情和防汛指令的及时、准确传递，电视、广播、公路、铁路、航运、民

航、公安、林业、石油等部门应当运用本部门的通信工具优先为防汛抗洪服务。电视、广播、新闻单位应当根据人民政府防汛指挥部提供的汛情，及时向公众发布防汛信息。”

因此，在预报可能发生洪水（灾害）前，防汛（抗旱）指挥部应确定预警响应等级并在洪水演进过程中适时调整，启动对应等级的应急预案，充分运用通信工具及时向公众公布防汛信息、应对措施等，从而提升公众对汛情的认识，最大限度降低洪灾损失。《突发事件应对法》第四十二条至第四十七条还详细规定了发布不同等级预警的程序、采取措施、解除预警等要求，此处不再赘述。

7. 关于防汛隐患排查的规定

《突发事件应对法》第二十条规定：“县级人民政府应当对本行政区域内容易引发自然灾害、事故灾难和公共卫生事件的危险源、危险区域进行调查、登记、风险评估，定期进行检查、监控，并责令有关单位采取安全防范措施。省级和设区的市级人民政府应当对本行政区域内容易引发特别重大、重大突发事件的危险源、危险区域进行调查、登记、风险评估，组织进行检查、监控，并责令有关单位采取安全防范措施。县级以上地方各级人民政府按照本法规定登记的危险源、危险区域，应当按照国家规定及时向社会公布。”

《国家发展改革委关于加强城市重要基础设施安全防护工作的紧急通知》第一条要求：“立即开展灾害隐患全面排查。对运营和在建的城市轨道交通、铁路、公路、市政道路的隧道、涵洞，车站、机场等枢纽及公共设施的地下空间，立交桥、下沉式建筑、在建工程基坑等易积水的低洼区域，重点排查出入口、防洪排涝设施联接、在建和运营工程衔接等重要点位，线路设施过渡段、标高较低路段等重点区段，排水泵站、挡水设施、大型施工机械等关键设施，逐一建立风险台账，形成城市易涝类风险分布图、风险隐患清单等，并立即制定针对性防控措施。”

按照“雨前排查、雨中巡查、雨后核查”的原则，落实防汛排查规定。上述两条可作为要求开展防汛隐患排查的依据。

8. 关于应急救援方针和目标的规定

《防汛条例》及《防洪法》分别规定了防汛工作实行“安全第一，常备不懈，以防为主，全力抢险”的方针，实行全面规划、统筹兼顾、预防为主、综合治理、局部利益服从全局利益的原则，目标是防御、减轻洪涝灾害，维护人民的生命和财产安全，保障社会主义现代化建设顺利进行。

9. 关于防汛物资储备的规定

《防汛条例》第二十一条规定：“各级防汛指挥部应当储备一定数量的防汛抢险物资，由商业、供销、物资部门代储的，可以支付适当的保管费。受洪水威胁的单位和群众应当储备一定的防汛抢险物资。”

这意味着各级人民政府应以防汛（抗旱）指挥部的名义储备防汛抢险物资，对于不易储存或大宗物资（如大米、食用油等）也可与厂家、经销商签订协议并按规定支付费用，我国已建成中央、省、市、县等相对完备的防汛物资仓库，受洪水威胁的单位和群众（如蓄滞洪区）也应当储备一定的防汛抢险物资。

10. 关于防汛队伍和人员组织的规定

《防洪法》第七条规定：“各级人民政府应当加强对防洪工作的统一领导，组织有关部

门、单位，动员社会力量，依靠科技进步，有计划地进行江河、湖泊治理，采取措施加强防洪工程设施建设，巩固、提高防洪能力。各级人民政府应当组织有关部门、单位，动员社会力量，做好防汛抗洪和洪涝灾害后的恢复与救济工作……”

《突发事件应对法》第二十六条规定：“县级以上人民政府应当整合应急资源，建立或者确定综合性应急救援队伍。人民政府有关部门可以根据实际需要设立专业应急救援队伍。县级以上人民政府及其有关部门可以建立由成年志愿者组成的应急救援队伍。单位应当建立由本单位职工组成的专职或者兼职应急救援队伍。县级以上人民政府应当加强专业应急救援队伍与非专业应急救援队伍的合作，联合培训、联合演练，提高合成应急、协同应急的能力。”

《国家发展改革委关于加强城市重要基础设施安全防护工作的紧急通知》第五条要求：“迅速开展抢险救灾和有序恢复建设运营。出现险情时，各级领导干部要深入一线、靠前指挥，按照‘谁先到达谁先处置、逐步移交指挥权’‘属地为主、专业处置、部门联动、分工协作’的原则，按照预案组织实施抢险救灾。相关责任单位要做好灾后恢复的排查、准备工作，开展灾后使用条件评估论证，对于发生淹水倒灌的重要基础设施，要在灾情稳定后第一时间开展抽水清淤工作，并对关键设施开展细致排查，对受损设备及时更换，对受灾部位进行修复，经安全评估通过后恢复建设运营。”

这意味着各级人民政府应坚持“防抗救”相结合的工作思路，组织有关部门、单位、社会力量加强防洪工程设施建设、做好防汛抗洪和洪涝灾害后的恢复与救济工作。

11. 关于防汛抢险宣传和动员的规定

《突发事件应对法》第六条规定：“国家建立有效的社会动员机制，增强全民的公共安全和防范风险的意识，提高全社会的避险救助能力。”

《防洪法》第六条规定：“任何单位和个人都有保护防洪工程设施和依法参加防汛抗洪的义务。”

《防汛条例》第三十二条规定：“在紧急防汛期，为了防汛抢险需要，防汛指挥部有权在其管辖范围内，调用物资、设备、交通运输工具和人力，事后应当及时归还或者给予适当补偿。因抢险需要取土占地、砍伐林木、消除阻水障碍物的，任何单位和个人不得阻拦。”

这些规定明确了应常态化向全民开展防汛应急知识的培训和宣传，增加全民防汛减灾的意识和能力，在实际开展抢险救援工作中有权调用有利于防汛抢险工作的物资、人力等，并根据规定向人民群众作好宣传、解释，提高救援效率。

12. 关于防汛信息报送的规定

《防汛条例》第二十七条规定：“在汛期，河道、水库、水电站、闸坝等水工程管理单位必须按照规定对水工程进行巡查，发现险情，必须立即采取抢护措施，并及时向防汛指挥部和上级主管部门报告。其他任何单位和个人发现水工程设施出现险情，应当立即向防汛指挥部和水工程管理单位报告。”此条规定了水工程管理单位汛期必须对水工程进行巡查，任何单位和个人发现水工程设施出现险情时要立即报告。在实际工作中，可根据此条要求沿河所属辖区的县（区）、乡镇（街道）应当按照属地原则，履行对河道、水库、水电站、闸坝的巡查、排查及报告职责。

《突发事件应对法》第三十九条规定：“地方各级人民政府应当按照国家有关规定向上

级人民政府报送突发事件信息。县级以上人民政府有关主管部门应当向本级人民政府相关部门通报突发事件信息。专业机构、监测网点和信息报告员应当及时向所在地人民政府及其有关主管部门报告突发事件信息。有关单位和人员报送、报告突发事件信息，应当做到及时、客观、真实，不得迟报、谎报、瞒报、漏报。”此条可作为要求报送防汛信息的依据，具体报送方法、时限可参考本书第2章第9节。

13. 关于善后工作的规定

《防洪法》第四十七条规定：“发生洪涝灾害后，有关人民政府应当组织有关部门、单位做好灾区的生活供给、卫生防疫、救灾物资供应、治安管理、学校复课、恢复生产和重建家园等救灾工作以及所管辖地区的各项水毁工程设施修复工作。水毁防洪工程设施的修复，应当优先列入有关部门的年度建设计划。”

《防汛条例》第三十七条规定：“地方各级人民政府防汛指挥部，应当按照国家统计部门批准的洪涝灾害统计报表的要求，核实和统计所管辖范围的洪涝灾情，报上级主管部门和同级统计部门，有关单位和个人不得虚报、瞒报、伪造、篡改。”

因此，洪涝灾情统计报送，灾区生活供给、卫生防疫，灾后生产、工作、生活秩序的恢复，水毁工程修复等都应是洪涝灾害应急救援的题中之意。

14. 关于防汛经费的规定

《防汛条例》第三十九条规定：“由财政部门安排的防汛经费，按照分级管理的原则，分别列入中央财政和地方财政预算。在汛期，有防汛任务的地区的单位和个人应当承担一定的防汛抢险的劳务和费用，具体办法由省、自治区、直辖市人民政府制定。”第四十条规定：“防御特大洪水的经费管理，按照有关规定执行。”本条可作为防汛经费保障、拨付使用的依据。第四十一条规定：“对蓄滞洪区，逐步推行洪水保险制度，具体办法另行制定。”意味着洪水保险是一大趋势，有利于灾后恢复重建，防止因灾致贫。

15. 关于奖惩的规定

《防汛条例》第四十二条规定：“有下列事迹之一的单位和个人，可以由县级以上人民政府给予表彰或者奖励：在执行抗洪抢险任务时，组织严密，指挥得当，防守得力，奋力抢险，出色完成任务者；坚持巡堤查险，遇到险情及时报告，奋力抗洪抢险，成绩显著者；在抢险关头，组织群众保护国家和人民财产、抢救群众有功者；为防汛调度、抗洪抢险献计献策，效益显著者；气象、雨情、水情测报和预报准确及时，情报传递迅速，克服困难，抢测洪水，因而减轻重大洪水灾害者；及时供应防汛物料和工具，爱护防汛器材，节约经费开支，完成防汛抢险任务成绩显著者；有其他特殊贡献，成绩显著者。”

《防汛条例》第四十三条规定：“有下列行为之一者，视情节和危害后果，由其所在单位或者上级主管机关给予行政处分；应当给予治安管理处罚的，依照《中华人民共和国治安管理处罚法》的规定处罚；构成犯罪的，依法追究刑事责任：拒不执行经批准的防御洪水方案、洪水调度方案，或者拒不执行有管辖权的防汛指挥机构的防汛调度方案或者防汛抢险指令的；玩忽职守，或者在防汛抢险的紧要关头临阵逃脱的；非法扒口决堤或者开闸的；挪用、盗窃、贪污防汛或者救灾的钱款或者物资的；阻碍防汛指挥机构工作人员依法执行职务的；盗窃、毁损或者破坏堤防、护岸、闸坝等水工程建筑物和防汛工程设施以及水文监测、测量设施、气象测报设施、河岸地质监测设施、通信照明设施的；其他危害防汛抢险工作的。”

以上条款，既可作为开展防汛抢险工作和事后总结表彰、处罚的依据，又可用于防汛抢险时向单位和个人宣传、动员，讲清利害关系，便于高效开展救援工作。在《防洪法》第七章法律责任中，还规定了其他处罚情形，本书不再赘述。

1.3 我国洪涝灾害的基本特点

1.3.1 洪涝灾害的定义及分类

洪涝灾害指因大雨、暴雨或持续降雨使低洼地区淹没、渍水的现象和雨量过大或冰雪融化引起河流泛滥、山洪暴发和农田、城镇积水，对农作物生长、交通、电力、通信等基础设施造成影响，从而引起的灾害。依照成因不同，洪涝灾害可分为洪水和涝渍[1]。洪水，由于强降雨、冰雪融化、冰凌、堤坝溃决、风暴潮等原因引起的江河湖泊及沿海水量增加、水位上涨而泛滥以及山洪暴发所造成的灾害，包括暴雨洪水、山洪、融雪洪水、冰凌洪水和溃坝洪水等。其中，影响最大、发生频率最高的洪涝是暴雨洪水，尤其是流域内长时间暴雨造成河流水位居高不下进而引发堤坝决口，对地区发展损害最大，甚至会造成大量的人员伤亡。涝渍，又称雨涝，因大雨、暴雨或长期降雨量过于集中而在城镇区域产生了大量的积水和径流，排水不及时致使土地、房屋等受淹而造成的灾害，城市内涝是涝渍的集中表现形式。

1. 暴雨洪水

暴雨洪水指发生在相对平缓的地势，如平原上的城市、村庄由于较大强度的降雨形成的河道水位暴涨现象简称雨洪，具有峰高量大、持续时间长、灾害波及范围广的特点，是最常见、威胁最大的洪水（图 1.3.1）。我国受暴雨洪水威胁的主要地区有 73.8 万 km^2，耕地面积 3333 万余亩，分布在长江、黄河、淮河、海河、珠江、松花江、辽河等 7 大江

图 1.3.1 暴雨造成长江南京段发生洪水（李博 摄）

---

[1] 涝渍：包含涝和渍两部分，涝是雨后农田积水，超过农作物耐淹能力而形成；渍主要是由于地下水位过高，导致土壤水分经常处于饱和状态，农作物根系活动层水分过多，不利于农作物生长，而形成渍灾。但涝和渍在多数地区是共存的，难以截然分开，故而统称为涝渍灾害。

河下游和东南沿海地区。以2020年为例，我国降雨偏多，时间、空间集中，长江、黄河、淮河、珠江、太湖等流域的大江大河发生12次编号洪水。三峡水库出现3次50000m^3/s以上的入库洪峰，中下游干流沙市以下江段及洞庭湖、鄱阳湖区全线超警，最长超警时间达42天。

2. 山洪

山洪严格意义上也属于暴雨洪水，但由于山区地面和河床坡降较大（一般为5‰～25‰），以及夏季山区暖湿空气携带大量水汽与林区上空温度偏低、相对湿度偏大的冷空气交锋，易造成山区局部强降雨，降雨后产流和汇流都较快，形成急剧涨落的洪峰，具有突发性、隐蔽性、水量集中、破坏力强等特点，但一般灾害波及范围较小。这种洪水如形成大量固体（泥土、石渣等）径流，则称作泥石流（图1.3.2）。泥石流的形成需要三个基本条件：有陡峭山体，便于集水集物的适当地形；上游堆积有丰富的松散固体土、石物质；短期内有突然性的大量径流流水来源。因此，泥石流也属于山洪的一种特殊形式。

3. 融雪洪水

融雪洪水主要发生在高纬度积雪地区或高山积雪地区（高寒地区），随着春季气候转暖、温度快速上升，促使积雪加速融化而汇流直下，洪峰流量超过河道最大过流能力而形成的洪水（图1.3.3）。

图1.3.2　山洪泥石流受灾现场（来源：荆楚网）

图1.3.3　天山融雪洪水（孙继虎 摄）

4. 冰凌洪水

冰凌洪水又称凌汛，主要发生在初春，当气候转暖时，北方河流封冻的冰块开始融化。由于某些河段由低纬度（高温区）流向高纬度（低温区），在气温上升、河流开冻时，低纬度的上游河段先行开冻，而高纬度的下游河段仍封冻，上游河水和冰块堆积在下游河床，形成拦河坝，由于大量冰凌阻塞形成的冰塞或冰坝拦截上游来水，导致上游水位壅高，在冰塞溶解或冰坝崩溃时壅高水位形成的蓄水量迅速下泄形成了冰凌洪水，如图1.3.4所示。

按洪水成因，冰凌洪水可分为冰塞洪水、冰坝洪水和融冰洪水3种。（水在0℃或低于0℃时，凝结成的固体称为冰。流动的冰称为凌。有时冰、凌通用，没有严格区别）

5. 溃坝洪水

溃坝洪水指大坝或其他挡水建筑物（如堤防、水库大坝、闸坝等）在洪水的巨大压力作用下，主体结构发生极限位移破坏而瞬时溃决、垮塌、倾覆，超标水体突然涌出，造成

下游地区的淹没灾害，如图 1.3.5 所示。这种溃坝洪水虽然范围不太大，但破坏力远远大于一般暴雨洪水或融雪洪水。如 1975 年 8 月，河南省驻马店地区石漫滩、板桥大型水库溃坝灾害，史称“75.8 大洪灾”，该次洪灾是由于超强台风莲娜导致的特大暴雨引发淮河上游大洪水，石漫滩、田岗水库垮坝，尤其板桥水库漫溢垮坝，超过 6 亿 m^3 洪水，15m 多（五丈多）高的洪峰咆哮而下，造成下游 58 座中小型水库发生多米诺骨牌倾覆效应，在短短数小时内相继垮坝溃决。洪灾造成河南省、安徽省 29 个县（市）、1100 万人受灾，伤亡惨重，1700 万亩农田被淹，倒塌民房 596 万间，纵贯我国南北的京广线被冲毁 102km，中断行车 18 天，该次洪灾造成直接经济损失近百亿元。

图 1.3.4　黄河陕西榆林佳县段冰凌（无人机照片，新华社记者　陶明　摄）

图 1.3.5　老挝桑片—桑南内水电站副坝溃坝造成的洪水

此外，在山区河流上，当发生强烈地震或山体滑坡时，山体崩滑，大量岩石、渣土阻塞河流，形成堰塞湖。由于坝体密实度较差，自身抗滑稳定性能极低，一旦堰塞湖坝体在水力作用下溃决，也会形成类似的溃坝洪水。这种堰塞湖一旦溃决形成的地震次生水灾的损失，甚至比地震本身所造成的损失还要巨大。

1.3.2　我国洪涝灾害的特征

1. 时空分布不均性

我国地处欧亚大陆的东南部，东临太平洋，西部深入亚洲内陆，地势西高东低，呈三级阶梯状，南北则跨热带、亚热带和温带三个气候带。最基本、最突出的气候特征是大陆性季风气候，因此，降雨量有明显的季节性和地方性变化，这就基本决定了我国洪水发生的季节和流域规律。春夏之交，我国华南地区暴雨开始增多，洪水发生概率随之加大，受其影响的珠江流域的东江、北江，在 5—6 月易发生洪水，西江则迟至 6 月中旬至 7 月中旬。6—7 月，主雨带北移，长江流域易发生洪水，四川盆地各水系和汉江流域洪水发生期持续较长，一般为 7—10 月。7—8 月为淮河流域、黄河流域、海河流域和辽河流域的主要洪水期。松花江流域洪水则迟至 8—9 月。在季风活动影响下，我国江河洪水发生的季节变化规律大致如此。另外，浙江和福建由于受台风的影响，其雨期和易发生洪水期较长，为 6—9 月。在正常年份，暴雨进退有序，在同一地区停滞时间有限，不致形成大范围的洪涝灾害，但在气候异常年份，雨区在某地区停滞，则易形成某一流域或某几条河流的大洪水。

我国幅员辽阔，除沙漠、戈壁和极端干旱区及高寒山区外，大约2/3的国土面积存在着不同类型和不同危害程度的洪水灾害。如果沿着400mm降雨等值线从东北向西南划一条斜线（哈尔滨—张家口—兰州—拉萨），将国土分作东西两部分，那么东部地区是我国防洪的重点地区。

2. 普遍性

我国地域辽阔，自然环境差异很大，除沙漠、极端干旱区和高寒区外，我国其余大约2/3的国土面积都存在不同程度和不同类型的洪水灾害，我国地貌组成中，山地、丘陵和高原约占国土总面积的70%，导致山区洪水分布很广，并且发生频率很高；平原约占总面积的20%，七大江河干流经过之处和滨海河流地区是我国洪水灾害较为严重的地区。另外，我国海岸线长达18000km，当江河洪峰入海时，如与天文大潮遭遇，将形成大洪水，尤其对长江、钱塘江和珠江河口区威胁很大，沿海地区也容易遭受风暴潮带来的暴雨洪水灾害。在我国北方，初春时节还会时常发生冰凌洪水。

3. 破坏性

我国主要江河全年径流总量中的2/3都是洪水径流，降雨和河川径流的年内分配也很不均匀。主要江河洪水不仅峰高，而且量大。长江及东南沿海河流最大7天洪量约占全年平均流量的10%～20%，北方河流有时甚至高达30%～40%。与地球上同纬度的其他地区相比，我国洪水的年际变化和年内分配差异之大，是少有的。常遇洪水与非常遇洪水量级差别悬殊。洪水的严重威胁，从古至今，对我国社会和经济的发展都有着重大的影响，大江大河的特大洪水灾害，甚至带来全国范围的严重后果。

4. 可防御性和可利用性

虽然不可能彻底根治洪水灾害，但通过多种努力，可减少洪水灾害的影响程度和空间范围，减轻洪灾损失，达到预防的目的。总的来说，采取“以防为主，防重于抢”的防洪减灾策略。也就是说，水利基础设施建设应放在优先地位，不仅形成系统规模（城市管廊、支流、干流、流域）的防洪、分洪、滞洪基础设施，并通过国家法律法规、行政条例，依托管理机构去调配、管理水患，才能达到防患于未然或大大降低后期防洪抢险的投入和损失的效果。新中国成立以来，我国兴建了大量堤防工程，其中水库9.8万余座，加高培厚江河大堤超过20万km，显著提高了防御洪涝灾害的能力。随着综合国力的不断提升，在今后城市建设中结合“海绵城市”建设构想，通过建设一批人工湿地、地下调蓄设施工程，既能在汛期吸收富余水量，有效治理城市内涝，又能在非汛期为生产生活、水生态提供丰富的水资源。这在日本、德国已率先实施，并且效果非常明显；也可以通过建设大型水利枢纽工程和灌区工程，集蓄洪、调洪、灌溉、发电、航运等功能于一体，这在诸如三峡工程、小浪底水利枢纽、南水北调等一大批综合性枢纽工程中得以显著体现。

1.4　洪涝灾害基础知识

1.4.1　基本术语

1. 降雨量

从天空降落到地面上的雨水，未经蒸发、渗透、流失而在水面上积聚的水层深度，称为降雨量（以 mm 为单位），它可以直观地表示降雨的多少，常用雨量筒和量杯配套进行测定，如图 1.4.1、图 1.4.2 所示。

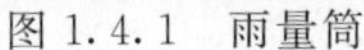

图 1.4.1　雨量筒

图 1.4.2　量杯

按一定时间内降雨量的多少，可把一次降雨划分为不同的等级。

降雨可分为微量降雨（零星小雨）、小雨、中雨、大雨、暴雨、大暴雨、特大暴雨共 7 个等级。具体划分见表 1.4.1。

表 1.4.1　　不同时段的降雨量等级划分表　　单位：mm

等级	时段降雨量		等级	时段降雨量	
	12h 降雨量	24h 降雨量		12h 降雨量	24h 降雨量
微量降雨（零星小雨）	<0.1	<0.1	暴雨	30.0～69.9	50.0～99.9
小雨	0.1～4.9	0.1～9.9	大暴雨	70.0～139.9	100.0～249.9
中雨	5.0～14.9	10.0～24.9	特大暴雨	≥140.0	≥250.0
大雨	15.0～29.9	25.0～49.9			

在某些高原或山区，由于地势较陡，汇流时间短，洪水往往表现出峰现时间早、洪峰高的特征，可根据当地情况适当提高暴雨预警等级。如位于川西高原的甘孜藏族自治州，在预计 24h 内部分区域将出现 25mm 以上降雨，且局部有超过 50mm 的降雨时，即启动暴雨蓝色预警。

2. 汛期

汛期是指江河、湖泊中每年出现汛水的期间。汛水是指江河、湖泊中每年季节性或周期性的涨水现象。例如，《四川省〈中华人民共和国防洪法〉实施办法》第十六条规定，四川省的汛期为每年 5 月 1 日至 9 月 30 日，在特殊情况下，省防汛指挥机构可决定提前或延长汛期。

3. 河流的左、右岸

河流的左、右岸指观测者面向河流下游（河水流动方向）时，其左、右侧的河岸，分别称作该河流的左、右岸。在实际工作中，建议以左、右岸取代传统的“东、西、南、北岸”，以便于准确传递河堤位置信息。

图 1.4.3　水位标尺

4. 水位标尺

河流水位由设在两岸的标尺测定，标尺上有很多“E”字样的刻度，相邻刻度高差为 1cm，如图 1.4.3 所示。标尺的高程是相对于某个零点高程起算的，如 1985 黄海高程。水位标尺是为计算河流相对水深及标准过流断面面积，为最终计算河流瞬时流量提供基础数据。

5. 防洪标准

防洪标准指防洪设施应具备的防洪（或防潮）能力，一般用可防御洪水洪峰流量对应的重现期或出现频率表示。防洪标准的高低，与防洪保护对象的重要性、洪水灾害的严重性及其影响有关，并与国民经济的发展水平相关联。按照《防洪标准》（GB 50201）规定，国家根据需要与可能，对防洪保护区（城市、农村地区）、工矿企业交通运输设施等 9 大类不同保护对象颁布了不同的防洪标准等级划分。以城市防洪标准为例，具体划分见表 1.4.2，在实际应用中应结合具体的过流能力——流量来界定标准等级。

表 1.4.2　　城市防护区的防护等级和防洪标准

防护等级	重要性	常住人口/万人	当量经济规模/万人	防洪标准［重现期/年］
Ⅰ	特别重要	≥150	≥300	≥200
Ⅱ	重要	<150，≥50	<300，≥100	200～100
Ⅲ	比较重要	<50，≥20	<100，≥40	100～50
Ⅳ	一般	<20	<40	50～20

注　当量经济规模为城市防护区人均 GDP 指数与人口的乘积，人均 GDP 指数为城市防护区人均 GDP 与同期全国人均 GDP 的比值。

6. 流量

流量是指单位时间内流经封闭管道或明渠有效截面的流体量，又称为瞬时流量。当流体量以体积表示时称为体积流量；当流体量以质量表示时称为质量流量。流量通常用 Q 来表示［单位：m^3/s；$Q=SV$，其中：S 为江河过流断面面积（单位：m^2），V 为过流断面平均流速（单位：m/s）］。

7. 河道比降（河道纵向坡率）

流速与坡度有密切关系，坡度可以用落差和比降表示。一定长度河段的首端到末端河床的垂直高度之差，称为该河段的纵向落差，落差与其间距离之比称为河道比降，可用公式表示为 $i=(\nabla H_0-\nabla H_1)/L$，如图 1.4.4 所示。如某河道比降（纵向坡率）为 4‰，即长 1000m 的河段有 4m 的垂直高度落差。

8. 洪峰流量与洪峰水位

洪峰流量是指一次洪水过程中，水文监测站测定过流断面上的最大流量，洪峰流量常

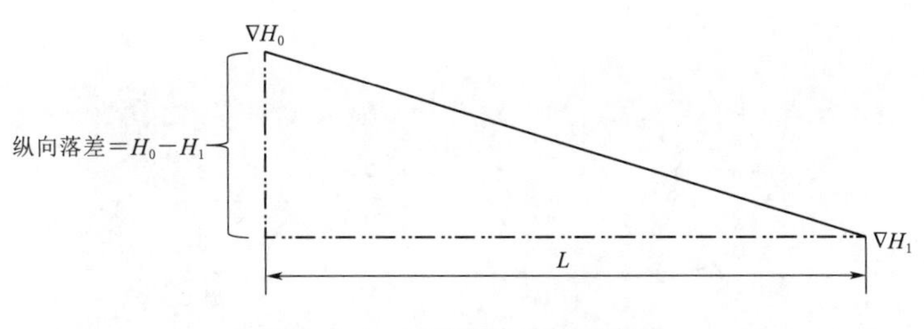

图 1.4.4 河道比降计算示意图

出现在洪峰水位之后，也是一次洪水过程中的最大瞬时流量。当发生暴雨或融雪时，在流域各处所形成的径流，都依其远近先后汇入河道，这时河水流量开始增加，水位相应上涨。随着汇入河网的径流从上游向下游汇集，河水流量继续增大。当流域大部分高强度的径流汇入时，河水流量增至最大值，称此时的流量为洪峰流量，单位为 m^3/s。其最高水位，称为洪峰水位，洪峰水位与洪峰来临之前的水位形成比较大的水头落差。

9. 洪水总量

洪水总量简称“洪量”，指洪水在一定历时内从流域出口断面流出的总水量。在水文计算中有时需要统计某一时段的最大洪水总量（如一天最大、三天最大洪水总量等），据此推求设计洪水过程线，作为水库调洪数据的依据。

10. 洪水频率

洪水频率为一无量纲的百分数，指降水量、洪峰流量等的大小和出现概率程度来确定洪水的大小和等级，通常以 P 表示。其倒数为重现期，是指某洪水变量大于或等于一定数值在很长时期内平均多少年出现一次的概率，如某一量级洪水的重现期为一百年，就称这次洪水为百年一遇洪水，也即大于或等于这样的洪水在很长时期内平均每百年出现一次，而不能简单理解为每隔一百年必出现一次这样的洪水。

11. 洪水等级

重现期 T 与洪水频率 P 的关系，$T=1/P$，如 $P=1\%$，$T=100$ 年，称为百年一遇洪水。洪水重现期越长，表示洪水的量级越大；某一量级洪水重现期越短，表示洪水的量级越小。这种方法可以消除地区差别，常作为水利水电工程规划与设计的标准。根据《水文情报预报规范》（GB/T 22482），按洪水要素重现期小于 5 年、5～20 年、20～50 年、大于 50 年，将洪水分为小洪水、中洪水、大洪水、特大洪水四个等级。衡量一次洪水的大小，主要以洪峰流量（洪峰水位）为准，洪水大小的比较是经实测的洪峰流量和调查洪水资料推算其相应频率（重现期）来确定的。

1.4.2 防汛“三线”水位

1. 设防水位

江河水流开始淹没河道内滩地（漫滩），堤防开始临水；防汛相关部门开始对堤防进行加密巡查、检查落实防汛准备工作。设防水位是由防汛部门根据历史资料和堤防的实际情况确定的，如图 1.4.5 所示。

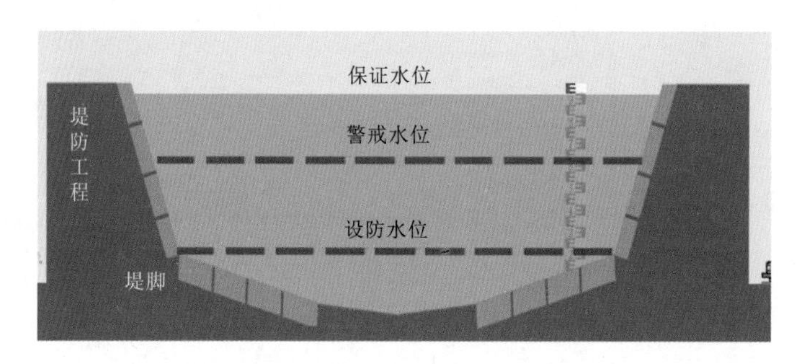

图 1.4.5　防汛“三线”水位

2. 警戒水位

警戒水位是指在江河、湖泊水位上涨到河段内可能发生险情的水位，一般来说，有堤防的大江大河多取决于洪水普遍淹没沙心洲、河滩地或重要堤段水浸堤身的水位，是堤防险情可能逐渐增多时的水位。该水位的来临，标志着防汛进入重要时期，要加强戒备，密切注意水情、工情、险情的发展变化；增加巡堤查险次数，开始日夜巡查，并组织防汛队伍上堤防汛，做好防洪抢险人力、物力的准备工作。警戒水位如图 1.4.5 所示。

3. 保证水位

堤防、水库等水利工程所能保证自身安全运行的水位，又称最高防洪水位或危害水位，是保证江河、湖泊、水库在汛期安全运用的上限水位，相应保证水位对应的流量为最大的安全流量。保证水位根据堤防防洪规划设计和河流曾经出现的最高水位，考虑上下游关系、干支流关系以及保护区的重要性，并经上级主管机关批准后制定。当达到保证水位时，防汛进入全面紧急状态，密切巡查，启动撤离相临及下游群众预案，全力以赴采取各种必要措施，保证堤防安全。保证水位如图 1.4.5 所示。

1.4.3　气象常识

1. 雾

雾指空气中的水蒸气遇冷凝结而成的，飘浮在接近地面（水面）的空气中的细小水珠。雾的变化性大，地区局限性也显著，特别是浓雾会使能见度变得十分差，对船舶的行驶有着直接的影响，往往水面的雾要大于陆地上的雾，有时即使应用雷达等助航仪器，仍有可能发生偏航、搁浅、触礁和碰撞等事故，因此船舶驾驶人员必须对雾有一定的认识。

2. 能见度

能见度指正常目力所能见到的最大水平距离，单位为 m。雾是影响能见度最主要的因素，其他如沙尘暴、烟、雨、雪和低云等也能使能见度变差。例如，内河常因大暴雨、大雪而使能见度变差。

3. 雷暴

雷暴是一种中小尺度天气系统，主要生成在低纬度地区和中纬度地区的热季。一般把雷暴、飑线、龙卷、冰雹等强对流天气统称为雷雨大风天气。

雷暴是积雨云中所发生的雷电交加的激烈放电现象，一般伴有阵雨，常与雷雨通称。雷暴是小尺度天气系统，通常把只伴有阵雨的雷暴称为普通雷暴，将伴有暴雨、阵性大

风、冰雹、龙卷风等强对流天气的雷暴称为强雷暴或强风暴，常见的有飑线、多单体风暴和超级单体风暴等。

产生雷暴的积雨云称为雷暴云或雷暴单体，是小尺度天气系统，其水平尺度在10km左右。每个雷暴单体的生命史大致可分为发展、成熟和消散三个阶段。每个阶段持续十几分钟至半小时。天气谚语所说的“隔背不下雨”指的就是这种系统的天气特性之一。

4. 厄尔尼诺与拉尼娜现象

这是两个完全相反的自然现象。厄尔尼诺又称圣婴现象，是秘鲁、厄瓜多尔一带的渔民用以称呼一种异常气候现象的名词，主要指太平洋东部和中部的热带海洋的海水温度异常变暖，使整个世界气候模式发生变化，如图1.4.6所示。厄尔尼诺现象是发生在热带太平洋海温异常增暖的一种气候现象，热带太平洋大范围增暖，会造成全球气候的变化，但这个状态要维持3个月以上（有的文献规定为达到5个月及以上），才认定是真正发生了厄尔尼诺事件。在厄尔尼诺现象发生后，拉尼娜现象有时会紧随其后。厄尔尼诺现象的基本特征是太平洋沿岸的海面水温异常升高（约2℃），产生大量水蒸气并进入大气层，海水水位上涨，并形成一股暖流向南流动，它使原属冷水域的太平洋东部水域变成暖水域，结果引起海啸和暴风骤雨，造成一些地区干旱，另一些地区又降雨过多的异常气候现象。我国南方易发生低温、洪涝，在厄尔尼诺现象发生后的次年，在我国南方，包括长江流域和江南地区，容易出现洪涝，近百年来发生在我国的严重洪水，如1931年、1954年和1998年，都发生在厄尔尼诺年的次年。我国在1998年遭遇的特大洪水，厄尔尼诺便是最重要的影响因素之一。如2015年入秋开始出现厄尔尼若现象，到2016年仲夏结束，开始慢慢转入拉尼娜现象，所以说两者常常是相辅相成，交替出现。

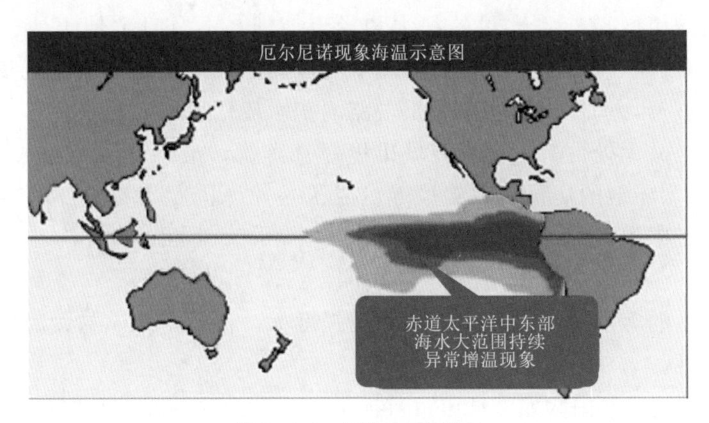

图1.4.6 厄尔尼诺现象

拉尼娜是指赤道太平洋东部和中部海面温度持续异常偏冷的现象（与厄尔尼诺现象正好相反），是热带海洋和大气共同作用的产物，如图1.4.7所示。拉尼娜现象是一种厄尔尼诺年之后的矫正过度现象。这种水文特征将使太平洋东部水温下降，出现干旱，与此相反的是西部水温上升，降水量比正常年份明显偏多。厄尔尼诺与赤道中、东太平洋海温的增暖、信风的减弱相联系，而拉尼娜却与赤道中、东太平洋海温变冷、信风的增强相关联。因此，实际上拉尼娜是热带海洋和大气共同作用的产物。拉尼娜对我国气候的影响：当处在拉尼娜的状态下时，赤道东太平洋地区的海温连续6个月要比常年偏低0.5℃以

下，而这个现象对我国的气候影响是非常明显的，在拉尼娜现象影响下，东亚地区经向环流异常，这样一个环流形势非常有利于我国北方冷空气的南下。当来自蒙古西伯利亚的强大冷气团迅速南下至南方地区，并与暖湿气团相遇后，这一冷、一暖两个气团正好结合在一起，受这两个气流共同影响，长江流域雨雪天气增多，而且长时间维持着低温天气，南方广大地区极可能发生异常冰雪灾害。

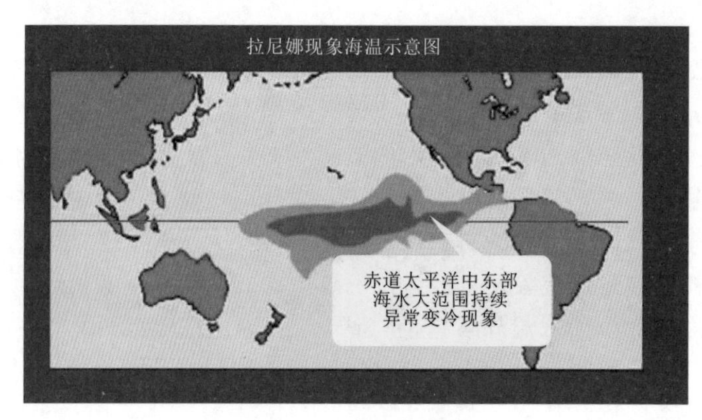

图 1.4.7　拉尼娜现象

1.4.4　城市内涝

1. 概念

城市内涝是涝渍又称雨涝在城市区域集中表现的成灾形式。因大雨、暴雨或长期降雨易过于集中而在城镇区域产生大量的积水和径流，排水不及时致使土地、城市基础设施(如道路、地下构筑物、广场等)、房屋等渍水受淹而造成的积水灾害。近年来，在我国很多城市已经屡见不鲜，一旦遭遇暴雨袭击，路面积水成倍增加，形成洪涝，骤然积聚的洪水无法及时排出，又无处可去，自然在城市里肆意奔流，最终导致道路成“河流”，广场变“湖泊”，建在低洼地的居民区、工厂等也成了一片泽国。事实上，城市内涝本身就是各种“城市病”集中爆发的结果。

2. 成因

(1) 内涝产生的客观原因是城市当地降雨强度大，范围集中、持续时间较长是城市内涝形成的基础条件。

(2) 由于极端超标暴雨频发，城市盲目扩张导致水面率下降，原本具有自然蓄水调洪、错峰功能的洼地、山塘、湖泊、水库等被人为地填筑破坏或填为他用，降低了雨水的调蓄分流功能，地表径流[1]不断增大。同时，地表汇流时间变短，峰现时刻提前，峰值变大。

(3) 城市排水管网设计标准偏低，排口河水、潮水顶托，城市河道过度追求大水面、高水位，闸坝增加，内水外排不畅，河道和城市排水系统的高程衔接问题突出等原因，降雨常造成城市积水深度过大，出现城市内涝现象，如图 1.4.8 所示。

(4) 处于地势相对低洼的城区，也是城市内涝的直接原因。由于强降雨汇流成河，从

[1] 径流是指降雨及冰雪融水等水体在重力作用下沿地表或地下，由高到低流动的水流。

图 1.4.8　持续强降雨造成大面积城市内涝（来源：中新网）

高处流向低处，并短时间内淹没低洼城区。

（5）如前所述，由于城市盲目扩张，导致绿地植被稀疏，湿地水塘较少，无法吸收储存富余雨水；加之大面积修建广场、市政道路硬化封闭了本可以吸收、循环至地下水层的表土层，形成了典型的“热岛效应”，导致城区上空频繁出现强降雨云层。再有城市交通工具尾气排放集中、量大，空气中粉尘颗粒物较郊区骤然增加，在空气中容易产生凝结核（大气凝结核由固态物质、溶液滴或两者的混合物组成，最常见的是氯、氮、碳、镁、钠等化合物。凝结核是促进空气中水汽凝结的微粒），这又是导致城区降水量增加的又一原因。

3. 防治

城市内涝防治是一项系统性较强的工作，需要统筹考虑、整体谋划，古今中外都做出了有益的探索，如北京故宫地下排水系统、江西赣州福寿沟、日本东京首都圈外围排水系统，都起到了很好的使用效果。总体来说，城市内涝防治处置形式可分为工程措施和非工程措施。

（1）工程措施。

1）整治河道，采取疏（疏浚）、扩（扩大过流断面）、分（干、支、斗渠系统分流）等综合工程措施整治城区及周边河道。

2）改造地下管网，提升管网设计防洪标准及过流能力，可采取扩大干、支管径，排查治理排水口高程与河道洪水位高差倒置问题，并结合雨、污分流系统治理混流问题；积极探索综合管廊的设计与综合应用，也是解决“地下症结”的有效手段。

3）增加排涝设施，如在河口建造挡潮闸、节制闸，在低洼地带、隧道、地下构（建）筑物增设排涝泵站。

4）增加调蓄能力，如结合城市景观打造湿地、绿地公园，地下调蓄水池、下沉式城市广场、运动场、停车场等。

5）增加渗透能力，积极研发新型渗透系数高的铺装建筑材料，如铺装透水混凝土路面、透水地砖、透水土层材料等。

6）发挥“丰收枯放”效益，系统研究丰水期储蓄富余雨水的地埋式雨水收集容器、地下雨水池、地表雨水花园等设施设备，并在枯水期用于市政设施、绿地维护，也是近年来有效解决城市内涝的措施之一。

（2）非工程措施。

1）城市暴雨内涝风险评估，亟须从应急管理层面出台国家标准，规范平原、沿海城市对应暴雨等级的内涝风险排查、评估工作。如利用 RS（遥感卫星）、GIS（地理信息系统）、DEM（数字高程模型）等建立雨涝风险模型，动态、精准地表达雨涝形成的各种因素及演变发展过程，加快建立具有灾害监测、预报预警、风险评估等功能的综合信息管理平台。

2）提升城市规划设计标准，根据历史洪灾、城市周边地质地形、环境情况及流域干、支流分布情况和气象、水文、交通资料等，前瞻性地编制城市建设规划，充分考虑未来中长期城市建设发展及居住人口增长幅度；统一江河防洪和城市防洪、排水标准，大幅提升城市防洪标准设计指标（洪涝重现期）。

3）加强城市防洪减灾政策与法规建设，约束和制裁不利于防洪减灾的经济社会活动，以实现防洪减灾综合目标。

4）建立城市排涝工程管理机制，合理调整城市水利基金支出和使用结构，建立渠道畅通、管理严格的资金投入机制。

5）加强城市运行管理、风险控制和应急救援资源整合。各级党委政府以当地应急委为组织指挥架构，可将公安、防汛、水务（利）、规划与自然资源、商务、民政、建设、属地镇（街）等部门的各类公共资源整合调度，建立“分级负责，属地为主，层级响应，统一指挥”的应急管理格局（详见第2章内容）。同时借助信息系统实时掌握雨情、水情、灾情等发展趋势信息，获得各部门、各地区报告的信息，经研判、决策后快速处置灾情、险情。

第1章练习题

一、单项选择题

1. 以下有关抗洪抢险法律法规的说法中，错误的是（　　）

A. 抗洪工作实行各级人民政府行政首长负责制，分级指挥、分级分部门负责。

B. 因抢险需要取土占地、砍伐林木、消除阻水障碍物的，任何单位和个人不得阻拦。

C. 在汛期，沿河所属辖区的镇街按照属地原则，应当履行巡查、排查及报告职责。

D. 对于抗洪抢险工作中表现出色的单位和个人，可以由县级以上人民政府给予表彰或者奖励。

参考答案：A

抗洪工作实行各级人民政府行政首长负责制，统一指挥、分级分部门负责。

2. 以下关于我国洪涝灾害特点的叙述中，错误的是（　　）

A. 我国洪水灾害以暴雨成因为主，降雨量主要受大陆性季风气候影响。

B. 除沙漠、极端干旱区和高寒区外，我国其余大约2/3的国土面积都存在不同程度和不同类型的洪水灾害。

C. 我国洪水发生频率高，但是破坏性较小，对社会和经济的发展无太大影响。

D. 如果沿着400mm降雨等值线从东北向西南划一条斜线，将国土分作东西两部分，那么东部地区是我国防洪的重点地区。

参考答案：C

我国洪水发生频率高，造成损失重，对社会和经济的发展有着重大的影响。

3. 根据国家标准《水文情报预报规范》（GB/T 22482），30年一遇的洪水属于______。

A. 小洪水　　B. 中洪水　　C. 大洪水　　D. 特大洪水

参考答案：C

洪水要素重现期小于5年、5～20年、20～50年、大于50年的洪水，分别为小洪水、中洪水、大洪水、特大洪水。

二、多项选择题

1. 为有效防御洪涝灾害，采取“以防为主，防重于抢”的防洪减灾策略，可建设系统规模的________的防洪、分洪、滞洪基础设施。

A. 城市管廊　B. 支流　C. 干流　D. 流域　E. 水库大坝

参考答案：ABCD

详见本章1.3.2我国洪涝灾害的特征。

2. 按成因不同，洪涝灾害可分为洪水和涝渍，其中洪水包括________和山洪。

A. 暴雨洪水　B. 融雪洪水　C. 潮汐洪水　D. 冰凌洪水　E. 溃坝洪水

参考答案：ABDE

详见本章1.3.1洪涝灾害的定义及分类。

三、名词解释

1. 警戒水位：

2. 洪峰水位：

3. 保证水位：

4. 洪水等级：

第 2 章　洪涝灾害应急管理

2.1　我国应急管理机构的发展与变化概述

2.1.1　我国应急管理历史沿革

我国高度重视防灾减灾工作，并相继成立了相应的机构。在自然灾害领域，1950 年成立中央防汛总指挥部，1992 年更名为国家防汛抗旱总指挥部；1987 年大兴安岭森林大火后，成立中央森林防火总指挥部（1998 年取消），2006 年成立国家森林防火指挥部；1989 年成立了中国国际减灾十年委员会，2000 年更名为中国国际减灾委员会，2005 年更名为国家减灾委员会；2000 年成立国务院抗震救灾指挥部。在安全生产方面，新中国成立初期，中国制定了“安全为了生产，生产必须安全”的原则，并形成了以《工厂安全卫生规程》《建筑安装工程安全技术规程》和《工人职员伤亡事故报告规程》为核心的预防事故的“应急预案”。1999 年 12 月，根据《国务院办公厅关于印发煤矿安全监察管理体制改革实施方案的通知》，设立国家煤矿安全监察局，与国家煤炭工业局一个机构、两块牌子。2001 年 2 月，国家安全生产监督管理局成立，其是综合管理全国安全生产工作、履行国家安全生产监督管理和煤矿安全监察职能的国家局。2003 年，国务院安全生产委员会成立。为进一步扩大安全生产监督管理职能，2005 年 2 月，国务院正式成立了国家安全生产监督管理总局，承担全国安全生产综合监督管理工作。

随着经济社会的发展，特别是工业化、信息化和城镇化的快速推进，灾害灾难等突发事件的衍生影响超出了传统以部门为主导的应急管理体制的应对能力。2003 年的“非典”事件后也暴露出国家传统应急体系分散化、被动化的短板和不足。鉴于应对“非典”的经验，我国旋即在充分利用现有政府行政管理机构资源的基础上，一个依托于政府办公厅（室）的应急办发挥枢纽作用，协调若干个议事协调机构和联席会议制度的综合协调型应急管理新体制初步确立。2006 年 4 月，设置国务院应急管理办公室（国务院总值班室），承担国务院应急管理的日常工作和国务院总值班工作，履行值守应急、信息汇总和综合协调职能，发挥运转枢纽作用。2006 年 8 月，党的十六届六中全会通过了《关于构建社会主义和谐社会若干重大问题的决定》，正式提出了我国按照“一案三制”的总体要求建设应急管理体系。其中，“一案”是指制定修订应急预案；“三制”是指建立健全应急管理的体制、机制和法制。由此，正式迎来应急管理体系化建设阶段。

2007 年 11 月 1 日起开始施行的《中华人民共和国突发事件应对法》明确规定，国家建立统一领导、综合协调、分类管理、分级负责、属地管理为主的应急管理体制，并把突

发事件主要分为四大类，规定了相应的牵头部门：自然灾害主要由民政部、水利部、地震局等牵头管理，事故灾难由国家安全生产监督管理总局等牵头管理，突发公共卫生事件由卫生部牵头管理，社会安全事件由公安部牵头负责，国务院办公厅总协调。各部门、各地方也纷纷设立专门的应急管理机构，完善了应急管理体制，专业应急指挥与协调机构也进一步完善。

经过近20年来的不断实践证明，我国在以往的应急管理中突出存在如下问题：①在风险防范、应急事件防治和救援实践中，“部门墙”和“行业墙”壁垒问题比较严重，风险信息不全，各自为政、缺乏统一联动指挥，风险防范能力较弱；②在应急准备中，各种应急资源存在着部门分割、低水平重复建设的问题，在专业化部门管理与属地化区域管理之间也存在着协调不足的问题；③应急预案体系建设针对性、实操性不足，尤其是预案衔接比较难；④在事件处置中，以往牵头部门管理单灾种的体制难以应对事件的复合性，虽然在各部门内部上下指挥畅通，独立完成任务能力强，但部门之间权责配置不够明晰，协调不足，协同不够，力量条块分割，事件处置指挥协调不够顺畅。因此，在新时代需要更加统一的应急管理体制。

为了有效克服上述问题，全方位应对愈加复杂的应急处突事件，集中各部门、各行业力量与资源，成立更具综合性、专业性的应急处突专门机构迫在眉睫。根据2018年3月国务院机构改革方案，国家安全生产监督管理总局退出了历史舞台，取而代之的是“应急管理部”。改革方案提出，将国家安监总局的职责和国务院办公厅、公安部、民政部、国土资源部、水利部、农业部、国家林业局、中国地震局、国家防汛抗旱总指挥部、国家减灾委员会、国务院抗震救灾指挥部、国家森林防火指挥部的部分职责进行整合，组建应急管理部，作为国务院组成部门之一。考虑到国家煤矿安全监察局与防灾救灾联系紧密，划由应急管理部管理。2020年10月，按照党中央决策部署，国家煤矿安全监察局更名为国家矿山安全监察局，在全国设置地方矿山安全监察局27个，对全国煤矿和非煤矿山安全生产进行系统监管。

应急管理部的主要职责为：组织编制国家应急总体预案和规划，指导各地区各部门应对突发事件工作，推动应急预案体系建设和预案演练。建立灾情报告系统并统一发布灾情，统筹应急力量建设和物资储备并在救灾时统一调度，组织灾害救助体系建设，指导安全生产类、自然灾害类应急救援，承担国家应对特别重大灾害指挥部工作。指导火灾、洪涝灾害、地质灾害等防治。负责安全生产综合监督管理和工矿商贸行业安全生产监督管理等。公安消防部队、武警森林部队转制后，与安全生产等应急救援队伍一并作为综合性常备应急骨干力量，由应急管理部管理，实行专门管理和政策保障，采取符合其自身特点的职务职级序列和管理办法，提高职业荣誉感，保持有生力量和战斗力。应急管理部要处理好防灾和救灾的关系，明确与相关部门和地方各自的职责分工，建立协调配合机制。应急管理部机构设置，如图2.1.1所示。

2.1.2　应急管理与应急救援体系

2.1.2.1　应急管理体系建设

近20年来，我国不断建立健全以“一案三制”为核心的突发事件应急管理综合体系。

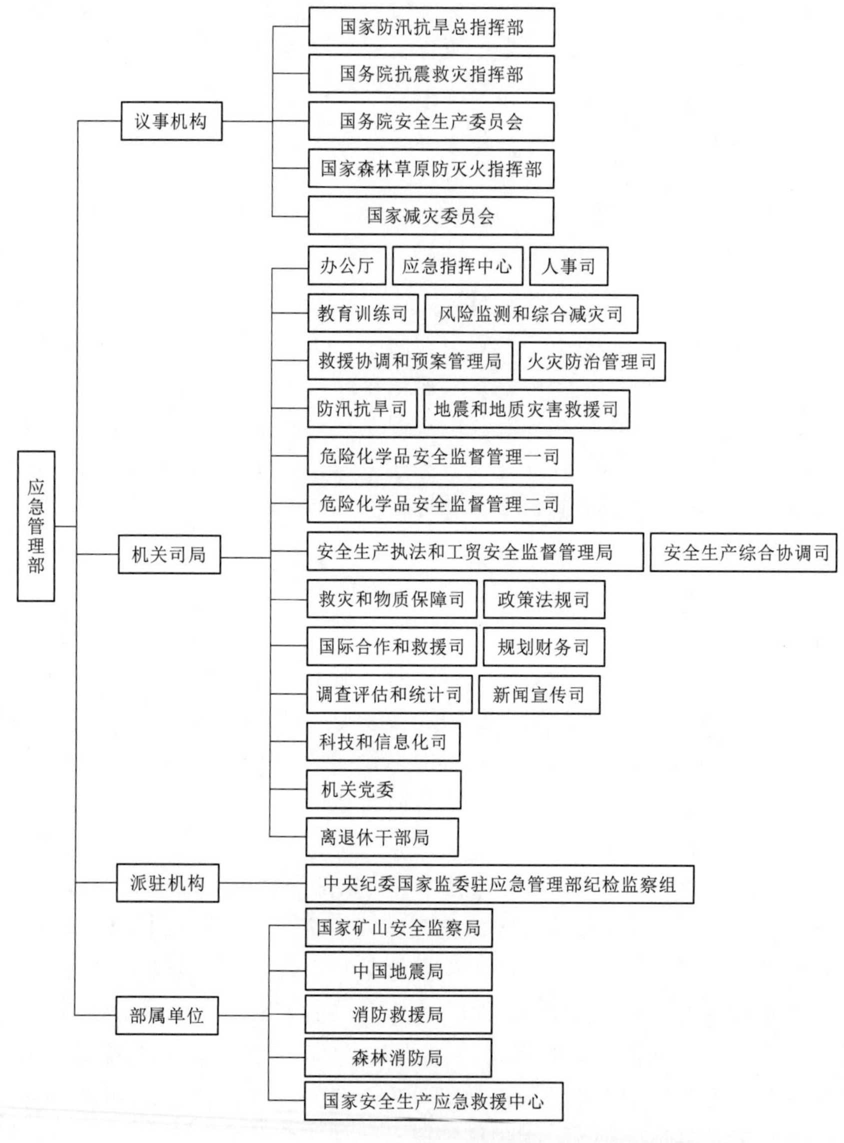

图 2.1.1　应急管理部机构设置图

以起始时间为序，共计经历了四个阶段：第一阶段为 2004 年 5 月——预案建设，国务院办公厅将《省（自治区、直辖市）人民政府突发公共事件总体应急预案框架指南》印发各省，要求各省（自治区、直辖市）人民政府编制突发公共事件总体应急预案；第二阶段为 2005 年 7 月——机制建设，国务院召开了第一次全国应急管理工作会议，并将全国应急管理工作正式纳入日常重要工作之一；第三阶段为 2016 年 9 月——体制建设，国务院召开第二次全国应急管理工作会议，明确了“建立健全全社会预警体系和应急救援社会动员机制，提高处置突发性事件能力”；第四阶段为 2007 年 4 月——法制建设，国务院下发了《关于加强基层应急管理工作的意见》，全国人大常委会通过了《突发公共事件应对法》，并于当年 11 月 1 日正式实施。

同时，党中央也高度重视全国应急管理体系建设。2006 年 8 月，党的十六届六中全会通过了《关于构建社会主义和谐社会若干重大问题的决定》，正式提出了我国按照“一案三制”的总体要求建设应急管理体系，明确阐述了“一案三制”的具体内容。

（1）应急预案，是应急管理的重要基础，是我国应急管理体系建设的首要任务，是指面对突发事件，如自然灾害、重特大事故、环境公害及人为破坏处置时而提前制定的应急管理、指挥、救援计划方案等。

（2）应急管理机制，是指突发事件处置过程中各种制度化、程序化的应急管理方法与措施。

（3）应急管理体制，国家建立统一领导、综合协调、分类管理、分级负责、属地管理为主的应急管理体制。

（4）应急管理法制，在深入总结群众实践经验的基础上，制订各级各类应急预案，形成应急管理体制机制，并且最终上升为一系列法律、法规和规章，使突发事件应对工作基本上做到有章可循、有法可依。

2.1.2.2　应急救援体系

经过多年来的不断完善，我国应急管理机构逐步形成了完整的应急救援体系，主要包括组织机制、运作机制、法律基础、保障系统，总体要求为“横向到边、纵向到底”，是全覆盖、无缝隙的组织结构和系统。应急救援体系结构如图 2.1.2 所示。

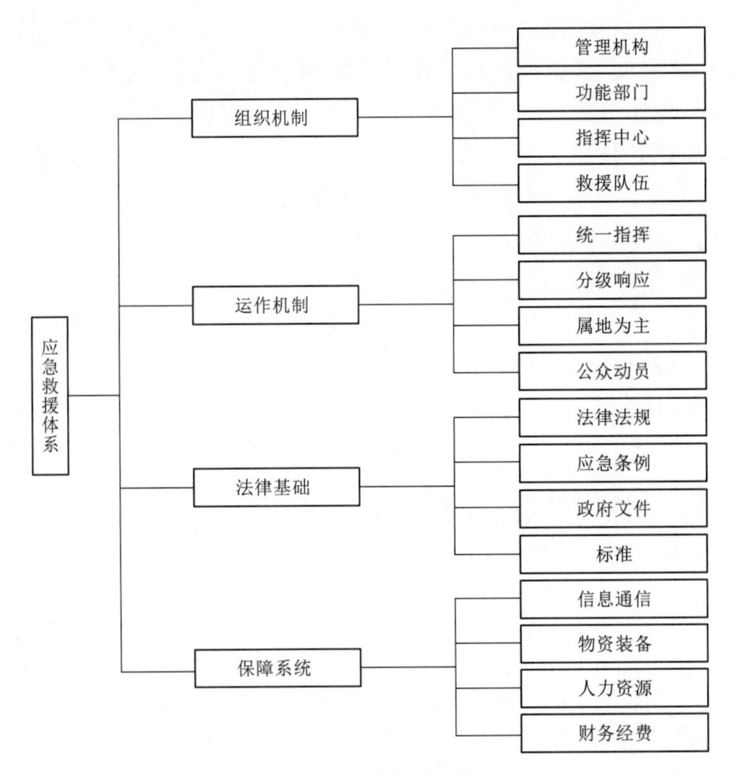

图 2.1.2　应急救援体系结构图

2.2　应急委员会组成及主要职能

2.2.1　总则

2018年3月应急管理部成立后，随着应急管理工作的不断深入与细化，“部门墙”和“行业墙”壁垒问题逐渐显现。为加快厘清应急管理部门与相关部门的职能职责，加强防灾、减灾工作组织领导力量。2019年4月以来，根据国家、地方、解放军和武警部队机构改革职能职责的调整变化情况，按照《中华人民共和国突发事件应对法》等法律法规规定及国家统一部署，各地普遍成立了应急委员会（以下简称应急委）。该委员会是在同级党委、政府领导下，负责自然灾害、事故灾难、公共卫生三大类突发事件应急管理工作的议事协调机构和应急指挥机构。应急委实行统一指挥、专常兼备、反应灵敏、上下联动、平战结合的依法管理依法行政的指挥体系和应急机制，按照预防为主、预防与应急相结合的原则，统筹协调同级有关部门（单位）、驻地解放军和武警部队、中央和省下属驻地单位、下级党委政府开展应急管理工作；按照分级负责、属地为主、层级响应的原则，组织指挥、指导协调突发事件应对处置工作。

2.2.2　机构组成

应急委由主任、常务副主任、副主任和委员组成。以四川省为例，一般情况下，同级政府行政首长担任主任，同级政府行政常务副首长担任常务副主任，警备区司令员、政府分管领导、政府秘书长、武警部队驻地首长担任副主任，委员由同级政府副秘书长，政府有关部门（单位）主要负责同志。驻地军警机关有关负责同志担任。应急委办公室设在同级应急管理局，局长兼任办公室主任，同级应急局、规划和自然资源局、水务（水利）局、公园城市管理局各1名分管副局长兼任办公室副主任，市应急委各成员单位联络员为办公室成员。办公室主要负责处理应急委日常工作。

应急委（图2.2.1）下设抗震救灾、生产安全、防汛抗旱、地质灾害、消防安全、森林（草原）防灭火、生态环境、公共卫生、食品药品安全、动（植）物疫情、道路交通安全、交通运输、旅游安全、生产运行保障、影响市场稳定、金融安全、涉外及涉港澳台安全、社会舆情等18个专项指挥部，负责辖区内相关领域突发事件防范和应对处置工作。各专项指挥部结合各成员单位部门职责，制定指挥部工作机制和具体工作规则，构建完善权责分明、运转高效、保障有力的指挥体系。

2.2.3　主要职能

应急委应对处置突发事件坚持“分级负责、属地为主、层级响应”的原则。一般突发事件，由事发地区（市）县党委政府开展应对处置；较大和需要启动二级响应的突发事件，由地市级应急委对应专项指挥部组织指挥区（市）县党委政府，统筹协调各方救援力量开展应对处置；特别重大、重大突发事件，在国务院工作组和省委、省政府工作组的领导下，建立由地市级党委政府首长任指挥长或市长任指挥长的指挥体系，

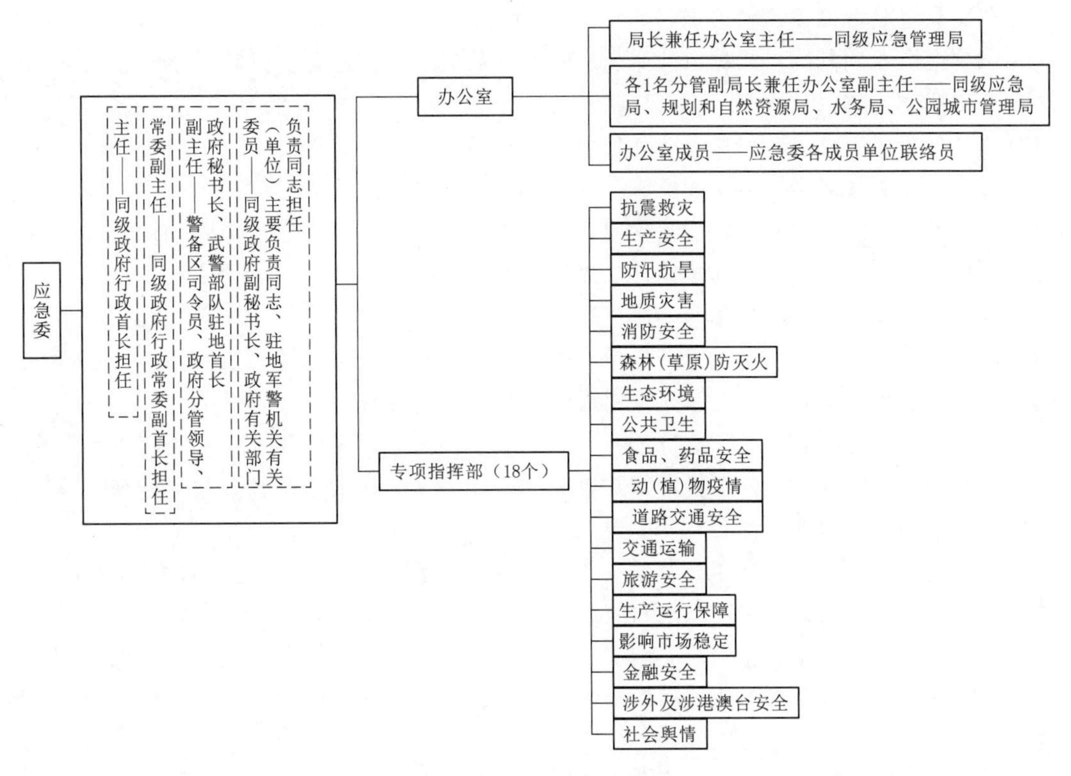

图 2.2.1 应急委结构图

由同级应急委指导协调相关专项指挥部，实行以应急委对应专项指挥部为主的扩大响应，根据需要相应增加副指挥长和成员，搭建前、后方指挥平台，统筹协调各方救援力量开展应对处置。

发生跨区（市）县的、超出事发地发生跨区（市）县的、超出事发地区（市）县党委政府应对能力的一般突发事件；发生事件本身比较敏感，或发生在重点地区，或重大活动举办、重要会议召开等时期的一般突发事件；以及发生较大突发事件，由地市级应急委对应所属专项指挥部提出并报地市级应急委决定启动二级响应。发生重大、特别重大突发事件，由地市级应急委报同级党委、政府同意后启动一级响应。突发事件发生后，事发地区（市）县党委政府必须开展先期处置。

2.2.4 主要工作制度

（1）分工负责制度。各专项指挥部在应急委领导下，负责领导督促承担专项指挥部办公室职责的行业主管部门开展对应行业领域安全风险防范、监管防治、预案编制、组织演练、业务培训和科普宣教等日常工作；负责指导协调所辖区域党委、政府开展需要启动二级响应的一般突发事件的应对处置工作；按照应急委的安排，负责组织指挥较大突发事件的应对处置工作。

（2）协调联动制度。应急委建立军地、企地、部门和救援队伍之间的信息互通、资源共享、有效支援的工作机制，实现应对突发事件的快速反应和整体联动。建立与相邻辖区

的协调联动机制，加强区域协调联动。

（3）会商研判制度。根据风险隐患、热点难点问题、临时突发状态等情况，应急委相关专项指挥部或应急委办公室负责召集相关成员单位举行定期会商、专题会商、紧急会商，研判分析风险隐患，研究预防和处置措施。必要时，增加非成员单位参与会商。

（4）预案管理制度。应急委负责指导建立健全总体应急预案、专项应急预案、部门应急预案、各单位应急预案、重大活动应急预案等分工负责、相互衔接的预案体系。总体应急预案由应急委办公室组织起草修订，报当地政府常务会议审议后以政府文件印发；专项应急预案，由承担各专项指挥部办公室职责的部门（单位）负责组织制定和修订，以专项指挥部名义印发；部门应急预案（包括部门牵头的重大展会活动等应急预案），由有关部门（单位）组织起草修订和发布，报同级应急委办公室备案。

（5）定期演练制度。专项应急预案、部门应急预案应按预案要求定期组织应急演练；应急委办公室及各专项指挥部根据预案要求和工作需要，以协调指挥、联合行动为重点，定期组织军地联合指挥演练。

（6）应急保障制度。应急委办公室牵头开展各项保障制度制定，建立健全财政应急保障机制和资金快速拨付机制，防范和应对各类突发事件。建立健全应急物资保障系统和信息库，完善应急物资监管、生产、储备、更新、调拨和紧急配送体系，分部门、分区域储备应急物资。加强应急救援队伍建设，建立应急救援力量数据库，完善协调联动机制和调度指挥体系。

（7）监督管理制度。应急委或专项指挥部组织对重大突发事件应对处置工作进行总结评估，及时总结经验教训，并适时向党委常委会或政府常务会报告。建立督查制度，对应急委决定事项、应急委领导同志批示及其他交办事项进行督促检查，适时对应急救援能力建设及其他专项应急工作进行抽查督查。督促检查所辖各级人民政府、政府有关部门和有关单位应急管理工作任务和责任落实情况，并将其纳入市政府目标绩效考核。建立奖惩制度，依照相关法律法规，按照党委、政府安排，组织开展对突发事件应对处置工作中的先进集体和先进个人进行评选，并提出奖励建议；对失职、渎职的进行通报批评，依法依规追究责任。

2.3 防汛抗旱（专项）指挥部组成及主要职能

2.3.1 总则

按照新的政府机构设置要求，防汛抗旱指挥部是同级应急委下设的专项指挥部，在党委、政府和应急委领导下负责组织、协调、指导当地的防汛抗旱工作。防汛抗旱工作坚持预防为主、防抗救相结合的原则，分级负责、属地为主、层级响应，实行统一指挥、部门协作、上下联动、公众参与、军民结合、专群结合的工作机制。

在组织机构建设方面，充分吸取了2020年、2021年全国多地出现的极端洪涝灾害应急处置经验教训，进一步加强防汛指挥工作组织领导力量，全国各级防汛抗旱指挥部办公室均在2021年由水务（水利）部门调整到当地应急管理部门。相比调整之前，公共资源、

公权力更加集中，防汛指挥调度能力显著提升。

2.3.2 组成及办事机构

以四川省成都市为例，防汛抗旱指挥部由政府主要领导任总指挥（注：原未设此职位），分管应急管理和水务（水利）工作的副职同任指挥长，驻地部队副司令员任第一副指挥长，水务（水利）局局长、应急局局长任常务副指挥长，规划和自然资源局局长、气象局局长、消防救援队伍负责同志以及水务（水利）局、应急局分管负责人任副指挥长。防汛抗旱指挥部组成及其成员单位如图 2.3.1 所示。

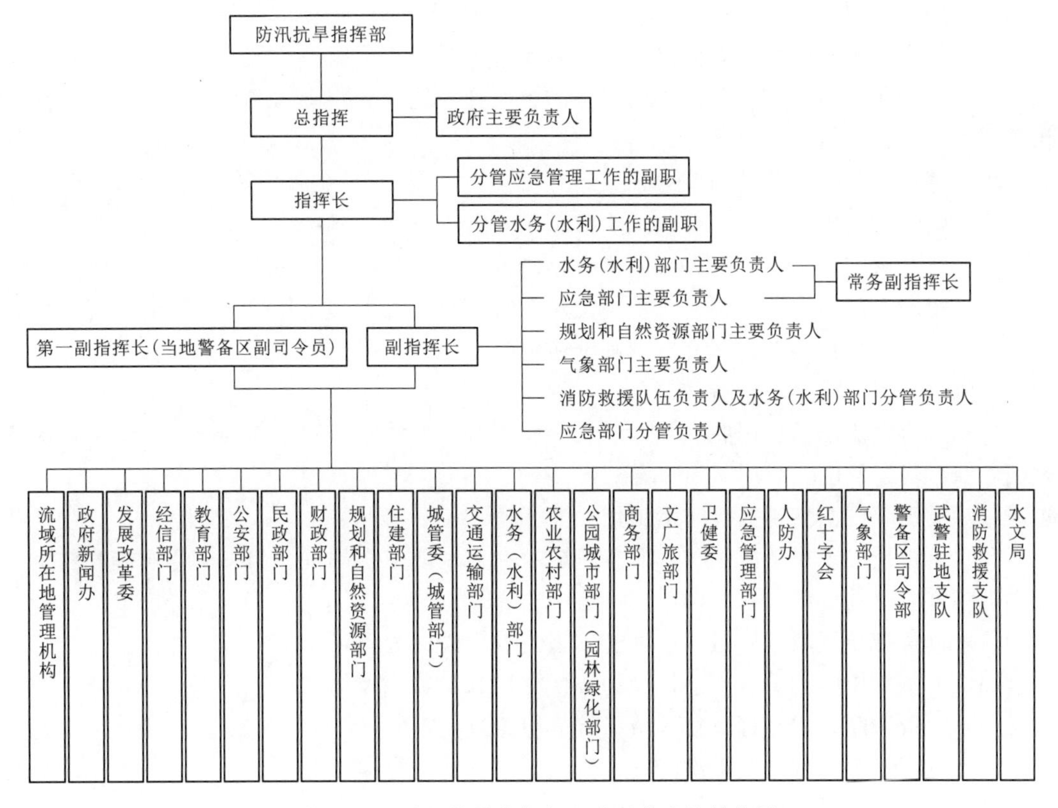

图 2.3.1　防汛抗旱指挥部组成及其成员单位图

防汛抗旱指挥部办公室（以下简称：防汛办）设在应急管这理局，办公室主任由应急管理局局长、水务（水利）局局长共同兼任，副主任由应急局、水务（水利）局、规划和自然资源局、气象局分管负责同志兼任。防汛办承担防汛指挥部日常工作，具体组织、协调、指导、监督辖区内的防汛抗旱工作，负责各成员单位综合协调工作，及时沟通、共享相关信息，向属地防汛指挥部提出重要防汛抗旱指挥、调度、决策意见，组织开展属地防汛抗旱工作评估。

在实际操作中，厘清水务（水利）和应急管理部门的防汛职能职责是防汛抗旱指挥机构调整需要首要解决的问题，很多地方做出了可借鉴的探索，如成都市规定应急管理部门承担“救”的职责，负责统一组织 、统一指挥、统一协调自然灾害类突发事件应急救援

救灾工作；水务（水利）部门承担“防”和“治”的职责，为“救”提供技术支撑和保障工作。确保洪涝灾害“防”“治”“救”职能无缝对接、职责边界清晰、责任链条完整闭合。以下部门职责分工建议是为了最大限度地发挥部门的专业特点，以及分工协作的原则精神，各地防汛抗旱指挥部可根据自身情况进行适当调整。具体业务工作及任务分工可参考附录1。

1. 应急管理部门主要职责

（1）对接上级防汛抗旱指挥部及办公室（应急管理部门），及时通报有关应急管理政策法规和防汛抗旱工作信息。

（2）防汛抗旱一、二级应急响应启动后，统筹全市洪涝灾害应对处置工作。

（3）协助指导下属地区对洪涝灾害突发事件的处置工作。

（4）协助水务（水利）部门洪涝灾害防治工作［指导、督促水务（水利）部门做好防治工作］。

（5）编制修订《防汛抗旱应急预案》。

（6）负责洪涝灾区和旱区群众的生活救助，督促、指导各级应急救援演练。

（7）建立灾情报告制度，提交防汛抗旱指挥部并依法统一发布灾情。

（8）组织开展综合监测预警，承担洪涝灾害综合风险评估工作。

（9）完成防汛抗旱指挥部交办的其他防灾减灾救灾任务。

2. 水务（水利）部门主要职责

（1）对接上级防汛抗旱指挥部及办公室［水务（水利）部门］，及时通报有关水务（水利）政策法规和防汛抗旱工作信息。

（2）负责辖区内洪涝灾害防治工作。

（3）负责统筹未启动防汛抗旱应急响应时和启动防汛抗旱三、四级应急响应时的全区域洪涝灾害应对处置工作。

（4）负责指导下属地区对一般洪涝灾害突发事件的处置工作。

（5）负责承担防御洪水应急抢险的技术支撑和保障工作。

（6）负责协助编制修订《辖区防汛抗旱应急预案》。

（7）负责组织编制并实施洪涝灾害防治规划和防护标准。

（8）承担水情旱情监测预警工作。

（9）负责洪涝灾害风险普查。

（10）组织编制辖区内重要江河湖泊和重要水工程的防御洪水、抗御旱灾调度和应急水量调度方案，按程序报批并组织实施。

（11）督促指导水利工程设施、设备的安全运行、应急抢护，负责防洪抗旱工程安全和监督管理。完成防汛抗旱指挥部交办的其他防灾减灾救灾任务。

3. 水情旱情监测预警

（1）水务（水利）部门负责水情旱情监测预警与发布工作，向应急管理部门提供实时雨水情信息。

（2）在会商调度环节，气象部门发布暴雨预警后由水务（水利）部门负责组织开展防汛会商研判和调度，启动防汛抗旱应急响应后由应急管理部门负责组织开展防汛抗旱会商

研判和调度。

(3) 在水工程调度环节，江河和水工程的防洪抗旱调度及应急水量调度方案，由水务（水利）部门根据管理权限进行编制、批复，组织实施重要江河和重要水工程的防洪抗旱调度和应急水量调度。

(4) 在防汛抗洪抢险环节，水务（水利）部门负责技术支撑，建立专家库，派出水利技术专家组，协助应急管理部门开展险情处置；应急管理部门负责抢险救援，组织抢险队伍、调运抢险物资、处置险情及安置人员等。

4. 山洪灾害防范应对

山洪灾害日常防治和监测预警工作由水务（水利）部门负责，抢险救灾工作由应急管理部门负责，具体工作由基层地方政府组织实施。市规自局、市气象局等单位立足职能职责，加强沟通衔接、积极主动配合，形成工作合力。

5. 信息共享与报送

水务（水利）、应急部门应当实时共享雨水情、工情、旱情、灾险情、预警预报、抢险救援等主要工作动态信息。信息报送应加强沟通，按照工作环节，统一以防汛抗旱指挥部或防汛办的名义报送。

2.3.3 防汛抗旱指挥部及办公室主要职责

1. 防汛抗旱指挥部主要职责

(1) 坚持以习近平新时代中国特色社会主义思想为指导，深入贯彻落实习近平总书记关于防灾减灾救灾重要论述精神，严格执行党中央、国务院和国家防总关于防汛抗旱的方针政策和重大决策部署。

(2) 贯彻落实上级党委、政府关于防汛抗旱工作的决策部署，分析研判全区域防汛抗旱形势，在应急委的领导下开展洪涝灾害事件应对处置工作 。

(3) 督促指导工程治理和非工程措施建设；完善防汛抗旱体系，提升所辖区域防灾减灾能力；督促指导做好防汛度汛准备工作；汛期组织会商研判，加强监测预警。

(4) 督促指导行业主管部门和下级行政区域开展洪涝灾害突发事件应对处置工作，适时启动应急响应，科学调度，及时处置险情、灾情；及时发布影响较大、重大、特别重大的防汛抗旱相关信息。

(5) 建立完善工作制度、预案体系，加强宣传培训演练，提升群众防灾减灾意识。

(6) 完成国家防总、上级防汛抗旱指挥部及同级党委、政府应急委交办的其他工作。

2. 防汛办主要职责

(1) 按照防汛指挥部的要求，具体负责组织、协调、指导、督促所辖区域防汛抗旱工作。

(2) 组织全区域防汛抗旱应急预案的编制和修订；督促指导有关部门、区（市）县制定本行业、本地防汛抗旱应急预案，开展防汛抗旱宣传和培训工作。

(3) 督促指导有关部门、区（市）县加强防汛抗旱应急队伍建设，做好防汛抗旱物资储备。

(4) 建立健全所辖区域防汛抗旱应急工作信息联络机制，负责防指各成员单位综合协

调，及时沟通、传递相关信息；及时掌握、收集和整理汛情、旱情、灾情信息，做好信息分析、上报和传递，向防汛指挥部提出指挥调度、决策意见，并汇总编写本地区较大及以上防汛抗旱突发事件报告。

（5）完成上级党委、政府、应急委、防汛指挥部交办的其他工作。

3. 防汛抗旱指挥部成员单位主要职责

（1）流域所在当地管理机构：在同级防汛办指导下，统筹协调灌区洪水调度，协助本地区做好流域渠首、水工程洪水调度和抗旱应急水源调度工作，负责流域渠首、水利工程防汛安全。

（2）政府新闻办：负责指导相关部门做好防汛抗旱舆论引导及防汛抗旱相关信息的发布和宣传；根据防汛办和指挥部成员单位提供的灾情信息做好新闻宣传，引导舆论，回应社会关切。

（3）发展改革委（局）：负责协调防汛工程建设、防汛应急抢险以及抗旱工程、水源建设等项目的立项审批工作，并积极争取所需资金；根据市级救灾物资储备规划品种目录和标准、年度购置计划，做好本级救灾物资的收储、轮换和日常管理，并按程序组织调拨。

（4）经信局：负责指导下级经信部门做好工业企业、水电站防汛抗旱的组织协调工作，为本地的防汛抗旱工作提供电力、天然气、成品油等能源及通信保障。

（5）教育局：负责本地区教育系统的防汛工作；负责监督部署本地中小学、幼儿园的防汛安全教育，及时组织学校、下属单位防灾、避险。

（6）公安局：负责本地区防汛抗旱抢险救灾的治安保卫、交通组织、应急机动等工作；负责全区域公安系统防汛抗旱抢险救援能力建设，协助组织灾区群众转移工作，依法打击破坏防汛抗旱设施的行为；保障汛期“天网、天眼”正常运行，确保汛期防汛机构对“天网、天眼”的优先调用权。

（7）民政局：负责民政救灾物资管理、发放工作，会同相关单位做好洪涝灾害后经应急救助和过渡性救助后仍有困难家庭的社会救助工作。

（8）财政局：负责安排本级防汛抗旱工作所需资金，并做好资金的监督管理工作。

（9）规划和自然资源局：负责组织协调地质灾害排查和监测预警，承担地质灾害应急救援的技术保障。

（10）住建局：负责本地区在建的房屋建筑、城市道路、城市桥梁、城市隧道及轨道交通工地的防汛排涝及抢险救援工作；负责新、改、扩建城市道路、桥梁、隧道同步实施排涝设施建设，在城镇建设中严格执行防汛排涝相关规定；负责本级管理的直管公房防汛排涝工作，指导督促物管小区及地下车库的安全度汛工作。

（11）城管委（或城管局）：负责城市道路、桥梁、垃圾场及城市户外广告牌的安全度汛；负责城市道路路面不平整导致积水的处置；负责洪涝灾害发生后的城市环卫保障工作。

（12）交通运输局：负责指导城市公共交通系统安全度汛；负责指导营运地铁的安全度汛；负责保障本地区公路、桥梁、运输船舶的安全度汛；负责为防汛抗旱救灾工作提供交通运输保障。

（13）水务（水利）局：承担水情旱情监测预警工作；负责本地区江河、水库、湖泊、城乡供水水厂、下穿隧道、市政道路排水管网及污水处理厂（站）的安全度汛；负责协助编制防汛抗旱应急预案；负责本地区在建水务（水利）工程安全度汛和抢险救援工作；负责指导山洪灾害的监测预警、群测群防、非工程措施建设等相关工作；负责承担防御洪水应急抢险的技术保障工作；负责统计本地区洪涝灾情损失。

（14）农业农村局：负责本地区农业系统的防汛抗旱工作；负责指导农业生产的洪涝灾害防抗救工作，监测农业生产灾情，指导紧急救灾和灾后生产恢复；负责统计本地区农业系统洪涝灾害损失。

（15）公园城市局（或园林绿化局）：负责本地区园林、林业系统的防汛抗旱工作；负责及时排除汛期因树木倒伏造成的不便和危害。

（16）商务局：负责做好本地区洪涝灾害期间生活必需品供应应急保障工作；负责商场、物流企业、酒店等防汛减灾工作的行业监督和指导。

（17）文广旅局：负责 A 级旅游景区防汛减灾工作；负责 A 级旅游景区防汛减灾工作行业监督和指导。

（18）卫健委（局）：负责洪涝灾害区疾病防治工作；负责组织、协调受灾地区的医疗救护和卫生防疫工作。

（19）应急管理局：负责防汛办日常工作；负责编制防汛抗旱应急预案并按程序报批组织实施；督促、指导各级应急救援演练；负责达到相应响应级别后洪涝灾害突发事件的应急抢险救援工作；负责受灾群众生活救助工作；组织开展综合监测预警，承担洪涝灾害综合风险评估工作；组织开展重大自然灾害调查评估工作；建立危化和工矿商贸等企业灾情报告制度，提交防汛指挥部依法统一发布灾情；负责协助水务（水利）部门做好洪涝灾害防治工作。

（20）人防办：负责人防工程防汛减灾工作，组织人防专业队伍配合做好防汛抢险救灾工作。

（21）红十字会：负责接受社会捐赠款物，协助洪涝灾害抢险救援。

（22）气象局：负责本地区天气气候监测预报预警，及时提供防汛抗旱所需气象信息；负责实施人工增雨抗旱作业。

（23）警备区司令部：负责组织协调部队、民兵担负抢险救灾、营救群众、转运物资、稳定秩序及其他相关防汛抗旱减灾工作任务。

（24）武警驻地总、支（大、中）队：协助组织开展抢险救灾、营救群众、转运物资、稳定秩序及其他相关防汛抗旱减灾工作任务。

（25）消防救援总、支（大、中）队：负责组织开展抢险救灾、营救群众、转运重要物资及其他相关防汛抗旱减灾工作任务。

（26）水文局：负责本地区雨情、水情监测、土壤墒情[1]监测和洪水预报，及时准确提供防汛抗旱所需的水情和墒情信息。

（27）国有平台公司：负责所属排水管网、下穿隧道、污水处理厂、自来水厂等设施

[1] 墒［shāng］情：是指作物耕层土壤中含水量多寡的情况，反映土壤湿度状况。

的防汛抢险和应急处置工作；参与支援重大突发汛情、险情应急抢险。

（28）电信分公司：负责为防汛抗旱抢险救灾提供通信保障，优先保证抢险救灾的通信需要。

（29）移动分公司：负责为防汛抗旱抢险救灾提供通信保障，优先保证抢险救灾的通信需要。

（30）联通分公司：负责为防汛抗旱抢险救灾提供通信保障，优先保证抢险救灾的通信需要。

2.4　防汛抗旱指挥主要工作制度

2.4.1　工作原则

（1）以人为本。坚持以人为本、安全第一，以确保防洪安全和生产生活供水安全为首要目标，统筹城乡，突出重点，兼顾一般。

（2）属地为主。坚持党委领导、政府主导，坚持统一指挥、分级分部门负责 。

（3）多措并举。坚持工程措施和非工程措施相结合，遵从科学、合理、实用、便于操作的原则。

（4）科学调度。坚持电调服从水调、水调服从洪调的原则，以确保工程自身安全为前提，科学调度，优化配置，最大限度减少洪涝灾害损失，努力保障城乡居民生活生产用水，兼顾生态用水需求。

（5）统筹兼顾。坚持实行先生活、后生产，先地表、后地下，先节水、后调水，综合统筹，最大限度地满足城乡生活、生产、生态用水需求 。

（6）专群结合。坚持公众参与、军民结合、警民结合、专群结合、专业救援与群众自救相结合。

洪涝灾害应急指挥调度原则关系如图2.4.1所示。

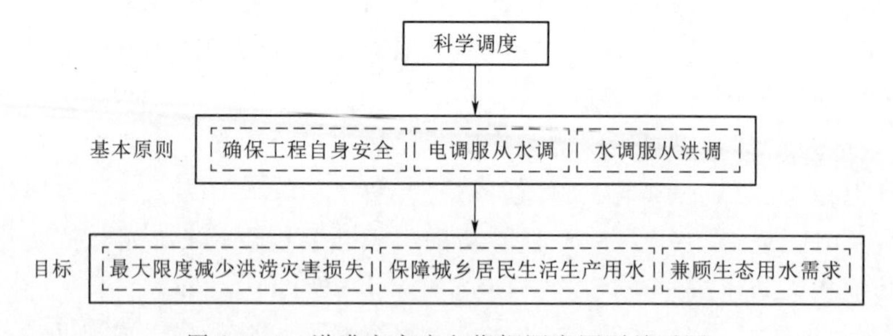

图2.4.1　洪涝灾害应急指挥调度原则关系图

2.4.2　工作机制

建立健全防汛抗旱责任落实“三单一书”、责任督促“两书一函”“四不两直”等工作机制，构建分工明确、责任清晰、配合紧密的职责体系，形成统一指挥、高效协同、无缝衔接的“防抗救”一体化格局，以更高标准、更严要求、更快反应、更好效果做好防汛抗

旱工作。

（1）三单一书：领导干部责任清单、部门职责清单、隐患风险清单和一项承诺书，详见附录 2《防汛抗旱指挥部办公室“三单一书”模板 》。

（2）两书一函：约谈通知书、督促限期整改通知书和提醒敦促函，详见附录 3《防汛抗旱指挥部办公室“两书一函”模板》。

（3）四不两直：不发通知、不打招呼、不听汇报、不用陪同接待、直奔基层、直插现场。

2.4.3 工作任务

（1）减轻灾害风险，做好灾前预防和准备。

（2）密切监控雨水情、旱情、工情[1]、险灾情，强化会商研判，及时发布预报预警。

（3）组织开展应急供水、调水，解决农村因旱人畜饮水困难。

（4）组织疏散、转移、解救受威胁人员，及时妥善安置，开展必要的医疗救治。

（5）科学运用各种手段开展险灾情处置，严防次生衍生灾害发生。

（6）组织抢救、转移重要物资，管控重大危险源，保护重要民生和军事目标。

（7）加强灾害发生地区及周边社会治安，保障公共安全，维护社会稳定。

2.4.4 专家库（组）管理制度

为确保洪涝灾害应急处置科学高效，提前选聘、建立专家库（组），及时为行政决策提供科学和操作性强的专业技术指导意见尤为重要。专家组可由气象气候、地质、水利水电工程、水上救援、环境工程、卫生防疫等 6 个领域的专家学者组成。专家成员可面向有关部门和科研院所、应急救援单位、水库水电站管理单位及施工企业等单位征集，通过完善管理制度，对专家进行规范化选聘、考核工作，根据需要抽调专家参加洪水灾害抢险救援。详见附录 4《洪涝灾害应急救援专家库管理办法建议案》。

2.4.5 动员部署制度

汛前或者汛初，防汛抗旱指挥部组织对当年防汛减灾工作形势进行分析研判，并对当年防汛减灾工作进行全面安排部署。各级党委、政府主要负责同志务必根据《防洪法》《防汛条例》《突发事件应对法》等法律法规，统一思想、高度重视，坚决落实有关防汛工作各项要求；动员本辖区所有成员单位积极做好人、料、机各项准备工作，并逐级检查落实情况，书面向上级防汛指挥部和同级党委、政府报告。

2.4.6 隐患排查制度

成立专门的巡查排险组织机构，形成工作机制，责任到人，全方位落实防汛值班、带

[1] 工情：工情信息作为描述和反映水利工程运行状况的手段，是防汛指挥决策的重要依据。工情信息包括各类防洪工程主体的实时工作状态，如堤防工程发生的决口、漫溢、漏洞、管涌、渗水、滑坡、裂缝、沉陷、护坡（护岸）损坏，涵闸等穿堤建筑物发生的门叶滑动、渗水、裂缝等；水库工程发生的坝体裂缝、渗漏、管涌、塌坑、滑坡、决口、漫顶、漏洞、闸门启闭失灵等防汛运行实时信息。信息传递方式分人工巡查报告和电子监测传输两种。

班制度，巡查排险，落实上传下达、底情上报的工作要求。坚持“雨前排查、雨中巡查、雨后核查”和“全面拉网、不留死角”，突出重点区域、重点部件、重要环节，组织开展常态化、动态化防汛安全隐患排查。为持续高效、科学有序地开展各项工作，应形成如下工作制度和相关工作表格模板：

（1）值班、带班制度；形成书面电话、会议记录与报告模板。

（2）巡查排险制度；形成巡查记录与除险加固处置记录和报告模板。

（3）防汛工作督查通报制度；形成防汛值班检查情况表、巡查排险督查记录表、防汛工作督查通报等模板。

2.4.7 调度会商制度

防汛调度会商是防汛工作的重要环节。坚持实行防汛会商制度，建立完善雨情、水情、汛情、险情会商调度机制，组织开展定期会商和不定期会商，研判分析风险隐患，研究应对和处置措施，是保证防汛抗旱工作有序、高效、科学开展的重要工作方法。

防汛调度会商分为：日常会商、一般汛情会商、重大汛情会商。日常会商为定期例行会商，汛期每月组织2次。遇重要天气过程或其他需要会商情况时，加密会商。当有重大雨情、汛情时，当地应急委、防汛指挥部召集相关成员单位根据防汛形势需要进行紧急防汛会商，并针对汛情特点采取相应措施，科学开展预估预报工作。按照会商应急属性不同分为定期会商、专题会商、紧急会商，研判分析风险隐患，研究预防和处置措施。必要时，可根据实际需要增加非成员单位及个人参与会商。

2.4.7.1 会商内容

（1）传达贯彻上级关于防汛抗旱、应急抢险救援、工作部署等会议精神和领导指示、批示。

（2）分析研判天气变化趋势、雨水情变化动态、洪涝干旱灾害发展态势等，提出发布预警或启动应急响应建议。

（3）分析研究工情、险情态势，提出应急处置意见建议。

（4）研究提出派出督导组、专家组建议。

（5）研究提出抢险救灾物资、队伍调配建议。

（6）根据部门职责分工，研究提出部门防汛抗旱抢险救灾行动建议。

（7）其他需要会商研究事项。

防汛会商要以确保人民群众的生命安全为防汛工作的首要目标，以确保流域防洪安全，确保各类水库、堤防安全度汛，确保山洪灾害的防洪安全以及低洼易涝地带群众的安全转移为防汛工作的重点。根据洪涝灾害特点和规律，防汛会商内容可概括为“一看天、二看地、三看水”。

“一看天”为预测气象情况。气象部门应基于卫星云图等情况，预测未来一段时间内的气象状况。

“二看地”为通报降雨情况。气象、水文部门应基于气象变化，通报当前及未来时段的降雨量、降雨时段、降雨分布等雨情。

“三看水”为江河水库水势。水文部门应准确提供当前江河的流量等雨情，水利部门

通报控制性水库运用情况。

2.4.7.2 会商程序

（1）防汛会商一般由防汛指挥部指挥长或副指挥长召集，各成员单位负责人参加。

（2）会商前，水文和气象部门应对各站点雨水情进行跟踪，密切监视天气、汛情、灾情发展趋势，提前收集、整编好防汛指挥决策所需的当前水情、雨情及下一步预报，必要时应提请上级水文部门、协调上下游水文部门取得相关资料，供防汛会商时使用。

（3）会商时，首先由水文气象部门通报当前流量、雨量等情况，防汛指挥部其他各成员单位按照所承担的职能职责通报灾情统计、当前防汛形势、面临的问题、已完成的工作、下一步举措及需要协同的事项。针对当前存在的重点、难点或有争议的问题，应在充分听取相关水文、工程、救援等方面技术专家的意见后，党委、政府主要领导再单独会商，形成一致意见后，再由防汛指挥部负责同志总结、分析防汛形势，并就下阶段防汛工作进行安排部署。

（4）会商后，由防汛指挥部办公室整理会商议决事项，形成会议纪要和会商简报、今日汛情，并督促各成员单位按照时间节点落实，及时收集各成员单位执行过程中反馈的信息，供防汛指挥部负责同志相机科学决策。

2.4.8 督导检查制度

建立督导检查制度，各级党委政府绩效考核部门、纪委监委以及相关应急、水利职能部门组成督导专班。对应急委决定事项、应急委领导同志批示及其他交办事项进行督促检查，适时对应急救援能力建设及其他专项应急工作进行抽查督查。督促检查所辖区域政府、有关部门和有关单位应急管理工作任务和责任落实情况，并将其纳入年度目标绩效考核。采取专项检查、蹲点督导和突访等形式，推动党委、政府和应急委防汛抗旱决策部署和各项防灾减灾工作落地落实。以防汛专报、通报等形式，及时在所辖区域内通报在落实防汛、应急处置各项指令中好的做法及不良或违纪行为，以此褒奖先进、鞭策不足。

2.4.9 协调联动制度

当发生洪涝灾害时，本级防汛指挥部负责及时将有关情况上报上级防汛指挥部和本级党委、政府、应急委，通报防汛各成员单位，组织开展防汛抗旱、抢险救灾相关工作。同时，建立各成员单位之间的信息互联互通、资源共享、有效支援、相互配合的工作机制，实行部门联动和区域协作，强化“军民联防、警民联防”，形成抗灾合力。启动Ⅲ级（黄色）及以上防汛抗旱应急响应时，防汛办根据需要组织相关成员单位负责人参加调度会商，并在防汛指挥中心参与值守。

2.4.10 预警信息发布制度

暴雨预警，由气象部门根据降雨范围、强度及时发布；洪水预警，由水文部门确定洪水预警区域、级别和洪水信息发布范围，按照权限向社会发布；山洪灾害预警，由各属地水务（水利）部门根据监测预警规程，及时向山洪灾害危险区发布；当工程出现险情时，工程管理单位应立即报告上级主管部门和当地防汛抗旱指挥部，并向受影响区域（一般为毗邻区域和下游区域）发布工程险情预警。防汛应急响应，由县级以上防汛抗旱指挥部根据雨情、水情、汛情、工情、险情等综合因素分析研判，适时启动相应级别的防汛应急响应。

2.4.11　评估总结与持续改进制度

（1）评估报告。建议在每一次应急预警、响应活动后，及时开展评估工作，形成书面评估报告。

（2）总结报告。汛期结束后，各级应急委、防汛抗旱指挥部根据当年防汛工作记录、评估报告、应急预案、各部门总结等材料，对当年防汛工作进行全面总结，并形成防汛应急管理工作书面总结报告。总结报告的主要内容包括：①防汛工作年度概要；②发现的问题，取得的经验和教训；③应急管理工作建议。

（3）持续改进。包括应急预案修订完善和应急管理工作改进两方面。

1）根据评估报告和总结报告中对应急预案的改进建议，由应急预案编制部门按权限和程序对预案进行修订完善。

2）应急委、防汛抗旱指挥部可适时根据应急处置评估报告和防汛工作总结报告提出的问题和建议，对相关应急管理工作进行持续改进。应急委、防汛抗旱指挥部应督促相关部门和人员，制定整改计划，明确整改目标，制定整改措施，落实整改资金，并应跟踪督查整改情况。

2.4.12　奖励与责任追究制度

根据《防洪法》《防汛条例》《突发事件应对法》等法律法规，建立奖惩制度，可参见1.2.2节中关于奖惩的规定，依照相关法律法规，按照党委、政府安排，组织开展对突发事件应对处置工作中的先进集体和先进个人进行评选，并提出奖励建议；对失职、渎职的进行通报批评和依法依规追究责任。

2.5　预防和预警

2.5.1　预防准备工作

预防准备应突出“两个坚持、三个转变”：坚持以防为主、防抗救相结合，坚持常态减灾和非常态救灾相统一，努力实现从注重灾后救助向注重灾前预防转变，从应对单一灾种向综合减灾转变，从减少灾害损失向减轻灾害风险转变，全面提升全社会抵御洪涝灾害的综合防范能力。在城乡建设、工程选址、各种规划中要提前考虑规避灾害风险，充分做到灾前预防。各级防汛抗旱指挥部要按照职能职责，从各方面充分做好洪涝灾害的预防准备工作。

（1）思想准备。加强宣传，每年汛前要定期组织各种形式的宣传活动，宣讲《中华人

民共和国防洪法》《中华人民共和国突发事件应对法》《中华人民共和国防汛条例》《中华人民共和国抗旱条例》《××省〈中华人民共和国防洪法〉实施办法》《××省〈中华人民共和国抗旱条例〉实施办法》等防汛抗旱法律法规，增强全民水旱灾害防御和自我保护的意识，做好防大汛、抗大旱的思想准备。

(2) 组织准备。建立健全组织体系，落实防汛抗旱责任，加强防汛抗旱队伍建设和管理。

(3) 工程准备。按要求完成防汛抗旱工程建设和水毁工程修复建设任务，对存在病险的堤防、水库、涵闸、泵站等实行除险加固，对在建的涉水工程和病险工程，落实安全度汛方案。

(4) 预案准备。及时编制和修订各类预案，综合类防汛抗旱预案由各级防汛抗旱指挥部负责编制，专项类防汛抗旱预案由行业主管部门负责编制，并按规定报批或备案。

(5) 物资储备。明确防汛抗旱物资品种、数量，足额补充和储备防汛抗旱抢险救灾物资，确保急需时可调可用。

(6) 通信准备。分级检查和维护防汛抗旱通信专网和监测预警设施，保障其正常使用。

(7) 隐患排查。加强对江、河、湖、库和山洪、干旱等灾害风险区域的排查，对发现的风险隐患进行登记、评估和整改，及时消除和控制风险。

1) 江河隐患排查重点：河床年度下切（抽槽）深度，堤防基础、跨河桥梁桩基埋深是否满足河床下切深度要求；主流游荡情况、倒滩横流情况、堤防基础、跨河桥梁桩基被水流冲淘情况，以及是否存在贯穿性裂缝和不均匀沉降现象；闸门启闭是否正常；河岸是否顺直、河床是否有淤堵及管理范围是否存在阻碍行洪的违章建筑。

2) 城市内涝隐患排查重点：根据多年降雨情况，梳理出易涝点位及应急响应措施；排查现有雨、污管道是否存在雨污合流情况，有无断头管；采取内窥镜、CCTV 检测管道结构是否塌陷、脱节破坏及淤堵情况；当雨水管道低于河道排水口洪水位时，有无闸阀堵口措施，防止洪水倒灌；检查井内是否安装牢固可靠的防坠网。

(8) 汛前检查。以查思想、查组织、查工程、查预案、查物资、查通信为主要内容，查找防汛抗旱工作存在的薄弱环节，明确责任，限时整改。

(9) 培训和演练。各级防汛抗旱指挥部要采取多种形式，定期与不定期开展应急演练，专业抢险队伍每年必须针对当地易发生的各类险情进行不少于一次的应急抢险演练，排查出的山洪危险区（地灾隐患点）每年至少组织一次演练。

水旱灾害（洪涝灾害）预防准备工作如图 2.5.1 所示。

2.5.2 预报预警

防汛抗旱预报预警工作主要包括监测、预报和预警。

2.5.2.1 监测

1. 雨情、水情

气象和水文部门为防汛抗旱气象、水文信息的主要提供单位，负责合理布设站点，加强雨情、水情监测预测，实时掌握天气和江河水势变化，及时向本级防汛抗旱指挥部提供

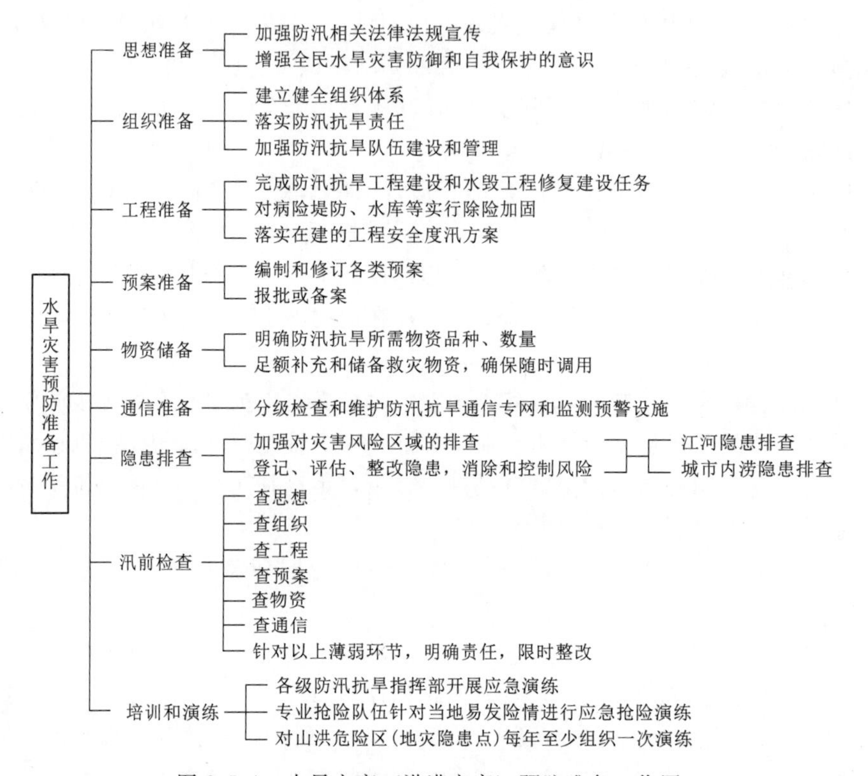

图 2.5.1　水旱灾害（洪涝灾害）预防准备工作图

准确全面的监测信息。各级防汛办负责通过防汛指挥信息化系统监测站点及时采集雨情、水情信息，提前明确辖区内主要江河洪水重现期与流量的对应关系，可参见附录5《辖区主要江河重要断面洪水流量对应表》。同时，加强与水文、气象部门的联系，会商研判汛情、旱情发展趋势，分析洪涝灾害风险，为防汛指挥决策提供科学依据。

2. 工程信息

（1）堤防工程。

1）当江河上游及当地出现较大降雨或河水上涨时，各级堤防管理单位应加强工程监测，尤其是监测站点的流速、流量和水位指标监测，并适时将堤防、涵洞、泵站等工程设施的运行情况报告上级工程管理部门和同级防汛抗旱指挥部办公室。

2）当堤防和涵闸、泵站等穿堤建筑物出现险情或可能的决口时，工程管理单位应迅速组织抢险，并在第一时间向洪水淹没风险区预警，同时向同级防办和上级管理部门报告出险部位、险情种类、抢护方案以及处理险情的行政责任人、技术责任人、值班负责人、通信联络方式、除险情况等，以便加强指导或作出进一步的抢险决策。流域流经本地的干流及支流重要堤防、涵闸等发生重大险情，属地防办应在事发30min内将相关险情报告上一级防办和水务（水利）部门。

（2）水库工程。

1）根据管理权限，各级水行政主管部门应向水库水电站管理单位及时下达报汛报旱任务书，水库水电站管理单位要根据报汛报旱任务书要求，上报库水位、入库流量、出库

流量、蓄水量等监测信息，详见附录6《水库、水电站汛期报汛制度（建议案）》。

2）水库水位超过汛限水位时，水库管理单位应加密大坝、溢洪道、放水设施等关键部位监测，并按照有调度管辖权限的防汛抗旱指挥机构批准的洪水调度方案调度，其工程运行状况应向同级水行政主管部门和防汛抗旱指挥机构报告。

3）当水库出现险情时，水库管理单位应立即在第一时间向水库溃坝洪水风险图确定的淹没范围发出预警，并迅速处置险情；同时向相关水行政主管部门和防汛抗旱指挥机构报告出险部位、险情种类、抢护方案以及处理险情的行政责任人、技术责任人、值班负责人通信联络方式、除险情况，以便进一步采取相应措施。水库发生重大险情时，属地水行政主管部门应在险情发生30min内报告上级防办和水务（水利）局，详见附录7《水库、水电站工程技术信息和抢险报告情况表》。

3. 山洪灾害信息

发生山洪灾害的区（市）县防办应在灾害发生30min内，向地级市防办报送灾害情况，主要包括发生时间、地点、种类（山丘区洪水、泥石流或滑坡）、规模、影响程度、范围、预警情况、人员伤亡情况、人员围困情况、主要水利水电工程（尤其是水库电站）、重要基础设施损毁和财产损失情况，同时报送受灾地区人员避险转移安置情况。

4. 内涝积水信息

主城区发生城市内涝积水后，属地防办应在30min内向上级防办报告，包括发生时间、积水位置、影响范围、最大积水深度和受影响人员情况；同时按照行业对口原则，及时将内涝相关信息报告上级行业主管部门；地级市防指成员单位按照职责分工，对负责的防汛重点区域内涝情况及时跟进了解，指导开展应急处置工作。

防汛监测工作指引如图2.5.2所示。

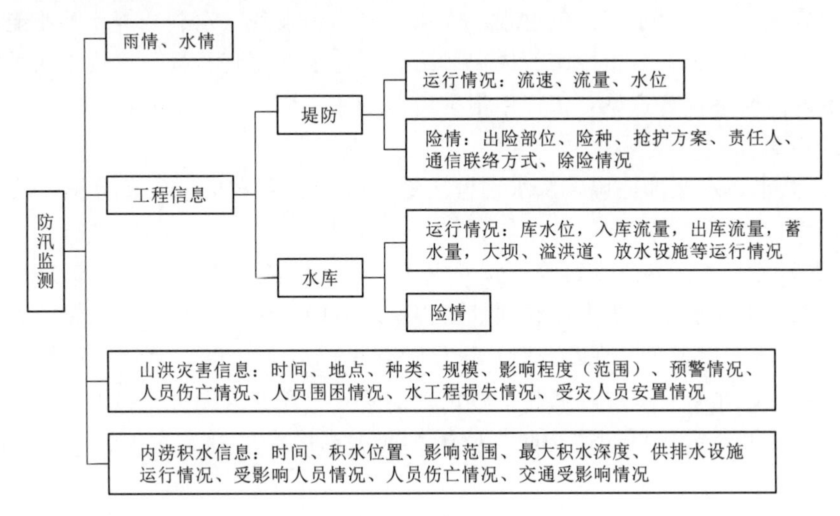

图2.5.2　防汛监测工作指引图

2.5.2.2　预报

气象、水文部门要加强雨情、水情预报，尽可能延长预见期，提高准确度，做好重大气象、水文灾害评估，并及时报告本级防汛抗旱指挥部办公室。气象部门应在提供本区域

中期预报的同时，加强影响区域短时临近预报；水文部门应在提供主要江河控制站预报的同时，加强中小河流站点测报工作。

2.5.2.3　预警

为发挥好应急指挥中心综合指挥调度作用，推进洪涝灾害预警、会商研判和应急救援工作无缝衔接，并为启动重特大洪涝灾害响应和制定科学高效的应急预案，打下坚实的基础，有必要细化预警信息及应对处置。目前，针对社会科学技术可以预警的突发事件，各级有关部门（单位）接到相关征兆信息后，及时组织进行分析评估，研判发生的可能性、强度和影响范围，以及可能发生的次生衍生突发事件类别，确定预警级别。按照紧急程度、发展态势和可能造成的危害程度，预警级别可分为Ⅰ级、Ⅱ级、Ⅲ级和Ⅳ级，分别用红色、橙色、黄色和蓝色标示，Ⅰ级为最高级别，图2.5.3为预警流程。

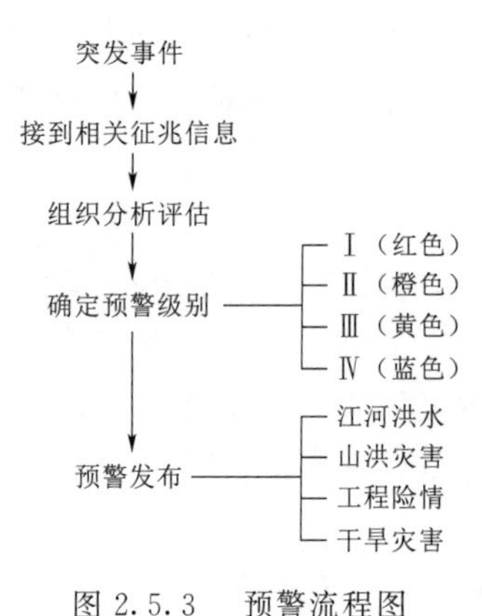

图2.5.3　预警流程图

（1）各级防汛抗旱指挥部应加强预防预警体系建设，在必要区域建立完善防汛抗旱预防预警设备、设施，建立水文、气象、水务（水利）等部门信息共享和洪涝灾害预防预警联动机制，形成市、区（市）县、镇（街道）、村（社区）上下一体、多部门协同、全社会参与的洪涝灾害预警体系。

（2）会商机制。各级防汛抗旱指挥部办公室应加强会商研判，定期和不定期召集气象、水文部门和相关成员单位进行综合会商，分析研判水情、旱情、险情和灾情趋势。会商形式可采用远程异地会商和集中会商等多种形式。

（3）预警内容。针对重要天气过程，气象、水文、水务（水利）等相关职能部门应加强江河洪水、山洪灾害、城市内涝等成灾风险研判，根据研判结果，形成江河洪水、山洪灾害、城市内涝风险预警意见，按程序报批后执行。

（4）预警发布。

1）江河洪水。水文部门确定洪水预警区域、级别和洪水信息发布范围，按照权限向社会发布预警。

2）山洪灾害。各区县级水行政主管部门和一线防汛抗旱工作机构应充分利用已经建成的山洪灾害非工程措施，根据监测预警规程，及时向山洪灾害危险区发布预警。

3）工程险情。当工程出现险情时，工程管理单位应立即报告上级主管部门和当地防汛抗旱工作机构，并向受威胁区域和下游预警，同时迅速处置险情。当工程遭遇超标准洪水或其他不可抗拒因素而可能溃决时，应提早向洪水淹没区域发布预警，确保群众生命安全。

2.6　应急预案编制与管理

为切实做好防汛抗旱工作，加快建立上下对齐、运转有序的防汛抗旱工作体系，主动预防、有效应对洪涝灾害，规范防汛抗旱应急行为，做好各类洪涝灾害的防范与处置工

作，确保抗洪抢险、抗旱救灾快速、有序、高效，最大限度地减少人员伤亡和财产损失，保障经济和社会全面、协调、可持续发展，结合本地实际和历史灾情制定洪涝灾害应急预案尤为重要。

2.6.1 洪涝灾害应急预案编制

2.6.1.1 指导思想

深入学习贯彻习近平总书记关于防灾减灾救灾重要论述，坚持以人民为中心的发展思想，正确处理人和自然的关系，正确处理防汛抗旱减灾和经济社会发展的关系。践行“两个坚持、三个转变”（坚持以防为主、防抗救相结合，坚持常态减灾和非常态救灾相统一，努力实现从注重灾后救助向注重灾前预防转变，从应对单一灾种向综合减灾转变，从减少灾害损失向减轻灾害风险转变），坚持防汛抗旱并举，强化灾害风险防范措施，加强灾害风险隐患排查和治理，健全统筹协调机制，全面提高防汛抗旱综合能力和现代化水平。

2.6.1.2 编制依据

主要依据以下法律法规及规范、文件：

（1）法律：《中华人民共和国防洪法》《中华人民共和国突发事件应对法》。

（2）行政法规：《中华人民共和国防汛条例》《中华人民共和国抗旱条例》《中华人民共和国河道管理条例》《水库大坝安全管理条例》等。

（3）部门规章、规范：《国家突发公共事件总体应急预案》《突发事件应急预案管理办法》《生产经营单位生产安全事故应急预案编制》（GB/T 29639）《国家自然灾害救助应急预案》《国家防汛抗旱应急预案》等。

（4）地方政府规章：《××省〈中华人民共和国防洪法〉实施办法》《××省〈中华人民共和国抗旱条例〉实施办法》《××省河道管理实施办法》《××省突发公共事件总体应急预案》《××省防汛抗旱应急预案》《××市突发公共事件总体应急预案》等。

2.6.1.3 适用范围

预案编制应紧密结合辖区洪涝灾害应急工作实际，适用于行政区域内洪涝灾害的预防和应急处置，主要包括：江河洪水灾害、内涝灾害、山洪灾害、干旱灾害、堰塞体堵塞河道、供水危机，以及由洪水、地震、恐怖活动等引发的水库垮坝、堤防决口、水闸倒塌等次生灾害。

2.6.1.4 预案术语

有关党委、政府应急职能部门根据有关法律、法规和相关标准，结合本地区组织指挥体系、历史灾情规模，针对本地区可能发生的洪涝灾害，为最大程度减少灾害损害而预先制定的应急准备工作方案。科学合理确立本地区的洪涝灾害应急预案体系，又可分为洪涝灾害综合应急预案、专项应急预案和现场处置方案三个层级，如图 2.6.1 所示。

（1）洪涝灾害综合应急预案，是应急管理部门为应对各种洪涝灾害而制定的综合性工作方案，是本地区应对洪涝灾害的总体组织架构、职能职责、工作程序、措施和应急预案体系的总纲。洪涝灾害综合应急预案内容包括：总则、应急组织机构及职责、应急响应、后期处置、应急保障等，是专项应急预案编制、实施的基础指引。

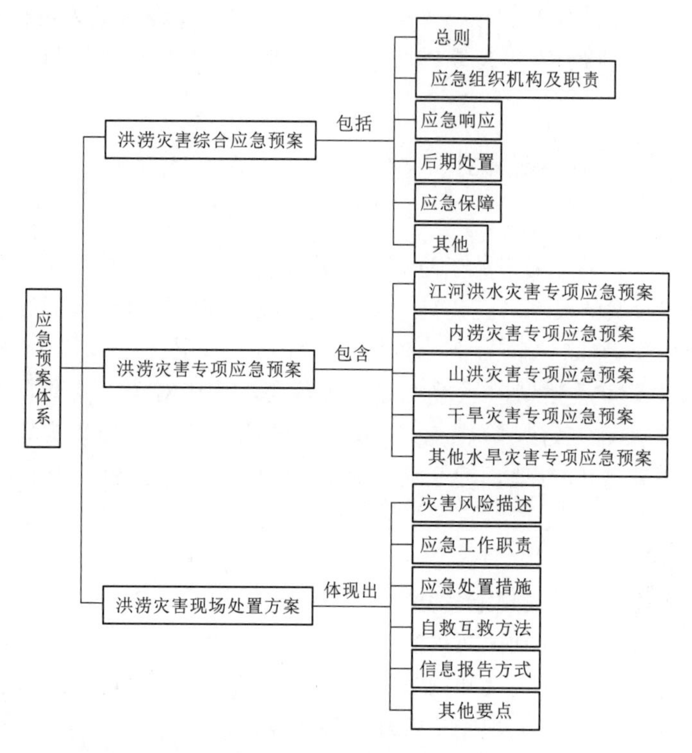

图2.6.1　应急预案体系

（2）洪涝灾害专项应急预案，是应急管理部门为应对某一种或者多种类型洪涝灾害，为最大限度减少灾害损害而预先制定的专项工作方案，包括江河洪水灾害、内涝灾害、山洪灾害、防台风灾害等专项应急预案。洪涝灾害专项应急预案与综合应急预案中的应急组织机构、应急响应程序相近时，可不编写专项应急预案，相应的应急处置措施并入综合应急预案。

（3）洪涝灾害现场处置方案，是应急管理部门组织相关应急抢险队伍和专家根据不同洪涝灾害类型，针对具体场所、险情和衍生险情总结出来的具体抢险处置措施。现场处置方案重点规范灾害风险描述、应急工作职责、应急处置措施和注意事项，应重点体现自救互救、信息报告和先期处置的特点。比如城市内涝衍生出来的雨污水管道疏通、下穿隧道抽排、供水危机等险情处置；江河洪水衍生出来的漫堤、管涌、漏洞、崩岸、决口和滑坡、泥石流堰塞体堵塞河道、桥梁水闸失稳倒塌等险情处置；其他衍生灾情，如由洪水、地震等引发的水库垮坝等现场处置方案。

2.6.1.5　应急预案编制程序

洪涝灾害应急预案编制程序包括成立应急预案编制工作组、资料收集、风险评估、应急资源调查、应急预案编制、桌面推演、应急预案评审和批准实施8个步骤。

1. 成立应急预案编制工作组

结合洪涝灾害应急管理职能和分工，成立以应急委、防汛指挥部有关负责人为组长，成员单位负责人参加的应急预案编制工作组，明确工作职责和任务分工，制订工作计划，

组织开展应急预案编制工作。预案编制工作组中应邀请上级对口部门、相关救援队伍以及人大、政协代表参加。

2. 资料收集

应急预案编制工作组应收集下列相关资料：

(1) 适用的法律法规、部门规章、地方性法规和政府规章、技术标准及规范性文件。

(2) 辖区及周边地质地形、环境情况及流域干、支流分布情况和气象、水文、交通资料。

(3) 辖区行政区划及特征、城市体量及经济水平、人口分布情况和历史洪涝灾情统计分析资料。

(4) 历史洪涝灾情主要风险点，工程与非工程措施既有资料和国内外同灾种应急预案。

3. 风险评估

开展洪涝灾害风险评估，撰写评估报告，可详见附录 8《洪涝灾害风险评估报告编制大纲》，其内容包括但不限于：

(1) 辨识辖区存在的洪涝灾害危险因素，确定可能发生的损失、伤害事故类别和险工险段、易涝点位等。

(2) 分析各种险情、险种发生的可能性、危害后果和影响范围。

(3) 评估确定相应灾害类别的风险等级。

4. 应急资源调查

全面调查和客观分析辖区以及周边区域可支配和请求援助的应急资源状况，撰写应急资源调查报告，可详见附录 9《洪涝灾害应急资源调查报告编制大纲》，其内容包括但不限于：

(1) 辖区可调用的应急救援队伍、装备、物资、场所。

(2) 针对洪涝灾害存在的风险可采取的监测、监控、预警手段。

(3) 上级部门、党委政府及周边辖区可提供的应急资源。

(4) 可协调使用的医疗、消防、专业抢险救援机构及其他社会化应急救援力量。

5. 应急预案编制

应急预案编制应当遵循以人为本、依法依规、符合实际、注重实效的原则，以应急处置为核心，体现自救互救和先期处置的特点，做到职责明确、程序规范、措施科学，尽可能简明化、图表化、流程化。应急预案编制格式和要求可参见附录 10《洪涝灾害应急预案编制格式和要求》。应急预案编制工作包括但不限于：

(1) 依据洪涝灾害风险评估及应急资源调查结果，结合辖区应急组织管理体系、历史灾情规模及处置特点，合理确立辖区应急预案体系。

(2) 结合应急组织管理体系及职能划分，科学设定辖区应急组织机构及职责分工。

(3) 依据洪涝灾害可能的危害程度和区域范围，结合应急处置权限及能力，清晰界定辖区的响应分级标准，制定相应层级的应急处置措施。

(4) 按照有关规定和要求，确定灾害信息报告、响应分级与启动、指挥权移交、警戒疏散方面的内容，落实与相关部门和单位应急预案的衔接。

6. 桌面推演

按照应急预案明确的职责分工和应急响应程序，结合有关经验教训，编制工作组及其人员可采取桌面推演的形式，模拟洪涝灾害应对处置全过程，逐步分析讨论并形成记录，检验应急预案的可行性，并进一步完善应急预案。桌面推演的相关要求可参见附录11《××××年汛期应急救援桌面推演工作清单》应急预案演练中应急演练的实施。

7. 应急预案评审

应急预案编制完成后，编制工作组应按法律法规有关规定组织评审或论证。参加应急预案评审的人员可包括有关应急管理方面的、有现场处置经验的专家学者和应急救援队伍成员及乡镇（街道）基层管理人员。应急预案论证可通过推演的方式开展。

（1）应急预案评审内容主要包括：风险评估和应急资源调查的全面性、应急预案体系设计的针对性、应急组织体系的合理性、应急响应程序和措施的科学性、应急保障措施的可行性、应急预案的衔接性。

（2）评审程序。一般包括下列步骤：

1）评审准备。成立应急预案评审工作组，落实参加评审的领导和专家，将应急预案、编制说明、风险评估、应急资源调查报告及其他有关资料在评审前送达参加评审的单位或人员，便于相关人员提前熟悉相关资料。

2）组织评审。评审采取会议审查形式，编制工作组主要负责人参加会议，会议由参加评审的专家共同推选出的组长主持，按照议程组织评审；表决时，应有不少于出席会议专家人数的2/3同意方为通过；评审会议应形成评审意见（经评审组组长签字），附参加评审会议的专家签字表。表决的投票情况应以书面材料记录在案，并作为评审意见的附件。

3）修改完善。编制工作组应认真分析研究评审意见，按照评审意见对应急预案进行修订和完善。评审表决不通过的，应修改完善后按评审程序重新组织专家评审，编制工作组应写出根据专家评审意见的修改情况说明，并经专家组组长签字确认。

8. 批准实施

通过评审并修订和完善的应急预案，由编制工作组主要负责人审签后报送同级党委政府、应急委审查同意后签发实施。

应急预案的编制流程简图如图2.6.2所示。

2.6.2　洪涝灾害应急预案管理

为规范洪涝灾害应急预案管理，增强应急预案的针对性、实用性和可操作性，依据《突发事件应对法》《突发事件应急预案管理办法》等法律法规，有必要对预案的备案、培训、演练及修订等工作明确要求。

1. 备案

本辖区防汛办负责在上级和同级应急委领导下编制、修订完善《防汛抗旱应急预案》，并组织指导下属各地编制本级防汛应急预案、水库水电站和在建涉水工程等管理单位编制相关预案。各级经审查批准的洪涝灾害应急预案应当在预案公布之日起20个工作日内，按照分级属地原则，向上一级应急管理部门和其他负有监督管理职责的水务（水利）部门

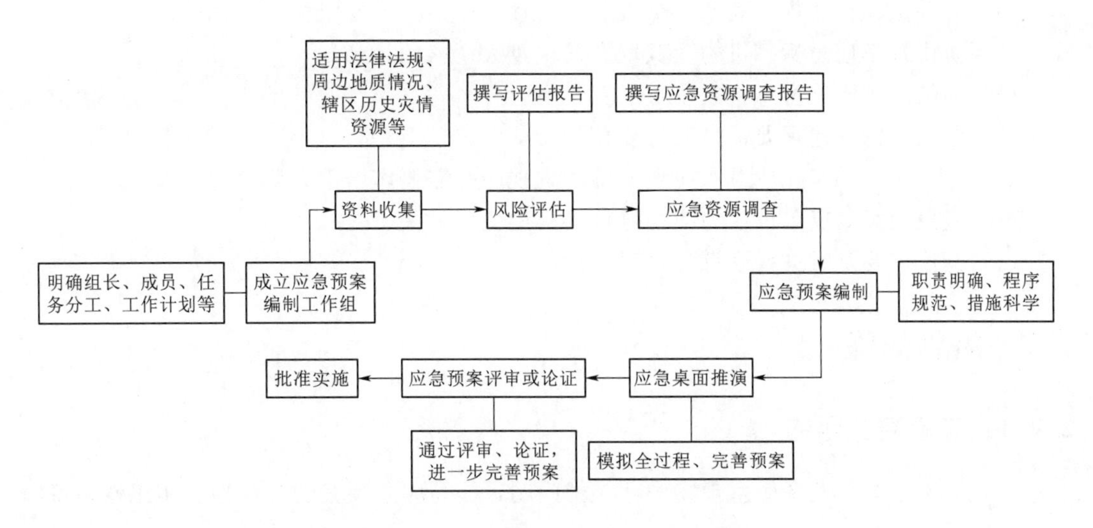

图 2.6.2 应急预案编制流程简图

进行备案，并依法向社会公布。申报应急预案备案，应当提交下列材料：

(1) 应急预案备案申报表。

(2) 提供应急预案评审意见。

(3) 应急预案电子文档。

(4) 风险评估结果和应急资源调查清单。

受理备案登记的部门应当在5个工作日内对应急预案材料进行核对，重点进行以下核查工作：

(1) 合规性审查：预案与相关法律法规、部门及政府规章、规范标准和上级预案是否一致。

(2) 预案中有关应急资源调查和应急响应条件（特别是地形地势、历史降雨量、上游来水流量、汇雨面积和形成径流时间等特征）、响应行动是否符合当地实际情况。

(3) 预案要件、附件是否齐全。是否对可能发生的江河洪水、城市洪涝、山洪灾害、大面积干旱等灾种及处置措施进行全覆盖。

上述要求均满足的，应当予以备案并出具应急预案备案登记表；材料不齐全的，不予备案并一次性书面告知需要修订、补齐的材料。

2. 培训宣传

各级防汛抗旱工作机构应加强预案宣传，充分利用互联网、广播、电视、报刊等多种媒体广泛宣传，鼓励群众积极参与防汛抗旱减灾救灾相关工作；普及生产安全事故避险、自救和互救知识，提高从业人员和社会公众的安全意识与应急处置技能。

3. 应急演练

各级预案编制单位应当建立应急演练制度，采取实战演练、桌面推演、“双盲”演练等方式开展应急演练。

4. 修编修订

建立预案修编制度，当发生下列条件时应及时修编修订防汛抗旱应急预案。

（1）有关法律、法规、规章、标准、上位预案中的有关规定发生变化的。

（2）防汛抗旱应急指挥机构及其职责发生重大调整的。

（3）面临的洪涝灾害风险发生重大变化的。

（4）预案中的其他重要信息发生变化的。

（5）在洪涝灾害实际应对和应急演练中发现问题需要作出重大调整的。

（6）应急预案制定单位认为应当修订的其他情况。

（7）其他需要及时进行修订的情况。

2.7　应急演练

2.7.1　应急演练目的

（1）检验预案：发现应急预案中存在的问题，提高应急预案的针对性、实用性和可操作性。

（2）完善准备：完善应急管理标准制度，改进应急处置技术，补充应急装备和物资，提高应急能力。

（3）磨合机制：完善应急管理部门、相关单位和人员的工作职责，提高协调配合能力。

（4）宣传教育：普及应急管理知识，提高参演和观摩人员灾害风险防范意识和自救互救能力。

（5）锻炼队伍：熟悉应急预案，提高应急管理和救援人员在紧急情况下妥善处置事故的能力。

2.7.2　应急演练分类

洪涝灾害应急演练按照演练内容分为综合演练和单项演练，按照演练形式分为实战演练、桌面推演和“双盲”演练，按照目的与作用分为检验性演练、示范性演练和研究性演练，不同类型的演练可相互组合。一般以实战演练、桌面推演和“双盲”演练为主要演练形式，如图2.7.1所示。

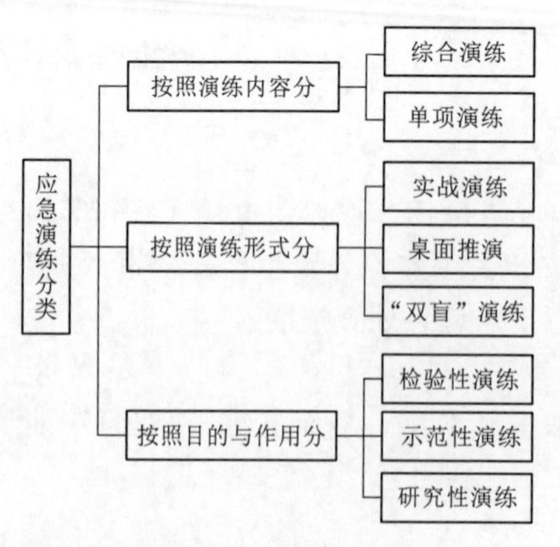

图2.7.1　应急演练分类

（1）实战演练，是指参演人员利用应急处置涉及的组织指挥、设备和物质，针对事先设置的突发事件情景及其后续的发展场景，通过实际决策、指挥调度、行动处置和善后处理，完成真实的应急响应的过程，从而检验和提高相关人员的临场组织指挥、研判决策、队伍调动、应急处置和后勤保障等应急能力。

（2）桌面推演，是指参演人员利用地图、沙盘、流程图、计算机模拟、视频会议等辅助手段，针对事先假定的演练情景，讨论和推演应急决策及

现场处置的过程，从而促进相关人员掌握应急预案中所规定的职责和程序，提高指挥决策和协同配合能力。

（3）“双盲”演练：是指在演练前不提前通知参演单位演练时间、地点和演练内容，重点检验各级各部门信息沟通、传递是否畅顺；检验各级人员对预案的熟悉程度以及预案的可操作性；检验在突发事件发生后各级各部门的职责定位是否明确；检验应急指挥是否科学、应急处置是否得当。

2.7.3 应急演练工作要求

（1）符合相关规定：按照国家相关法律法规、标准及有关规定组织开展演练。

（2）依据预案演练：结合辖区面临的洪涝灾害风险及特点，依据上级和本级应急预案组织开展演练。

（3）注重能力提高：突出以提高指挥协调能力、应急处置能力和应急准备能力组织开展演练。

（4）确保安全有序：在保证参演人员、设备设施及演练场所安全的条件下组织开展演练。

2.7.4 应急演练实施基本流程

应急演练实施基本流程主要有演练计划、演练准备、演练实施、评估总结、持续改进，如图 2.7.2 所示。

2.7.4.1 演练计划

1. 需求分析

全面分析和评估应急预案、应急职责、应急处置工作流程和指挥调度程序、应急技能和应急装备、物资的实际情况，提出需通过应急演练解决的内容，有针对性地确定应急演练目标，提出应急演练的初步内容和主要科目。

2. 明确任务

确定应急演练的情景或者背景类型、等级、发生地域，演练方式，参演单位，应急演练各阶段主要任务，应急演练实施的拟定日期。

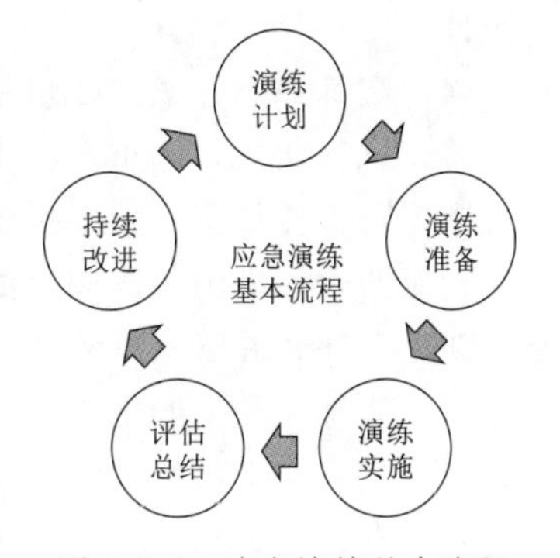

图 2.7.2 应急演练基本流程

3. 制订计划

根据需求分析及任务安排，组织人员编制演练计划文本。

2.7.4.2 演练准备

1. 成立演练组织机构

应急演练通常成立演练领导小组，下设策划与导调组、宣传组、保障组、评估组。根据演练规模大小，其组织机构可进行调整。

（1）领导小组。负责演练活动筹备和实施过程中的组织领导工作，审定演练工作方案、演练工作经费、演练评估总结以及其他需要决定的重要事项。

（2）策划与导调组。负责编制演练工作方案、演练脚本、演练安全保障方案，负责演练活动筹备、事故情景布置、演练进程控制和参演人员调度以及与相关单位、工作组的联络和协调等。

（3）宣传组。负责编制演练宣传方案，整理演练信息、组织新闻媒体和开展新闻发布。

（4）保障组。负责演练的物资装备、场地、经费、安全保卫及后勤保障。

（5）评估组。负责对演练准备、组织与实施进行全过程、全方位的跟踪评估；演练结束后，及时向演练单位或演练领导小组及其他相关专业组提出评估意见、建议，并撰写演练评估报告。

2. 编制文件

编制的文件通常包括演练工作方案、演练脚本、演练评估方案、演练保障方案、演练观摩手册、演练宣传方案。

（1）演练工作方案主要包括：①目的及要求；②事故情景；③参与人员及范围；④时间与地点；⑤主要任务及职责；⑥筹备工作内容；⑦主要工作步骤；⑧技术支撑及保障条件；⑨评估与总结。

（2）演练脚本主要包括：①模拟事故情景；②处置行动与执行人员；③指令与对白、步骤及时间安排；④视频背景与字幕；⑤演练解说词；⑥其他；可参见附录12《×××年极端洪涝灾害应急救援演练导调脚本》。

（3）演练评估方案主要包括：①演练信息；②评估内容；③评估标准；④评估程序；⑤附件。

（4）演练保障方案主要包括：①应急演练可能发生的意外情况，如现场交通拥堵、交通事故、机械伤害、起重伤害、淹溺事故、架体坍塌事故、环境污染等突发事件；②应急处置措施及责任部门，可根据上述可能出现的突发事件和相应对口行业，确定责任部门并落实相应的管控措施；③应急演练意外情况中止条件与程序，当现场出现上述突发事件，指挥部应立即开展营救行动并启动演练终止程序。

（5）演练观摩手册主要包括：为便于观摩人员提前了解演练流程和内容，遵守现场纪律和有关安全规定，根据演练规模和观摩时间，可编制演练观摩手册。通常包括应急演练时间、地点、情景描述、主要环节及演练内容、安全注意事项 。

（6）演练宣传方案，应明确宣传目标、宣传方式、传播途径、主要任务及分工、技术支持等。

3. 工作保障

（1）人员保障，按照演练方案和有关要求，确定演练总指挥、策划导调、宣传、保障、评估、参演人员参加演练活动，必要时设置替补人员。

（2）经费保障，明确演练工作经费及承担单位。

（3）物资和器材保障，明确各参演单位所准备的演练物资和器材。

（4）场地保障，根据演练方式和内容，选择合适的演练场地。演练场地应满足演练活动需要，应尽量避免影响企业和公众正常生产、生活。

（5）安全保障，采取必要安全防护措施，确保参演、观摩人员以及参演设备设施运行

系统安全。

(6) 通信保障，采用多种公用或专用通信系统，保证演练信息通畅。

(7) 其他保障，提供其他保障措施。

2.7.4.3 演练实施

1. 现场检查

确认演练所需的工具、设备、设施、技术资料以及参演人员到位。对应急演练安全设备、设施进行检查确认，确保安全保障方案可行，所有设备、设施完好，电力、通信系统正常。

2. 演练简介

应急演练正式开始前，应对参演人员进行情况说明，使其了解应急演练规则、场景及主要内容、岗位职责和注意事项。

3. 启动

应急演练总指挥宣布开始应急演练，参演单位及人员按照设定的洪涝灾害情景，参与应急响应行动，直至完成全部演练工作。演练总指挥可根据演练现场情况，决定是否继续或中止演练活动。

4. 执行

(1) 桌面推演执行。在桌面推演过程中，演练执行人员按照应急预案或应急演练方案发出信息指令后，参演单位和人员依据接收到的信息，回答问题或模拟推 演的形式，完成应急处置活动。通常按照四个环节循环往复进行，如图 2.7.3 所示。

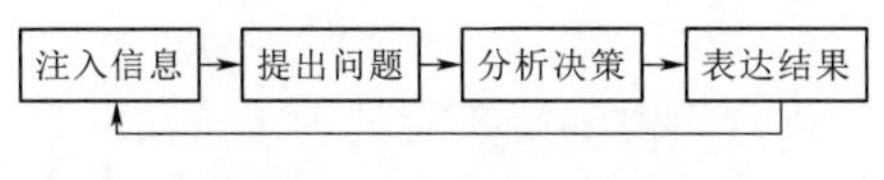

图 2.7.3 桌面推演执行步骤

1) 注入信息：执行人员通过多媒体文件、沙盘、消息单等多种形式向参演单位和人员展示应急演练场景，展现洪涝灾害发生发展情况。

2) 提出问题：在每个演练场景中，由执行人员在场景展现完毕后根据应急演练方案提出一个或多个问题，或者在场景展现过程中自动呈现应急处置任务，供应急演练参与人员根据各自角色和职责分工展开讨论。

3) 分析决策：根据执行人员提出的问题或所展现的应急决策处置任务及场景信息，参演单位和人员分组开展思考讨论，形成处置决策意见。

4) 表达结果：在组内讨论结束后，各组代表按要求提交或口头阐述本组的分析决策结果，或者通过模拟操作与动作展示应急处置活动。

各组决策结果表达结束后，导调人员可对演练情况进行简要讲解，接着注入新的信息。

(2) 实战演练执行。按照应急演练工作方案，开始应急演练，有序推进各个场景，开展现场点评，完成各项应急演练活动，妥善处理各类突发情况，宣布结束与意外终止应急演练。实战演练执行主要按照以下步骤进行（图 2.7.4）：

1) 演练策划与导调组对应急演练实施全过程的指挥控制。

2) 演练策划与导调组按照应急演练工作方案（脚本）向参演单位和人员发出信息指

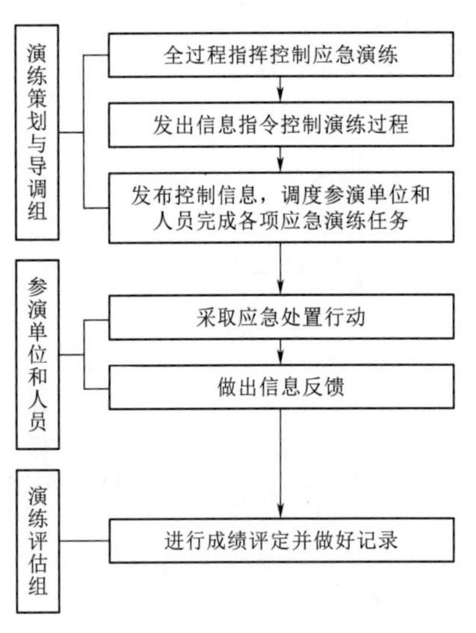

图 2.7.4 实战演练执行步骤

令，传递相关信息，控制演练进程；信息指令可由人工传递，也可以用对讲机、电话、子机、传真机、网络方式传送，或者通过特定声音、标志与视频呈现。

3）演练策划与导调组按照应急演练工作方案规定程序，熟练发布控制信息，调度参演单位和人员完成各项应急演练任务；应急演练过程中，执行人员应随时掌握应急演练进展情况，并向领导小组组长报告应急演练中出现的各种问题。

4）各参演单位和人员，根据导调信息和指令，依据应急演练工作方案规定流程，按照发生真实事件时的应急处置程序，采取相应的应急处置行动。

5）参演人员按照应急演练方案要求，做出信息反馈。

6）演练评估组跟踪参演单位和人员的响应情况，进行成绩评定并做好记录。

5. 演练记录

演练实施过程中，安排专门人员采用文字、照片和音像子段记录演练过程。

6. 中断

在应急演练实施过程中，出现特殊或意外情况，短时间内不能妥善处理或解决时，应急演练总指挥按照事先规定的程序和指令（应急演练意外情况中止条件与程序）中断应急演练。

7. 结束

完成各项演练内容后，参演人员进行人数清点和讲评，演练总指挥宣布演练结束。

2.7.4.4 评估总结

1. 应急演练评估

（1）现场点评。应急演练结束后，在演练现场，评估人员或评估组负责人对演练中发现的问题、不足以及取得的成效进行口头点评。

（2）书面评估。评估人员针对演练中观察、记录以及收集的各种信息资料，依据评估标准对应急演练活动全过程进行科学分析和客观评价，并撰写书面评估报告。评估报告的重点是对演练活动的组织和实施、演练目标的实现、参演人员的表现以及演练中暴露的问题进行评估。

2. 应急演练总结

（1）撰写演练总结报告。应急演练结束后，演练组织单位根据演练记录、演练评估报告、应急预案、现场总结等材料，对演练进行全面总结，并形成演练书面总结报告。报告可对应急演练准备、策划等工作进行简要总结分析。参与单位也可对本单位的演练情况进行总结。

演练总结报告的内容主要包括：①演练基本概要；②演练发现的问题，取得的经验和

教训；③应急管理工作建议。

（2）演练资料归档。应急演练活动结束后，演练组织单位应将应急演练工作方案、应急演练书面评估报告、应急演练总结报告文字资料，以及记录演练实施过程的相关图片、视频、音频等资料归档保存。

2.7.4.5 持续改进

1. 应急预案修订完善

根据演练评估报告中对应急预案的改进建议，由应急预案编制部门按程序对预案进行修订完善。

2. 应急管理工作改进

（1）应急演练结束后，演练组织单位应根据应急演练评估报告、总结报告提出的问题和建议，对应急管理工作（包括应急演练工作）进行持续改进。

（2）演练组织单位应督促相关部门和人员，制定整改计划，明确整改目标，制定整改措施，落实整改资金，并应跟踪督查整改情况。

应急演练基本流程细化如图 2.7.5 所示。

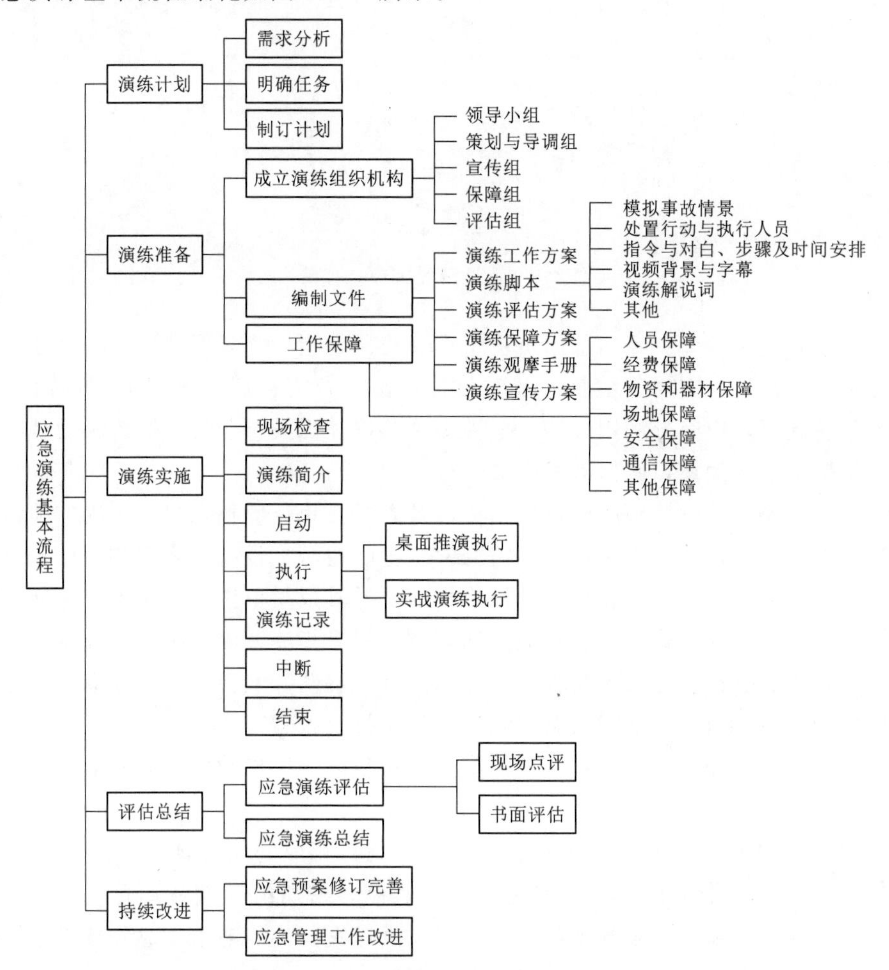

图 2.7.5 应急演练基本流程细化图

2.8　应急保障

各级防汛抗旱指挥部要从人员、物资、技术等方面着力提高应对洪涝灾害的应急保障能力，具体保障如图2.8.1所示。

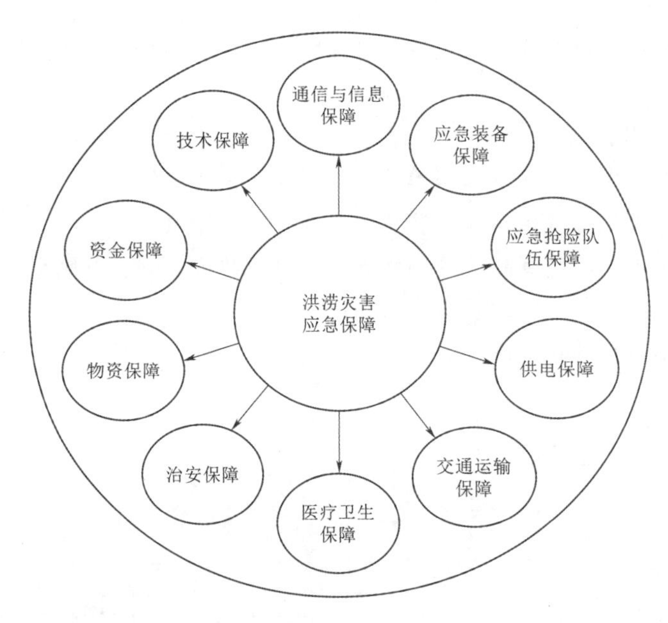

图2.8.1　洪涝灾害应急保障

(1) 通信与信息保障。经信部门负责组织、协调、指导、督促通信运营企业，优先保障气象、水文、汛情、灾情等信息的及时传递，保障救灾指挥系统和重要部门的信息畅通。在紧急情况下，应充分利用广播、电视等公共媒体以及空袭警报等各种通信方式发布信息，通知群众快速撤离，确保人民生命安全。

(2) 应急装备保障。各级防汛抗旱指挥部及其成员单位应根据可能出现的险情、灾情以及抢险方式、方法，储备满足抢险所需的常规抢险机械、设备、物资和救生器材。

(3) 应急抢险队伍保障。各级防汛抗旱指挥部及其成员单位要组建本级专业防汛抗旱抢险队伍，经常性开展专业技术、技能培训，注重提升指挥调度人员专业技术和抢险人员技能水平；统筹做好社会力量参与救援工作。需驻地部队、武警和综合性消防救援队伍参与防汛抗旱抢险时，由应急部门协调组织参与防汛抗旱抢险工作。

(4) 供电保障。经信部门负责抗洪抢险、抢排渍涝、抗旱救灾等方面的供电需要和应急救援现场的临时供电保障。

(5) 交通运输保障。公安、交通运输部门要制订相应的应急预案，优先保证防汛抢险人员和防汛抗旱物资的运输，适时进行交通管制，密切配合做好交通运输保障工作。

(6) 医疗卫生保障。卫生健康部门负责组织洪涝灾区疾病防治的业务技术指导，组织医疗卫生队赴灾区巡医问诊，负责组织开展灾区防疫消毒、伤员救治等工作。

（7）治安保障。公安部门主要负责做好洪涝灾区的治安管理工作，依法严厉打击破坏防洪抗旱救灾行动和工程设施安全的行为，保证抗灾救灾工作的顺利进行；负责组织做好防汛抢险、分洪爆破的戒严、警卫工作，维护灾区的社会治安秩序。

（8）物资保障。防汛抗旱物资管理坚持“定额储备[1]、专业管理、保障急需”的原则。防汛抗旱物资仓库在汛期和干旱期应随时做好物资调运的各项准备工作，按调令保证防汛抗旱物资快速、安全运达指定地点。当储备物资消耗过多，不能满足抗洪抢险和抗旱救灾需要时，各级防汛抗旱指挥部应联系有资质的企业紧急生产、调运所需物资，必要时可向社会公开征集。

（9）资金保障。根据《中华人民共和国防洪法》《中华人民共和国抗旱条例》有关规定，各级人民政府应当采取措施，提高防汛抗旱投入的总体水平。各级财政应安排资金用于本行政区内的抗洪抢险、水毁工程修复、防洪非工程措施建设等。

（10）技术保障。加强先进工程抢险技术和现代化信息技术在防汛抗旱工作中的运用，逐步建立完善防汛抗旱指挥系统；建立洪涝灾害防御专家库，建立健全专家选聘和考核制度，强化应急抢险技术支撑；加强防汛抗旱工作研究，提高防汛抗旱技术能力和水平。

2.9 应急响应

2.9.1 总体要求

应急响应分为防汛应急响应和抗旱应急响应，按照国际惯例和洪涝灾害的严重程度、影响范围由高到低分为红色（Ⅰ级）、橙色（Ⅱ级）、黄色（Ⅲ级）、蓝色（Ⅳ级）四级应急响应。各地可根据本地地形地貌、多年平均降雨量、历史灾情等因素，制定切实可行的分级指标和条件；本级防指可结合实际适时启动、终止对应级别的应急响应。

原则上，Ⅰ级响应建立由地级市党委、政府主要领导任总指挥或市政府主要领导任指挥长的指挥体系，实行以市应急委对应同级防汛抗旱指挥部为主的扩大响应；Ⅱ级响应由地级市应急委对应同级防汛抗旱指挥部组织指挥区（市）县人民政府应对处置；Ⅲ级响应由区（市）县人民政府负责应对，地级市应急委对应同级防汛抗旱指挥部牵头部门指导协调；Ⅳ级响应由区（市）县人民政府负责应对，同级应急委防汛抗旱指挥部负责组织指挥应急响应全面工作。这里以四川省成都市为例，阐述洪涝灾害应急响应的启动、终止条件及响应行动。

2.9.2 启动、终止条件及响应行动建议案

1. Ⅰ级（红色）应急响应

（1）启动条件。当发生符合下列条件之一的事件时，辖区防指启动Ⅰ级防汛应急响应。

---

[1] 定额储备，是指为了保障抗洪抢险物资的应急需要，规范防汛物资储备管理，科学制定防汛物资储备定额，指导各地结合当地防汛工作特点合理储备防汛物资的种类、数量、周期标准。参见《防汛物资储备定额编制规程》（SL 298）。

1）流域流经本地的干流发生洪峰流量重现期大于等于100年一遇的洪水。

2）1～3条市管以上河道同时发生洪峰流量重现期大于50年一遇洪水。

3）大型水库、中型水库发生垮坝险情。

4）辖区50%以上面积24h普降250mm以上特大暴雨，且降雨仍在持续。

5）主城区域24h普降250mm以上特大暴雨。

6）其他需要启动Ⅰ级响应的情况。

地级市及以上级别城市发生上述应急响应启动条件和本书附录13《××市应对极端洪涝灾害应急响应总体工作方案》中所列其他条件时，建议优先参照该工作方案执行应急响应。

（2）响应行动。

1）原则上，Ⅰ级响应建立由地级市党委、政府主要领导任总指挥或政府主要领导任指挥长的指挥体系，实行以应急委对应同级防汛抗旱指挥部为主的扩大响应，组织召开会商会议，研判防汛抗旱形势，紧急动员部署。

2）防汛Ⅰ级应急响应启动期间，辖区防汛抗旱指挥部总指挥在所辖应急局指挥中心指挥调度；抗旱应急Ⅰ级响应启动期间，辖区防汛抗旱指挥部总指挥视旱情情况采取相应的指挥调度方式。

3）辖区防指成员单位按照职责，全力开展抗灾救灾工作。气象、水文部门应对天气趋势、河道水情进行全天候监测，滚动提供实时雨情、水情相关信息；各成员单位到指挥中心参与值班，并在辖区防指统一领导下开展抗灾救灾工作。

4）辖区防指及时发布相关信息，组织媒体加强防汛抗旱救灾工作报道。

5）根据工作需要，辖区防指及时派出工作组、专家组赴一线组织指导防汛抗旱救灾工作。

6）辖区防指加强会商调度，加强协调、督导事关全局的防汛抗旱调度，并与相关区域加强视频会商，及时作出针对性的安排布置。

7）各相关区（市）县按照“属地为主、分级响应”的原则，根据属地洪涝灾害防御工作态势，及时启动应急预案，在上级党委政府、应急委、防指的统一指挥下开展应对处置工作。

8）为有效防控极端强降雨造成的灾害和引发的生产安全事故，最大限度减少人员伤亡和财产损失，确保辖区城乡安全度汛和社会稳定。地级市防汛指挥部、应急委经综合研判、论证可能在辖区内发生极端洪涝灾害时，应当及时启动扩大应急响应，成立“应对极端洪涝灾害指挥部”，在国家防汛抗旱指挥部、应急管理部、省防汛抗旱指挥部、应急厅指导下，组织领导全市极端洪涝灾害应对处置工作。从指挥体系、职责分工、会商研判和响应行动等方面均须提标升级，特别是深入细化关乎人民群众生命安全的水库大坝、城市交通、人口密集场所的防灾减灾应急响应行动。可参考附录14《极端洪涝灾害（超Ⅰ级）应急预案（建议稿）》。

（3）响应启动（终止）。Ⅰ级应急响应启动（终止）由辖区应急委报请同级党委、政府同意后，由辖区防汛抗旱指挥部总指挥或总指挥授权防指指挥长签发启动（终止）指令。

响应结束后，有关部门和单位按职责分工，核实灾害损失和人员伤亡情况，并协助指导地方做好灾后恢复重建工作。

2. Ⅱ级（橙色）应急响应

（1）启动条件。当发生符合下列条件之一的事件时，辖区防指启动Ⅱ级防汛应急响应。

1）流域流经本地的干流发生洪峰流量重现期大于50年小于100年一遇的洪水。

2）2～5条市管以上河道同时发生洪峰流量重现期大于20年小于等于50年一遇的洪水。

3）小（1）型水库垮坝或大型水库、中型水库出现可能导致垮坝险情或溢洪道、泄洪洞、泄洪闸等泄水建筑物出现稳定安全隐患，又或边坡、廊道、坝体位移监测、力学计量出现突变预警值时。

4）辖区50%以上面积24h普降250mm以上特大暴雨，且降雨仍在持续。

5）主城区域24h普降150mm以上大暴雨，且降雨仍在持续。

6）其他需要启动Ⅱ级响应的情况。

（2）响应行动。

1）Ⅱ级响应由地级市应急委对应同级防汛抗旱指挥部组织指挥区（市）县人民政府应对处置。组织召开会商会议，研判防汛抗旱形势，紧急动员部署。辖区防指第一时间将相关情况报告上级防指、党委政府。

2）防汛Ⅱ级应急响应启动期间，辖区防汛抗旱指挥部总指挥在辖区应急局指挥中心指挥调度；抗旱Ⅱ级应急响应启动期间，辖区防汛抗旱指挥部总指挥视旱情情况采取相应的指挥调度方式。

3）辖区防指成员单位按照职责，全力开展抗灾救灾工作。辖区气象、水文部门对天气趋势、河道水情进行全天候监测，滚动提供实时雨、水情相关信息；各成员单位到指挥中心参与值班，并在辖区防指统一领导下开展抗灾救灾工作。

4）辖区防指及时发布相关信息，组织媒体加强防汛抗旱救灾工作报道。

5）根据工作需要，辖区防指及时派出工作组、专家组赴一线组织指导防汛抗旱救灾工作。

6）辖区防指加强会商调度，加强协调、督导事关全局的防汛抗旱调度，并与相关区域加强视频会商，及时作出针对性的安排布置。

7）各相关区（市）县按照“属地为主、分级响应”的原则，根据属地洪涝灾害防御工作态势，及时启动应急预案，在上级党委政府、应急委、防指的统一指挥下开展应对处置工作。

（3）响应启动（终止）。Ⅱ级应急响应启动（终止）由辖区防指报请同级应急委同意后，由同级防指总指挥或总指挥授权防指指挥长签发启动（终止）指令。

响应结束后，有关部门和单位按职责分工，核实灾害损失和人员伤亡情况，并协助指导地方做好灾后恢复重建工作。

3. Ⅲ级（黄色）应急响应

（1）启动条件。当发生符合下列条件之一的事件时，辖区防指启动Ⅲ级防汛应急

响应。

1）流域流经本地的干流发生洪峰流量重现期大于20年小于等于50年一遇的洪水。

2）1条市管以上河道同时发生洪峰流量重现期大于20年小于等于50年一遇的洪水。

3）小（1）型水库、小（2）型水库发生垮坝险情或中型水库出现可能导致垮坝险情。

4）辖区50%以上面积12h普降100mm以上大暴雨，且未来24h仍有普遍暴雨天气过程。

5）主城区域12h普降100mm以上大暴雨且未来6h仍有暴雨天气过程。

6）其他需要启动Ⅲ级应急响应的情况。

（2）响应行动。

1）Ⅲ级响应由区（市）县人民政府（应急委、防汛抗旱指挥部）负责应对，地级市应急委对应同级防汛抗旱指挥部牵头部门指导协调。

2）防汛应急Ⅲ级响应期间，辖区防指指挥长在本地水务（水利）部门洪涝灾害防御指挥中心指挥调度；抗旱应急Ⅲ级响应期间，辖区防指指挥视旱情采取相应的指挥调度方式。

3）辖区防指成员单位按照职责，全力开展抗灾救灾工作。气象局、水文部门加密天气趋势、河道水情监测，及时提供雨、水情监测信息；有关成员单位根据需要到指挥中心参与值班。

4）辖区防指根据需要及时发布相关信息，组织媒体加强防汛抗旱救灾工作报道。

5）根据工作需要，辖区防指及时派出工作组、专家组赴一线组织指导防汛抗旱救灾工作。

6）辖区防指加强会商调度，加强协调、督导事关全局的防汛抗旱调度，并与相关区域加强视频会商，及时作出针对性的安排布置。

7）各相关区（市）县按照“属地为主、分级响应”的原则，根据属地洪涝灾害防御工作态势，及时启动应急预案，在上级党委政府、应急委、防指的统一指挥下开展应对处置工作。

（3）响应启动（终止）。Ⅲ级应急响应启动（终止），由辖区防办提出建议，防指副指挥长、防办主任报请指挥长同意，由防指指挥长或指挥长授权防指副指挥长、防办主任签发启动（终止）。

响应结束后，有关部门和单位按职责分工，核实灾害损失和人员伤亡情况，并协助指导地方做好灾后恢复重建工作。

4. Ⅳ级（蓝色）应急响应

（1）启动条件。当发生符合下列条件之一的事件时，辖区防指启动Ⅳ级防汛应急响应。

1）流域流经本地的干流发生洪峰流量重现期大于10年小于等于20年一遇的洪水，并出现险情。

2）1条市管以上河道同时发生洪峰流量重现期大于10年小于等于20年一遇的洪水，并出现险情。

3）小（1）型、小（2）型水库出现可能导致垮坝的险情。

4）辖区50%以上面积12h普降50mm以上暴雨，且未来12h仍有区域性暴雨天气过程或预计未来24h有普遍暴雨天气过程。

5）主城区域6h普降50mm以上暴雨且降雨仍在持续。

6）其他需要启动Ⅳ级应急响应的情况。

（2）响应行动。

1）Ⅳ级响应由区（市）县人民政府负责应对，辖区应急委对应同级防汛抗旱指挥部负责组织指挥应急响应全面工作。

2）防汛应急Ⅳ级响应期间，辖区防指副指挥长、防汛办主任在本地水务（水利）部门洪涝灾害防御指挥中心指挥调度；抗旱应急Ⅳ级响应期间，辖区防指副指挥长、防汛办主任视旱情情况采取相应的指挥调度方式。

3）辖区防指成员单位按照职责，全力开展抗灾救灾工作。辖区气象、水文部门加密天气趋势、河道水情监测，及时提供雨、水情监测信息；有关成员单位根据需要到指挥中心参与值班。

4）辖区防指根据需要及时发布相关信息，组织媒体加强防汛抗旱救灾工作报道。

5）根据工作需要，辖区防指及时派出工作组、专家组赴一线组织指导防汛抗旱救灾工作。

6）辖区防指加强会商调度，加强协调、督导事关全局的防汛抗旱调度，并与相关区域加强视频会商，及时作出针对性的安排布置。

7）各相关区（市）县按照“属地为主、分级响应”的原则，根据属地洪涝灾害防御工作态势，及时启动应急预案，在上级党委政府、应急委、防指的统一指挥下开展应对处置工作。

（3）响应启动（终止）。Ⅳ级应急响应启动（终止）由辖区防汛办提出建议，防指副指挥长、防汛办主任签发启动（终止）指令。

洪涝灾害的危害和影响得到有效控制或消除，有启动响应权限的指挥机构可宣布响应终止，逐步解除应急处置措施，应急救援队伍和工作人员有序撤离。同时，现场采取必要措施，防止发生次生衍生事件或重新引发社会安全事件。有关部门和单位按职责分工，核实灾害损失和人员伤亡情况，并协助指导地方做好灾后恢复重建工作。现场指挥部停止运行，进入过渡期，逐步恢复生产生活秩序。地市级洪涝灾害处置牵头部门会同区（市）县政府对突发事件造成的损失进行统计、核实和评估，及时制订善后处理方案和恢复重建计划，落实资金、物资等保障，做好善后救助和心理疏导各项工作。

2.9.3 应急救援组织架构及职责分工

1. 各级防汛指挥部组织架构及职责分工

各级防汛指挥部下设综合协调组、抢险救援组、物资保障组、医疗救治组、宣传舆情组、治安交通组、专家指导组等，具体负责洪涝灾害应急指挥与处置工作。

1）综合协调组由防汛抗旱指挥部牵头部门［应急管理、水务（水利）部门］为组长单位，相关部门为成员单位，主要负责指挥部应急指挥与处置的应急保障、信息收集汇总、会议组织、综合协调等工作。

2）抢险救援组由应急管理部门为组长单位，相关部门为成员单位，主要负责应急处置与应急救援工作。

3）物资保障组由水务（水利）、民政、商务部门为组长单位，相关部门为成员单位，主要负责应急物资保障工作。

4）医疗救治组由卫生健康部门为组长单位，相关部门为成员单位，主要负责医疗救治工作。

5）宣传舆情组由地级市政府新闻办为组长单位，相关部门、事发区（市）县政府为成员单位，主要负责对外宣传和舆情引导工作。

6）治安交通组由公安部门为组长单位，相关部门为成员单位，主要负责安全警戒和社会稳定工作。

7）专家指导组由防汛抗旱指挥部牵头部门为组长单位，相关部门为成员单位，主要负责应急处置专家的调用工作，为应急处置提供技术支撑。

需要注意的是，防汛抗旱指挥部在处置洪涝灾害过程中，可以根据实际情况，增设警戒防控组、涉外协调组、交通查控组、市场监管组、基层防控组、信息保障组、环境监测组、气象保障组等若干组织保障机构。

2. 现场指挥部组织架构及主要职责

现场指挥部由区（市）县防汛抗旱指挥部、事发乡镇（街道）共同组成，指挥长由当地防汛抗旱指挥部指挥长授权，现场指挥部主要职责有：

1）现场分组，落实人员分工，明确职责任务。

2）动态听取专家建议，决定现场应急处置方案。

3）按现场应急处置方案指挥、调度现场应急力量。

4）统筹调配现场应急救援物资（包括应急装备、设备等），协调增派处置力量，增加救援物资。

5）协调有关单位参与现场应急处置。

6）核实事故损失，对上报告、对外发布信息。

7）负责处置现场可能出现的问题和困难。

8）全力保障应急救援人员和公众的生命安全。

9）及时督查各救援力量对指挥部作出的决定和命令的执行情况。

10）上一级工作组到达现场后，与其对接，并接受现场技术指导，做好配合与协调工作。

3. 现场处置的基本程序

(1) 召开现场指挥与处置工作会议，明确任务分工。

(2) 建立健全现场通信联络网络，明确协调负责人。

(3) 组织分析研判，确定处置工作要点。

(4) 制定现场处置工作实施方案。

(5) 检查督导各应急工作组职责履行情况。

(6) 及时向同级和上级防汛抗旱指挥部汇报事件处置情况，提出处置意见和建议。

2.9.4 不同洪涝灾害的应急响应措施

根据当地不同洪涝灾害灾情和险种划分为江河洪水、城市洪涝、突发性洪水三类。

1. 江河洪水

(1) 警戒水位以下常年洪水响应。由沿江河各区(市)县防汛抗旱指挥机构统一指挥调度,实行分级分部门负责。

(2) 警戒水位至保证水位洪水响应。沿江河各级防汛抗旱指挥机构密切与水文、气象部门联系,分析当前雨情、汛情趋势,实时向上级防汛抗旱指挥机构汇报重要汛情信息。组织人员加强巡堤排查,及时发现、消除险情隐患,确保堤防安全;抢险队伍待命,随时做好抢险准备。

(3) 超保证洪水响应。沿江河各级防汛抗旱指挥机构密切与水文、气象部门联系,分析当前雨情、汛情趋势,及时向上级防汛抗旱指挥机构汇报重要汛情信息。指派专人密切观察水势变化,通知沿江镇(街道)做好低洼地带、河心洲、低矮岸边群众转移,重点堤防段抢险队伍上堤防守,严防土石堤防漫溢和管涌、漏洞塌陷破坏;开展24h不间断巡堤排查,做好重要险工段防汛物资调运和抢险队伍集结待命,一旦出险立即投入防汛抢险。

2. 城市洪涝

(1) 城市外洪响应。严格按照江河洪水响应程序执行,河道管理部门做好城市河道洪水调度管理工作,其余防指成员单位按照自身职能职责及时做好防止洪水倒灌、漫堤等相关工作。

(2) 城市内涝响应。各区县级防汛抗旱指挥机构要加强内涝工作指挥协调和应急处置,提前组织易涝地区各单位、居民做好防涝准备,及时做好人员、物资转移。水务(水利)、住建等相关职能部门积极做好城区排涝(污)泵站、水闸及相关设施的运行监护。

突遇极端洪涝灾害时,务必加强城市易涝点、地下商场、地下车库、在建工地等重点场所的防汛应对,及时采取停工、封闭等措施并紧急转移被困人员;加强公路、水路、地铁、场站等重点部位的临时管制,及时采取停运、封闭等措施。公安、交通、经信等相关成员单位按照职能职责负责做好城市治安、交通指挥和疏导、电气能源保障、通信保障等相关工作,全力保证城市正常运行。极端洪涝灾害具体应急管理内容可参见附件14《极端洪涝灾害(超Ⅰ级)应急预案(建议稿)》。

3. 突发性洪水

(1) 水库洪水响应。水库工程发生险情后,水库所在地区县级防汛抗旱指挥机构负责人应立即召集相关部门负责人召开紧急会议,根据工程险情确定是否启动水库防汛应急预案,一旦启动,按预案开展应急处置工作。

(2) 堤防工程失事(决口)响应。第一时间组织淹没区人员转移,采取抢险工程措施处置失事堤段,调动抢险物资、人员,采取一切办法,全力确保重要城镇、工矿区、重要交通干线、军事设施等重要场所、设施安全。

2.9.5 防汛值班

2014年，中共中央办公厅、国务院办公厅《关于防汛值班的通知》规定，严格执行24h专人值班和领导带班制度。全国各省委办公厅、省政府办公厅也规定：严格执行正式人员24h在岗值班制度和领导带班制度。其中，重要节假日和特殊敏感时段，各区（市）县党委、政府和应急处置任务较重、与人民群众生产生活密切相关的市级部门（单位）的带班领导须严格执行24h在岗带班规定。

1. 防汛值班的内容

（1）及时掌握详细可靠的水情、险情、灾情，为指挥防汛抢险提供决策依据和建议。

（2）迅速、准确地传达领导的决策和指示。

（3）贯彻上级关于防汛工作的决定、指示和防汛调度命令。

（4）检查防汛值班设备，协调及时维修，确保正常运行。

2. 防汛值班的原则

（1）坚守岗位原则。按规定落实干部值班制度；坚持值班人员24h值守，法定节假日领导24h在岗带班。不得人机分离，不得呼叫转移。

（2）有情必报原则。值班人员在接报突发事件信息或监测到突发事件预警信息和初始信息后，要迅速核实情况，按照事件性质、严重程度、可控性和影响范围等因素，进行快速分析研判，并立即向相关领导报告。

（3）运转高效原则。值班人员应拓宽信息渠道，提高突发事件信息报送时效；加强分析研判，提高突发事件信息报送质量；规范值守，有效防止突发事件信息迟报、谎报、瞒报、漏报。

（4）安全保密原则。值班人员要严格遵守各项保密规定，不得向无关人员透露涉密电话、涉密信息；使用电话、传真和计算机网络传递有关信息，要区分明件和密件，密来密复，严禁明密混用。

3. 防汛值班工作的规定

（1）防汛值班室实行24h值班制度。值班期间，值班人员不得擅离职守，确保信息畅通，做好上传下达。

（2）严格执行交接班程序，每天定时交接班。发生延迟交班情况，严肃追究接班人员责任。

（3）值班期间，值班人员要认真接听每次来电和对讲机喊话，严禁拒接和漏接；同时认真做好传真、防汛专网、电子邮箱传送的各类文件。

（4）值班人员接听电话应热情礼貌、用语规范，职责范围内可以处理的事项，应立即处理；不能即时处理的，要做好解释，说明情况，并立即请示相关领导后向来电人反馈处理意见。

（5）值班过程中，重要天气预报、雨情、汛情、险情、灾情等信息，必须严格按照《防汛信息通报程序》，及时报告，并做好记录。

（6）节假日和特殊情况，统一安排值班时，按值班要求处理来人来电相关咨询与办理事项，重大事项及时向带班领导报告。

(7) 加强值班室电脑、通信、防汛会商系统等设备器材的日常运维管理和保养，确保器材状态良好与正常使用。

(8) 依托本地通信服务平台，认真做好超级信使运行管理，及时调整、删补信息发送范围与服务对象。

2.9.6 信息报送和发布

洪涝灾害发生时，应急管理机关需要及时、全面、准确地掌握真实情况，以便于做出正确的判断和决策。《突发事件应对法》第三十九条规定："有关单位和人员报送、报告突发事件信息，应当做到及时、客观、真实，不得迟报、谎报、瞒报、漏报。"因此，在应急管理工作中，必须加强信息报送机制建设，进一步明晰信息报送的责任主体、报送范围、内容要素、报送渠道、报送原则及要求等。

1. 报送原则

简单说来，信息报送的重要原则可以概括为快报事实、慎报原因、跟踪续报、首报要快、续报要准、终报要全。对于不确定是否报送或可报可不报的信息，则应报送。

2. 报送内容

防汛抗旱信息报送和处理由防汛抗旱指挥部统一负责，应遵循及时快捷、真实全面的原则。汛情、旱情、工情、险情、灾情等相关信息实行分级上报，归口处理，同级共享。遇突发险情、灾情，各级防汛抗旱指挥部要及时掌握，做好首报和续报工作，原则上应以书面形式逐级上报；在发生重大突发险情和重大灾情的紧急情况下，可在向上一级防汛抗旱指挥部报送的同时越一级报告。

(1) 时间、地点清楚，雨情、工情、险情简要介绍，人员伤亡（死亡、失踪、被困、轻伤、重伤等）及淹没面积直接经济损失初步估算。

(2) 流域、区域水工程、行蓄洪区调度运用情况。

(3) 参加防汛抗洪、抗旱人力调集情况，防汛抗旱物资及资金投入情况；目前存在哪些问题需要上级单位协调解决。

(4) 因洪涝灾害转移人口及安置情况。

(5) 成灾原因分析及相关佐证资料；灾害发生后采取的一系列应急处置措施及灾情控制情况；抢险救援交通道路可使用情况以及其他需要报告的有关事项等。

(6) 有关指挥、受灾、救援单位名称及负责人联系电话。

3. 报送时限要求

报送时限指下级部门向本级部门报送信息的最长时间限制。当达到一定事件级别，可以越级报送。新媒体的发展，报送时限要求已突破原有法律法规规定。防汛事件往往属于突发公共事件，可按照死亡失踪人数分为不同的级别。事件级别不同，对应报送至相应层级部门，且有时限要求（表 2.9.1）。

防汛抢险事件具有时间延续性，需要分时段报送，即初报（首报）、续报、终报。

(1) 初报（首报）。初报是突发事件应对处置的起点，首报的基本要求是"快"。省委、省政府要求，较大及以上级别的突发事件信息，要求各市（州）在事发后 30min 内电话报告、1h 内书面报告，市委、市政府要求各区（市）县和市级主管部门在事发后

20min内电话口头报告、1h内书面报告。

表 2.9.1　　防汛事件级别划分及信息报送时限表

事件级别	死亡、失踪人数	处置主体	报送时限	
			口头报告	书面报送
一般	3人以下	区（市）县级政府	10～20min	1h
较大	3～9人	市级政府	20min	1h
重大	10～29人	省政府	30min	1h
特别重大	30人以上	国务院	立即	4h

注　死亡（失踪）人数不是事件级别划分唯一标准，财产损失、影响范围、疏散转移人员数量、涉及人群规模、社会影响、恢复时间等都是分级研判标准。

(2) 续报。事件首报后，应主动跟踪关注事件的最新动态、处置关键节点、演变走势，值班人员与赶赴现场的人员建立起固定信息报送渠道，应由专人归口收集、整理、报审及统筹。报送内容以事件发展、救援进展为主，包括现场指挥部、灾情组、技术方案组、救援组等机构设置情况；如何展开救援，以及灾情损失最新情况等。报告频次不受限制。

(3) 终报。应急处置结束后30日内，应当及时分析突发事件发生原因，受灾损失情况（淹没面积、水毁损失、伤亡人数等）和投入人、材、机及资金情况；总结应急处置存在的主要问题，做到实事求是、举一反三，改进应急处置工作流程和效率；灾后重建计划及方案。

4. 发布

辖区防汛抗旱决策部署和重大汛情、旱情及其防汛抗旱动态等，由辖区或上级防指统一审核和发布。在本级以上媒体公开报道的稿件，由本级及以上的水务（水利）部门负责审核汛情、旱情、工情、灾情以及防汛抗旱动态等整体情况，本级及以上应急部门负责审核洪涝灾害抢险救援情况。

2.9.7　社会力量动员

出现洪涝灾害后，属地防汛抗旱指挥部可根据事件的性质和危害程度，报经当地政府批准，对重点地区和重点部位实施紧急控制，防止事态及其危害进一步扩大。必要时，根据《突发事件应对法》《自然灾害救助条例》以及地方行政法规、政策性文件规定，可通过当地政府调动社会力量参与应急突发事件的处置，紧急情况下可依法征调车辆、物资人员等，全力投入抗洪抢险。通过运用“快速响应—登记报备—供需对接—精准参与—有序撤离”的社会力量参与救灾的机制，进一步促进政府与社会力量之间、社会力量与社会力量之间的有效协作。在常态减灾、紧急救援、过渡安置和恢复重建阶段凸显社会力量参与救灾工作的重要性。

1. 常态减灾阶段

积极鼓励和支持社会力量参与日常减灾各项工作，注重发挥社会力量在人力、技术、资金、装备等方面的优势，支持社会力量参与或组织面向社会公众尤其是在中小学校、城

市社区、工矿企业开展防灾减灾知识宣传教育和技能培训，协助做好灾害隐患点的排查和治理，参与社区灾害风险评估，编制灾害风险隐患分布图，制订救灾应急预案，协同开展形式多样的救灾应急演练，着力提升基层单位、城乡社区的综合减灾能力和公众防灾减灾意识及自救互救技能。

2. 紧急救援阶段

突出救援效率，统筹引导具有专业救援设备和技能的社会力量有序参与，注重发挥灾区当地社会力量的作用，协同开展人员搜救、伤病员紧急运送与救治，紧急救援物资运输、受灾人员紧急转移安置、救灾物资接收发放、灾害现场清理、疫病防控、紧急救援人员后勤服务保障等工作。

3. 过渡安置阶段

有序引导社会力量进入灾区，注重支持社会力量协助灾区政府开展受灾群众安置、伤病员照料、救灾物资发放、特殊困难人员扶助、受灾群众心理抚慰，环境清理、卫生防疫等工作，扶助受灾群众恢复生产生活，帮助灾区逐步恢复正常的社会秩序。

4. 恢复重建阶段

帮助社会力量及时了解灾区恢复重建需求，支持社会力量参与重建工作，重点是参与居民住宿、学校、医院等民生重建项目，以及社区重建、生计恢复、心理康复和防灾减灾等领域的恢复重建工作。

2.9.8 媒体应对

1. 正确认识媒体

媒体作为信息传播的重要渠道，在洪涝灾害等突发事件发生后，如实报道灾情、减少群众恐慌，进而引起社会重视，对降低灾害损失、提高救援效率具有不可或缺的作用。尤其是在微博、微信、网络论坛等自媒体飞速发展的今天，一方面信息传播速度很快，同时由于“人人都是记者”，有人更有可能会有意或无意地把不真实的、暗自揣测的、蓄意编造的各种信息，甚至谣言传播出去，从而给正常的防汛抢险等突发事件处理造成被动。一线指战员和救援人员也要适应新媒体带来的各种挑战，正确认识媒体，重视媒体，用好媒体。

2. 应对媒体的要点

防汛救灾的成效关乎成千上万人民的切身利益，不可避免成为媒体报道的焦点。一线指战员和救援人员身处抢险现场，对现场情况了解最直接、最清楚，自然很容易遇到各类媒体采访的情景，从容应对会有效减少群众恐慌，而词不达意往往会给救援工作造成不利局面，甚至引发网络舆情、社会恐慌，这就需要掌握与媒体打交道的技巧。

（1）慎重接访。遇到有媒体记者提出采访需求，须核实其所在单位、采访意图、记者从业资质等，并向上级指挥人员及政府宣传主管部门报告，征得上级指挥人员及政府宣传机构同意，方可接受采访，防止采访内容被其他不具备新闻采访资质、心怀不轨之人蓄意篡改或断章取义，造成不良后果。

（2）调整心态。在接受采访之前，应提前与记者做好沟通，明确采访内容和方式，做

好接访准备。在镜头前，要克服紧张心理，表现得落落大方、真诚发言。

（3）快讲事实。事故发生后，最具可信度的是现场情况和直接损失。在采访中，首先要避免沉默是金、一言不发，同时也要主动、及时地说出现场的真实情况，如房屋倒塌、人员伤亡、失踪情况等数据和对现场客观的描述，回应外界群众的关切，给指挥人员提供决策支持。

（4）多讲措施。当前，我国应急管理体系日趋完善，具备较强的应对突发公共事件的能力。在讲完现场情况后，也应一并交代已经采取或将要采取的可行性举措，如交通、抢险物资、设备的保障情况、救援指挥机构的运转情况、医疗救护的跟进情况、灾情原因调查进展情况等。

（5）慎讲原因。造成一次突发公共事件的原因往往是多因素、多层次、多对象甚至错综复杂的，需要结合技术检测、严密推理、科学论证才能得出，加之事故发生后必然是以抢救人民群众生命财产安全为第一要务，很难在抢险现场短时间内就得出事故原因。在接受采访时要克服自我盲目判断，不可贸然解释事故原因。

（6）不讲假话。新闻报道重在真实，受访人员的一言一行代表的是官方权威，说假话只会丧失公信力，进而给谣言以可乘之机。因此，在受访全过程，要坚决杜绝前后不符、逻辑关系混乱，更不可掩耳盗铃，并结合现场事实对网络谣言进行必要的澄清、解释。

3. 舆情应对

加强舆情管理，正确引导、强化应对。积极报道决策部署和工作进展，大力宣传防汛抗旱先进人物和感人事迹，营造良好的舆论氛围。加强舆情监测，及时发布权威信息，及时回应社会关切，对造谣传谣、恶意炒作者坚决依法打击。

2.10　后期处置

1. 物资补充和工程修复

针对防汛抗旱抢险物资消耗情况，各级防汛抗旱指挥部应及时补充防汛抗旱抢险物资。对影响防洪安全和城乡供水安全的水毁工程，应组织突击施工，尽快修复。对遭到毁坏的交通、电力、通信、水文以及防汛专用通信等基础设施，应尽快组织修复，投入正常运行。

2. 灾害调查评估

为规范洪涝灾害调查评估，总结灾害应急行动经验教训，改进灾害防治和应急管理工作，提升防灾减灾救灾能力，根据《国家自然灾害救助应急预案》《国家防汛抗旱应急预案》和《重特大自然灾害调查评估暂行办法》规定，由地级市应急管理部门制定本地洪涝灾害调查评估制度。

（1）灾害发生后，各级防汛抗旱指挥部应当及时对灾害情况和影响进行研判，对确定需要开展灾害调查评估的，应明确调查评估方向和重点内容，在不影响灾害应急处置与救援的情况下及时启动调查评估，组建调查评估工作组，开展调查评估工作。

（2）灾害调查评估工作组实行组长负责制。调查评估工作组组长由调查评估实施主体指定，其成员由应急管理部门、相关灾害防治主管部门、财政国资主管部门、技术支撑单

位相关人员以及专家组成。参加调查评估工作的人员，应当严格遵守工作纪律，服从工作组指挥和安排。

（3）调查评估工作组应当制定调查评估工作方案，明确参加人员范围和分工、调查评估区域、数据收集办法和具体实施步骤等。

3. 防汛抗旱工作评估总结

各级防汛抗旱指挥部应实行防汛抗旱工作年度总结评估制度，总结经验，查找不足，提出改进措施，进一步做好防汛抗旱工作。

（1）针对应急处置中观察、记录以及收集的各种信息资料，依据评估标准对应急处置活动全过程进行科学分析和客观评价，并撰写书面评估报告。评估报告的重点是对应急处置活动的组织和实施、处置目标的实现、参加人员的表现以及处置过程中暴露的问题进行评估。

（2）总结报告。汛期结束后，各级应急委、防汛抗旱指挥部根据当年防汛工作记录、评估报告、应急预案、各部门总结等材料，对当年防汛工作进行全面总结，并形成防汛应急管理工作书面总结报告。总结报告的主要内容包括：①防汛工作年度概要；②发现的问题，取得的经验和教训；③应急管理工作建议。

4. 持续改进

持续改进包括应急预案修订完善和应急管理工作改进两方面。

（1）根据评估报告和总结报告中对应急预案的改进建议，由应急预案编制部门按权限和程序对预案进行修订完善。

（2）辖区应急委、防汛抗旱指挥部可适时根据应急处置评估报告和防汛工作总结报告提出的问题和建议，对相关应急管理工作进行持续改进。应急委、防汛抗旱指挥部应督促相关部门和人员，制定整改计划，明确整改目标，制定整改措施，落实整改资金，并应跟踪督查整改情况。

5. 奖励与责任追究

对防汛抗旱工作中表现突出的集体和个人，依据相关规定给予表彰和奖励；对防汛抗旱工作中玩忽职守造成损失的，依据相关规定严格追究当事人的责任。详见本书第1章内容，这里不再赘述。

参考文献

[1] 宋劲松. 我国为什么组建应急管理部［J］. 新华月报，2018（9）：118-121.

第2章练习题

一、单项选择题

1. 以下关于我国应急管理部的说法，错误的是（　　）

A. 中华人民共和国应急管理部设立于2018年3月。

B. 应急管理部是中华人民共和国国务院26个组成部门之一。

C. 应急管理部的主要职责为指导火灾、水旱灾害、地质灾害等自然灾害的防治，不负责安全生产综合监督管理和工矿商贸行业安全生产监督管理等工作。

D. 应急管理部设议事机构、20个内设机构、政治部、机关党委、离退休干部局以及派驻机构和部属单位。

参考答案：C

安全生产综合监督管理和工矿商贸行业安全生产监督管理等工作是应急管理部的主要职责之一。

2. 以下关于防汛抗旱（专项）指挥部的说法，正确的是（　　）

A. 目前防汛抗旱指挥部办公室均设置在各级水务（水利）部门。

B. 防汛抗旱指挥部由当地水务（水利）局负责人任总指挥。

C. 防汛抗旱指挥部成员单位为当地应急管理部门和水务（水利）部门。

D. 防汛抗旱指挥部负责在汛期组织会商研判，加强监测预警和组织防汛抢险指挥调度等工作。

参考答案：D

A项错误，全国各级防汛抗旱指挥部办公室均在2021年汛前由水务（水利）部门调整到当地应急管理部门；B项错误，防汛抗旱指挥部应由政府主要领导任总指挥；C项错误，防汛抗旱指挥部成员单位包括流域所在当地管理机构、应急管理局、水务（水利）局、红十字会、气象局、警备区司令部、水文局、国有平台公司等30余个单位。

3. 以下关于防汛抗旱预报预警工作的说法，错误的是（　　）

A. 气象和水文部门为防汛抗旱气象、水文信息主要提供单位，负责合理布设站点，加强雨情、水情监测预测，实时掌握天气和江河水势变化。

B. 气象部门应在提供本区域中期预报的同时，加强影响区域短时临近预报。

C. 流域流经本地的干流及支流重要堤防、涵闸等发生重大险情，相关区（市）县防办应在事发30min内将相关险情报上一级防办和水务（水利）部门。

D. 按照紧急程度、发展势态和可能造成的危害程度，预警级别可分为Ⅰ级、Ⅱ级、Ⅲ级和Ⅳ级，Ⅳ级为最高级别。

参考答案：D

预警级别可分为红色（Ⅰ级）、橙色（Ⅱ级）、黄色（Ⅲ级）、蓝色（Ⅳ级），Ⅰ级为最高级别。

4. 以下关于防汛抗旱应急响应的说法，正确的是（　　）

A. 应急响应分为防汛应急响应和抗旱应急响应，按照国家制定的统一标准分为四级。

B. 本级防汛抗旱指挥部可结合实际适时启动、终止对应级别应急响应。

C. 大型水库、中型水库发生垮坝险情应执行Ⅱ级（橙色）应急响应预案。

D. 洪涝灾害的危害和影响得到有效控制或消除后，可由现场指挥人员宣布响应终止。

参考答案：B

A项错误，各地可根据本地地形地貌、多年平均降雨量、历史灾情等因素，制定切实可行的分级指标和条件；C项错误，大型水库、中型水库发生垮坝险情属于对人民群众

安全造成特大影响的险情，应立即执行Ⅰ级（橙色）应急响应预案；D项错误，有启动应急响应权限的指挥机构才可宣布响应终止。

5. 较大及以上级别的突发事件信息，各区（市）县和市级主管部门要在事发后______ min内电话口头报告、______ h内书面报告。(　　)

A. 30；1　　B. 20；1　　C. 30；2　　D. 20，2

参考答案：B

详见本章信息报送时限要求。

6. 以下关于极端洪涝灾害（超Ⅰ级红色）应急预案的说法，错误的是（　　）

A. 当市防汛抗旱指挥部已启动Ⅰ级（红色）防汛应急响应，且经过研判，判断灾害影响可能进一步扩大时，即需启动极端洪涝灾害（超Ⅰ级红色）应急预案。

B. 市应对极端洪涝灾害指挥部由市委书记、市长担任总指挥，下设各工作组分别负责各方面抢险救援工作，并搭建前方联合指挥部及后方指挥部。

C. 各工作组根据现场灾情信息的紧急程度，可选择直接报送至市指挥部、省委办公厅。

D. 在紧急防汛期，各级指挥部有权对壅水、阻水严重的桥梁、引道、码头和其他跨河工程设施作出紧急处置；必要时可宣布对陆地和水面交通实施强制管控。

参考答案：C

市指挥部成立并启动运行后，所有信息接报处理、公开等统一由后方指挥部负责，严格归口管理，坚决防止多渠道造成信息混乱。向中办、国办和省委办公厅、省政府办公厅的报告，分别由市委办公厅和市政府办公厅负责，后方指挥部统一提供文稿。

二、多项选择题

1. 我国应急委员会主要工作制度包括（　　）

A. 会商研判制度。

B. 物资管理制度。

C. 财政保障制度。

D. 应急保障制度。

参考答案：A、D

我国应急委员会主要工作制度包括：分工负责制度、协调联动制度、会商研判制度、预案管理制度、定期演练制度、应急保障制度、监督管理制度。财政保障及应急物资保障属于应急保障制度工作内容。

2. 以下哪些是各级防汛抗旱指挥部对江、河、湖、库和山洪、干旱等灾害风险区域的排查重点（　　）

A. 确认河床年度下切（抽槽）深度，跨河桥梁桩基、堤防基础埋深是否满足河床下切深度要求。

B. 排查江、河主流游荡情况、倒滩横流情况、堤防基础、跨河桥梁桩基被水流冲淘情况，以及是否存在贯穿性裂缝和不均匀沉降现象。

C. 排查城市现有雨、污管道是否存在雨污合流情况，有无断头管。

D. 当雨水管道低于河道排水口洪水位时，确认有无闸阀堵口措施，防止洪水倒灌。

参考答案：A、B、C、D

以上选项均为各级防汛抗旱指挥部对江、河、湖、库和山洪、干旱等灾害风险区域的排查重点。

3. 以下关于防汛抗旱指挥部的应急保障制度，说法正确的是（　　）

A. 经信部门应负责组织、协调、指导、督促通信运营企业，优先保障气象、水文、汛情、灾情等信息的及时传递，保障救灾指挥系统和重要部门的信息畅通。

B. 各级防汛抗旱指挥部及其成员单位应主要依靠驻地部队、武警、民兵组织及社会力量开展应急救援工作。

C. 卫生健康部门负责组织水旱灾区疾病防治的业务技术指导，组织医疗卫生队赴灾区巡医问诊，负责组织开展灾区防疫消毒、伤员救治等工作。

D. 防汛抗旱物资仓库在汛期和干旱期应随时做好物资调运的各项准备工作，按调令保证防汛抗旱物资快速、安全运达指定地点。

参考答案：A、C、D

B项错误，各级防汛抗旱指挥部及其成员单位要组建本级专业防汛抗旱抢险队伍，经常性开展专业技术、技能培训，注重提升指挥调度人员专业技术和抢险人员技能水平。

4. 当出现以下哪些情况时，需考虑提出启动极端洪涝灾害（超Ⅰ级）应急响。（　　）

A. 气象部门在24h内已对本市连续发布了2次暴雨红色预警时。

B. 上游某中型水库已发布溃坝风险预警时。

C. 市中心路段受内涝影响，发生大面积车辆拥堵、人员被困等险情时。

D. 因强降雨造成市郊河心岛某60余人旅行团全员被困时。

参考答案：A、B、C、D

A、B、C、D选项分别对应书中附录13中所提到的“气象预警类”“水利工程及江河湖险情灾情类”“城市内涝类”“旅游景区、河心洲岛险情灾情类”险情。在启动Ⅰ级防汛响应的基础上，参考以上情形，均需进一步会商研判，提出启动极端洪涝灾害应急响应。

三、填空题

1. 近20年来，我国不断建立健全以“一案三制”为核心的突发事件应急管理综合体系，主要包括__________、__________、__________和应急管理法制四大板块内容。

2. 我国应急救援体系主要包括______机制、______机制、______基础、______系统，总体要求为“__________、__________”，是全覆盖、无缝隙的组织结构和系统。

3. 一般突发事件，由______________开展应对处置；较大和需要启动二级响应的突发事件，由______________开展应对处置；特别重大、重大突发事件，在国务院工作组和省委、省政府工作组的领导下，建立由______________任指挥长的指挥体系，由应急委指导协调相关专项指挥部。

4. 在洪涝灾害的危害和影响得到有效控制或消除，防汛抗旱指挥部宣布应急响应终

止后，还应进行的后置工作有：__________、防汛抗旱工作评估总结、__________、__________、奖励与责任追究。

5. 应急预案编制的8个步骤为：①__________，②资料收集，③__________，④__________，⑤应急预案编制，⑥__________，⑦__________，⑧批准实施。

四、简答题

1. 请简述以下防汛抗旱指挥主要工作机制内容。

(1)“三单一书”：

(2)“两书一函”：

(3)“四不两直”：

2. 请简述以下防汛会商概括词所指代的内容。

(1)“一看天”是指：

(2)“二看地”是指：

(3)“三看水”是指：

3. 请补全下列应急演练实施基本流程，并简述其主要工作内容。

（1）演练计划：

（2）______：

（3）演练实施：

（4）______：

（5）______：

第3章 水上救援常用装备及应用

水上救援时，往往伴随着恶劣的自然环境和极端的气象条件，那么如何做到在恶劣、极端条件下既能快速、高效地救出被困群众，又能保障施救人员的生命安全。这就要求救援人员不仅需要制定科学、有效的救援方案，还需要掌握扎实的救援技能和对救援装备系统的了解和运用。救援技能将在本书第5、第6章进行详细阐述，本章主要从团队装备、单兵装备和新型装备等方面对常用的水上救援装备及应用进行介绍，以增强救援人员的抢险救援能力。

3.1 常用团队装备及应用

水上救援行动需多人协作完成，在实施救援时，依靠团队装备进行救援可显著增强救援能力。基于水上救援环境的特殊性，目前最为常见、机动、高效的救援方式是利用冲锋舟艇进行施救。因此，本节将对冲锋舟艇及其配套设备进行重点介绍。

3.1.1 冲锋舟艇

冲锋舟艇是抢险救援时的主要交通工具和作业平台，具有航速快、体积小、操作灵活简便、便于运输等特点，在历次救援抢险行动中都发挥了重要作用，承担着应急抢险和救助任务，主要用于洪涝灾害水上救援、孤岛救援等，也可用于水上侦察、执法、巡逻等，起到保护人民生命安全和减少国家财产损失的作用。在军事术语中，冲锋舟艇是指供步兵分队强渡江河和海滩登陆时所用的轻便制式交通工具，可用于水上通信、侦察、巡逻和救援。冲锋舟艇在水上配备发动机（舷外机）作为动力，也可用桨操行。

3.1.1.1 舟艇的组成

舟艇一般由主船体、动力推进装置、操作系统、系缆装置及附属设备组成。

1. 主船体

舟艇通常有橡胶和增强纤维两种材质的船体，材质实物如图3.1.1所示。武警部队和公安消防应急救援队伍一般多用橡胶船体，海事渔政等应急部门多用增强纤维船体。

（1）橡胶船体。橡胶船体具有机动灵活、轻便和便于收藏等优点，但其结构抗压强度小，与锋利和尖锐物接触容易受伤破损。

（2）增强纤维船体。增强纤维船体包括环氧树脂、玻璃纤维或高强纤维（如芳纶纤维、碳纤维等）为主要构造材料成型工艺建造的船舶。增强纤维船体具有结构强度高、抗冲击能力大等优点，但其机动性较差，不便于陆上运输，且需选择较好的地理位置下水。

2. 动力推进装置及操作系统

（1）动力推进装置。舟艇动力推进装置就是舟艇的发动机，目前大多数冲锋舟艇使用

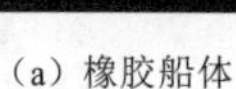

(a) 橡胶船体

(b) 增强纤维船体

图 3.1.1　橡胶与增强纤维船体实物图

雅马哈二冲程汽油发动机作动力，发动机功率有 20P[1]、30P、40P、60P、80P、100P、110P 等种类，其中二冲程 20P、30P、40P 汽油发动机实物如图 3.1.2 所示。

(a) 二冲程20P汽油发动机

(b) 二冲程30P汽油发动机

(c) 二冲程40P汽油发动机

图 3.1.2　雅马哈不同功率发动机

(2) 操纵系统。冲锋舟操纵系统由方向控制装置、动力换向装置和油门控制装置组成。雅马哈 60P 船外机部件名称如图 3.1.3 所示。

1) 方向控制装置。方向控制装置也称舵向操纵杆（简称操舵杆），大多数冲锋舟采用操纵手柄左右推动舷外机（发动机），从而通过改变舷外机螺旋桨的推力方向来实现冲锋舟的航向控制，它直接反映出舟艇的舵效性能，与船体材质、行进阻力、螺旋桨直径、桨面面积以及水流方向等有密切关系，雅马哈船外机水上部分部件名称如图 3.1.4 所示。

2) 动力换向装置。通过集成在方向操纵杆中部位置上的挡位手柄连动齿轮箱来实现正、倒车之间换向，一般分为前进、倒挡和空挡三个档位。

3) 油门控制装置。冲锋舟油门多使用旋转把手操作，旋转把手安装在方向操纵杆上，

[1] 1P=0.735kW，即 1 马力。

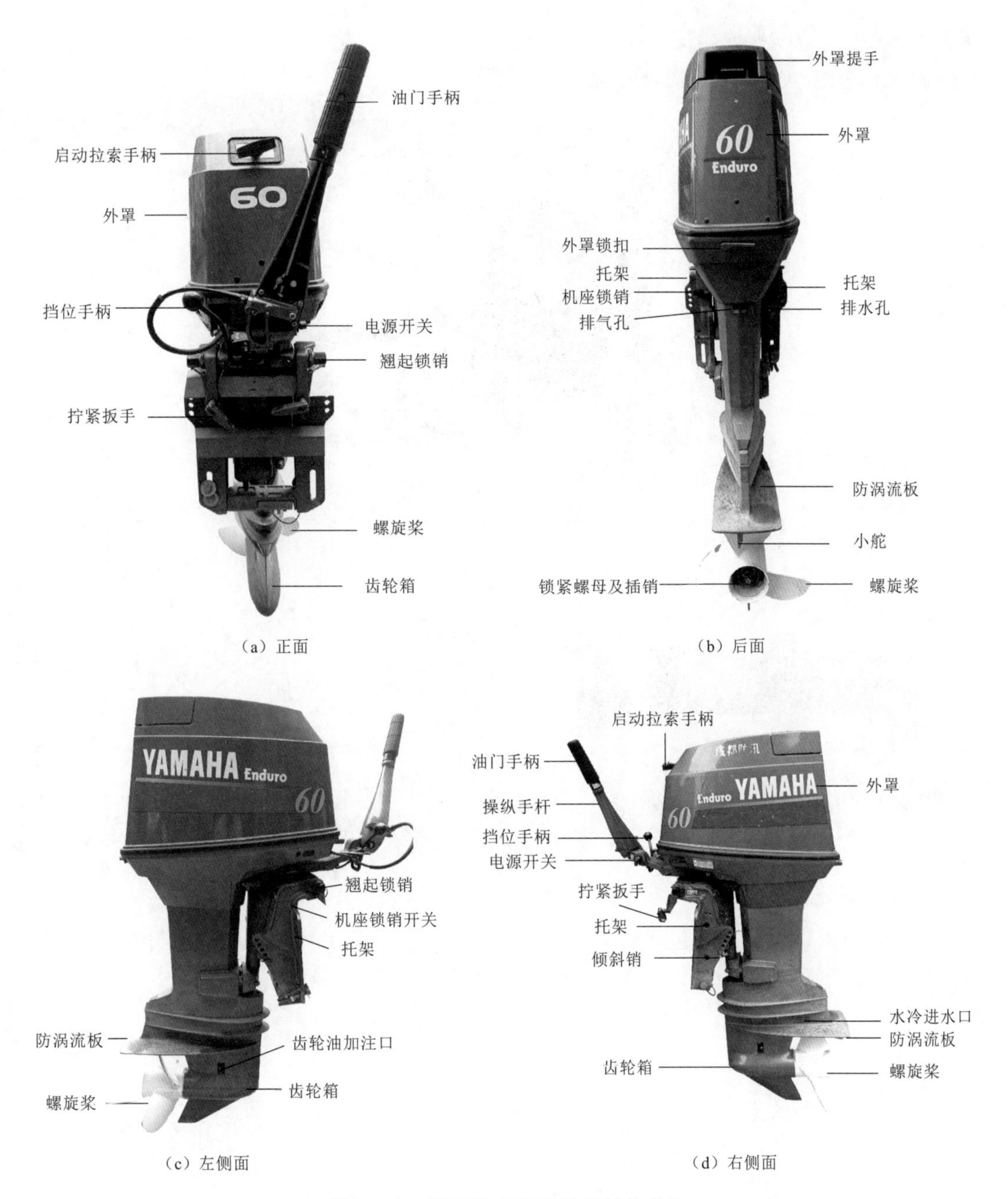

图 3.1.3 雅马哈 60P 船外机部件名称

用旋转把手控制供油量，顺时针旋转逐步增大供油量，逆时针旋转逐步减小供油量，使发动机转速增大或减小，从而达到增减航速的目的。油门实物如图 3.1.5 所示。

3. 系缆装置

舟艇系缆绳宜采用尼龙纤维绳，直径规格多在 14～20mm，系缆长度根据水域环境或实际任务需要而定。为便于舟艇在岸边停靠，应在船首配置一根缆绳，且缆绳一端固定在船首铁环处，另一端系上直径 16～20mm 的螺纹钢钢钎。钢钎的一端加工制作成环状，便于系牢缆绳。另一端加工削尖，方便插入岸边土中固定船只。冲锋舟一般将缆绳系在船艄并固定在岸边即可停泊。船体系缆装置如图 3.1.6 所示。

图 3.1.4　雅马哈船外机水上部分部件名称

图 3.1.5　油门

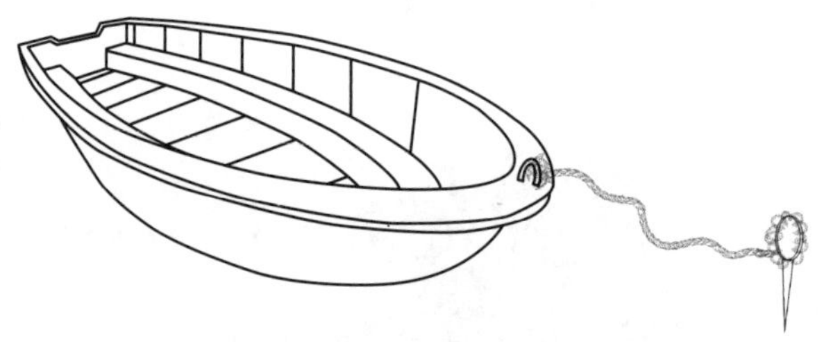

图 3.1.6　船体系缆装置

4. 附属设备

冲锋舟艇附属设备一般包括船桨、救生衣、救生圈、救生杆等物资，该类物资是舟艇自航和参与救援时的必备装备。常用附属设备实物如图 3.1.7 所示。

3.1.1.2　舟艇的分类

1. 船体材质

冲锋舟艇按船体材质不同分为冲锋舟和橡皮艇两大类。

冲锋舟船体材质大多由玻璃纤维增强塑料（俗称玻璃钢）、胶合板和橡胶布等组成。常见的有 TZ588 型、TZ590 型、TZ600 型等型号，以 TZ600 型冲锋舟为例，舟体尺寸为 6.00m×1.90m×0.75m，乘员 12 人、抢险极限载客 15 人，船外机（发动机）配备二冲程 40～60P。图 3.1.8 为 TZN590、TZN610 型冲锋舟实物图。

相对于橡皮艇，冲锋舟的优点主要有：

（1）载重大、动力强、速度快，水上速度可达到 40～60km/h。

（2）船体舵效灵敏。

（3）船体坚硬、耐磨。

（4）适用于大江大河、流速偏大水域的江河洪水救援。

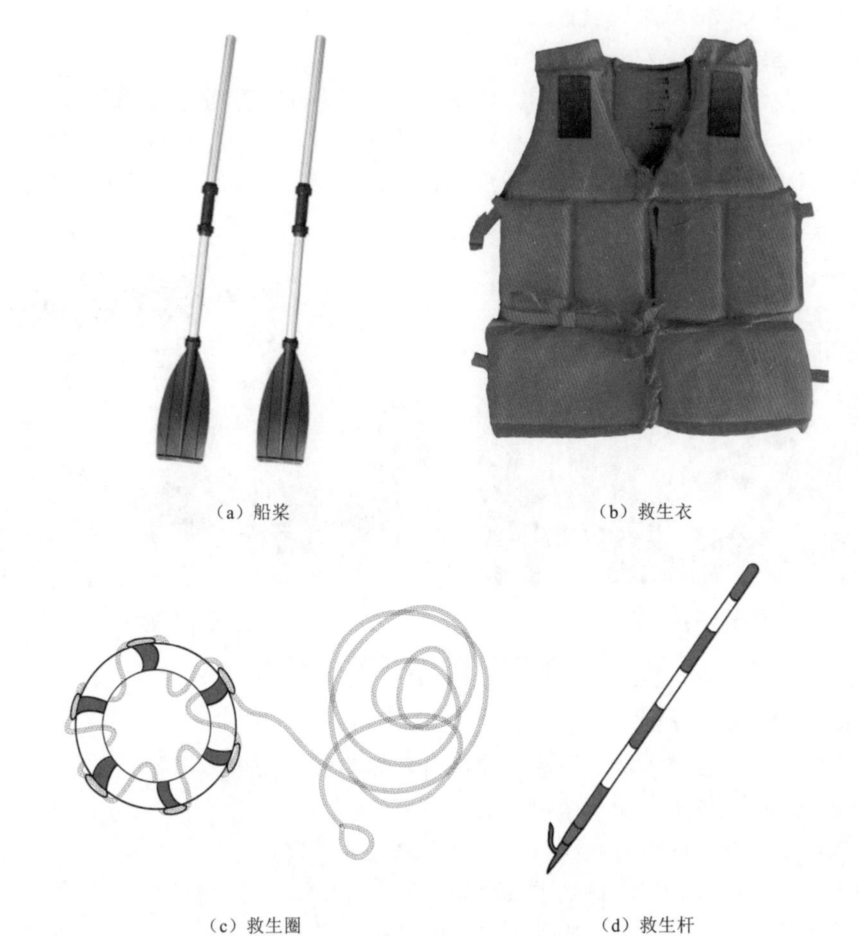

（a）船桨　（b）救生衣

（c）救生圈　（d）救生杆

图 3.1.7　常用附属设备

（a）TZN590型冲锋舟　（b）TZN610型冲锋舟

图 3.1.8　TZN590 型和 TZN610 型冲锋舟

相较橡皮艇，冲锋舟也具有一定的缺陷，主要表现为：

（1）自身重量大、体积大，装卸运输难度大。

（2）内涝救援（城市、村庄院落等）灵活性差，不便穿越狭窄、复杂航道。

（3）吃水深度大，适航水域较橡皮艇差。如30P橡皮艇吃水深度仅为1.0m，而60P冲锋舟吃水深度达1.5m。

橡皮艇船体材质为橡皮气囊，船体重约60kg，发动机动力为10～40P。图3.1.9为配外挂机和仅用船桨的橡皮艇。为提高橡皮艇船体安全性能，防止在行进中因尖锐物体将气囊刺破漏气而引发沉船事故，一般将橡皮艇设计为4～5个单独气室，即使在恶劣水域有1～2个气室被刺破漏气，也不至于很快沉没。

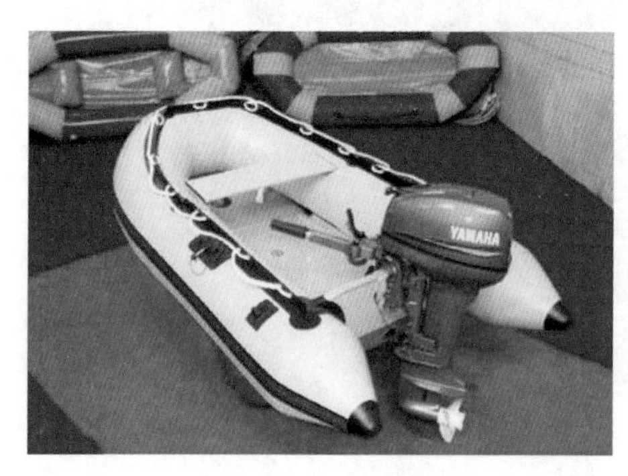

（a）配外挂机的橡皮艇

（b）仅用船桨的橡皮艇

图3.1.9　配外挂机和仅用船桨的橡皮艇

相对于冲锋舟，橡皮艇的优点主要有：

（1）吃水深度浅，适航水域范围优于冲锋舟，如30P发动机为0.8m左右。

（2）重量轻、体积较小，便于携带运输。

（3）宜在城市、村庄内涝时参与救援，且宜躲避障碍物。

相较冲锋舟，橡皮艇具有的缺陷主要表现为：

（1）发动机配备的动力仅为二冲程10～30P，动力较小，在高流速的江河中逆水行驶时容易出现动力不足现象。

（2）载重小，准载6人，极限状态可达8人。

（3）船体为橡胶材质，宜划伤刺破。

（4）因其吃水深度较浅、船体较柔软，反作用力利用效率低，因此舵效相对较差。

冲锋舟、橡皮艇常用发动机有雅马哈（日本）、水星（美国）、东发（日本）、本田（日本）等品牌，主要型号以雅马哈二冲程发动机为例有：115P、60P、48P、40P、15P、8P等，输出功率为该机型号对应的马力值。

2. 发动机安装位置

舟艇按发动机的安装位置及动力驱动方式的不同，可分为外挂式冲锋舟艇、外挂后喷式冲锋舟艇和卧喷式冲锋舟艇，其中外挂式和外挂后喷式冲锋舟艇的发动机安装在船体（艉板）外侧或后侧，而卧喷式冲锋舟艇发动机安装在船底舱。

随着水上救援相关设备技术的更新和进步，集传统玻璃钢冲锋舟与橡皮艇优点于一体的卧喷式冲锋舟艇，已经作为一款成功的水上救生设备投入实战应用。与传统外挂式发动机冲锋舟艇不同，卧喷式冲锋舟将发动机内置在船舱底部，工作时依靠发动机涡轮将水吸入涡轮水道，再将水在船尾处喷出，形成强大的反作用力，驱动船体前进。相较传统冲锋

舟艇，卧喷式冲锋舟艇具有明显优势，主要体现在以下方面：

（1）满载吃水深度浅。由于没有螺旋桨及传动装置等水下部件，所以比外挂发动机冲锋舟艇吃水深度浅，只要在均深 0.3m 以上水深，都可正常行驶，也就大大扩大了适航水域范围。

（2）内置发动机有汽油四冲程和混合燃油二冲程两类，比起传统冲锋舟艇具有用油灵活的优势。

（3）玻璃钢船体周围镶嵌有 5 个气室的橡胶气囊或实心聚乙烯浮筒，防止橡皮艇在参与洪涝灾害水上救援时被水下不明尖锐物体（如铁丝、玻璃、电线等）划伤、刺破，造成泄气、沉没事故，明显加强抗倾覆能力。橡皮艇气囊分布如图 3.1.10 所示。

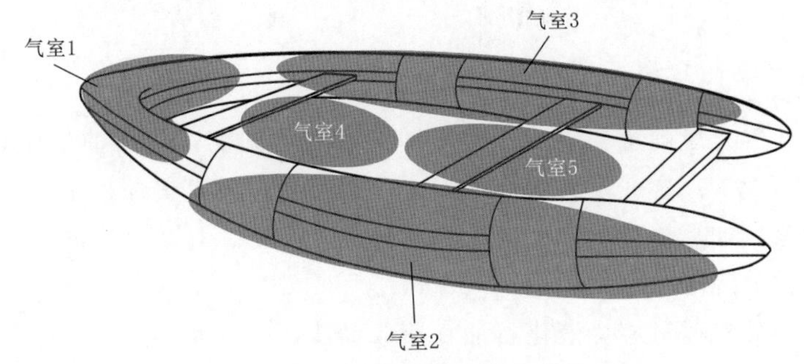

图 3.1.10　橡皮艇气囊分布图

但是该型冲锋舟艇同样存在一定的缺陷：当发动机处于低转速状态时，由于涡轮吸水、舵向盖瓦喷水量减少，船体受到的反作用力也随之减少，所以舵效在低速状态时较差。

3.1.1.3　舟艇核心部件—发动机

1. 发动机（船外机）的分类

发动机是冲锋舟、橡皮艇最重要的核心部件，是影响舟艇能否安全航行的关键因素。对于外挂式冲锋舟而言，因发动机水冷系统、传动系统、底座等合成安装在船体（艉板）外侧，又称为船外机、舷外机、外挂机等。

根据能量来源不同，船外机可分为燃油类和电动类两种。目前，最常用的是燃油类船外机，其工作原理是将燃油的化学能通过内燃机转化为机械能，然后通过机械传动进而转换为舟艇前进的动能。燃油类船外机按照燃油类型的不同又可细分为汽油船外机、柴油船外机、液化石油气船外机和煤油船外机。图 3.1.11 为汽油、柴油、液化石油气以及电动船外机实物图。

汽油船外机能量传输过程是将汽油中的化学能转化为机械能，再通过机械传动、螺旋桨转换为舟艇前进的动能。目前，生产技术较为成熟，已作为主要动力应用于众多的小型舟艇，也是防汛抢险救援中主要使用的舟艇驱动装置，具有用途广泛、技术成熟、功率范围广等优势，但也存在相应缺陷。如汽油因储藏运输不便，不仅存在汽油泄漏安全隐患，同时也会污染水环境。因此，目前国内很多水源地保护水域地区海事局已经禁止超过 12 客位的船只使用汽油发动机作为动力。

柴油船外机能量传输过程是将柴油中的化学能转化为机械能，再通过齿轮箱和轴系传

（a）汽油船外机

（b）柴油船外机

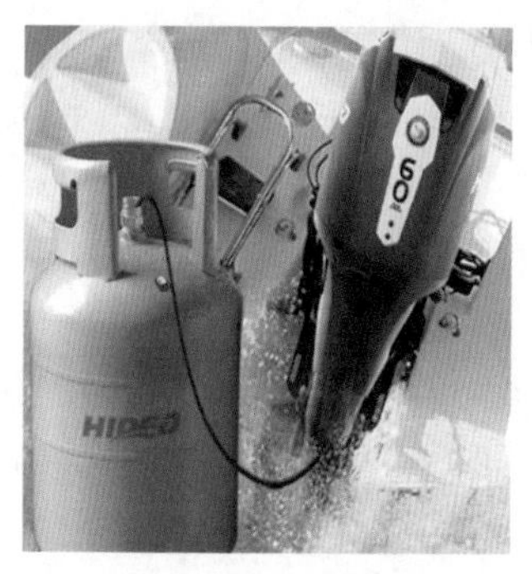
（c）液化石油气船外机

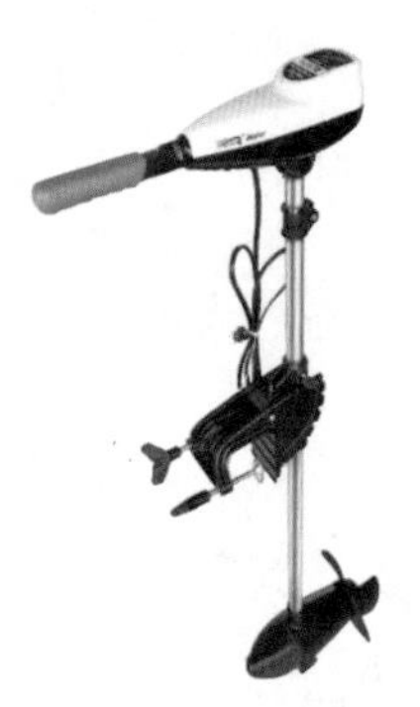
（d）电动船外机

图 3.1.11　汽油、柴油、液化石油气以及电动船外机实物图

递到螺旋桨，转化为舟艇前进的动能。因使用的燃料为柴油，与汽油相比具有不易挥发，不易出现因偶然情况被点燃或发生爆炸的安全事故，所以具有更加稳定安全的性能，但同样也具有较多缺陷。如燃烧过程产生硫化物（H_2S）以及粉尘等污染物，工作时振动及噪声较大，常有漏油故障等。

液化石油气船外机通过燃烧液化石油气获取动能，因其使用的燃料液化石油气是一种清洁能源，因此，在国内也较早被使用。但由于其在工作中液化石油气容易出现挥发泄漏现象，不仅加大燃料的使用成本，而且还将对大气、水环境造成极大破坏。因此，目前国内液化石油气船外机并没有得到大规模的使用。

煤油船外机通过燃烧低品质煤油获取动能。目前在东南亚和南亚具有较大市场，相较汽油、柴油和液化石油气，使用低品质煤油价格较低，因此燃料投入成本相对低，但同样具有污染大的缺陷。

电动船外机以可循环使用的蓄电池作为能量源，将蓄电池里的电能通过电动机转化为推进器上的机械能，再转为船舶动能。减少了传统内燃机与变速箱之间的转化和传递过程，能有效降低能量损耗。随着电机技术的成熟和电池技术的进步，电动船外机已逐步投入使用，因其能量直接来源于电能，不会产生废气和出现漏油以及燃料挥发现象，不会对生态环境产生破坏，将会逐渐成为主要的船舶驱动装置。

2. 发动机（船外机）的主要构造

（1）外挂式燃油船外机。集成油路、电路、传动、舵向杆等于一体，通常由动力头、齿轮箱、推进器三大主要部件组成。

1）动力头：船外机的动力心脏，是整个船外机造价最高、技术含量最大、也是重量体积最大的部分，等同一个完整的内燃机。传统的内燃机为曲轴水平布置并向水平方向输出动力，而船外机的内燃机曲轴为竖直布置，以方便将动力向下方输出。除曲轴、活塞、连杆、缸套、缸盖、缸体外，动力头还包括完整的配气机构（凸轮轴、顶杆、气阀等）、燃油系统、冷却系统、润滑系统、进气系统以及其他部件等。

2）齿轮箱：因内燃机的转速太高而扭矩较小，不适合船舶推进，因此需要齿轮箱来降转速、提扭矩。齿轮箱由传动轴、齿轮、外壳等组成，主要性能指标是传动效率、水阻

系数及可靠耐用性。它位于动力头的下方，提供减速比，负责将动力传递至推进器。在实际操作中需引起重视的是，变换挡位时，应先减速，待舟艇处于怠速状态下才能变挡，否则将发生打齿现象，损坏齿轮。

3）推进器：指的就是螺旋桨，螺旋桨最基本的指标是螺距，螺距的定义是假设没有滑脱的情况下，螺旋桨旋转一圈前进的距离。螺距越大，螺旋桨需要的推力就越大，每转动一圈前进的距离就大，反之亦然。通常，对于重载的船，我们希望船外机提供的扭矩能够较大，这样螺旋桨螺距就越大，进而推进效率也就越高；而对于较轻的小船，希望扭矩能够较小，这样螺旋桨螺距就越小，进而转速相对较高，推进效率也就更高。

（2）卧喷式燃油发动机。通常由动力头、涡道、舵向盖瓦三大主要部件组成，其中动力头与外挂式船外机的构造基本相同，这里不再重复介绍。

1）涡道：内置于船舱底部，不同于船外机推动螺旋桨旋转，而是靠发动机涡轮将水吸入涡轮水道，再将高压水在船尾处喷出，形成强大反作用力，驱动船体行驶。

2）舵向盖瓦：又称喷嘴盖瓦。船外机是通过齿轮箱变换挡位进而改变船体舵向，而卧喷式发动机是通过操纵舵向盖瓦的不同方向来控制喷水方向，从而控制舟艇舵向。如在前进挡时，喷嘴盖瓦向上移动，让水向正后方喷出，冲击船体后方水体，进而形成反作用力，推动舟艇前进；在倒挡时，喷嘴盖瓦向下方转动，使喷水与船底成一定的前倾角喷出，形成向后的反作用力，使舟艇后退。相比船外机，卧喷式舟艇发动机一直处于同一方向转动，因此可在高速转动下直接变换挡位，更容易操作，但也存在一定的缺陷，当发动机处于低转速状态时（低速行驶、靠岸等），由于涡轮吸水、舵向盖瓦喷水量减少，船体受反作用力也随之减少，导致舵向较差，需要在实训时开展有针对性的练习，详见6.7节实训要领。

（3）电动式船外机。电动船外机核心部件主要有电机、蓄电池、控制电机转速的控制电路、外壳、连接体、悬挂装置，以及其他增值部件如GPS芯片、电池管理电路等，这里只对蓄电池做简要介绍。

蓄电池是电量用到一定程度之后可以被再次充电、反复使用的化学能电池的总称。在电动船外机上一般采用锂电池作为船舶动力，目前用于动力源的锂电池，按电芯材料分类，主要有表3.1.1中的几种。

表3.1.1　　各类锂电池参数对比表

序号	参　　数	三元锂	锰酸锂	硫酸铁锂	钛酸锂
1	工作温度（充电）	−10～40℃	−10～40℃	0～45℃	−30～55℃
	工作温度（放电）	−20～55℃	−20～55℃	−20～60℃	−30～55℃
2	能量密（能量型）/(Wh/kg)	240	160	140	80
	能量密（功率型）/(Wh/kg)	80	70	60	50
3	功率密（能量型）/(kW/kg)	0.2	0.2	0.2	1
	功率密（功率型）/(kW/kg)	2	2	2	10
4	标称电压/V	3.8	3.8	3.2	2.3
5	循环寿命80%/次	≥2000	≥1500	≥3000	≥10000
6	安全性	中	中	高	高

目前运用于船舶动力主要使用的是三元锂电池和磷酸铁锂电池。三元锂电池的能量密度较其余三种电池都大，在欧洲较受欢迎。但在其在电池管理系统需要投入更多资金，因此三元锂电池在国内船舶上的应用受到了一定程度上限制。磷酸铁锂电池在船舶领域发展较快，至今生产技术已相当成熟，广泛应用在陆用交通、太阳能发电和风力发电储能、电动工具等领域。因其应用领域较广，使用数量大，也使电池价格回落到较为合理的空间。另外，磷酸铁锂电池的使用环境温度与使用寿命有着密切的关系，环境温度过高和过低都会对电池造成损害，并存在极大的安全隐患。实船应用上，在极端温度环境下工作的海船，温度过高时应利用空调降温，增加通风；温度过低时应利用加热器，敷设保温棉等方法满足电池对环境温度的要求。

3. 发动机的工作原理

(1) 汽油发动机。燃烧技术主要为二冲程和四冲程两种。

二冲程汽油发动机主要由火花塞、气缸、活塞、曲轴箱以及进气孔、扫气孔和排气孔组成，结构如图 3.1.12 所示。

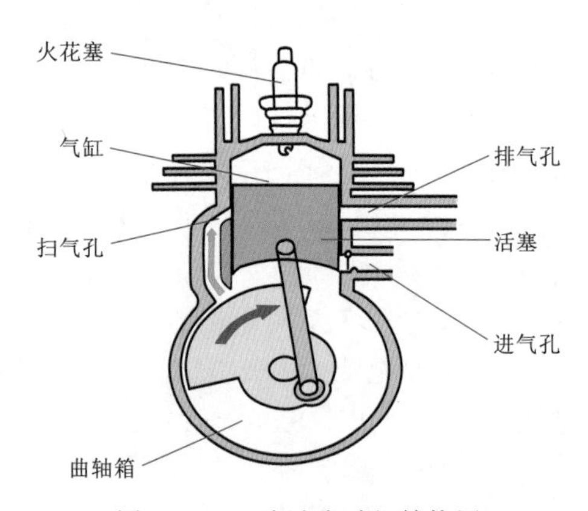

图 3.1.12　汽油发动机结构图

1) 二冲程发动机指的是完成一个工作循环即曲轴旋转 360°需要实现进气、压缩、做功和排气四个过程。这种发动机完成一次循环活塞需要在上、下止点间往复移动了两个行程，因此称之为称为二冲程发动机。

二冲程汽油发动机的工作原理主要为以下两个行程：

a. 第一行程：活塞在曲轴带动下由下止点移动至上止点行程。当活塞处于下止点时，进气孔关闭，排气孔和扫气孔开启，这时气缸内燃烧后的废气从排气孔流出，同时曲轴箱内预压缩可燃混合气体（汽油和空气的混合气）经扫气孔进入气缸，该过程被称为进气过程。随着活塞向上止点运动且扫气孔和排气孔关闭，开始压缩气缸内可燃混合气体，与此同时，曲轴箱内形成负压，从进气孔吸入可燃混合气。当活塞运动到上止点时，完成压缩过程，该过程将机械能转化为可燃混合气的内能。

b. 第二行程：活塞在曲轴带动下由上止点移动至下止点行程。当压缩过程完成时，火花塞产生电火花，将气缸内的可燃混合气体点燃，气体燃烧膨胀，活塞开始下行做功，该过程称为做功过程，该过程将可燃混合气的内能转化为活塞运动的机械能。随着活塞向下运动时，因排气孔为单向阀片，仅能进气，因此曲轴箱内容积减小，可燃混合气体被预压缩。随着活塞继续向下止点运动，扫气孔和排气孔开启，经预压缩的可燃混合气体从曲轴箱经扫气孔进入气缸，开始扫气过程，同时气缸内燃烧后的废气从排气孔流出。活塞运动到下止点时，曲轴旋转 360°完成了一次工作循环。二冲程汽油发动机工作原理如图 3.1.13 所示。

需要说明的是，进气和排气是在膨胀过程结束和压缩过程开始前很短的时间内（先排

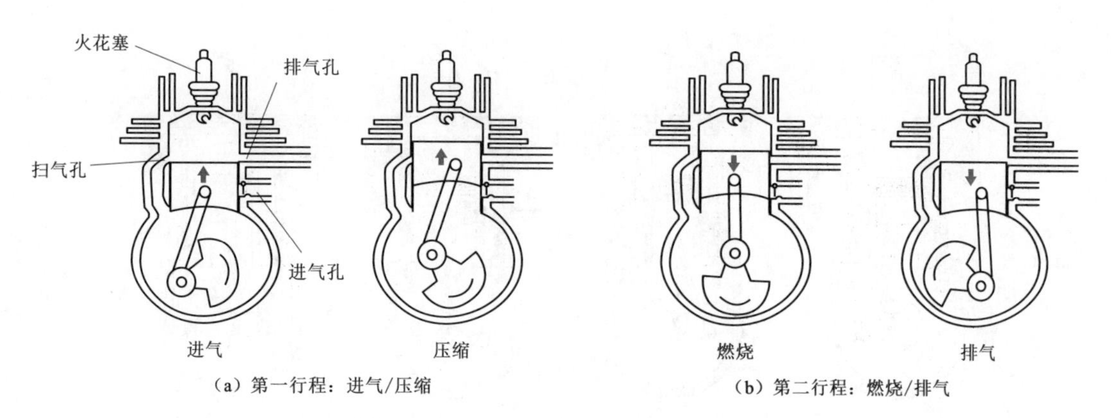

图 3.1.13　二冲程汽油发动机工作原理

气、后进气，并有进排气重叠）完成。

2）与二冲程发动机工作不同，四冲程发动机完成一个工作循环即实现进气、压缩、做功和排气四个过程需要曲轴旋转 720°。这种完成一次对外做功需活塞在上、下止点间往复四个行程的发动机被称为四冲程发动机。

四冲程汽油发动机主要由火花塞、气缸、活塞、连杆、曲轴箱以及进气门、排气门组成，结构如图 3.1.14 所示。

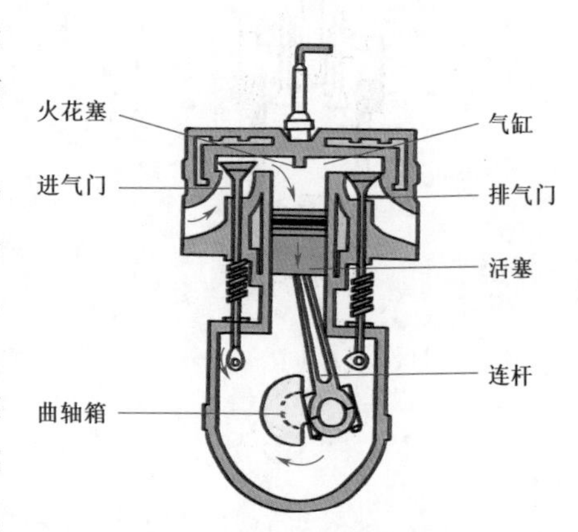

图 3.1.14　四冲程汽油发动机结构图

a. 进气行程：进气孔开启，排气孔关闭，活塞由上止点运动到下止点，曲轴旋转 180°。当活塞由上止点向下止点运动时，气缸内形成负压，因此可燃混合气经进气口进入气缸。

b. 压缩行程：进气孔和排气孔均关闭，活塞由下止点运动到上止点，曲轴旋转 180°。当活塞由下止点向上止点运动时，气缸内的可燃混合气受到压缩，温度压力不断上升，易于点燃。该行程将活塞的机械能转化成可燃混合气的内能。

c. 做功行程：进气孔和排气孔均关闭，活塞由上止点运动到下止点，曲轴旋转 180°。在压缩冲程完成时，火花塞点燃可燃混合气，产生高压作用，推动活塞由上止点向下止点运动。该行程将可燃混合气的内能转化成活塞的机械能。

d. 排气行程：进气孔关闭，排气孔打开，活塞由下止点运动到上止点，曲轴旋转 180°。在活塞由下止点向上止点运动时，燃烧后的废气通过排气孔留出。当活塞到达上止点时，活塞恢复到进气行程初始状态。

图 3.1.15 为四冲程汽油发动机工作原理示意图。

二冲程发动机因曲轴每旋转一圈，发动机便做一次功，而四冲程发动机每做功一次曲轴需旋转两圈，因此，在转速相同条件下，单位时间内，二冲程发动机做功次数是四冲程发动机的两倍，可见二冲程发动机功率密度较四冲程大。但由于二冲程发动机利用可燃混合气扫除燃烧后的废气，且进气和排气过程几乎同时进行，可燃混合气可能会流失，废气

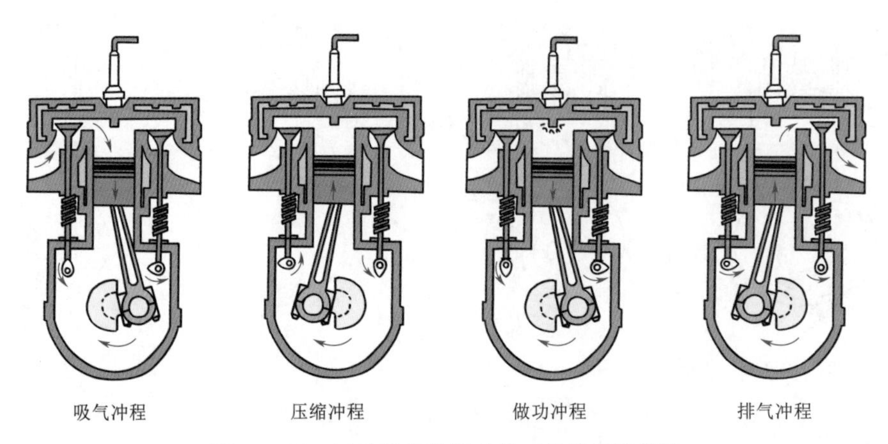

图 3.1.15 四冲程汽油发动机工作原理示意图

也不易完全排净，所以二冲程发动机对燃料的利用率较低，且会排放出未燃烧的汽油，将会对大气造成污染。

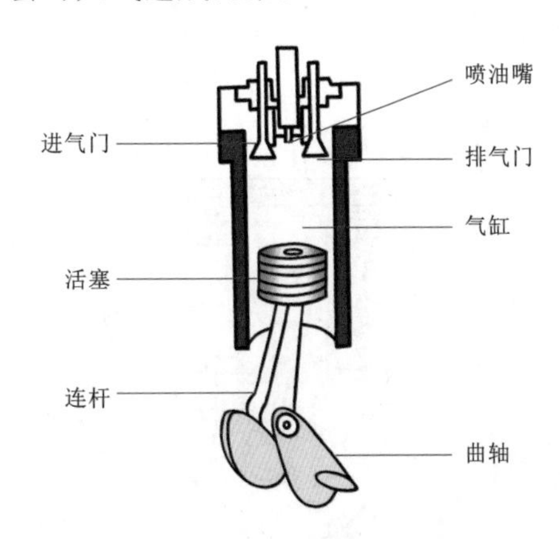

图 3.1.16 柴油发动机结构图

(2) 柴油发动机。柴油发动机主要由气缸、曲轴、进气门、排气门、喷油嘴等组成，结构如图 3.1.16 所示。

燃烧技术主要为二冲程和四冲程两种，与汽油发动机主要的区别主要在于压缩的气体和点燃方式的不同。具体而言，汽油发动机吸入和压缩的气体为汽油和空气的混合气，而柴油发动机吸入和压缩的气体为空气；汽油发动机通过火花塞打火点燃被压缩的汽油和空气混合气，而柴油机通过压缩空气的办法提高空气温度，使空气温度超过柴油的自燃点（标准大气压下，柴油燃点为 220℃），这时再喷入柴油，实现自燃，该过程主要表现在第二行程，也就是当活塞运动到上止点前，喷油器将柴油喷入气缸中，压缩空气所产生的高温使雾化的燃油燃烧，进而产生推动活塞下行的动力，此过程将内能转化为机械能。

四冲程柴油机的工作原理与四冲程汽油机基本类似，每完成一个工作循环即实现进气、压缩、做功和排气四个过程需要曲轴旋转 720°，不同之处在于柴油机进入气缸的是纯空气以及没有配备火花塞，这里不做重复介绍。

四冲程汽油机和四冲程柴油机共同特性表现为：①每完成一个工作循环曲轴旋转两周(720°)，每一行程曲轴转半轴（180°）。②进气、压缩、做功和排气四个行程中，只有做功行程产生动力。③发动机运转的第一个工作循环必须依靠外力使曲轴旋转，进而完成进气和压缩行程。气体点燃后，对活塞做功，带动曲轴自行完成以后行程。第一个工作循环后发动机无须外力便可自行运行。

四冲程汽油机和四冲程柴油机不同之处表现为：①汽油机的汽油和空气在气缸外混合，进气行程进入气缸的是可燃混合气（汽油和空气的混合气)。而柴油机进气行程进入气缸的是纯空气，柴油是在做功行程开始阶段将柴油喷入气缸，在气缸内与空气混合，即混合形成方式不同。②汽油机用电火花或火花塞点燃混合气，而柴油机是用高压将柴油喷入气缸内，靠高温气体加热自行着火燃烧，即着火方式不同。

(3) 电动发动机。电动发动机用过将蓄电池里的电能转化为推进器上的机械能，再转为船舶动能，鉴于篇幅有限，在此不做详细介绍。

3.1.2 舟艇配套设备

3.1.2.1 舟艇运输设备

1. 随车起重运输车

随车起重运输车，简称随车吊，是一种集吊装和运输于一体的运输车辆，一般由载货汽车底盘、货箱、取力器、吊机组成。相较于普通厢式货车，随车吊具有高效便捷、减小中途转运等优势，被广泛用于车站、仓库、工地以及野外救援等场所。但也存在投资高、操作难度大（其操作要领详见 6.9 节）等缺陷，如与普通厢式货车相比，随车吊价格会高出很多，且操作人员需经过培训后持特种作业操作证方可上岗。

吊机由起重臂、转台、机架、支腿等部分组成，在实现起重作业时，主要通过起重臂伸缩、变幅以及转台的旋转来实现货物的升降、回转、吊运。吊机的臂可分为直臂式和折臂式，起重吨位可分为 2t、3.2t、4t、5t、6.3t、8t、10t、12t、16t、20t 等，装载冲锋舟艇一般使用 4～5t。

按动力驱动装置不同，随车吊一般分为单桥两驱和双桥四驱。洪涝灾害救援过程中常伴随着降雨天气，道路泥泞，因此建议使用双桥四驱随车吊对冲锋舟艇进行运输。图 3.1.17 为单桥两驱和双桥四驱随车吊实物示意图。

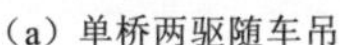
(a) 单桥两驱随车吊

(b) 双桥四驱随车吊

图 3.1.17 单桥两驱和双桥四驱随车吊

2. 拖车

拖车是执行水上任务时与冲锋舟艇配套使用的专业运输车辆，它具有使用方便、快速、投入成本低等优点，为一人或两人独立快速地执行水上任务提供了可靠的保障，图 3.1.18 为拖车实物示意图。在实际运输过程中，常使用工程抢险皮卡车作为牵引车使用。图 3.1.19 为皮卡车牵引舟艇拖车。但同样也存在诸多使用弊端，具体表现为：①目前国内拖车缺乏刹车系统，当其牵引车在行经过程中需紧急刹车时，拖车因无刹车性能，将会由于惯性继续行驶，存在侧滑以及顶撞前车的安全风险。针对无刹车系统这一缺陷，在实际使用过程中，应将拖车信号灯与牵引车信号灯相连接。②操作不便，因车身超长，存在倒车困难以及转弯半径大的问题。驾驶人员应当在转弯前50～100m内提前减速，并开启转弯信号灯。当需转弯时，应保持车辆在接近道路中心线处低速行驶，同时注意转向时的入弯和出弯角度，防止后轮驶出路外。

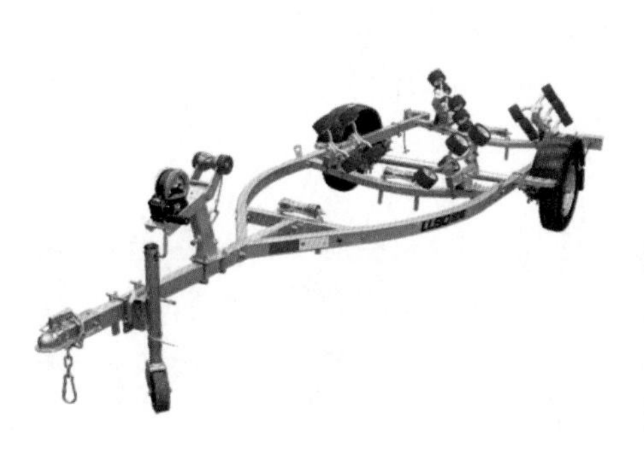

（a）拖车

（b）皮卡车牵引舟艇拖车

图3.1.18　拖车

3.1.2.2　舟艇配备设备

使用舟艇进行水上救援时，配备必要的设备是保证救援人员和被救人员安全的基础。基于笔者近20年的水上驾驶经验认为，舟艇上必须配备通信、运行维修装备、保证救援人员安全的防护装备以及救援设备等。表3.1.2为以一艘冲锋舟艇为单位，标准配备的救生器具及其他工具，可供参考。需要说明的是救生衣配备数量，以冲锋舟为例，极限最大载客量为15人，规范要求按载客量的110%配备，所以应分别配备17件（个）。而抢险用橡皮艇极限最大载客量为8人，规范要求按载客量的110%配备，故应为9件，这是因为考虑救生衣作为易耗品，应有一定的配备冗余量。

表3.1.2　　以一艘冲锋舟艇为单位，标准配备救生器具及其他工具一览表

序号	品　名	单位	数量	备　注
1	对讲机（或卫星电话）	台	1	
2	专用机油	桶	1	一桶为4L，须携带一件箱
3	喊话器	支	1	
4	望远镜	台	1	
5	泛光手电筒	支	2	
6	尖刀	把	1	
7	救生圈	个	1	救生圈上系30m长的救生绳（图3.1.7）
8	船桨	支	2	
9	缆绳（ϕ25mm左右）	根	1	长度6～8m。直径为18mm的螺纹钢，一端弯环，另一端削尖（图3.1.6）
10	救生杆	根	1	长度5～6m
11	救生衣	件	冲锋舟17件；橡皮艇9件	计算公式：极限载客量×110%

续表

序号	品　　名	单位	数量	备　　注
12	矿灯式安全帽	顶	救援人员人均配备1顶	
13	随船专用工具包	套	1	应包括瑞士军刀、内棱角扳手、专用套筒扳手、钳子、起子等
14	防水密封袋	只	10	
15	打气泵	台	1	橡皮艇专用
16	起降设备	套	1	应包括升降器、绳梯以及10个材质为尼龙材料的直径大于10mm的固定绳套
17	救生毯	个	2～3	

其中救生杆根据材质不同可分为竹竿、玻璃钢救生杆、碳素救生杆，根据长度是否伸缩可分为固定长度救生杆和伸缩式救生杆，为方便救援，建议配备便于携带、打捞半径大的可伸缩的碳素救生杆。需要指出的是，在选取救生杆时，应选择使用一端杆头锚固有钢制弯钩的救生杆，既可用于打捞无行为能力的溺水者，还可用于挑离船只避免船只碰岸。对于已失去知觉落水者的打捞，应先使用救生杆小心钩拉溺水者衣服的侧边，使其靠拢冲锋舟并拖拽上船。此外，尼龙材质的固定绳套可用于在高处救援时连接固定爬梯、系挂攀登绳等场所，其一端的绳圈直径应不小于60cm，便于系挂固定在柱子、树干上，绳套另一端预留出80～100cm的自由长度，便于系挂、捆绑人员。

3.2 常用单兵装备及应用

水上应急救援时，不仅应制定科学、有效的救援计划，还应特别关注救援人员的安全。为保障救援人员安全，除要求救援人员具备专业的技能外，配备必要的保障装备也是必不可少的，同时必备的常用药品也应该适量配备。

3.2.1 物品类

3.2.1.1 矿灯式安全帽

由于抢险救援工作的特殊性，往往需要昼夜连续作战，而在夜间进行施救时，给救援人员配备安全帽和防水手电筒是救援人员安全施救的重要保障。救援人员一方面需开展施救，另一方面还需手持手电筒维持可见度，这将会导致救援效率不高。因此，建议在夜间救援时，需给救援人员配备装有锂电池的矿灯式安全帽。这类安全帽无须加装任何线路和开关，不仅使用时间长，可达10h以上，而且配备专用便携式充电器，具有灵活的充电方式，还可重复利用。图3.2.1为矿灯式安全帽实物示意图（建议在批量采购时，将聚光头灯定制

图3.2.1　矿灯式安全帽

为泛光头灯，以便扩大水面照射范围及克服水面反射光花眼问题）。

3.2.1.2　高压绝缘靴

高压绝缘靴主要是用于高压电力设备安装及野外抢险作业时的辅助安全用具。产品上采用防腐蚀金属板为中垫，外垫和内垫均采用绝缘材料，具有防水、绝缘、防刺、防砸等功能，是在防汛抢险中防止跨步电压触电伤害的有效穿戴工具。图3.2.2为高压绝缘靴示意图。

3.2.1.3　多功能工兵铲

工兵锹又被称为工兵铲，最早是用于民用的铁锹，职业化军队形成以后工兵铲逐渐用于军事上，在“二战”时期德国就将战锹格斗技巧编入到军事教材中，并在部队中开展推广训练，可见工兵铲使用的重要性。随着生产工艺的进步，工兵铲已由最初的体型大、不便携带且功能单一逐步发展为集铲、刨、锄、砍、割、据、剪、拧、起以及测量、点火、照明等功能于一体的轻便、占用空间小、便于携带的多功能设备，使用范围也从军用逐渐扩大到民用。图3.2.3为多功能工兵铲示意图。

图3.2.2　高压绝缘靴　　　　图3.2.3　多功能工兵铲

对于防汛抢险工作者而言，配备多功能工兵铲能够显著提高抢险效率，可主要应用于以下情况：

（1）当遇到运输车辆陷入泥坑，轮胎打滑现象，多功能工兵铲可快速修复路面。

（2）当冲锋舟艇行驶到水面有小型障碍物以及藤蔓时，因铲头具有较高强度、硬度，可用于开辟航道。

（3）当舟艇发动机故障时，也可作为船桨。

（4）夜间进行抢险作业时，利用已配备的手电筒作为照明设备。

（5）当舟艇出现故障时，可做维修工具使用。

（6）可利用配套的打火石，在野外生火取暖或煮饭。

3.2.1.4　手持式火焰信号

手持式火焰信号又称手持火炬信号、救生信号火炬等，主要由火箭推进器、信号体、引燃具、壳体兼导向管等部件组成。当救援舟艇出现机械故障无条件就近维修或是在能见

度较低的天气，使用手持火焰信号，可起到中远距离求救的作用。在《救生圈用自亮浮灯及自发烟雾组合信号》（GB 3107）中明确指出，船舶遇险需要救助时，救生站或海上救助单位引导遇险者、遇险艇、筏登陆时可使用标准制造的船用红光火焰信号。在选择产品时，应严格按照《船用烟火信号》（GB/T 4543）规定的技术标准选用合格产品，特别需要注意以下方面：

（1）手持式火焰信号拉发或击发引燃后，应能连续发出红色火焰，持续时间不应少于60s。

（2）红色平均发光强度应不小于15000candela（candela为发光强度国家单位，简称cd）。

（3）红色按国际照明委员会规定的图集，其色度区域界限应在一定范围内。

（4）信号在被点燃30s后，浸入水下100mm历时10s，应能继续燃烧至少20s。

3.2.1.4 伞绳

伞绳指的是一种轻量化的人工绳索，通常由尼龙绳编织而成，具有实用、牢固，体积小、易于携带等诸多优势，是重要的户外求生工具，在军事、户外、生活以及应急中广泛应用。对于水上抢险人员而言，用途具体体现为以下方面：

（1）当需要搭建临时帐篷时，伞绳可用于固定帐篷，且与雨衣配合可搭建临时帐篷。

（2）可用于对舟艇配套设施，如救生衣、救生圈、防水密封袋等的打包捆扎。

（3）当需要紧急下水救援时，可当做救援人员或被救人员的安全绳。

3.2.1.5 急救毯

急救毯又称防晒毯、防寒毯，一般用锡箔纸或铝膜做成，分为双面金色、双面银色和金银两面三种，具有保暖、御寒、防晒等作用，是防止人身失温伤害的有效工具。其中金银两面急救毯如图3.2.4所示。在选择急救毯时，应根据救援现场环境和使用人的实际情况而定，如对于伤者或救援人员发生失温现象时，应使用应急毯银色一面覆盖伤者或失温者，因为银色较金色能够更好地反射热量，使热量不会较快散发，也是保温杯内部一般使用银色的原因；金色的一面朝外，因为金色较银色能够更好地吸收热量。内外结合下，起到了很好的保温效果。野外遇难时，也可将急救毯裹在身上，利用其反光作用帮助救援人员寻找目标。

图3.2.4 金银两面急救毯

急救毯还具有防水功能，救援时若遇降雨天气，可用作应急雨披以及用作搭建应急防风防雨庇护所。另外，急救毯韧性好、柔软、可塑性强，可作为短距离运送伤员的临时担架。

3.2.1.6 上升器

上升器是指能够利用倒齿和绳索的单向咬力，使操作者在正常状态下能在绳索上向上移动，起到安全顺绳上攀和固定保护空中作业者的装置。其主要用于陡峭地形上升、探洞上升和城镇内涝救援中解救高楼层处被困人员时使用等场景，是消防、救援机构在处置事故时用于拖拉重物的器械。

上升器主要依靠内部的偏心装置和倒齿（棘轮）来实现沿绳索单向运动。当上升器沿绳索上推时，偏心装置与绳索之间基本不产生摩擦力，上升器与绳索间可以顺畅地移动；当上升器沿绳索向下运动时，偏心装置受绳索的反向摩擦力，处于夹紧状态，且棘轮在加紧力的作用下挤入绳索外层，使运动停止。

上升器分为手持式上升器、胸式上升器和脚式上升器三种，其实物如图 3.2.5 所示。手持式上升器又分为左手式和右手式。手持式上升器是目前使用最广泛、最常见的上升器。

（a）手持式上升器

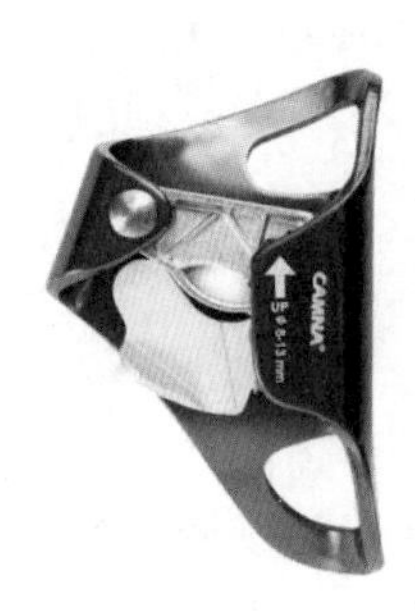

（b）胸式上升器

（c）脚式上升器

图 3.2.5　上升器实物图

3.2.1.7　下降器

下降器，也叫下降保护器，适应于各式绳降场景，能使人、绳与重力协调配合的一种保护器，主要应用于登山、户外以及应急救援中。它的工作原理主要是通过增大对绳索（钢缆、轨道）的摩擦力来增强缓冲效果，从而达到“慢速下降”的目的。在洪涝灾害中，当被困人员与施救人员有一定垂直距离时，可利用下降器输送救援人员进行施救。

市面上的下降器大致可分为自锁下降器和非自锁下降器两大类。自锁下降器是指当有外力突然加载时（如：坠落），可自动锁住绳索，防止意外坠落事故发生。目前，以攀索（Pctzl）的斯特普（STOP）最为著名，生产的自动悬停器应用最为广泛［图 3.2.6（a）］，该产品采用凸轮设计，可让下降者能够在绳索上轻松制停。非自锁下降器是指需牵引着沿下降方绳子的一端来阻止下落过程的仪器。目前，八字环及其改良产品应用最为广泛［图 3.2.6（b）］。

需要注意的是，在选择下降器时，应选择具备以下功能的器材：

（1）高效散热。下降器在与绳子连接下降时，会摩擦生热。当下降速度持续加快，绳与器材间摩擦速度也将变快，绳子会持续升温，温度过高将会出现“烧绳”现象。烧绳不仅会影响绳子的纤维特性，也会伤到使用者的手。

（2）轻松悬停。能够满足使用人员在绳索上轻松停下。在探索未知区域时，使用人员会在下降过程中做很多操作，如通过狭窄地带、打锚点、摄像等。因此，下降器需要方便地在绳上制动悬停。

（3）顺畅调节下降速度。这是指要具有摩擦力调整能力，这是由于不同载重情况

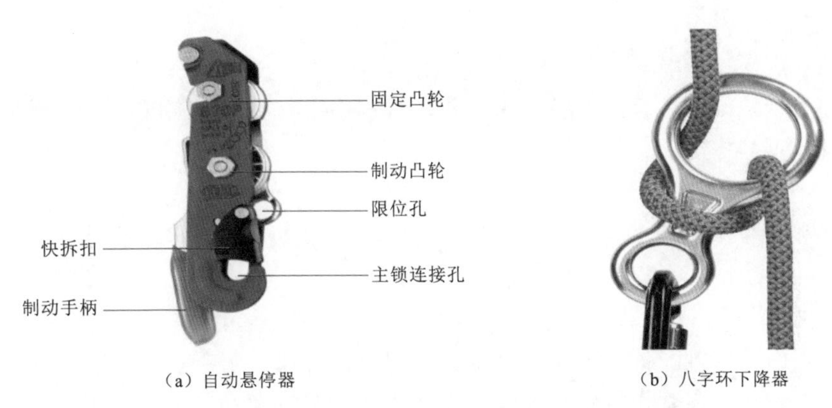

（a）自动悬停器　　（b）八字环下降器

图 3.2.6　常用自锁下降器和非自锁下降器

下需要不同的摩擦力大小，才能获得一个稳定合适的下降速度，如：运送装备时，需要较小的摩擦力；单人下降时，需要中度的摩擦力；多人下降时就需要较大的摩擦力。

3.2.1.8　滑轮

滑轮指可以绕着中心轴旋转的圆轮，根据使用时滑轮位置是否改变，分为定滑轮和动滑轮。当使用定滑轮时，滑轮位置固定不变，使用时不能省力，但能改变力的方向；使用动滑轮时，滑轮位置随着重物一起移动，使用时不能改变力的方向，但能够省一半的力。通常在应用滑轮运输物品时，可将定滑轮和动滑轮结合组成滑轮组使用，既起到省力的作用又能改变力的方向。

在水上救援过程中，利用滑轮的应用主要体现在溜索救援方面。当被救援人员位于河岸对面，且不具备驾驶冲锋舟艇救援条件时，可利用救生抛球器抛投绳索和滑轮，被困人员和施救人员将绳索两端固定在牢固可靠的位置，并利用滑轮沿着绳索渡河。滑轮溜索在山洪救援中的应用如图 3.2.7 所示。

图 3.2.7　滑轮溜索在山洪救援中的应用

3.2.1.9　其他物品

1. 雨衣

救援时，随身携带雨衣可起到有备无患的作用，因为雨衣不仅能在降雨天起到避雨防湿的作用，而且还可当作绳子、担架等使用。

2. 军靴

军靴不仅能起到防滑、防水、防扎等作用，还能保护救援人员的脚踝不受蚊虫、蚂蟥等叮咬。

3. 绷带式护踝

如在抢险过程中无军靴配备，可使用绷带式护踝保护脚踝，绷带式护踝保护效果要高于普通式护踝，但缠绕方式会相对复杂一些，需要救援人员在平时培训中进行专业学习。另外，绷带式护踝因透气性较好，还可用于救护伤员的外层绷带以及固定伤员。

4. 牙膏

牙膏除具有清洁的功能外，还具有许多适合野外求生的作用，如牙膏呈碱性，可涂在被酸性毒素的蚊虫、蜜蜂、蚂蟥叮咬后的伤口上；涂抹在太阳穴可缓解头疼；被冻伤时，牙膏含有薄荷油和生姜油成分，可起到活血化瘀的作用；还可用于消毒。

5. 避孕套

避孕套除了它的常规用途外，还具有救生衣、防水袋、水容器等用品的功能。另外，避孕套因具有易燃性和防水性，还具有引火和电器防水的作用。利用避孕套自制救生衣如图 3.2.8 所示。

6. 水上救生腰带

水上救生腰带，分为手动型和全自动型水上救生腰带两种。充气前像一条宽 5cm 的橘红色腰带，在水上作业和运动时扎于腰间不影响运动和操作。当人员不幸落水或水上遇险时，手动型水上救生腰带充气时必须用手拉开腰带上的充气阀门，储气钢瓶高压气体迅速充胀环形气囊，绷开布带变成救生圈，并置于落水者两腋下，全自动型水上救生腰带上装置的水溶起爆器遇水会自动打开充气阀并对救生腰带瞬间（3～5s）充气后即可产生不低于 9kg 的浮力，使落水者浮在水面上，从而起到救生的作用。水上救生腰带如图 3.2.9 所示。

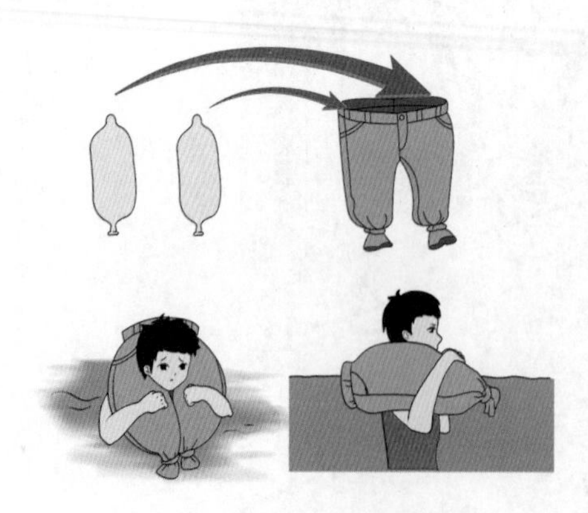

图 3.2.8　避孕套自制救生衣

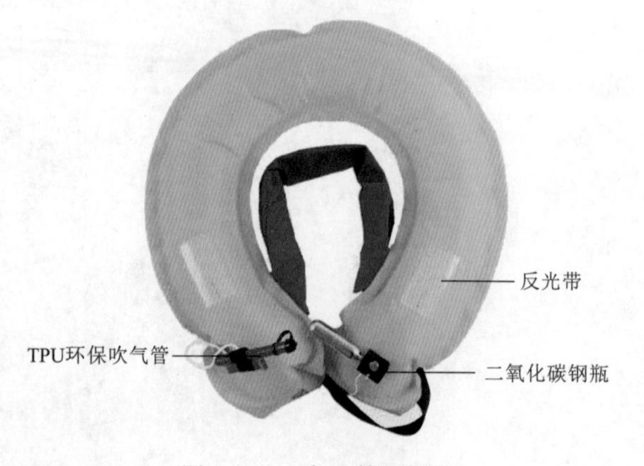

图 3.2.9　水上救生腰带

3.2.2 药品类

野外救援时，配备常用应急药品可有针对性地应对救援人员发生的紧急伤病情况，表3.2.1为野外救援常见伤病及对应药品清单，可供学员参考。

表 3.2.1　　野外救援常见伤病及对应药品清单

序号	伤病类型	对应药品
1	跌打损伤/扭伤	百草膏、云南白药膏、中华跌打丸、红花油、伤痛宁膏、活血止痛胶囊、正骨水、三七伤药片等
2	发烧	阿司匹林、布洛芬、赖氨匹林、对乙酰氨基酚、吲哚美辛栓剂等
3	中暑	人丹、藿香正气水/液、布洛芬、十滴水
4	手脚磨出大水泡	水泡未破裂：外涂碘酒、碘伏、双氧水、生理盐水等； 水泡破裂：皮康王、氧化锌软膏外涂等
5	轻度烫伤/烧伤	凡士林、百草膏、磺胺嘧啶银软膏、百多邦软膏、紫草油、京万红烫伤药膏等
6	晕车/晕船	盐酸地芬尼多片、茶苯海明片、眩晕宁片、苯巴比妥东莨菪碱片
7	毒虫叮咬	百草膏、绿药膏、花露水、无极膏等擦洗叮咬处，如果皮肤感染可用抗菌素，如红霉素药膏涂抹在叮咬处
8	风寒感冒	风寒感冒冲剂、荆防颗粒、通宣理肺片、新康泰克、感康等
9	胃痛	吗丁啉、铝碳酸镁片、西沙必利等
10	腹泻	黄连素、药用炭、胰酶多酶片、思密达、蒙脱石散等

需要说明的是，表3.2.1仅为一般伤病的常见药品，救援人员应根据自身实际情况配备适合个体的药品，且在用药时应严格按照用药说明书谨慎服用。

另外，还应配备一些创可贴、袋装酒精棉球、无菌纱布、云南白药喷剂等用于伤口的防护，并配备少量糖块以预防救援人员出现的低血糖症状。

3.3 其他新型装备及应用

随着近年来极端天气频发，各种灾情和灾种越发复杂多变，时刻威胁着救援人员和被困群众的生命安全，为了有效提高救援时效性，为决策指挥提供科学依据，需要一批新工艺、新技术、新材料的装备充斥到救援一线，从而最大限度保证一线指战员和人民群众的生命安全。

3.3.1 新型通信工具

地震、洪水、泥石流等重大灾害发生后，道路、电力、通信等都会遭到严重破坏，导致受灾与外界的通行几乎全部切断，如在2008年四川汶川大地震中，灾区各大运营商的基站都受到了严重的破坏，通信几乎全部中断，无论是固定电话还是手机均起不到通信的作用。在这种紧急情况下，只能通过对讲机、卫星电话、短波电台等进行联络。

3.3.1.1　卫星电话

1. 产品介绍

卫星电话是依靠卫星通信系统来传输信息，而卫星通信系统基于通信基站之间借助无线电通信信号进行信息交互传输，目前的卫星通信系统主要由通信卫星和地面基站两大部分组成。卫星通信技术相较于传统的无线通信方式具有十分显著的优势，主要表现为：卫星通信技术的通信覆盖范围相较地面的普通通信网络有着更为广阔的特性，只要处于通信卫星信号所覆盖的区域，任意点之间即可建立起有效的无线通信；卫星通信一般不会受到环境以及地质灾害的影响，因此在通信质量方面更有保障，具有更高的通信可靠性，在2008年四川汶川地震救灾中就发挥了重要作用。但其也具有一定缺陷，如：①通信费用远高于常用的电缆、微波通信；②通话过程中存在延时现象；③当通信设备本身被大型建筑物或山体等遮盖时，会出现无信号或信号不稳定情况。图3.3.1为卫星电话实物示意图。

图3.3.1　卫星电话

2. 应用领域

在陆上通信中断时，可用于灾区同指挥部之间的图片和视频图像传输以及视频电话等。

3.3.1.2　电台

1. 产品介绍

目前所使用的电台一般为短波和超短波系统的电台，因为短波和超短波抗干扰性强，绕射能力强，在应急通信中有较好的应用，图3.3.2为常用电台实物示意图。

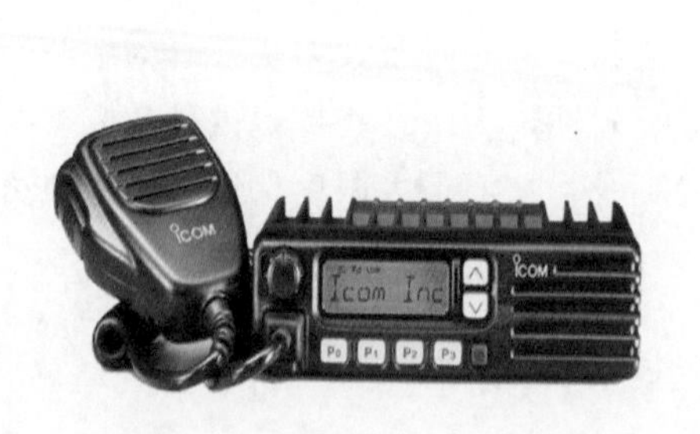

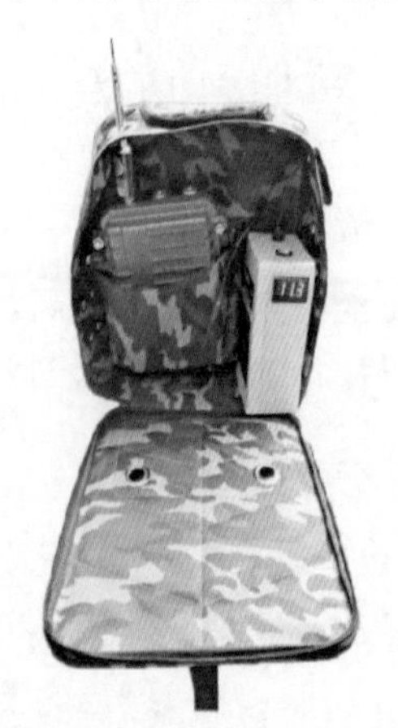

图3.3.2　电台

2. 应用领域

电台可用于发送和接收船对岸、船对船的救助现场通信、船舶运输和航运管理有关的日常通信以及发送和接受驾驶台对驾驶台的安全避让通信等。需要注意的是，船舶电台的使用与管理人员必须持有相应的无线电员证书。

3.3.2 无人机

在地震、洪水、泥石流等重大灾害发生时，由于其具有较强的突发性特点，灾害范围广，破坏性强，往往会导致灾区局部通信中断，与外部隔离，使抢险救灾人员无法及时获取灾情信息，极易导致灾害损失扩大或次生灾害的发生。在这种极端情况下，利用无人机对救援现场进行空中观测，不仅能够快速获取受灾的最新数据，对灾情的发展情况进行实时跟踪，还能快速响应，积极参与救援，并向受灾被困群众传递施救信息等。因此，无人机的应用在抢险救灾中发挥了极其重要的作用。

1. 产品介绍

无人机全称为无人驾驶飞机，是利用无线电遥控设备和自备的程序控制装置操纵的不载人飞机。因其具有体积较小，行动灵活，快速、高效且对飞行条件要求不高等优势，因此在抢险救灾过程中，它能够第一时间到达现场并迅速开展侦查。无人机根据机翼形式可分为固定翼和旋翼两种（图 3.3.3），按照载荷和续航时间可分为大型无人机、中型无人机、小型无人机和超轻型无人机 4 种。其中，大型、中型无人机可载重 20kg 以上，巡航 2h 以上；小型和超轻型无人机载重较小，一般小于 5kg，续航时间小于 1h。随着无人机的快速发展，其技术已经较为成熟，近年来被广泛应用于应急救援领域，如：2008 年四川汶川特大地震中，曾使用国产千里眼无人机拍摄北川县城，其拍摄的地震资料，作为了抗震救灾的重要参考资料；2010 年贡山泥石流，使用测绘无人机完成了影像获取工作；2014 年云南省昭通市鲁甸县地震并引发了堰塞湖，无人机获取的影像数据，也作为了救援部门的重要参考；2018 年台风“山竹”来袭，应急管理部准备了 100 多架无人机用于灾情监控、勘测及救援等工作，可以说，无人机在地震、泥石流、台风等灾害救援中，承担“天眼”的角色。

（a）固定翼式无人机

（b）旋翼式无人机

图 3.3.3 固定翼式与旋翼式无人机

2. 应用领域

（1）可快速对受灾区域进行直观影像侦测，为应急救援指挥、方案制定等提供科学高效的决策依据。

（2）装有热成像仪的无人机，可用于夜间搜救，能及时准确判定被困人员的精确位置。

（3）可为区域大、救援点分布众多的灾区输送药品、保温毯、救生衣、面包、矿泉水等必需物质。

（4）可通过机腹换装三维成像仪，拍摄灾区受灾状况，与灾前相同部位对比后，后台可以迅速计算出淹没深度，泥石流、滑坡石渣体积方量，还可满足地形地貌测绘需求。

特别注意的是，应急救灾中使用无人机时，需要使用人员经专门培训并考取无人机驾驶员证和无人机机长证。

3.3.3　水上救援机器人

水上救援大多采用岸上救援和下水救援两种方式，岸上救援往往依靠投掷救生圈、救生杆等方式，具有覆盖水域面积小、成功率低的缺陷；驾驶冲锋舟艇下水救援又存在时间周期长的缺陷，如需要救助人员穿戴以及携带好相关安全装备，启动发动机，驶出岸边等过程，耗费大量时间。且传统舟艇大多使用螺旋桨推进器，在靠近溺水者过程中又易造成二次伤害。使用水上救援机器人便能克服传统救援方式的缺陷，提高救援效率，减少救援人员的伤亡。

1. *产品介绍*

水上救援机器人是一款新型智能高效救生设备，由电力驱动，可从船上、岸上或飞机上投放，通过人工远程遥控操作，可稳定、快速、精准抵达指定救援位置，将落水者或被困者转移到安全区域，且它采用软性包边、特制防护格栅外罩等设计，可有效防止行进过程中对人体造成碰撞伤害。

它具有速度快、承载能力强、操作灵活、体积小、便于携带等诸多特点，具体体现为：

（1）速度快。目前，空载航行速度可达7m/s，速度是救生员的10倍以上，可争取黄金救援时间。

（2）承载能力强。载人浮力可达150kg以上，一次可救助2～4人。

（3）操作灵活。单人即可操控，目前最大遥控距离高达4000m且具备自动扶正功能，即便被外力掀翻发生侧翻，也可以通过自翻转实现快速回正，具有很好的稳定性；还可在波浪之中稳定转弯，抗风浪行进。

（4）体积小。身长约1m，单人即可搬运。

（5）便于携带。水上救援机器人为充气式，可放置在一个拉杆拖箱内，一人便可携带。

水上救援机器人被誉为“水上无人机”，不仅具有巨大的实用价值，而且还有着较为深远的研发前景。随着科技的进步和产品的推广，最终会发展为全自动、机械化、程序化的落水监控和救援体系，必将成为遍布危险水域的自动化救生装置（图3.3.4）。

图3.3.4　水上救援机器人

2. 应用领域

(1) 可用于对溺水者或被困于孤岛者的快速救援。

(2) 可用于为水上冲锋舟艇运送救生衣、对讲机等救援物资。

(3) 可用于对水上障碍物或漂浮物进行清理。

3.3.4 夜视仪

对于水上救援工作者而言，往往需要在夜间或光线较暗的条件下参与施救，配备必要的照明设备，如矿灯式安全帽、防水手电筒必不可少，但该类设备存在着照明距离短、功能单一等缺陷，救援时不仅将影响救援进度，而且施救人员的安全也得不到有效保障，因此夜间救援时夜视仪的配备必不可少。

1. 产品介绍

夜视仪是用于在夜间和微光下观察目标的精密光电子仪器。为满足在极低照度下工作，大多数夜视仪配有红外线发射器。其最大的优势在于即便是在没有任何光源可以利用的情况下，夜视距离也可达500m以上。夜视仪按照结构特点不同，分为手持式双（单）筒夜视仪、头戴式双（单）筒夜视仪两种（图 3.3.5）。随着夜视仪的发展，目前新型夜视仪不仅能够在夜间准确定位到被困人员的位置，而且还能对周围的险情，如山上的滚石、路面的开裂、凹陷坍塌等，准确排查，并及早警告，可大大提高搜救工作的精准性和安全性。2013年雅安大地震中，夜视仪便在芦山县双石镇西川村发挥了重要作用。

(a) 手持式双筒

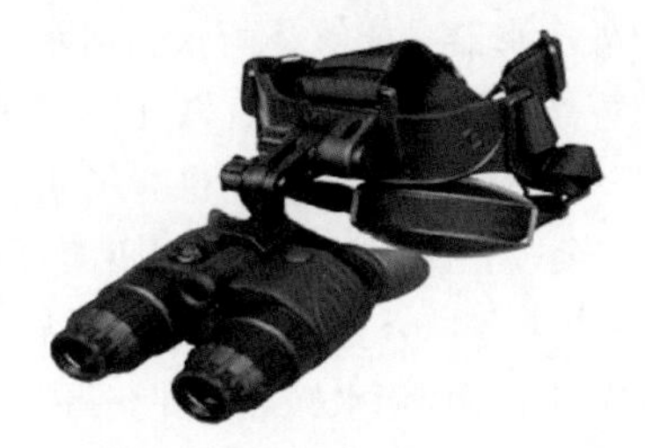

(b) 头戴式双筒

图 3.3.5 手持式、头戴式双筒夜视仪

2. 应用领域

(1) 可在夜间快速、准确侦察被困人员的位置。

(2) 可准确排查救援现场周围的险情，提高搜救工作的安全性。

此外，夜视仪已发展成为不仅能运用于夜间水上搜救产品，而且其附属产品——水下夜视仪还可用于水下搜索救援、船体维修和清洁、螺旋桨检查和维修等水下作业。

3.3.5 测距仪

救援时准确掌握被困人员与岸边的距离，能为救援人员在续航燃料以及补给用品的配备数量方面提供依据，而在实际救援抢险过程中，这一距离大多依靠救援人员目测进行判定，缺乏科学性和准确度。

1. 产品介绍

测距仪是测量长度或距离的工具，同时结合测角设备或模块还可测量角度、面积等参

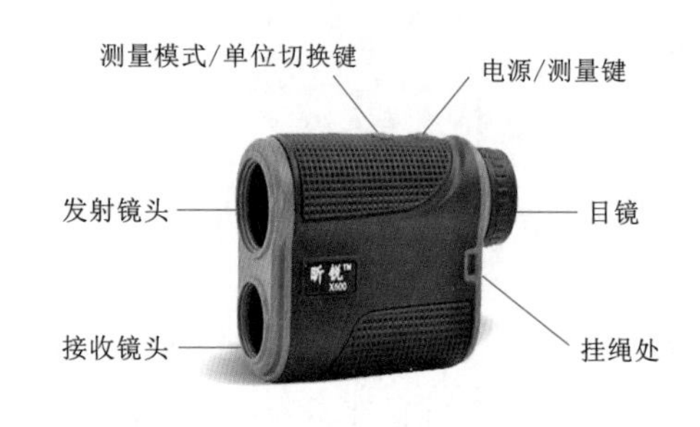

图 3.3.6 测距仪结构示意图

数，而且还具有望远镜的功能。测距仪有多种形式，通常是一个长形圆筒，由物镜、目镜、显示装置、电池等部分组成，具有测量距离远、范围广、精度高，响应时间短等诸多优势。图 3.3.6 为测距仪结构示意图。

2. 应用领域

(1) 可用于清晰地观察远处的被困人员以及物品。

(2) 可用于测量被困人员与岸边的距离。

(3) 可测量远处目标物的角度和面积等。

3.3.6 便携式户外净水器

当地震、洪水等重大灾害发生时，容易大规模爆发霍乱、瘟疫等疾病，且水源地也会遭到破坏，饮水安全将得不到有效保障。特别是对于水上抢险人员，重大灾害时往往需要较长周期的持续作战，保障饮水安全显得尤为重要。近年来，随着便携式户外净水器的发展，已能逐渐应用于灾区的应急供水，如 2008 年汶川特大地震期间，灾区救援便运用了户外净水器。

1. 产品介绍

便携式户外净水器是能够将雨水、河水、溪水、自来水等淡水直接过滤成饮用水的微型净水装置。随着高精度陶瓷滤芯、微孔膜、超滤膜、逆渗透膜等一系列过滤材料的诞生与应用，便携式户外净水器的过滤功能也有了质的飞跃，能完全过滤掉泥沙、生物残体等大颗粒物质以及基本完全过滤掉大肠杆菌、军团菌等有害细菌。且经过活性炭和离子交换树脂的使用能有效去除有机物和气味，还能改善水的口感，软化水质。目前国内已有的便携式户外净水器出水水质已能达到欧盟饮用水标准，并获得美国 WQA 基于 NSF41/53 标准的金印认证。

2. 应用领域

(1) 可用于野营、登山、徒步等较长周期户外作业的紧急净水装备。

(2) 可作为地震洪水等自然灾害发生时保障饮水安全的紧急净水装备。

图 3.3.7 为便携式户外净水器实物与使用演示示意图。

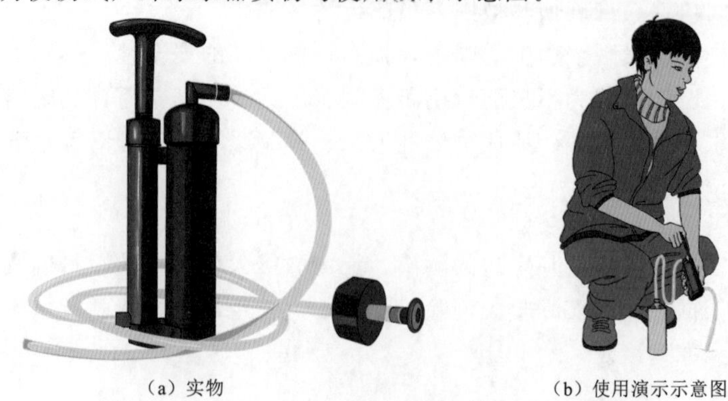

(a) 实物　　(b) 使用演示示意图

图 3.3.7 便携式户外净水器实物与使用演示示意图

3.3.7　救生抛投器

如前文所述，在恶劣水域环境条件下，利用舟艇救援或救援人员下水徒手救生，存在着危险系数高等缺陷，特别是在暴雨不断、洪水流量持续增大的恶劣情况下，驾驶舟艇对被困人员进行施救无疑会将施救人员置于危险的环境，这种情况下可使用救生抛投器进行救援。

1. 产品介绍

救生抛投器又称气动救生抛投器、气动缆索抛绳器、救援用气动抛绳器等，采用高压空气为动力，利用喷气推进原理实现向目标地远距离抛投救援绳索、救生圈等装备，主要由救援绳、牵引绳、抛射器、发射气瓶、自动充气救生圈、塑料保护套、高压气瓶保护套等组成，具有机动性好、操作安全可靠、使用寿命长等优势。按结构特点及气动压力不同分为手持式与后坐式救生抛投器（图 3.3.8），以抛投自动充气救生圈为例，手持式输出气压相对较小，抛投距离在 90～100m；而后坐式输出气压大，抛投距离可达 180～220m。图 3.3.9 为手持式救生抛投器零部件示意图。

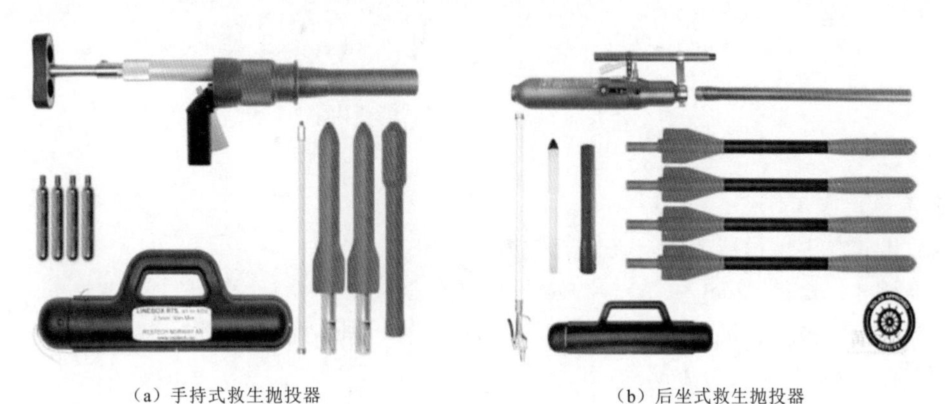

（a）手持式救生抛投器　　（b）后坐式救生抛投器

图 3.3.8　手持式与后坐式救生抛投器

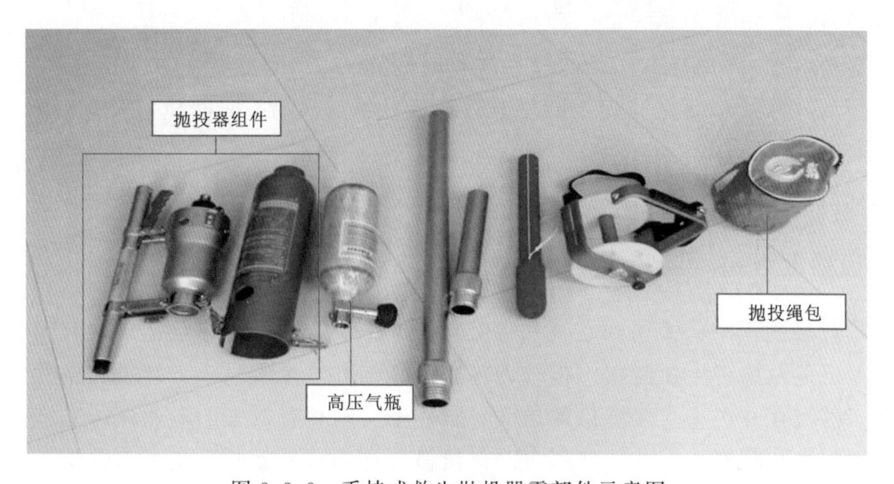

图 3.3.9　手持式救生抛投器零部件示意图

2. 应用领域

(1) 水上救援：适用于江、河、湖以及海边以及山洪被困等复杂救援场所，可快速实现短距离水上救援。

(2) 陆用救援：适用于船对船、船对岸、高楼或山涧等救援场合的抛绳作业。

救生抛投器的使用如图 3.3.10 所示。

(a) 手持式救生抛投器使用

(b) 后坐式救生抛投器使用

图 3.3.10　救生抛投器的使用

3. 主要性能指标

以后坐式救生抛投器为例，其性能指标主要如下：

标准尺寸：枪包 93cm×32cm×20cm、弹包 130cm×36cm×23cm。

弹头配置：抛绳救援弹×2（内置 250m 救援绳），训练弹×1；水用救援弹×2（内置 180m 救援绳带自动充气救生圈）。

工作压力：7MPa。

气源：内置 1.5L 碳纤维气瓶，30MPa。

设备重量：总重量 33kg。

发射参数：发射初速≥60m/s，空中飞行时间 3～5s，抛投质量≥1.8kg。

抛射距离：抛射自动充气救生圈常规最远距离 180m，若外挂绳包最远 210m，陆用时抛射距离 230m。

抛绳规格：直径在 3～4mm（抛绳拉力不小于 2000N）。

3.3.8　心肺复苏机

在抢险救援过程中，如遇到心脏和呼吸骤停的患者，不及时、快速采取有效措施进行救助，将严重危及患者生命健康。传统现场心肺复苏方法是通过人工呼吸和胸外按压相结合，但人工呼吸存在医患交叉感染的风险，胸外按压则具有较强的专业性，需施救人员准确掌握按压幅度和频率。因此，使用自动化机械进行心肺复苏既减小了施救难度，又能提高救助概率。

1. 产品介绍

心肺复苏机能提高心脏骤停患者心脏和脑的灌注血流量，避免心脏和脑进入不可逆转的死亡状态，并逐步修复心脏和脑等器官的工作机能，是以机械代替人力实施人工呼吸（机械通气）和胸外按压等基础生命支持操作的设备，可分为电动式心肺复苏机和气动式心肺复苏机（图 3.3.11）两种。此类设备可提供高水平无间断的人工循环和通气支持，即使在转运患者的过程中其工作也不会受到明显影响。

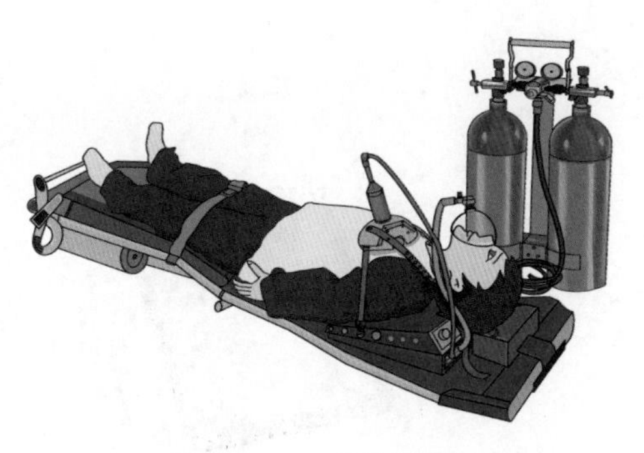

图 3.3.11　心肺复苏机

2. 应用领域

可用于快速救治水上救援过程出现的心脏骤停患者。

3.3.9　自动体外除颤器

1. 产品介绍

自动体外除颤器又称自动体外电击器、心脏除颤器等，是一种简单、便携、易于操作的现场急救除颤设备，可自动分析特定心律失常，并且通过电击除颤，抢救心源性猝死的患者，是医务人员乃至非医务人员抢救心脏骤停患者生命的“新式武器”。

2. 应用领域

在水上救援过程中，如遇到心跳骤停或心律失常的救援者或施救人员，在户外缺乏专业仪器和专业人员的情况下，给抢救患者带来了极大困难。可将自动除颤仪（图 3.3.12）和心肺复苏机配合使用。其具体做法为：先利用自动体外除颤仪分析患者心律是否失常，若心律失常，除颤仪将对患者进行除颤或电击，后再利用心肺复苏机对患者开展心外按压和人工呼吸，能够起到快速抢救病人的效果。

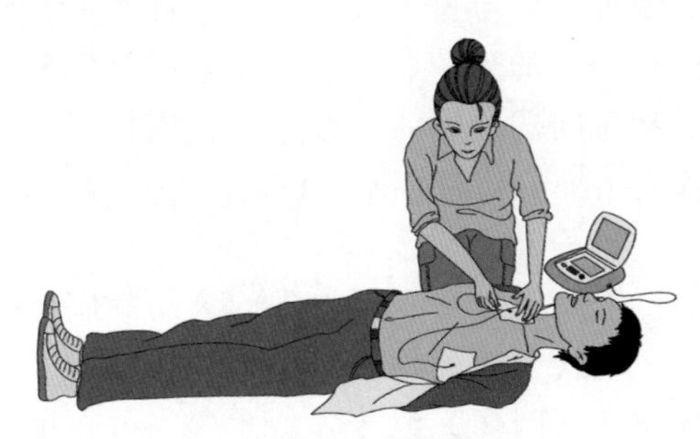

图 3.3.12　自动除颤仪的使用

3.3.10　泛光灯

1. 产品介绍

泛光灯照射范围可任意调整，也可最大限度降低水面反射光，具有使用寿命长、防止反光花眼、节能、环保、不需预热等诸多优势。常见的泛光灯可分为便携式和移动式（图 3.3.13），其中：便携式泛光灯体积小，便于携带；移动式泛光灯使用高品质的金属材料配 LED 泛光灯并集成发电机，结构紧凑，性能稳定，能在各种恶劣环境和气候条件下工作，且底部配有移动脚轮也可选装铁路轨道轮，供铁路轨道使用。

2. 应用领域

泛光灯适用于抢险救灾、事故抢修现场以及各种大规模建设铁路、电力、公安、石

（a）便携式泛光灯　　（b）移动式泛光灯

图 3.3.13　便携式与移动式泛光灯

油、冶金、石化等的夜间移动照明。

3.3.11　应急救援指挥车

在面对自然灾害、突发事件等应急救援时，仅依靠后方应急指挥中心进行现场调度是不够的，因为救援现场往往存在：通信中断，现场重要信息不能实时反馈；事件持续时间长，地点不固定，领导现场研究问题、决策指挥缺乏依据；参与重大突发事件、自然灾害应急救援行动中的单位、人员众多，联合作战时配合混乱等问题。因此，有必要在现场建立强大可独立指挥的临时指挥中心。

图 3.3.14　应急救援指挥车

1. 产品介绍

应急抢险指挥车利用先进的大功率广播指挥系统、现代无线通信技术、计算机技术、图像采集技术、图像无线传输技术等，可在指挥车内实现现场通信指挥、远程监控、实时数据远程传输、应急预案研究与查询等功能。应急救援指挥车（图 3.3.14）可迅速抵达事故发生现场的二级安全区域，并在短时间内实现卫星无线网络接入，对抢险现场和外围进行全方位的高效有序指挥和调度，且它还能将现场的图像及数据同步回传到后方指挥部，为后方指挥部科学抢险决策提供依据。

2. 应用领域

（1）可快速恢复后方指挥中心与救援现场的通信功能。

（2）可组建临时指挥中心，对联合作战队伍进行统一调度指挥。

（3）通过高清晰、低照度车载云台摄像机，可实现全天候、多方位、大范围的现场监控功能。

（4）通过卫星通信系统实现单兵和后方指挥中心的信息传输，可为单兵作战提供强大的信息和物质支持。

3.3.12 移动发电机

移动发电机可保证救援现场持续稳定供电，是救援工作能否正常开展的最基本条件，救援现场往往因电力系统遭到破坏，无法正常取电，因此救援时移动发电机成为了必须配备的装备。

1. 产品介绍

移动发动机又称为移动电站，有着多种类型，常见的类型主要有：手推式、［图3.3.15（a）］、汽车电站［图3.3.15（b）］、拖车电站、移动低噪声电站、移动集装箱电站、电力工程车等。通常由定子、转子、端盖及轴承等部件构成。按照发电方式不同，可分为交流发电机和直流发电机两种；发电机组通常由汽轮机、水轮机或内燃机（汽油机、柴油机等发动机）驱动，也可通过核能、风能、太阳能等新能源驱动。

（a）手推式发电机

（b）汽车电站

图 3.3.15 手推式发电机与汽车电站

汽油发电机与柴油发电机相比而言，一般汽油发电机体积较小、便于携带，但存在功率较小、油耗较大的缺陷，一般适用于用电需求量较小的场合；而柴油发电机一般机组容量大，油耗较小，一般适用于用电需求量大的场合。

2. 应用领域

移动发电机可广泛应用于应急发电。

3.3.13 抽排设备

汛期来临时，城镇中的低洼路段是洪水的易发地和聚集地，且因部分城镇的排水基础设施不足，在汛期常出现内涝，特别是一些下穿隧道的低洼处和地下车库较易成为洪涝的“重灾区”，严重威胁到城镇居民的安全。因此，在城镇内涝的应急救援中，抽排设备便成为了利器。

3.3.13.1 便携式水泵

1. 产品介绍

便携式水泵又称微型水泵，主要由汽油发动机驱动装置和泵体组成，其中泵体一般有抽水口和排水口，其工作原理主要是：让抽水口与外界大气压产生压力差，在压力差的作用下，将水压（吸）入泵腔，并在排水口处形成较大输出压力，最后将水从排水口排出。其具有体积小、噪声低、机动灵活等优势。图 3.3.16 为便携式水泵示意图。

图 3.3.16　便携式水泵示意图

2. 使用注意事项

在应急供排水时，应派专人监护水泵，关注出水量，严禁干烧机器。出水管在不超出定额扬程的情况下可适当加长，出水排放点应注意加固闭合，防止循环抽水。

3.3.13.2　智能型移动式泵站

1. 产品介绍

智能型移动式泵站（图 3.3.17）直接由内燃机驱动而不需另接其他电气设备。它是集微电子技术、数字技术、计算机技术、信息处理技术、工业自动化控制技术和机械（发动机、水泵）技术等于一体的高科技产物，现已大规模、长时间应用于应急抽排水中。“龙吸水”（图 3.3.18）是目前国内较为先进的大流量移动式排水设备，其 1h 排涝量可达 5000m^3。它将运载车和泵站结合，实现了泵车一体化，具有排水量大、车载式移动操作灵活方便等特点，能使抢险速度和效率得到极大提升。

图 3.3.17　智能型移动式泵站

图 3.3.18　智能型移动式泵站——“龙吸水”

2. 应用领域

（1）可用于城市防洪、内涝排水，紧急抢修排水，无电源供排水。

（2）可用于防汛抗旱、应急抢险工业应急排水。

（3）可用于排灌系统、围堰抽水、临时调水、无固定泵站及无电源给排水。

第 3 章练习题

一、单项选择题

1. 相较于橡皮艇，冲锋舟的特点包括（　　）

A. 载重大，准载 12 人，洪涝灾害救援时极限 15 人。

B. 速度快，水上速度可达到60km/h。

C. 舵效灵敏（相对于橡皮艇）；船体坚硬、耐磨；适用于大江大河，流速偏大的水域。

D. 以上说法都正确。

参考答案：D

2. 汽油船外机的优点不包括（　　）

A. 通常重量较轻，有利于提高船、特别是高速艇的航行性能。

B. 安装方便，直接悬挂在艉板上，没有艉轴对中等复杂环节。

C. 可靠性和使用寿命均优于其他类型船外机。

D. 不用机舱，节省船舱宝贵空间。

参考答案：C

汽油船外机因为安装方式的限制，必须采取轻量化设计，减轻重量的同时大大降低了船外机的可靠性和寿命。通常商业用途的舷外机寿命在5～8年。

3. 在洪涝灾害抢险救援时，极限最大载客量为15人的冲锋舟，应至少配备______件救生衣；最大载客量为8人的橡皮艇，应至少配备______件救生衣。

A. 17；9　　B. 15；9　　C. 17；8　　D. 15；8

参考答案：A

救生衣作为易耗品，应有一定的配备冗余量，规范要求按最大载客量的110%配备。

4. 关于螺旋桨的特点，描述错误的是（　　）

A. 需要根据船的特点选择合适的螺旋桨。

B. 没有必要更换螺旋桨。

C. 在选择螺旋桨时，直径和螺距是非常重要的。

D. 螺距是指螺旋桨旋转一圈所前行的距离。

参考答案：B

螺旋桨会在使用过程中出现磨损，需根据使用情况适时更换。

5. 四冲程汽油发动机工作时，在__________冲程，将内能转化为机械能。

A. 进气行程　　B. 压缩行程　　C. 做功行程　　D. 排气行程

参考答案：C

二、简答题

受一号强台风外围影响，今天本省各地区出现了强雷雨天气，部分地区降下暴雨甚至大暴雨。晚上20：00，你所在的救援队接到当地防汛指挥部橙色预警通报，老城区低洼地带被内涝洪水围困，水位最深处达2m左右。指挥部命令你所属的救援队协助消防队伍紧急转移被困群众。

假如你是本次救援任务的指挥人员，请你列举出本次救援任务需要的团队装备和单兵装备。

第4章　防汛物资仓储管理

洪涝灾害应急救援物资是洪涝灾害救援工作顺利进行的保障，是针对暴雨内涝、江河洪水及山洪等灾种应急救援所需的保障物资。防汛物资仓库是储备保管防汛抢险等各类物资的重地，其管理好坏是直接影响防汛物资安全和应急救援行动圆满完成的重要因素。为降低国家经济损失，确保人民生命财产安全，应按照《中央防汛抗旱物资储备管理办法》和省级防汛物资管理规定等要求，规范防汛物资的储备管理工作，充分发挥防汛物资在应急救援中的作用。

4.1　仓库建设

防汛物资仓库建设应根据《物流术语》（GB/T 18354）、《工程建设标准强制性条文》和《物资仓库设计规范》(SBJ09）以及相关防汛仓库建设设计规范要求，进行勘察、设计、施工及后期运行管理，确保物资出入库规范、储存安全和发运快捷。

4.1.1　仓库选址

仓库应选择位于地势平坦、开阔，相对较高的区域，有良好的供排水管网，配备供水、供电、供燃气管道覆盖区，周围500m范围内无工矿、危化品及易燃易爆物品企业。应重点考虑交通便利，优先选择距国道、省道不大于10min车程或靠近高速公路出入口的库址。

4.1.2　仓库建筑物

4.1.2.1　仓库主要建筑物

仓库主要建筑物分为库房、室外料棚、露天堆场、道路等。库房的类型包括单层库房和多层库房。

库房建筑物的结构按主要原材料的不同，可分为钢结构、钢筋混凝土结构、砖木瓦结构。

1. 钢结构

钢结构主要的承重构件是由钢材组成的，包括钢柱、钢梁、钢结构基础、钢屋架、钢屋面等，充分利用钢材材质均匀、塑性和韧性好的特点，构造大跨度、高净高的空间，尤其符合大型单体构筑物。与钢筋混凝土、砖木结构相比，钢结构有以下显著特点：

(1) 钢结构建筑质量轻、强度高、跨度大，当环境条件良好，并按时保养，使用年限可长达80年。

(2) 钢结构建筑施工工期短，单位建筑面积投入人工、机械成本低，相应投资成本较小。所有构件均在工厂预制完成，现场只需简单拼装、焊接，从而大大缩短了施工周期，

一座 3000m^2 的建筑物，仅需 25 天左右即可基本安装完成。

（3）钢结构建筑搬移方便，回收无污染。

（4）绿色环保，封闭耐热性较好，回收钢材能够反复运用。

（5）结构体系有着更强的抗震及抵抗水平荷载的能力，适用于抗震烈度为Ⅷ度以上的地区。

（6）钢结构建筑防火性差，易锈蚀、耐腐蚀性较差，由于受焊接温度控制及温度应力影响，温度低的地区不宜使用钢结构。比如，当着火环境温度在 300°～400°时，钢材强度和弹性模量均显著下降，温度在 600°左右时，钢材的强度趋于零值，极易造成结构坍塌破坏。

（7）后期维护成本较高，尤其是在空气潮湿、侵蚀性更强的沿海地区，必须定期更新防火、防腐涂装层。

（8）热传递明显，尤其是在夏季高温时段，库房内温度较高，需安装专门的通风降温设备。

（9）相比钢筋混凝土结构，钢结构仓库在后期运行中，雨水通过屋面接缝、接头渗透概率较大。因此，应高度重视施工阶段的防渗施工质量。

2. 钢筋混凝土结构

梁、板、柱、墙等承重构件由钢筋与混凝土两大材料合成，外墙、隔墙、山墙等围护构件受力特点是钢筋承受拉力、混凝土承受压力，两者相辅相成。

（1）优点：牢固、经久耐用、防火性较好、整体性好、防雨性能也较高，使用年限长达 60 年。

（2）缺点：自重大，混凝土抗拉力度较低，抗震性能低于钢结构，在水平荷载作用下易产生剪切破坏；施工周期较长，单位面积投入施工资源较大。

3. 砖木瓦结构

建筑物中竖向承重结构的墙、柱等构件采用砖或砌块砌筑，楼板、屋架等构件采用木质结构。由于力学与工程强度的限制，一般砖木结构是平层。

特点：结构空间分隔较方便，自重轻，并且施工工艺简单，材料也比较单一；占地多。有效建筑面积、空间均较小；耐久性差，耐用年限一般为 40 年左右。新建仓库不建议采用该种结构型式。

4.1.2.2 仓库配套建筑

仓库配套建筑包含办公室（值班室）、保安室（监控室，图 4.1.1）、资料档案室、休息室、卫生间、工具室、车库以及配电房（图 4.1.2）、发电机房、消防泵房（图 4.1.3）等。各单位应根据仓库基础条件和实际业务需要配置配套建筑。

4.1.3 新建仓库主要建筑物要求

4.1.3.1 地坪承载要求

仓库的地坪承载能力需满足满载运输车辆、场内（库内）运输物资、库房主体结构、物资堆码存放等总荷载要求。非自动化仓库地坪承载要求不低于 5t/m^2，自动化立体仓库地坪承载需满足按货架承载货物重量及相关设备动荷载要求。

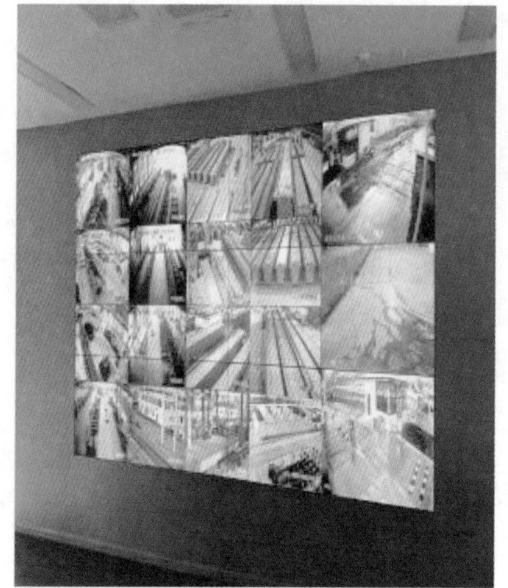

图 4.1.1　监控室

图 4.1.2　配电房

(a) 灭火器材

(b) 消防栓

图 4.1.3 (一)　消防泵房

(c) 消防泵

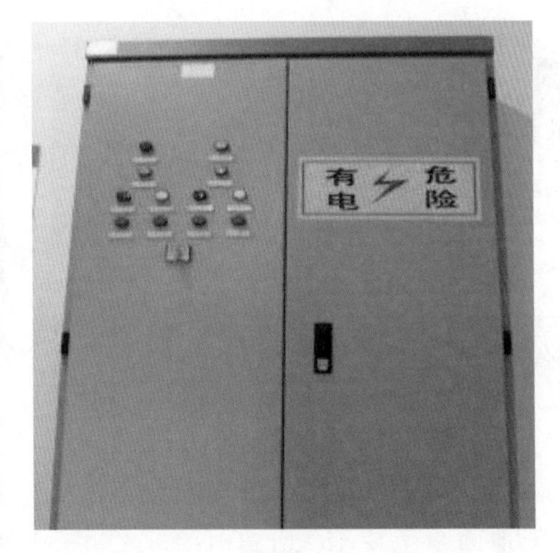

(d) 控制柜

图 4.1.3（二） 消防泵房

4.1.3.2 仓库大门要求

新建仓库主通道的大门宜距离门口道路不少于10m，道路转弯半径不少于9m且满足箱式、拖车式大型货车最小转弯半径要求；大门出口对面应设置凸面镜和交通信号灯、减速带等交通安全设施；宜采用防止翻越警报电动移门。物资出入频繁的大门应人、车分行，两侧可加装直径150mm、高度1000mm的防撞栏杆，并涂刷荧光橙色警示油漆。

4.1.3.3 库房建筑要求

新建库房建筑结构建议采用钢结构和钢筋混凝土结构型式。钢结构型式的仓库建设介绍如下：轻型门式钢架结构应严格按照《门式钢架轻型房屋钢结构技术规范》(GB 51022) 规定设计；钢梁挠度控制，应按上述规范要求控制屋面坡度变化率，避免屋面积水。

(1) 防渗要求。库房屋面防渗性能是新建钢结构库房的重要条件，它和施工过程中使用的原材料、辅材、辅料质量以及安装施工质量密切相关。雨水主要是通过搭接缝隙或节点进入金属屋面，为了有效防止其从外面渗到金属屋面板内，达到防渗功能，应在螺钉口使用密封垫圈后采用隐藏式固定，在板的搭接处用密封胶或焊接进行处理，并用通长的板消除搭接，在各节点部位采取腹胀严密的防水处理。

(2) 保温性能。钢结构库房建筑外墙板主体采用竖条板且板型统一，厚度不低于0.6mm。北方地区应加内保温，并根据所在地区的不同选取保温层厚度。建筑外墙自室外地面起1.1m高度范围内应采用砌体结构。但在夏季高温地区，应考虑钢材为热的良导体，在烈日辐射热作用下可使钢结构屋面和围护墙体温度达到45°～60°。为尽量降低全年温度差值，减轻库存物资冷脆、老化损坏情况，应根据当地气候实际情况，在设计阶段对屋面、围护墙采取空心夹层和对拉式排气扇专项设计。轴流式排风扇如图4.1.4所示。

(3) 库房高度。库房高度根据室内净高（地坪到柱轴线与斜梁轴线交点之间的高度）确定。无吊车房屋门式钢架结构高度宜取4.5～9m；有吊车的库房应根据轨顶标高和吊车净空要求确定，一般宜为9～12m。为维修方便，应设置屋顶检修梯及检修平台。

(4) 屋面要求。屋顶面板采用彩钢板双坡屋面，颜色为灰色，采用角弛Ⅲ型屋面防水金属堵头，坡度取5%～10%，屋面板两侧设外檐沟，檐沟及屋面的板缝均需填塞密封条

图 4.1.4　轴流式排风扇

并封堵密封胶。

（5）库房门、雨篷。库房大门净宽不小于4m，高度不低于4.2m，采用电动（手自一体）防火卷帘，并设小门供日常管理人员出入。门上方均应设置悬挑式雨篷，每边宽于门不小于1000mm，外挑尽可能覆盖至卸货平台外边缘，走雨坡向和坡比应按规范设计。

（6）库内地面。库房建筑地面宜采用耐磨地面，动、静荷载较大时，应按规范设计重型仓库地坪、地面并配置构造钢筋、伸缩缝（变形缝）。地面承重要求大于10t/m^2，安装高层货架的地面需进行抄平和硬化处理。电动叉车充电区地面应在库内地面要求基础上作防酸防碱环氧处理。充电区域周边应设计出水道，并作防酸处理。另外，为防止平台雨水流入库内，应将库内地面标高设计为高于库外卸货平台标高3～5cm。

4.1.3.4　仓库内作业通道要求

库内作业通道应根据存储物资方案，科学、高效地设置通道走向、调头区、环行通道等。仓库内堆码区和货架间均应预留作业通道，通道尺寸与作业车辆转弯半径需相互匹配。搁板式货架之间采用人工拣货作业时，一般情况下通道宽度以1～1.5m为宜；采用电动托盘堆垛叉车时，通道宽度以2.5～3.0m为宜；采用平衡重式叉车时，通道宽度以3～3.5m为宜。

出入库通道应双向设置，并按《道路交通标志和标线　第三部分：道路交通标线》（GB 5768.3）、《路面标线涂料》（JT/T 280）规定，选用热熔标线涂料喷涂通道边线和行进箭头。地面箭头标识（图4.1.5）颜色采用耐磨荧光黄色，出库颜色采用荧光白色。直行箭头设置在通道两端之间位置，两个箭头相反并排设置；转弯箭头设置在道路拐弯方向；直行转弯箭头设置在道路中央靠近路口位置。标线干燥后，应无皱纹、斑点、起泡、裂纹、脱落、粘胎现象。

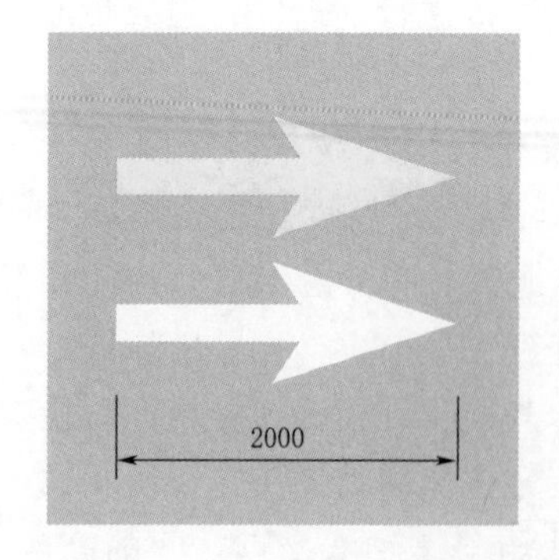

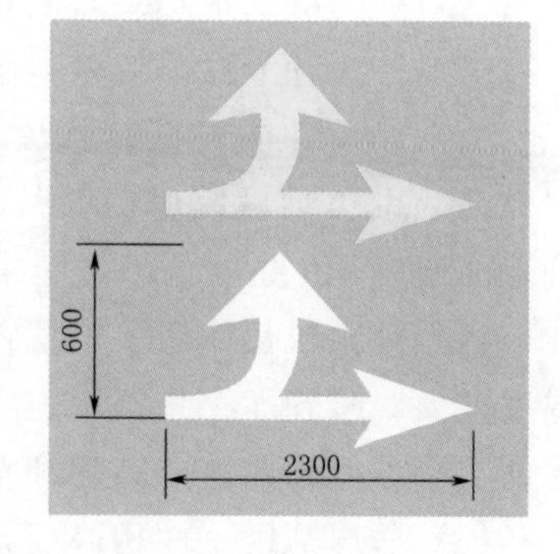

图 4.1.5　地面箭头标识图（单位：mm）

4.1.3.5　多层库房的一般建筑要求

多层仓库是指两层及两层以上，且建筑高度不超过24m的仓库。该类仓库的结构大

多采用钢筋混凝土结构，承受压力大、占地面积小、仓库容量大。该类仓库有效利用了空间，配置多层货架和重型货梯，不仅进一步增加了物资储存量，还可为仓库实现机械化、自动化，开展高效、便捷养护和现代化管理打下基础。

多层库房的建筑应严格按照《中华人民共和国工程建设标准强制性条文》、《建筑设计防火规范》(GB 50016)、《建筑结构荷载规范》(GB 50009)、《物资仓库设计规范》(SBJ 09)、《建筑抗震设计规范》(GB 50011)、《钢结构设计规范》(GB 50017)、《混凝土结构设计规范》(GB 50010)、《建筑地基基础设计规范》(GB 50007) 等国家有关规程、规范进行设计。二层以上的库房应设置货梯，且货梯在一层应有独立的出入口，方便使用。

4.1.3.6 室外料棚一般建筑要求

室外料棚堆场屋顶采用角弛Ⅲ型钢结构，坡度为5%～10%。屋顶必须符合《建筑结构荷载规范》(GB 50009) 要求，能承受突发性的暴风雨雪。北方地区还应考虑冬季积雪荷载。

室外料棚立柱采用圆形或多边形钢铁，外表面设置防腐、防火涂层。地面应大面平整，采用不吸水、易冲洗、防滑的面层材料，并结合实际情况设计承重，一般不小于5t/m^2。对于物资载荷大的地面还应配筋和采用现浇混凝土地坪。

4.1.3.7 室外露天堆场一般建筑要求

露天堆场地面应采用不吸水、易冲洗、防滑的面层材料，采用现浇混凝土地坪。周边安装可活动的围栏围挡或设置标识线。

堆场平面应比周围道路高出50～100mm，周边设计排水系统，防止堆场积水。地面应平整，并结合实际情况设计地基承载力及地面承重，原则不小于5t/m^2。露天堆场堆放荷载较大时，地坪应采取加强配筋混凝土地面。

龙门吊轨道采用预埋件处理，轨道上表面与地面平齐。

4.1.3.8 库区道路要求

库区道路宜采用重型交通水泥或沥青混凝土道路。主干道宽度可按双向双车道标准确定，道路转弯半径不小于9m，道路面层承重要求大于5t/m^2。同时，应严格按照《建筑设计防火规范》(GB 50016) 要求设置环形消防车道和专用消防大门。

库区道路应按《道路交通标志和标线　第三部分：道路交通标线》(GB 5768.3)、《路面标线涂料》(JT/T 280) 规定，选用热熔标线涂料喷涂通道边线和行进箭头。标线干燥后，应无皱纹、斑点、起泡、裂纹、脱落、粘胎现象。同时，按照《城市道路交通设施设计规范》(GB 50688) 规定设置交通安全设施，如防撞护栏及防撞柱、防眩装置、视线诱导设施、颠簸路面（减速带）、限速牌、公路反光镜等。

4.1.3.9 卸货平台要求

新建卸货平台（图4.1.6），高度一般为1.1m，平台有效宽度不低于4m，并加装防撞垫。为有效避免强降雨水倒灌入库，平台走雨坡向应朝向外侧，坡比设计宜为100∶1～150∶1。

图4.1.6　卸货平台

4.1.4　仓库配置

4.1.4.1　标识标牌

仓库应配置仓库铭牌、仓库总体布局图、仓库警示标识、区域标识牌（图 4.1.7）、区域隔离带（分区标线）、货架编码牌、上墙管理制度（图 4.1.8）、流程展示牌、物料标签（物资身份码标签）等。

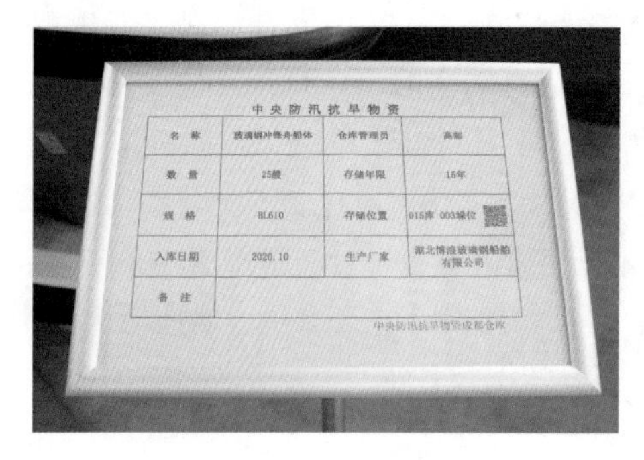

图 4.1.7　区域标识牌

图 4.1.8　上墙管理制度

4.1.4.2　仓库设施设备

仓库设施设备分为储存设施、周转设施、装卸搬运设备、保管和计量设备。装卸搬运设备包括起重机、叉车、堆垛机、行车、堆垛车、手动推车等。计量设备包括地磅、台秤、钢卷尺等，辅助工器具包括断线钳、电缆切断钳、手锯等。其他仓库各类设施设备规格型号见表 4.1.1～表 4.1.4。

表 4.1.1　　储存设施设备规格型号参考表

名　称	组成结构	规　格	颜　色	示意图
重型横梁式货架	横梁式货架材质为H型钢或冷轧型钢，柱片（立柱）、横梁。整体采用框架组合式，并采用两排背靠背布局，货架设计为4层（含底）	每组货架尺寸为2500mm×1000mm×4500mm，每个货格设置2个托盘位，货格承重不小于2500kg	货架立柱及附件采用浅蓝色 PANTONE3015C，横梁采用橘红色 PANTONE1655C	
悬臂式货架	悬臂式货架采用H型钢或冷轧型钢材质，采用两排背靠背布局，货架设计立柱高度不大于2m，层数最大3层。货架为层高可调的组合式结构	每组货架尺寸为1000mm（臂间距）×1000mm（单臂长）×2000mm（高度），每臂承重1000kg	货架立柱及附件采用浅蓝色 PANTONE3015C，悬臂采用橘红色 PANTONE1655C。整体采用框架组合式	

续表

名 称	组成结构	规 格	颜 色	示意图
线缆盘存储架	采用框架组合式，并采用两排布局，宜设计为2层，上层以整存整取为主，下层根据需要，按整取或零取的不同方式选择不同的货架支撑方式。每组包含4个电缆盘位	每组货架尺寸为1700mm×3000mm×3200mm，每线缆盘位承重3000kg	货架立柱及附件采用浅蓝色 PANTONE3015C，承重台采用橘红色 PANTONE1655C	
搁板式货架	搁板式货架宜采用型材材质，整体采用组合式结构，并采用两排背靠背布局，货架设计为4层	每组货架尺寸为2000mm×600mm×2000mm，每层承重不低于300kg	货架整体采用浅灰色 PANTONE 413C	

表 4.1.2　　周转设施设备规格型号参考表

名称	作 用	规 格	示 意 图
托盘	用于物资的平面堆放或货架摆放，方便叉车作业	尺寸需与货架配套，采用塑料或钢制材料。建议使用塑料材质托盘，方便使用与维护，选用尺寸规格为1200mm × 1000mm × 150mm 或1200mm×1000mm×170mm，托盘布局为四面进叉型，载重量静载不小于4t，动载不小于1t。有特殊需求时亦可采用同样规格的钢制托盘	1200 1000 150 100 200 120 300 100 200 325 300 225 200 单位：mm
周转箱	用于小件物资整理和存储用，塑料零件盒作人工零星拣选物资用，一侧有开口	塑料材质，尺寸为600mm×400mm×280（250，220）mm，承重50kg	

表 4.1.3　　装卸搬运设备规格型号参考表

名称	作 用	规 格	示 意 图
小型电动叉车	配置电动前移式叉车，用来配套高位货架区使用，适用于库内使用，可大大节省货架之间的距离	电动叉车额定载重选用1.5～2.5t	

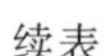
续表

名称	作　用	规　格	示 意 图
大型电动叉车	适应多种物资的存储，于装卸较重物资和室外使用，根据存储物资特点进行选型配置	额定载重选用3～5t	
电动托盘堆垛车	具备灵活方便、操作简便的特点	电动托盘堆垛车额定载重2t	
电动电缆盘全向叉车	可以实现多模式的行走； 直线后轮转弯行驶/侧向前轮转弯行驶/原地打转模式（360度旋转）/斜向行驶等； 在狭窄通道里运输长物料（比如6000～10000mm）可以自由通行，即只需要很小的堆垛通道和主通道	载重4000kg，最大起升高度7m	
手动托盘搬运叉车	可以有效提高室内小型物资设备快速运输和存取	手动托盘搬运叉车额定载重3t	
仓库内外起重机	固定的桥式（门式）起重机，不要求配置轮式起重机（汽车吊车）	对具备安装条件的仓库，原则上可以选用起吊重量5t的行车，库房外新增行车可以选用起吊重量10t	

表4.1.4　　保管和计量设备规格型号参考表

名　称	作　用	规　格
苫垫用品	起到遮挡雨水和隔潮、通风等作用	包括苫布、苫席、枕木、石条等
计量设备	主要用于物资进出库的计量、点数以及存货期间的盘点、检查等	包括地磅、机械式磅秤、电子秤、电子计数器、钢卷尺等，建议在仓库中使用坚固耐用，环境适应性强的机械式台秤。按照500kg、1000kg取值
其他常备工器具	断线钳、大剪刀、拆箱工具、电缆切断钳、角钢切断器、手锯、工具箱（锤子、钳子、改锥、电钻、卷尺、螺丝刀、尼龙绳等）	

4.1.4.3 行吊和电动叉车安全操作规程

1. 行吊安全操作规程

图 4.1.9 行吊图

行吊（图 4.1.9）操作手必须经过专业培训，并取得行车操作资格证方可上岗操作。工作前必须穿戴工作服、安全帽、安全手套。每次起吊作业前，应检查行车有无异常声音，系统刹车是否安全可靠，手柄开关是否灵活，如有异常应及时进行维修，杜绝带病操作；电动葫芦必须有足够干净的润滑油，吊具（钢丝绳）若不符合《圆股钢丝绳》（GB 1102）、《重要用途钢丝绳》（GB 8918）安全要求，尤其是断丝、断股、打扭、折弯严重的，应立即更换。

行车必须做到十不吊：①吊物上站人或有浮放物件不吊；②超负荷不吊；③光线暗淡看不清，重量不明不吊；④吊车上直接吊挂重物进行加工时不吊；⑤吊物埋在地下不吊；⑥斜拉吊物不吊；⑦棱角物件没有防护措施不吊；⑧氧气瓶、乙炔发生器等具有爆炸性的物品不吊；⑨安全装置失灵不吊；⑩违章指挥不吊。严禁起吊超过限重标准的货物、设备等。

工作时违规作业或设备故障将有可能出现以下意外，应根据不同情况采取不同的防护措施，见表 4.1.5。

表 4.1.5 出现意外采取的防护措施

序号	出现的意外	防护措施
1	设备、电线漏电、短路导致触电事故	安装漏电保护器，规范接地并经常检查，确保完好、有效
2	钢丝绳断裂	定期检查钢丝绳磨损情况，按规定及时更换新的钢丝绳
3	吊物为板材并断裂滑落	确定板材是否有裂纹，对于有裂纹的板材提前做好防护措施（如附加铁架等）

工作停歇时，不得将重物悬挂在空中停留，严禁吊物从人头上越过，吊运高度需超过堆码物资的最高物 0.5m。较重货物或设备起吊时，应先稍离地试吊，起吊吊物离开地面 20～30cm，确认吊挂平稳、制动良好后，停留 60s 方可升高，缓慢运行，不准同时触动操作面板上的任意三个按钮。运行中发生突然停电、起吊件未放下或索具未脱钩时不准离开。

工作结束后应关闭电源开关，将行车开到指定位置停放。吊钩上升到极限位置时，应关闭控制键电源。

2. 电动叉车安全操作规程

（1）启动前检查和准备工作。车辆启动前，应检查启动、音响信号、电瓶电路、运转、制动性能、货叉、吊钩、轮胎等是否处于完好状态。起步时要查看周围有无人员和障

图 4.1.10　叉车图

碍物，再鸣号起步。叉车（图 4.1.10）在载物起步时，驾驶员应先确认所载货物平稳可靠，然后尽可能放低货物并使其重心靠门架一侧，须将门架后倾，绝对不能前倾，起步时须缓慢平稳。

（2）行驶。叉车在运行时，要注意观察障碍物、行人和行走路线，留出行车间距，禁止将手、脚及身体其他部位伸出驾驶室外。原则上不准超车，如确需超越停驶车辆时，应减速鸣号，注意观察，防止该车突然起步或有人从车上跳下。同时，应与其他叉车保持三台自身叉车长的安全距离（叉车会车时除外）。

叉车载货在坡道上行驶（图 4.1.11），上坡时前进，下坡时后退，任何情况下都不允许在斜坡上掉头及下坡前行；在交叉或狭窄路口，应小心慢行并按喇叭，随时准备停车；进出作业现场或行驶途中，要注意上空有无障碍物剐撞。非紧急情况下，不能急转弯和急刹车。

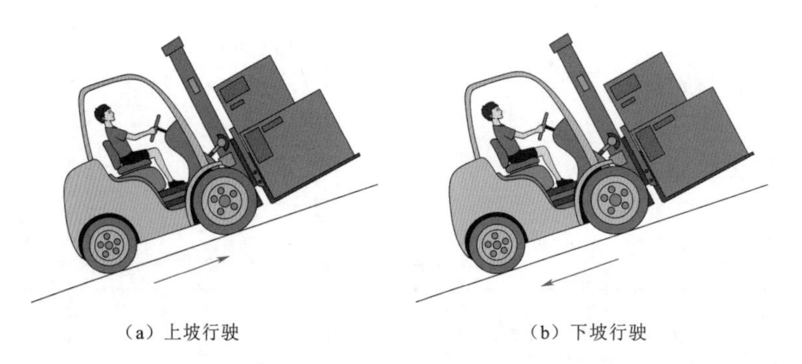
（a）上坡行驶　　（b）下坡行驶

图 4.1.11　叉车坡道行驶示意图

叉车空载时，货叉距地面 50～150mm；载货行驶时，货件离地高度不得大于 500mm，起升门架须后倾到限。除装卸货外，叉车必须靠右边行驶。在厂区道路上，行驶速度不准超过 10km/h；在转弯、房角、十字路口处、跨过狭窄的道路以及车间仓库时，行驶速度不准超过 3km/h；如果遇到前面有人，应按喇叭提示行车路线。

（3）作业。作业速度要缓慢，严禁冲击性叉载货物和超载、偏载行驶。装卸货物时，即货叉承重开始至承重平稳以及相反的过程期间，必须启动刹车。起重升降或行驶时，禁止任何人员站在货叉上把持物件或起平衡作用。

货叉在接近或撤离物品时，车速应缓慢平稳。注意车轮不要碾压物品、垫木（货盘）和叉头，不要刮碰物品扶持人员。使用吊钩吊载货物时，货物必须挂牢，待挂钩人员离开后，方可正式起吊货物行走。叉物升降时，货叉半径 1m 内禁止有人。停车后，禁止将货物悬于空中。卸货后，应先降低货叉至正常的位置后（货叉距地面 50～150mm）再行驶。

叉载物品时，货物托盘（图 4.1.12）配合叉车使用，货物不得偏斜，货物重量应平均分担在两货叉上，物品的一面贴靠挡货架。搬运影响视线或易滑的货物时，应倒车低速

行驶，小件货物放入集物箱（板）内，防止掉落。所载物品不得遮挡驾驶员视线，应倒车缓慢行驶，但上坡时除外，应有一人在旁指挥货叉朝上前进。

运货上货柜车前，应先观察货柜车与发货台或卸货平台是否靠紧，货车车轮是否按规定将三角木垫好，车厢里是否有人。其次，估计货车的承重能力和货车与踏板的倾斜度，确认安全后再进行装卸。

使用过程中，不得违反“七不准”要求：不准将货物升高做长距离行驶（高度大于500mm）；不准用货叉挑翻货盘和利用制动惯性溜放的方法卸货；不准直接铲运危险品；不准用单货叉作业；不准利用惯性装卸货物；不准用货叉带人作业，货叉举起后货叉下严禁站人和进行维修工作；不准用叉车去拖其他车。

图 4.1.12 货物托盘

(4) 停车。叉车暂时不使用时应关掉电源，拉刹车，尽量避免停在斜坡上。如不可避免，则应取其他可靠物件塞住车轮并拉紧手刹。停放时应将货叉降到最低位置，拉紧后刹车并切断电路。注意不能将叉车停在紧急通道、出入口、消防设施旁及纵坡大于5%的路段上。

(5) 充电。使用充电器充电时，应选用与叉车配套的充电器，并轻拿轻放。充完电后，应先关掉电源，再拉出充电器插头，并将充电器挂好，严禁随意放在地上。

(6) 维护和保养。严格按照叉车保养及维修规程进行维保，不能自行维修叉车和装拆零部件。工作中如发现叉车有异常噪声或其他不正常现象时，应当立即停车检查，排除故障。严禁在叉车启动的情况下进行维修、装拆零部件。

(7) 意外情况处置。如遇到意外，应紧伏到方向盘（或操作手柄）上，并抓紧方向盘（或操作手柄），身体靠在叉车倾倒方向的反面，注意防止损伤头部或胸部。严禁在叉车翻车时跳车。

(8) 危害辨识。具体内容见表 4.1.6。

表 4.1.6　　危害辨识表

	危害因素	风险	控制措施
危害辨识	无证驾驶	交通事故	驾驶人员必须经过专业培训，取得特种操作证，并经同意后方能驾驶
	违章驾驶	交通事故	严禁酒后驾驶，行驶中不得饮食、闲谈、打手机及听音乐
	违章操作	货物损坏	驾驶人员必须严格遵守安全操作规程
	叉车带病行驶	各类事故	定期维护保养，及时消除隐患

4.1.4.4 设备设施保养及检修

提高设备设施检测、维护、保养、检修能力与安全管理水平，能够防止和减少安全生产事故的发生，对保障员工的生命和库区财产安全具有重要意义。

1. 人员管理要求

设备设施操作人员必须熟悉消防知识，掌握消防器材、安全防护用品的使用和维护方法，以及应急处理与紧急救护方法。同时，还应知道在仓储过程中可能产生的危险和存在的有害因素，并根据其危害性质和途径采取有效的防范措施。设备设施操作人员必须掌握操作技能，经培训并考核合格后方可持证上岗。

2. 生产现场安全

库区危险危害主要有：触电、机械事故、高处坠落、火灾、垮塌、其他事故等。隐患控制措施如下：

（1）经常检查电线、机械设备线路、控制开关及保险完好情况，以防触电。

（2）检查设备的防护罩、防护外壳是否良好，作业人员是否遵守安全操作规程。

（3）登高作业前应穿戴好并正确使用安全带、安全帽，使用专门的工具包、工具箱等，防止物体打击、挤压等机械伤害，防止高处坠落等事故。

（4）经常检查设备电气绝缘及防护情况，防止触电及电气火灾事故的发生。

（5）按规范设立卫生间，保持个人卫生，避免疾病发生。

（6）保持食堂卫生，购买正规的清洁卫生食品，以防食品中毒事故发生。

3. 设备设施检修维护

建立设备设施运行管理台账，编制设备设施检修维护操作规程，制订检测、维护、保养、修理年度计划。

（1）日常维护保养。按照“五勤”工作法（勤看、勤听、勤嗅、勤摸、勤动手）进行日常维护保养，具体内容是：勤看电机、轴承、设备等有无渗漏润滑油、旋转不同心；勤听电机、轴承、设备等有无异常响声；勤嗅设备运行时轴封机构、联轴器、电动机、电气设备等有无焦糊味；勤摸设备油箱、电动机及底部、轴承等处的温度和振动情况；勤动手解决设备发生的问题，做好运行、检查、维护、保养记录。

检查设备设施安全技术状况、紧固松动部位，检查配合间隙、设备润滑、锈蚀情况，电线线路破损、安全装置完好情况等，根据需要更换易损易耗件，确保设备正常运行。局部拆卸、检查、调整、修复、更换失效零件，加（换）油润滑齿条、转动轮等零部件。机械设备如不能自行修复，可请有资质的单位和相关持证专业人员修理，确实不能修复的可报请上级领导更换。

（2）定期检查维护。严格按照《特种设备安全技术规范》（TSGT 7001）中“电梯监督检验和定期检验规则”要求，电梯每月检查一次，每年进行一次检测；其他设备设施按规范规定及需求进行检查。

（3）检（维）修要求。检修工、电工等检修人员必须熟悉设备检修内容、工艺过程、质量标准和安全技术措施，保证检修质量和安全。设备检修前要将检修用的备件、材料、工具、量具、设备和安全保护用具准备齐全，并检查各种工具是否完好，否则不准使用。同时，还需对作业场所的施工条件进行检查，确保作业人员和设备的安全。

电气设备的检（维）修要由有电工作业证的人员完成。在检（维）修过程中需要拆除安全设施的，完成后应立即恢复。

（4）安全控制措施。维修人员必须遵守库区各项安全管理制度，对设备运行中发现的

问题，及时进行检查处理。对所规定的维护检修，不得漏检、漏项。检查设备各部液压油量、油质和润滑油量、油质是否符合规定要求。拆下的机件要放在指定地点，且放置稳妥，不得妨碍作业和通行。设备经检修工作后，应进行试运行。维修的设备零部件应齐全、完好、可靠。

检（维）修人员应根据维修场所及检修项目的要求，必须佩戴劳动防护用品，遵守劳动纪律，严禁在检（维）修现场有吸烟、嬉戏打闹等不安全行为。检（维）修前应进行风险分析，并对识别出的风险采取控制措施。危险作业前应办理许可证。设备保护装置要定期调整试验，确保安全可靠。

4.1.5 防汛物资仓库信息化系统设计与配置

防汛仓库管理应结合目前信息化建设的大趋势，充分发挥信息化、智能化管理在仓库管理中的价值，更加智能、高效地管理应急物资，提高防汛抗旱物资管理水平。

4.1.5.1 防汛物资仓库信息化系统建设的综合效益分析

1. 通过信息化系统提升仓库管理效率

传统防汛物资仓储管理系统存在信息录入不准确、信息展现不及时和管理信息难共享等问题，防汛物资在维修、丢失、报废等情况下，难以动态更新物资状态，容易导致紧急情况下的物资调配不及时，浪费宝贵的抢险救援时间。在进行跨区域物资调用时，由于各部门物资信息的实时性、共享性不强，对物资调运工作也造成了很大困扰。仓库信息化系统的应用，可以实现对防汛物资仓库的全程信息化管控，确保各级主管部门及时准确地掌握库存的真实数据，可大大节约时间、人力和成本，大幅提升防汛物资仓库管理水平，具有较好的应用前景。

2. 提升防汛应急抢险响应能力

防汛物资日常使用频率极低，但在洪涝灾害抢险时期，物资能否快速出库并送达灾区显得尤为关键。防汛物资出库时呈现出多品种、多批次、大批量、响应时间要求极高等特点，仓库信息化系统刚好能满足相应的特性需求。此外，通过建设防汛物资仓库信息化系统，可以实现由物料级粗放管理向货位级精细管理的转变，由人工决策向智能决策转变，利用信息化技术降低仓库管理人员的工作量，提高仓储系统运行效率和管理水平，从而极大地提升防汛抗旱抢险救援响应能力。

3. 改善库容库貌，提升仓库容量和利用率

智能化立体仓储系统在防汛物资储备管理领域的应用，可改善库容库貌，有利于促进防汛物资仓库的空间利用率、作业效率和应急响应能力的进一步提升，预计防汛物资信息化系统完成建设后，仓库容量可提升1倍以上。此外，防汛物资仓库信息化系统建设也为未来防汛抢险大数据应用提供了重要支撑和保障。

4. 加强库区安全管理能力

通过仓库信息化系统综合介入仓库管理，在库区防火、防盗，以及日常安全管理方面，从根本上实现了由“人防”到“技防”，最大限度地克服了人为不确定因素，为全面切实地提高安全管理水平提供了可靠的技术保障。

4.1.5.2　防汛物资仓库信息化系统设计需求与原则

建立防汛抢险物资仓库信息化系统能够对仓库内的物资进行有效管理，对一些库存数量不充足、质保时间即将到期或者需要进行及时保养维修的防汛物资，可以由系统自动向相关人员进行提示，并利用防汛管理平台将库存、维保、调拨信息发送到管理人员手中。一套相对完整的信息化系统可以对整个防汛抢险的物资仓库进行有效的管理，通过该信息化系统不仅可以对整个防汛仓库进行日常监控，更能在应急救援时实现高效、准确的物资调配，这对整个防汛抢险物资的管理有着极大的推动作用，提高了物资管理的效率，有利于在防汛抢险工作中发挥出抢险救援物资的作用，切实提高整个防汛抢险的综合水平。

随着社会现代化发展，原有的仓库信息化系统水平已经渐渐跟不上社会的发展节奏，难以满足目前的管理需求。新建立的防汛抢险物资仓库信息化系统的设计应遵循以下原则：

1. 系统实用性

系统中相关功能模型、软件的结构以及相关的数据展示平台都需要结合现场管理实际进行设计。大型防汛抢险物资（如冲锋舟、抽水泵站等）通常具有体积大、价值高、维保专业化程度要求高等特点。小型防汛抢险物资（如编织袋、救生衣、各类防汛灯具、带有蓄电池的各类电机等）通常具有体积小、种类多、数量大、保养频率高、易过期、老化等特点。系统应根据不同种类物资的存储要求及其自身特点，设计不同目标的管理功能流程，从时间、空间、一般管理或专业化维修保养等方面，设置及时提醒、预警等功能，以保证系统的实用性。

2. 系统可扩展性

新建立的信息化管理系统应使用先进的技术，并具有较好的发展潜力，满足防汛抢险物资在实际调度中的需要，为防汛抢险工作打下良好的基础。同时，由于我国目前日益重视防灾救灾，各类新型防汛抢险设备的科研发展迅速，新型高科技防汛抢险物资层出不穷，物资更新换代较快，因此应根据目前防汛物资的发展趋势，以及本着“建设一代，升级二代，使用三代”的节约投资原则，做好系统升级或新增功能接口预留，便于系统不断优化和改进，不断提高管理技术和理念，使之符合时代和技术的发展需求。

3. 系统安全性

在进行信息化系统设计时，必须确保运行数据安全。系统应具有抵抗病毒入侵、网络攻击的能力，应采用水平较高的数据加密、防火墙等安全技术，提高整个信息化系统的安全性能。此外，在系统软硬件建设时，还应考虑当地遭受极端气象、气候及自然灾害的情况下，或在网络、市政供电均断供等特殊条件下的系统运转能力问题，并设计相应的手动应急处置方案，确保紧急情况下应急抢险物资也可正常调用。

4.1.5.3　防汛物资仓库信息化系统软件基本架构

防汛物资仓库通常需要接受多地、多部门监管，相应的信息化系统也需要具备可异地、实时查看的功能。基于这个原因，系统软件建议采用B/S结构，即浏览器/服务器模式。这种模式的系统不需要安装相应的客户端，而是将系统功能实现的核心部分集中到服务器上，简化了系统的开发、维护和使用工作。服务器安装SQL Server、Oracl、MYSQL等数据库后，使用人员只需打开办公电脑或手机中的浏览器，通过Web Server同数据库进行数据交互，即可登录系统后台，查看后台信息。这种模式的系统可以适应客

户端分散的维护与运行需求，也便于各级主管部门直接在其办公地点实时掌握防汛物资仓库的物资储备、调拨等动态信息。

防汛物资仓库系统软件从功能架构上看可以简单地分为三层：数据层、服务层和应用层。数据层主要使用人员为仓库信息化管理员，此层级主要功能为录入物资品名、维保要求、仓库分区编号、货架编号等基础信息、设置系统权限等，提供其他各环节必要的基础信息。服务层主要使用人员为仓库现场管理员，此层级主要功能为录入现场管理数据，如物资数量、入库时间、物资使用记录、维保记录、盘点信息、出入库记录，以及记录标签码操作记录等。应用层主要使用人员为仓库负责人、相关主管部门等，此层级主要功能为汇总展示仓库各方面管理数据并形成报表或示意图，以及汇总显示仓库实时监控画面，准确形象地显示出仓库的实时运转情况。

从软件应用平台上来看可分为软件后台和 PDA[1] 手持扫码设备两部分。软件后台的主要功能是防汛抢险物资基础数据的录入，以及库存、盘点、保养信息的汇总与展示；PDA 手持扫码设备主要功能是仓库内部现场管理时扫描特定物资的二维码、手动录入现场操作信息等。防汛物资仓库信息化系统软件如图 4.1.13 所示。

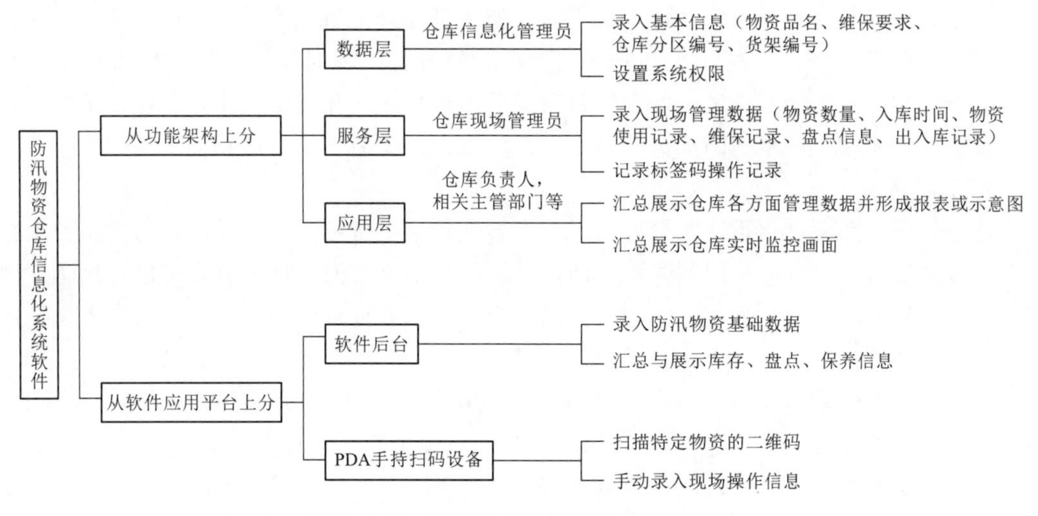

图 4.1.13 防汛物资仓库信息化系统软件

4.1.5.4 防汛物资仓库信息化系统硬件配置与技术要求

1. 仓库中心机房建设

防汛物资仓库的中心机房建议铺设防静电地板，并配置专用电源线、网线。机房内需设置服务器、交换机、网关设备[2]、监控主机、UPS 电源[3]等设备，并依据设备功率和设备体积配置相应的网络机柜。另外，应根据仓库在极端条件下的运行需要，配置与市政电

---

[1] PDA，即掌上电脑，这里特指工业级条码扫描器。

[2] 网关设备，又称网间连接器、协议转换器，是多个网络间提供数据转换服务的计算机系统或设备，可以说网关设备就是不同网络之间的连接器，就是数据要从一个网络到另一个网络时要经过“协商”的设备。

[3] UPS 电源，是一种含有储能装置的不间断电源，主要用于给部分对电源稳定性要求较高的设备提供不间断电源。

网连锁连接的发电机组。

2. 网络通信设备配置

防汛物资仓库信息化系统应搭建在信息内网环境中，光纤接入，百兆带宽。仓库管理后台应与RFID标签扫码系统[1]实现实时信息接口，并能达到与PDA、平板电脑、自动化设备系统（硬件）、智能化仓储设备等现代物流系统实时通信。系统服务器宜采用小型机，配置相当于IBM power5 4核CPU，32GB内存，并设置相应的核心路由器、交换机及网关设备。

3. 监控设备配置

对于防汛物资仓库内非重点固定区域监控，如小型通道、低值易耗品货架等，可使用200万像素枪式摄像头。对于仓库内重点固定区域监控，如主要通道、大型设备存放区、仓库进出口等，可使用500万像素枪式或球式摄像头。另外在工作人员主要活动区域还可增设球式摄像头，便于在吊装、转移物资时调整监控画面，重点监控现场作业人员操作，确保人员及物资安全。监控设备与中心机房以网线直接连通，若连接距离超过1km则需使用光纤连接。

监控数据存储在中心机房录像主机内，录像主机建议配置至少8G的存储硬盘，建议监控录像储存时间为30天左右，以便于对防汛物资分批入库时间和使用次数等情况进行备份备查。相关人员能够通过录像主机对录像数据进行查看和备份操作，还可以根据上级部门要求，将实时监控画面同步传输到信息系统后台，方便物资管理及动态盘存。

4. 数据备份管理

防汛物资仓库信息化系统数据备份需依照异地异介质备份原则。异地备份是将数据在另外的地方实时产生一份可用的副本，此副本的使用不需要做数据恢复，可以将副本立即投入使用。异介质备份是采用不同的数据储存介质，如计算机、硬盘等进行多次备份。以此保证防汛物资仓库数据安全、有效存储。

软件系统备份分为数据库备份和文件系统备份，数据库备份采用在线全备＋redolog备份机制（宜每天备份），文件系统备份采用目录备份机制（宜每周备份一次）。应用服务器与数据库服务器宜进行双机热备并分开部署。

4.1.5.5　防汛物资仓库配套智能化系统介绍

1. 智能化立体仓储系统

智能化立体仓库是近年来物流仓储中出现的新概念，利用立体仓库设备可实现仓库分层合理化，存取自动化，操作便捷化。其立体仓库货架，一般应用于工业制造及仓储物流领域，其对物料的堆叠能达到几层、十几层乃至几十层，高度从数米到40余米，并使用专门的物料搬运设备（如智能机器臂等）进行货物入库和出库作业，通常具有集成化、自动化、智能化的特征。

智能化立体仓储系统主要由三部分组成：①物资储存系统，用于存放和周转物资的储存仓位，如高层货架及托盘、货箱；②物资存取和传送系统，用于出入库物资的存取和传

[1] RFID标签扫码系统，即射频识别标签扫码系统，其原理为阅读器与标签之间进行非接触式的数据通信，以达到识别目标的目的。

送，如堆垛机、输送带、装卸机；③配套管理系统，由系统根据物资类型自动进行物资的出入库仓位分配。

智能化立体仓储系统具有以下四大优势：

（1）提高仓储管理水平。自动化立体仓库采用先进的自动化物料搬运设备，结合计算机管理系统，可实现物料按需存取以及与实际救援需求有机结合。

（2）加快物资存取效率。依靠智能存取设备及系统灵活调配，智能化立体仓储系统可极大提升物资存取效率，能快速准确地自动将洪涝灾害应急救援所需物资调运出库，为应急救援争取宝贵的时间。

（3）减少库存物资积压。智能立体仓储系统通过将物资分类堆码、分期筛选，并按照先存先调的原则进行调拨出库，可以有效解决库存物资积压和过期损耗等问题。

（4）提高空间利用率。立体货架的使用可以最大限度地利用库房空间，充分节约宝贵的土地资源，其空间利用率可以达到普通库房的2～5倍。

2020年12月14日，《立体仓库货架系统设计规范》（GB/T 39681）发布，并于2021年7月1日起正式实施。防汛物资仓库智能化立体仓储系统应依照此规范规定进行前期设计及建设工作。

2. 环境监控系统

为便于恒温库房管理，防止恒温仓储管理的物资出现异常、老化，可通过温湿度传感器自动检测报警技术，实现防汛物资仓库内温湿度变化的记录、预警功能，并上传温湿度数据至防汛物资仓库信息化系统进行集中显示。系统可建设仓库内部温度、湿度等环境感知、自动调节、控制于一体的管理系统。另可增设一体化小型气象站，实时采集仓库附近的气象数据。

3. 智能监控系统

通过电子围栏、GPS定位技术、非碰触式存储技术组成的人员定位系统可对现场人员进行管理、考勤和巡查考核。同时，结合库区巡查工作实际经验，通过厂区监控系统的动作报警功能可以实现厂区全天候24h监控，实现仓库重要区域防入侵实时预警功能。

4. 门禁管理系统

在进出防汛物资仓库的主要通道入口处可安装非接触式感应门禁机，如人脸识别道闸，通过门禁系统软件，能实现人员资料管理、进出时间段设定、人员进出管理控制等。如有需要，仓库重点管理区域（如财务室、中心机房、档案室）可配置多套门禁道闸设备，依照管理人员级别设置不同区域的进出权限。

5. 大屏及广播系统

可在防汛物资仓库内部设置LED或液晶显示屏，在主界面上同时对库房中物资的位置、数量、库区温湿度等情况进行综合显示，方便相关人员的管理，为仓库管理工作提供展示和信息交流的平台。同时，仓库内可设置语音广播系统，根据物资管理系统的调拨指令，采用语音广播的方式，提醒库室内的工作人员，及时调拨物资的种类、数量及放置位置等信息。

4.1.6 消防建设

防汛物资仓库是各类货物集中储存的地方，大部分是易燃物品，一旦遇到火源，极易发生严重火灾，造成国家财产重大损失和人员伤亡。总之，仓库管理的首要任务便是消防管理，单纯从确保仓库物资安全的角度出发，做好消防安全工作应成为仓储工作的重中之重。首先，消防建设应严格按照《建筑防火设计规范》（GB 50016）分类、分级。

4.1.6.1　厂房和仓库的耐火等级

厂房和仓库的耐火等级可分为一级、二级、三级、四级，相应建筑构件的燃烧性能和耐火极限，除另有规定外，不应低于表4.1.7的规定。

表4.1.7　不同耐火等级仓库建筑构件的燃烧性能和耐火极限　单位：h

构件名称		耐火等级			
		一级	二级	三级	四级
墙	防火墙	不燃性3.00[1]	不燃性3.00	不燃性3.00	不燃性3.00
	承重墙	不燃性3.00	不燃性2.50	不燃性2.00	难燃性0.50
	楼梯间和前室的墙电梯井的墙	不燃性2.00	不燃性2.00	不燃性1.50	难燃性0.50
	疏散走道两侧的隔墙	不燃性1.00	不燃性1.00	不燃性0.50	难燃性0.25
	非承重外墙房间隔墙	不燃性0.75	不燃性0.50	难燃性0.50	难燃性0.25
柱		不燃性3.00	不燃性2.50	不燃性2.00	难燃性0.50
梁		不燃性2.50	不燃性1.50	不燃性1.00	难燃性0.50
楼板		不燃性1.50	不燃性1.00	不燃性0.75	难燃性0.50
屋顶承重构件		不燃性1.50	不燃性1.00	难燃性0.50	可燃性
疏散楼梯		不燃性1.50	不燃性1.00	不燃性0.75	可燃性
吊顶（包括吊顶格栅）		不燃性0.25	难燃性0.25	难燃性0.15	可燃性

注　二级耐火等级建筑内采用不燃材料的吊顶，其耐火极限不限。

高架仓库、高层仓库、甲类仓库、多层乙类仓库和储存可燃液体的多层丙类仓库，其耐火等级不应低于二级。

单层乙类仓库，单层丙类仓库，储存可燃固体的多层丙类仓库和多层丁、戊类仓库，其耐火等级不应低于三级。

甲、乙、丙类仓库内的防火墙，其耐火极限不应低于4.00h。

一级、二级耐火等级仓库的上人平屋顶，其屋面板的耐火极限分别不应低于1.50h和1.00h。

4.1.6.2　储存物品的危险性分类

储存物品的火灾危险性应根据储存物品的性质和储存物品中的可燃物数量等因素划分，可分为甲、乙、丙、丁、戊类，并应符合表4.1.8的规定。

---

[1] 耐火等级中的不燃性3.00，指消防工程采用的材料的燃烧耐火时间为3h，意思是材料在明火燃烧条件下仍能保证3h不燃烧的耐火性能指数。表中其他数值以此类推。

表 4.1.8 **储存物品的火灾危险性分类**

储存物品的火灾危险性类别	储存物品的火灾危险性特征
甲	（1）闪点小于28℃的液体。 （2）爆炸下限小于10%的气体，受到水或空气中水蒸气的作用能产生爆炸下限小于10%气体的固体物质。 （3）常温下能自行分解或在空气中氧化能导致迅速自燃或爆炸的物质。 （4）常温下受到水或空气中水蒸气的作用，能产生可燃气体并引起燃烧或爆炸的物质。 （5）遇酸、受热、撞击、摩擦以及遇有机物或硫黄等易燃的无机物，极易引起燃烧或爆炸的强氧化剂。 （6）受撞击、摩擦或与氧化剂、有机物接触时能引起燃烧或爆炸的物质
乙	（1）闪点不小于28℃，但小于60℃的液体。 （2）爆炸下限不小于10%的气体。 （3）不属于甲类的氧化剂。 （4）不属于甲类的易燃固体。 （5）助燃气体。 （6）常温下与空气接触能缓慢氧化，积热不散引起自燃的物品
丙	（1）闪点不小于60℃的液体。 （2）可燃固体
丁	难燃烧物品
戊	不燃烧物品

同一座仓库或仓库的任一防火分区内储存不同火灾危险性物品时，仓库或防火分区的火灾危险性应按火灾危险性最大的物品确定。

丁、戊类储存物品仓库的火灾危险性，当可燃包装重量大于物品本身重量1/4或可燃包装体积大于物品本身体积的1/2时，应按丙类确定。

4.1.6.3 防火分区

防火分区是指在建筑内部采用防火墙、楼板及其他防火分隔设施分隔而成，能在一定时间内防止火灾向同一建筑的其余部分蔓延的局部空间。防火分区的隔断同样也对烟气起到了隔断作用，可最大限度减少火灾损失，为人员安全疏散、消防扑救提供有利条件。

4.1.6.4 仓库的层数、面积和平面布置

（1）除另有规定外，仓库的层数和每个防火分区的最大允许建筑面积应符合表4.1.9的规定。

（2）甲、乙类仓库不应设置在地下或半地下。

（3）员工宿舍严禁设置在仓库内。

办公室、休息室等不应设置在甲、乙类仓库内，确需贴邻本仓库时，其耐火等级不应低于二级，并应采用耐火极限不低于3.00h的防爆墙与仓库分隔，且应设置独立的安全出口。

办公室、休息室设置在丙类仓库内时，应采用耐火极限不低于2.50h的防火隔墙和1.00h的楼板与其他部位分隔，并应至少设置1个独立的安全出口。如隔墙上需开设相互连通的门时，应采用乙级防火门。

表 4.1.9　　仓库的层数和每个防火分区的最大允许建筑面积

火灾危险性类别	仓库的耐火等级	最多允许层数	每个防火分区的最大允许建筑面积/m²			
			单层仓库	多层仓库	高层仓库	地下或半地下仓库
甲	一级	宜采用单层	4000	3000	—	—
	二级		3000	2000	—	—
乙	一级	不限	5000	4000	2000	—
	二级	6	4000	3000	1500	—
丙	一级	不限	不限	6000	3000	500
	二级	不限	8000	4000	2000	500
	三级	2	3000	2000	—	—
丁	一、二级	不限	不限	不限	4000	1000
	三级	3	4000	2000	—	—
	四级	1	1000	—	—	—
戊	一、二级	不限	不限	不限	6000	1000
	三级	3	5000	3000	—	—
	四级	1	1500	—	—	—

注　1. 防火分区之间应采用防火墙分隔。除甲类仓库外的一级、二级耐火等级仓库，当其防火分区的建筑面积大于本表规定，且设置防火墙确有困难时，可采用防火卷帘或防火分隔水幕分隔。采用防火卷帘时，应符合《建筑防火设计规范》（GB 50016）第 6.5.3 条的规定；采用防火分隔水幕时，应符合现行国家标准《自动喷水灭火系统设计规范》（GB 50084）的规定。

2. 仓库内的操作平台、检修平台，当使用人数少于 10 人时，平台的面积可不计入所在防火分区的建筑面积内。

3. "—"表示不允许。

4.1.6.5　仓库的防火间距

仓库的防火间距应参照《建筑设计防火规范》（GB 50016）第 3.5 条的规定。

4.1.6.6　仓库的标识

仓库标识的材质为铝板或户外反光贴。消防标识为红白双色，应急疏散标识为绿白双色，均安装在消防区域和应急疏散通道醒目位置。

4.1.6.7　仓库的安全疏散

每座仓库的安全出口不应少于 2 个，当一座仓库的占地面积不大于 300m² 时，可设置 1 个安全出口。仓库内每个防火分区通向疏散走道、楼梯或室外的出口不宜少于 2 个，当防火分区的建筑面积不大于 100m² 时，可设置 1 个出口，通向疏散走道或楼梯的门应为乙级防火门。

4.1.6.8　仓库的消防设施

仓库须配置消防安全设备，包括消火栓、报警器、消防车、手动抽水机、烟感探测器、应急照明等。同时，配置安保设备，包括视频监控系统、红外报警系统、电子围栏系统等。

4.2 防汛物资储备管理

4.2.1 基本要求

4.2.1.1 储备方式

防汛物资储备分为仓库储备和协议储备［将有时效性、储存条件受限制的防汛物资（如食品、饮用水等）通过契约形式委托商家或生产企业进行物资储备的活动］两种储备方式。

4.2.1.2 物资储备分区

按库区作业范围和流程不同，库区至少应分为：①物资接收区；②零散物资整理包装区；③物资储备区；④物资发放区；⑤装载、搬运设备存放区。

4.2.1.3 制度建设

应建立包括但不限于以下规章制度，并将规章制度相关内容上墙明示：

1. 物资管理制度

物资管理制度包括物资接收管理制度、物资发放管理制度、库存物资管理制度等。

（1）物资接收管理制度。调拨物资接收，应查看物资调拨通知（或文件），清点查验调拨物货。采购物资接收，应查看采购合同并根据采购合同清点查验采购物资。

（2）物资发放管理制度。应按物资调拨单（调拨文件）要求并按规定程序进行出库审批、开具物资出库通知，按出库通知要求备货并组织装载。物资出库时应按保质期先后顺序发货，遵循“先进先出”原则，避免造成临期或过期损失。发放物资应由仓库管理员清点、物资管理员和仓库主管人员办理《防汛物资出库审批单》、仓库管理员填写《防汛物资出库登记表》、仓库主管签署出门条后方可装运出库。

（3）库存物资管理制度。库存物品应分类存放、离墙离地、排列有序、标记明确、堆放整齐。库存物资应有品名、规格、数量、入库时间、保质期等明细标识。库存物资报废、报损应有主管部门的审批，凭审批手续调整物资台账、更新数据和标识。

2. 仓库管理制度

仓库管理制度包括仓库日常管理制度、仓库安全管理制度等。

（1）仓库日常管理制度。维护仓库环境卫生和库容库貌，每周应开窗通风不少于2次，每次不少于1小时，保持库内整洁、干爽、通风、照明设施完好、各巷道畅通。仓库装卸设备应按规定放置在指定位置，并应进行常态化检查，发现问题及时上报维修，保持设备良好。工作时间非仓库管理员因工作需要进入仓库时应填写《入库人员登记表》，并经仓库主管签字批准，在仓库管理员陪同下方可进入仓库。节假日、夜间需进入仓库人员，除按上述规定办理入库手续外，门卫还应在值班记录上做相应记录，《入库人员登记表》由门卫填写并保管。严格岗位责任制，每月定期盘点库存物资，做到账物相符。

（2）仓库安全管理制度。

1）应按《仓储场所消防安全管理通则》（GA 1131）的规定，进行消防安全管理，并按《安全标志及其使用指南》（GB 2894）、《消防安全标志》（GB 13495）、《安全标志使用

导则》（GB 16179）的相关规定设置相应的安全标志。

2）严格执行仓库进出人员和进出物资的安全管理制度，保障防汛物资的安全。建立仓库监控管理系统，确保24小时连续不间断监控。仓库、库区的防火防爆管理应符合《库区、库房防火防爆管理要求》（GB/T 1028）的相关规定。

3）仓库管理员对采购和调拨的入库物资应进行开包（箱）抽查，确定安全无隐患后，方可登记入库。库区除了使用防潮、通风、办公电脑等必要的电器和装卸设备外，不得使用其他电器和设备。库区严禁存放易燃、易爆、腐蚀性物资，严禁烟火和随意乱接电源线。非仓库工作人员未办理相应手续一律不得进入仓库。库区外应进行日常巡查，及时发现并消除安全隐患。工作人员离开仓库时应关闭水、暖、电源的开关，锁好门窗，消除一切安全隐患；进入库区后若发现库区有异样，应保护现场，并及时通知仓库主管或报警。

4）库区消防设施和消防器材不得随意挪动或挪作他用，其周围不得堆放任何物品，并应经常检查使之保持有效状态。库区内严禁将易燃易爆及强酸强碱等危险品、腐蚀物品和火种带入。库存物资摆放高度不得超过消防喷淋系统，库区应留有消防通道。每月应对消防设施、消防器材及喷淋消防系统、通风设备进行安全检查维护，发现问题应及时处理，保持消防设施、器材的完好。

3. 仓库消防安全管理制度

仓库消防安全管理制度包括消防安全责任制度、消防安全教育（培训）制度、防火巡（检）查制度、消防设施（器材）维护管理制度、火灾隐患整改制度、用火（电）安全管理制度。

（1）消防安全责任制度，包括库区领导消防安全责任制、责任科室（消防安全部门）负责人岗位消防安全责任制、其他业务科室责任人岗位消防安全责任制、仓库全体员工岗位消防安全责任制。

1）库区领导消防安全责任制。①认真贯彻执行上级有关消防安全工作的指示和《中华人民共和国消防法》，把消防工作纳入议事日程，做到有计划、有检查、有总结、有评比。②经常开展防火宣传教育和技能培训，普及消防知识。③定期进行防火检查，并及时召开会议研究整改火灾隐患措施。④组织开展消防器材使用培训，科普消防知识。⑤督促、检查本仓库防火安全制度、措施的实施情况。⑥统筹安排消防工作与本单位的安全生产管理等活动，批准实施年度消防安全工作计划。⑦为本单位的消防安全提供必要的经费和组织保障。⑧逐级确定消防安全责任，批准实施消防安全制度和检查制度。⑨组织编制符合本单位实际的灭火和应急疏散预案，并监督实施演练。⑩一旦发生火灾，须第一时间到达现场，积极组织抢救，并配合有关部门查明原因，落实整改措施，接受事故调查处理，将火灾情况及处理意见如实上报。

2）仓库主管、责任科室（消防安全部门）负责人岗位消防安全责任制。①拟订年度消防工作计划，组织实施日常消防安全管理工作。②组织拟订消防安全制度和保障消防安全的操作规程，检查、督促其落实。③组织实施防火检查和火灾隐患整改工作。④组织实施对本单位消防设施、灭火器材、消防安全标志的维护保养，确保其完好有效，并保证疏散通道和安全出口的畅通。⑤在员工中组织开展消防知识、技能宣传教育和培训，组织灭

火和应急预案演练。⑥定期向库区负责人报告消防安全情况，并及时报告涉及消防安全的重大问题。

3）其他业务科室责任人岗位消防安全责任制。①在各自分管工作范围内做好防火工作，并配合分管防火消防责任科室的工作，落实各项防火安全措施。②贯彻《消防法》，把消防工作列入本科室日常工作计划中。③对本岗位的火险隐患要了如指掌，提高警惕，并积极解决。④维护好本工作区域内的消防器材管理。⑤发现火灾须及时组织抢救，拨打119火警电话并通知责任科室和单位主要负责人，同时保护好现场。

4）仓库全体员工岗位消防安全责任制。仓库全体员工应严格遵守单位的消防安全管理制度和各项操作规则，不得私自在场所内存放汽油等易燃易爆危险化学物品。发现火灾隐患和火情必须及时汇报，并有权制止违反消防制度的一切行为。同时，要提高防火意识，清晰认识本岗位火灾的危险性，掌握预防火灾的措施和消防常识，以及救火、逃生、引导疏散方法。在火灾发生时，应会报警、使用灭火器材、扑救初期火灾、逃生和引导疏散。

（2）消防安全教育（培训）制度。应对新员工进行岗前消防安全培训，对消防设施维护保养和使用人员进行实地演示和培训。半年一次组织员工学习消防法规和各项规章制度，定期开展消防常识、消防器材的性能、使用方法的培训，工作人员应熟悉消防常识、消防器材的性能和正确的使用方法等。

（3）防火巡（检）查制度。各仓库责任人至少每天进行一次防火巡查，工作结束时应当对工作区域和办公室进行检查。每日防火巡查的内容包括：用火、用电有无违章情况；安全出口、疏散通道是否畅通，安全疏散指示标、应急照明是否完好；消防设施、器材和消防安全标志是否在位、完整 ；墙壁消防栓门前方黄格内是否堆放物品影响使用；消防安全重点部位排查情况。

每日巡检应当填写检查记录（图 4.2.1），考察消防故障，应及时将检查情况通知领导。发现违规（违章）用火、用电的行为应当及时纠正，妥善处理火灾危险，无法当场处理的，应当立即报告消防安全负责人。

图 4.2.1 检查记录

（4）消防设施（器材）维护管理制度。各库的消防器材由各库管理。同时，由各库的管理员对消防设施的日常使用进行管理，每日检查消防设施的使用状况，保持设施整洁、卫生、好用。

1）自动消防设施管理制度。各库责任人应做好消防设施的维护保养记录，发现故障应及时报告主要领导和责任科室进行维修保养，确保系统完好有效。墙壁消防栓的消防设施应保持连续正常运行状态，任何单位和个人都不得擅自、随意拆卸或断电，终止手动报警运行。

2）消防器材管理制度。各库的消防器材由各库管理，并由专人负责，定期巡查消防器材，保证其处于完好状态。仓库大门附近应配备灭火器（图 4.2.2），灭火器应放在阴凉、干燥、通风处，不得接近火源，环境温度宜在5～45℃之间。应经常检查消防器材，发现丢失、损坏的应立即补充并上报领导，并按时对灭火器材进行普查和换充药剂，最常用的干粉灭火器的标准压力值为1.2～1.5MPa、二氧化碳灭火器的标准压力值为5～6MPa。

图4.2.2　灭火器图

3）消费器材的使用。各库大门附近应配备常用的干粉和二氧化碳灭火器，并严格区别摆放位置。针对库存物资燃烧特性和灭火器理化性质严格区别各类灭火器的适用范围。固体物资火灾应使用干粉、水基型灭火器；电器、机械火灾等应使用二氧化碳灭火器进行扑救。

（5）火灾隐患整改制度。坚持每日防火巡查，做到自查、自改、自防、自救，及时消除火灾隐患。在防火安全检查中，应对发现的火灾隐患进行逐项登记，并落实整改，做好隐患整改情况记录并存档备查。

对于的确无能力解决的重大火灾隐患应当提出解决方案，并及时向单位领导或保卫部门报告。消防安全责任人确定整改的火灾隐患没有消除前，各部门应当落实临时防范措施，确保隐患整改期间的消防安全。

火灾隐患整改完毕后，负责整改的部门或人员应当将整改情况记录报送消防安全管理人，待其签字确认后存档备查。对消防监管机构责令整改的火灾隐患，应当在规定的期限内改正，并将整改复函报送消防监管机构。

（6）用火（电）安全管理制度。①严禁随意拉设临时电线和超负荷用电。②设备电源线接触必须良好。③电器线路和设备安装应由持证电工负责。④严禁私用电热棒、电炉等大功率电器。⑤办公室严禁使用和存放易燃易爆化学危险品。⑥库区内严禁擅自动用明火。⑦库区、工作区域禁止吸烟。

4. 财务管理制度

财务管理制度包括票据管理制度、财务管理制度等。票据管理和财务管理应按国家财务管理相关规定执行。应建立防汛物资专账管理、专人负责的会计管理制度，分别设立仓库账和财务账，对出入库物资进行核算和核对，使财务账、库房账和实物一一对应。协助仓库规范和完善库存物资的管理，建立库存账务月报制度和账务核销制度。

5. 仓库物资巡查制度

仓库物资巡查制度包括巡查人员每天的巡查时间、路线、巡查内容、巡查结果处理、

巡查日志档案管理等内容。

4.2.2 管理机构和职责

4.2.2.1 防汛物资管理机构及职责

1. 主管部门

由各级行政主管部门或应急管理主管部门，以及本级财政主管部门和国资主管部门共同组成。主管部门主要职责如下：

（1）制定各项防汛物资具体管理制度，监督各项管理制度的执行，指导防汛物资储备中心开展管理工作，对不符合法律法规要求的管理行为及时提出处理建议并督促整改。

（2）根据防汛物资储备情况和防汛抢险救灾需要及时编制物资购置、补充购置计划，并组织实施物资采购。

（3）指导仓库（储备中心）根据防汛物资类型划分为存货、固定资产，按相关规定进行管理。

（4）负责防汛物资调度，设置防汛物资实物总账和专管人员。

（5）根据防汛物资储备状况，按照相关规定组织实施即将到期物资的处置。

（6）负责定期向政府、财政、国资等部门报送防汛物资管理、使用及储备管理经费使用情况。

2. 仓库或防汛物资储备中心

配合上级主管部门进行物资采购及验收工作；负责防汛物资的采购、储备、供应、管理，以及防汛紧急状态下的防汛物资调运、人员培训，协助上级部门组织防汛抢险。仓库或储备中心的主要职责如下：

（1）负责防汛物资的日常管理工作。健全管理制度，规范物资管理档案。保持仓储设施完好，储备物资数量真实，物资性能、功能达标。

（2）负责储备管理费依规使用和支付。

（3）负责仓储物资维护保养和库房管理维修工作。

（4）制定物资管理标准。根据不同的物资种类，分品种制定管理标准和储存保管办法。

（5）执行调度。负责按主管部门物资调度令组织物资调运，并指导调用单位正确使用各类防汛物资，及时将物资调运情况报告主管部门。

（6）建立完善的防汛物资实物账并设置专管人员，分别于汛前、汛后和年底与主管部门核对防汛物资实物账，做到账、账相符，账、物相符。

（7）每年12月31日前向主管部门报告物资调用和库存情况，并总结防汛物资储备管理情况。

3. 防汛物资管理监管小组

由主管部门本级财政、国资主管部门和仓库（储备中心）共同组成，主要负责监管防汛物资采购、验收入库、盘点、即将到期物资的处置等工作。物资采购和储备管理经费等工作由本级财政部门负责列入当地财政预算。每年汛前、汛中、汛后各不少于一次对仓库安全、物资台账、物资数量、物资质量、储备情况、设施设备运行情况进行全面检查，对

发现的隐患问题督促仓库（储备中心）、供应商、承运方和调用单位落实整改。

4.2.2.2　仓库主要岗位职责

1. 仓库（储备中心）负责人岗位职责

按照相关法律法规、政策性文件规定，全面落实库区消防安全和其他安全工作；全面负责仓库的日常管理工作，定期向主管部门和代储单位报送物资储备管理情况；严格执行调度命令，负责物资的紧急调运工作；按照物资不同的特性和储备要求，加强仓库现代化建设，不断提高物资储备管理水平；参加物资的入库验收，负责清点、检查物资的接收入库；每年年底，向主管部门和代储单位报告物资调用和库存情况；根据仓库运行情况及时申报各类运行经费并保证专项使用；组织制订、修缮应急预案和每年不少于一次的综合应急演练。

2. 仓库主管（科室负责人）岗位职责

（1）负责仓库整体工作和日常管理工作，负责制定、修订和实施物资出入库作业流程和各项规章管理制度，完善仓库管理的各项流程和标准，保障库区人、财、物安全和库容库貌整洁美观。

（2）负责仓库人员工作指导、业务知识培训和考核。

（3）负责合理规划各仓库的储存空间和物资的储存方式；负责制定各仓库的货架货位规划和标识。

（4）负责分配仓库员工工作并对其日常工作进行监督考核。

（5）负责整个库区的安全管理工作、负责组织库区工作人员安全培训，负责组织安全防护设施的检查和维护。

（6）负责组织实物盘存，做到账实相符、账卡相符。

（7）负责出、入库物资的审批。

（8）负责监督各项管理制度的执行，定期组织库区的安全、卫生检查。

3. 仓库管理员岗位职责

（1）负责每日落实消防及其他安全巡查、检查，并填写巡检记录备查。

（2）管理库存物资、保证账实一致，依据物资出库审批单、入库审批单或相关手续办理物资出、入库，保证实际发货与单据数量一致。

（3）负责物资入库的货架、货位、装载机械安排以及物资的入位摆放。

（4）负责出、入库物资的清点、验收，物资入库、出库登记。

（5）负责监督指导装载、搬运工的正确操作。

（6）负责库存物资巡查，库存物资变质、保质期预警。

（7）负责仓库的清洁卫生。

4. 物资管理员岗位职责

（1）负责配合仓库管理员落实消防及其他安全巡查、检查，并填写巡检记录备查。

（2）负责物资的交接、记账、统计、报表、盘点等工作。

（3）负责物资出、入库审批单的办理和库存物资数据的统计工作。

（4）负责保管好原始有效凭证并按要求定期上报。

5. 装卸搬运人员岗位职责

(1) 负责入库物资的装卸、摆放入位，出库物资的装卸、搬运。

(2) 按照装卸设备操作规程，正确、安全地执行物资装卸、搬运、堆码与保护等作业指令，正确使用物资储备和搬运设施、设备，并对其进行适当的管理。

(3) 如实报告装卸运作和管理情况，落实相关改进措施。

(4) 完成上级临时安排的工作任务。

6. 安全员岗位职责

(1) 负责仓库安全技术措施、安全装置、防护设施、消防器材的日常检查和管理工作，维护库区的安全秩序。

(2) 按规定对库区进行日常安全检查并做好检查记录，如物品堆放是否符合消防要求、各出入口及通道是否畅通等，发现问题应及时上报处置。

(3) 熟悉各项安全规章制度和应急预案，熟悉报警装置、消防器材等设施的位置并能正确使用。

(4) 制定仓库安全教育培训计划，参加对仓库工作人员的安全教育和培训工作。

7. 门卫岗位职责

(1) 负责库区外来人员、进出车辆和物资的登记管理，负责检查进入库区人员和车辆的证件和有效手续，负责检查出库车辆的有效出门手续。

(2) 负责引导外来车辆有序停放，保证库区道路畅通。

(3) 负责报刊、杂志、信件的收发工作，负责门卫室内外环境卫生。

4.2.3 常态管理流程

4.2.3.1 采购管理

防汛物资采购分为政府采购、应急采购和委托加工。

1. 政府采购

主管部门负责编制采购计划，报同级财政部门审批，并按照财政部门批准的采购方式，依据《政府采购法》《政府采购法实施条例》以及地方政府采购实施办法等相关规定组织实施采购行为。

2. 应急采购、委托加工

适用于防汛物资的紧急采购和非标准专用防汛物资的委托加工及生产。凡是应急采购的物资，需报请政府分管领导批准后方可实施。非标准专用防汛物资的委托加工及生产，需经财政部门同意后，由主管部门和相关生产单位签订加工合同，组织加工及生产。

物资储备单位应按防汛物资采购管理的规定和相应的采购程序进行采购，并按要求选择合格的防汛物资供应商。

4.2.3.2 入库管理

1. 入库流程

防汛物资入库流程（图 4.2.3）具体如下：

(1) 入库准备，根据入库物资品种、规格、数量、特性等制定相应的接收检验方案。

（2）到货验收，按入库通知单核对、检查入库物资是否符合相关标准规定及合同约定。

（3）交接，物资储备与物资供方（或承运方）办理交接手续，出具物资接收凭证，填写物资入库审批单，报物资储备单位负责人审批。

（4）卸货入库，组织适当的装卸人员和机具，按接收方案将物资放入相应的货架。

（5）信息处理，对存放物资建卡、登记，将入库物资相关信息录入仓库管理系统（WMS）[1]，物资管理员向财务部门报送入库物资登记清单，向库房主管报告物资查验和入库情况。

（6）账务处理，将入库物资登记入账，财务部门根据物资管理员报送凭证资料记账。

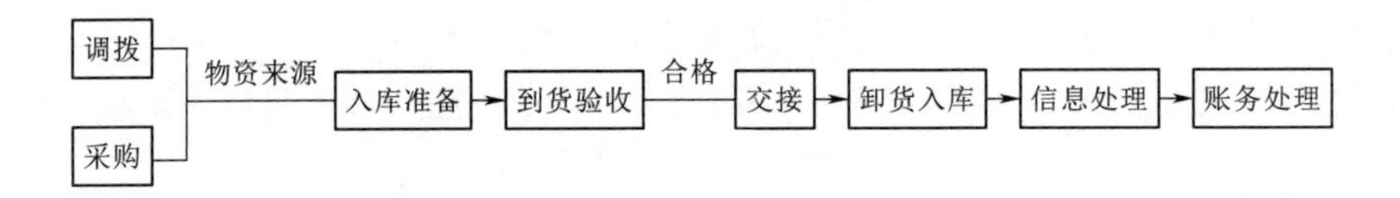

图4.2.3　防汛物资入库流程图

2. 入库要求

建立物资入库报告制度（包括入库事由、入库手续办理情况、入库存放位置情况、纳入库管情况、登记入账情况）。

物资入库前，应按到库验货的规定对入库物资进行清点检查。物资管理员应按入库流程安排物资入库，并填写防汛物资入库审批单（表4.2.1）。

表4.2.1　防汛物资入库审批单（一式三联）

入库时间	物资名称	物资来源	规格/型号	计量单位	数量	备注

物资管理员：　　　　　　　　　　　　　　　　仓库主管：

卸货、搬运、上架堆码时，仓库管理员应按物品包装上的储运标志，指导装卸操作人员将入库物资摆放整齐、稳固，便于维护、检查和装卸。物资卸载安放完毕后，物资管理员应在送货单据上按实际入库物资进行填写，并由物资交接双方签字确认。

入库完毕后，物资管理员应填写防汛物资入库登记表（表4.2.2）和物资标识卡（表4.2.7），同时将相关信息输入仓库管理系统（WMS）或报送财务部门和仓库负责人。

[1] WMS是仓库管理系统（Warehouse Management System）的缩写，仓库管理系统是通过入库业务、出库业务、仓库调拨、库存调拨和虚仓管理等功能，对批次管理、物料对应、库存盘点、质检管理、虚仓管理和即时库存管理等功能综合运用的管理系统，可有效控制并跟踪仓库业务的物流和成本管理全过程，实现或完善企业的仓储信息管理。

表 4.2.2　　　　防汛物资入库登记表

库号	入库时间	物资来源	品名/品牌	规格/型号	计量单位	数量	生产日期	保质期	生产厂商	存放货架/货位编号	备注

仓库管理员：　　　　　　　　　　　　　　　　　　　　　　　　物资管理员：

4.2.3.3　出库管理

1. 出库流程

防汛物资出库流程（图 4.2.4）具体如下：

（1）调拨通知，明确调拨物资品种、规格、数量、送达目的地、时间、对方联系人等，详见防汛物资调拨通知单（表 4.2.3）。

（2）物资准备，按调拨通知要求准备出库物资，联系承运方，安排装载人员、装载机具、作业点位等，填写物资出库审批单，报告物资储备单位负责人审批。

（3）办理手续，按规定办理出库手续，出门手续。

（4）清点装载，至少两人分别两次清点出库物资，将清点后的物资安排人员装载。

（5）查验出库，库房管理员、门卫分别按出库审批单、出门条清点查验货物后出库放行。

（6）物资送达，与物资接收方办理交接签收手续。

（7）账务处理，调整更新库存数据，将出库物资相关信息录入仓库管理系统（WMS），将出库物资登记入账，财务部门根据物资管理员报送凭证资料记账。

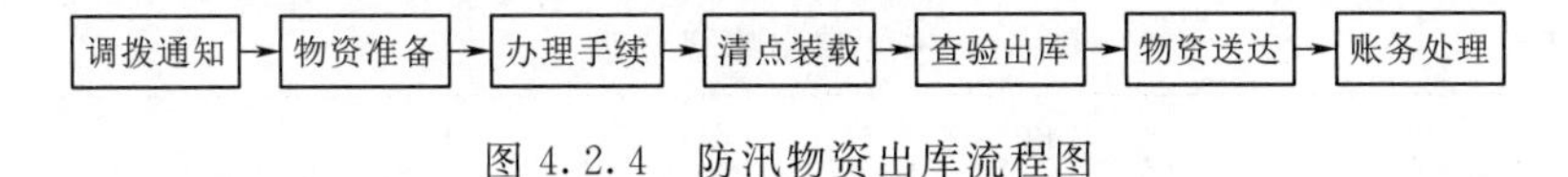

图 4.2.4　防汛物资出库流程图

表 4.2.3　　　　防汛物资调拨通知单　（　）号（盖章）

＿＿＿＿＿物资储备库：

根据地区防汛需要，请按下列物资清单将以下物资调往＿＿＿＿＿。

序号	事由	所需物资品名	规格/型号	数量	计量单位	物资去向

发放经办人：　　　　　　　　　　　　　　　　　　　　　　　　发放小组负责人：

保障组负责人：

协议储备物资出库流程（图 4.2.5）具体如下：

（1）提出供货需求，向防汛物资协议储备商（厂）家提出物资需求并提出所需物资的明细清单。

(2) 备货，储备商（厂）家按要求并在规定时间内准备货源。

(3) 组织物流，根据物资运达路途确定运输方式，组织货物运输。

(4) 物资送达，按要求将所需货物送达指定地点。

(5) 验货结算，由物资接收方对送达货物清点签收，根据签收单与协议，储备商（厂）家进行货币结算。

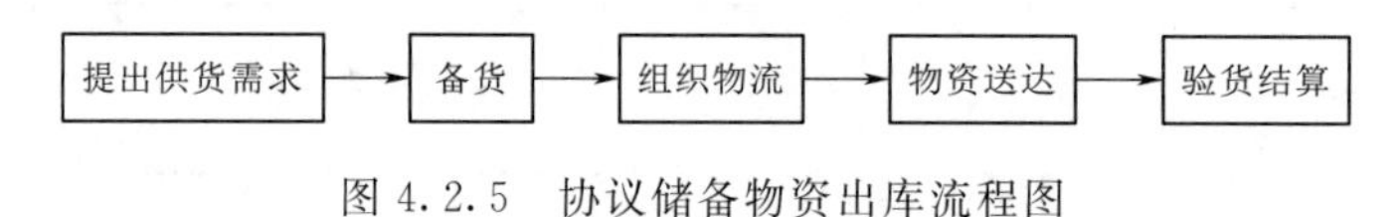

图 4.2.5 协议储备物资出库流程图

2. 出库要求

应按出库流程和防汛物资调拨单的要求，并按先进先出或保质期短、保质期临近先出的原则安排物资出库。仓库管理员应按物资特性指导装载人员按规范要求有序装载，装载完成后检查车厢封闭、绳索绑扎是否完好、牢靠，物资管理员应填写防汛物资出库审批单（表 4.2.4），仓库管理员应填写防汛物资出库登记表（表 4.2.5），仓库主管应填写防汛物资出门条（表 4.2.6）。

表 4.2.4　　防汛物资出库审批单（一式三联）

出库时间	物资名称	物资去向	规格/型号	计量单位	数量	备注

物资管理员：　　　　　　　　　　　　　　仓库主管：

表 4.2.5　　防汛物资出库登记表

库号	出库时间	物资去向	品名/品牌	规格/型号	计量单位	数量	生产日期	保质期	生产厂商	原存放货架/货位编号	备注

仓库管理员：　　　　　　　　　　　　　　物资管理员：

表 4.2.6　　防 汛 物 资 出 门 条

运载车号：　　　　　　　　　　　　年　月　日填发　字第　　号

品名/品牌	规格/型号	计量单位	数量	物资去向	备注

仓库管理员：　　　　　　　　　　　　　　仓库主管：

物资发运后，应将运载方式、承运单位、计划到达时间、物资品名、规格和数量等信息通知收货方，跟踪确认收货，获取收货单。出库完毕后，物资管理员应将相关信息报送财务部门和仓库主管，原始凭据妥善保管。

4.2.3.4 库存

1. 库管流程

防汛物资库存管理流程（图 4.2.6）为：①存储，按物资类别和储存条件进行分区分类储存，储存物资一般应放置在相应的货架；②标识，对储存物资的品种、规格、数量、生产日期、保质期、货架编码等设置相应的标识卡；③维护，开展库存物资的通风、防晒、防水、防潮、防霉、防鼠、防虫、防污染等维护工作；④盘点，定期对库存物资的品种、规格、数量、包装完好情况等进行清点检查。

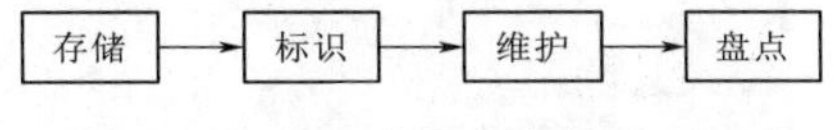

图 4.2.6 防汛物资库存管理流程图

库存物资存放至少应符合以下要求：

（1）应确保物资存放安全。

（2）应采取有效的防火、防盗、防潮、防腐、防晒、防鼠、防虫蛀等措施。

（3）应便于库存物资的清点、检查和装运。

（4）应便于库房的清洁卫生且具有美观效应。

2. 库管要求

按物资的理化性质和储存条件不同，对库存物品进行分类存放，不同储存条件的物资应分库存放，同类物资应按批次集中存放，同批次货物应码放在同一区域货架上，储存在同一货区的物品应具有相同保管条件和互容性以及可采用同样的装卸作业手段。库存区位、货架划分后应制作配置图，贴在仓库入口，以便于物资存放；小量储存区应固定储存位置，整箱储存区可弹性运用储存货位、货架。

库存货物应统一采用统一规格的托盘和托盘式货架存放，不得直接置于地面。库存物资应排放整齐、重叠稳固，便于维护、检查和装卸。所有库存货物都应设立相应的物资标识卡（表 4.2.7），标明物资品名、规格、数量、质量、生产厂商、货架编号、生产日期、入库时间等。

表 4.2.7 物资标识卡

库房编号		货架编号		货位编号	
微机编号					
品名/品牌					
生产厂商					
规格型号				计量单位	
质量等级				储备数量	
入库时间				生产日期/保质期	
备注					

仓库主通道宽度≥2.0m，库存物资与地面距离≥0.2m，与附属通道的距离≥0.8m，与墙面距离≥0.5m，与照明设施距离≥0.5m。

图 4.2.7　恒温库房图

根据储存物资的特性，采取相应的保管和维护方式妥善保管物资。储存有保质期的物品，应及时检查，建立物资管理预警制度。同时，根据库存货物的储存条件要求，适当采取密封、通风、除湿和其他控制与调节温、湿度的办法，保证储存库温、湿度保持在适应物品储存的范围内。储备对温、湿度有特殊要求的物资，须将物资存入恒温库房内（图 4.2.7）。

应按物资品名、规格、数量和储存的仓库货位建立库存物资台账；台账应反映库存物资的全面情况和物资出入库动态的全过程，做到资料齐全，记载清晰准确。每次进出库结束后，应及时将出入库资料报送物资管理员，物资管理员及时更新物资台账。

应建立仓库物资管理巡查制度（包括巡查人员每天巡查时间、路线、巡查内容、巡查结果处理、巡查日志档案管理等内容），以及物资仓库保洁制度，确保仓库整洁。

4.2.3.5　盘点管理

1. 盘点流程

防汛物资盘点流程（图 4.2.8）具体如下：

（1）制订防汛物资库存盘点计划，确定盘点对象、盘点时间、盘点区间、盘点人员等。

（2）按盘点计划编制库存物资盘点明细表。

（3）在盘点区间由仓库管理员、物资管理员对库存物资进行盘点清存，并填写盘点明细表。

（4）财务人员应不定期且每年不少于 4 次对库存物资进行盘点。

（5）当盘点出现差异时，由财务人员和仓库主管共同组织复盘，查明差异原因并在盘点表上注明，将最终盘点明细表存档并报财务部门。

（6）经复盘、抽盘后确认的盘点差异和处理建议，由财务部门审查并经仓库主管、财务主管签字确认后形成报表按有关规定和程序上报处理和请示，对责任事故，请示中应明确追责内容。

（7）按上报的报表批复意见，对库存账务做相应处理。

盘点计划 → 盘点明细表 → 实物盘点 → 账实复核 → 报表 → 差异处理

图 4.2.8　防汛物资库存盘点流程图

2. 盘点要求

应定期开展库存物资盘点工作，一般每月盘点一次，盘点明细表见表 4.2.8。

表 4.2.8　　防汛物资储备中心物资自盘表

库号	盘点时间	库房编号	货架/货位编号	品名/品牌	规格/型号	计量单位	上期结存数	本期进数	本期出数	本期结存数	报废日期	备注

仓库管理员：　　　　财务人员：　　　　仓库主管：

（1）盘点内容如下：

1）查库存物资品种、规格、数量，根据物资账面数据与实物清点，查明库存物资与账面是否一致。

2）查质量，检查库存物资有无超期限保存、有无虫蛀鼠咬、有无霉烂变质等现象，必要时还应对其进行质量检验。

3）查储存条件，检查储存条件是否满足库存物资要求，货架是否稳固，码放是否符合要求。

（2）盘点步骤如下：

1）账面盘点：清理出入库往来手续，整理和核准物资台账；核对各种票据和账面是否一致；核对仓库流水和物资台账是否一致。

2）实物盘点：对库存物资逐一进行清点，检查库存物资质量和储存条件是否符合要求，填写盘点明细表、修改完善标识卡。

3）账务核对：核对账面与盘点的实物数是否一致。

4）盈亏处理：当账物不一致时，应视差额多少、物资性质、类别以及发生问题的性质等因素，按相关规定和程序向上级主管部门上报请示。

5）按处理结果修正库存数据、完善管理制度。

4.2.3.6　即将到期物资的处置

主管部门负责组织对即将到期物资处置的审核和监管，而具体实施由仓库（储备中心）负责。仓库（储备中心）根据物资使用期限，在临近物资使用期限满 1 年、半年前，及时书面报送主管部门进行预警。因汛情平稳，即将到期物资未调拨的，在临近物资使用期限前 3 个月，由仓库（储备中心）书面报告主管部门。

1. 申报和审核

防汛物资即将达到使用期限时，由储备中心向主管部门提出处置申请，内容包括到期物资的品名、数量、储存时间、原购买资金总额和处置意见。主管部门在收到处置申请后，组织对即将到期物资进行审核评估，并按要求委托有资质的评估单位作出技术鉴定，明确物资性能、残值等。

2. 实物处置

即将到期物资的处置类型由主管部门根据评估结果拟定，分为可延期使用和移交公共资源交易中心进行交易两种。确定为可延期使用的物资，由主管部门书面通知防汛物资储备中心，并报本级财政、国资部门备案。确定为移交公共资源交易中心进行残值交易的物

资，按照行政事业单位国有资产项目进场交易管理相关规定处置。

即将到期物资处置完成后，由主管部门负责处理固定资产账务和会计账务，储备中心负责削减实物账务。因技术鉴定和采用销毁方式处理发生的费用，在防汛物资仓储管理费中列支。

4.2.3.7　责任追究

因下列情形造成防汛物资资产损失的，按照国有资产管理相关规定，追究有关人员责任：

（1）未到期物资因管理原因造成损毁的。

（2）已到期物资未及时申报主管部门处理的。

（3）评估判断出现重大失误的。

（4）可延期使用的到期物资处置不当的。

（5）因管理不善、账物不符造成物资损坏或损失的。

（6）未依法依规履行安全管理职责，发生安全事故的。

4.2.3.8　应急管理

1. 应急预案

物资储备单位应按相应规定和程序选择确定应急状态下的防汛物资战略供应商和承运商，分别签订应急防汛物资供货协议、应急防汛物资运输协议，并公布协议单位名单。

物资储备单位应制定对应各级自然灾害的救灾物资保障预案，并成立应急防汛物资保障组，组长一般由仓库（储备中心）主要领导兼任。物资保障组下设物资综合小组、物资接收小组、物资发放小组和物资采购小组，其基本构成如图4.2.9所示。

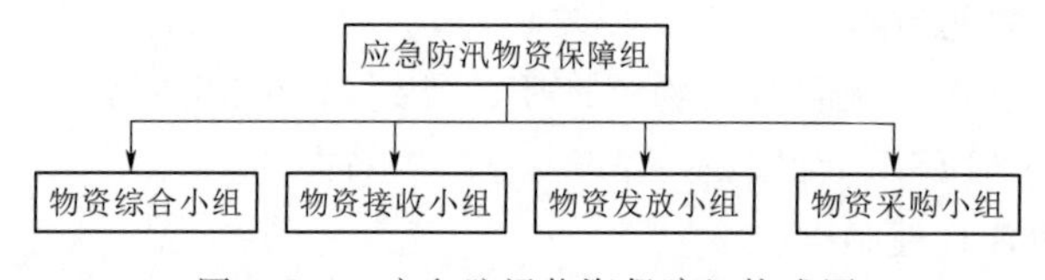

图4.2.9　应急防汛物资保障组构成图

应急防汛物资保障组，负责执行同级防汛部门指挥部下达的指令；负责下设各小组的工作安排和协调等；负责指导下级防汛部门应急防汛物资保障小组开展相应工作；负责收集防汛物资的需求信息，发布防汛物资需求、接收、发放情况。下设各组职责分工如下：

（1）物资综合小组，负责物资保障组的文件印发；承办物资保障组的相关会议；收集汇总各小组需要物资保障组协调解决的事宜，向防汛部门指挥部报送相关资料；负责收集防汛物资需求、物资接收发放数据统计、报送统计表以及物资账的日结和对账，监督检查各类票据和表格的填写，及时整理装订和妥善保管相关票据等。防汛物资收发统计报表见表4.2.9。

表4.2.9　　防汛物资收发统计报表

序号	品名/品牌	规格/型号	计量单位	接收时间	接收数量	发放时间	发放数量	结存数量	备注

统计人：　　　　时间：　　　　审核人：　　　　时间：

（2）物资接收小组，负责不同来源的物资接收、查验、清点、登记和入库工作。两人一组，其中一人负责接收物资的清点查验，另一人负责办理物资入库审批单。每日形成物资接收情况报告，报物资保障组，物资接收工作流程如图 4.2.10 所示。

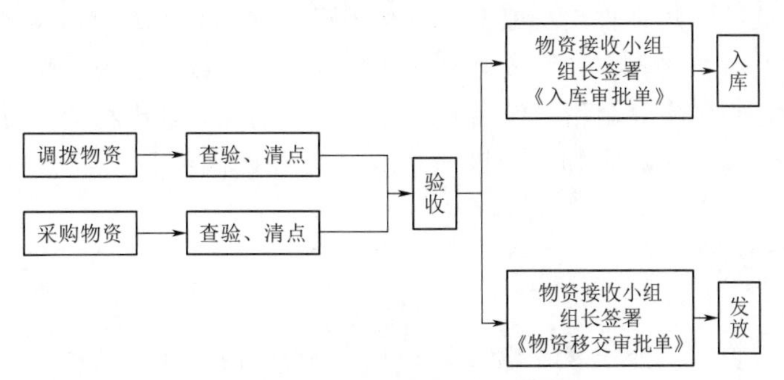

图 4.2.10　物资接收工作流程图

（3）物资发放小组，负责联系防汛物资承运商，防汛物资出库、装车、发运工作以及物资押运、交接手续等工作。两人一组，其中一人负责发放物资的清点查验，另一人负责办理出库审批单、出门条，押运员负责物资押运并办理物资交接手续。每日形成物资发放报告，报物资保障组。物资发放工作流程如图 4.2.11 所示，物资发放单见表 4.2.10。

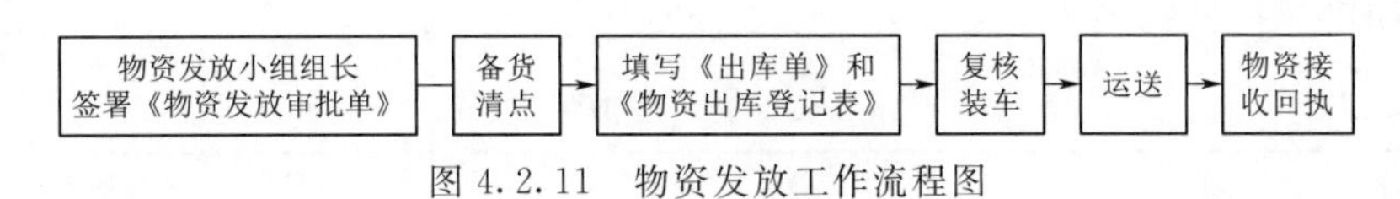

图 4.2.11　物资发放工作流程图

表 4.2.10　　防汛物资发放单

编号：

物资接收单位（盖章）：　　　　接收时间：　　年　　月　　日

序号	品名/品牌	规格/型号	计量单位	数量	备注

物资管理员：　　　　押运员：

（4）物资采购小组，负责联系、协调防汛物资采购供应商，依法按程序开展采购工作，负责将物资采购相关资料及时、完整地移交相关小组，负责物资采购相关资料原件的装订和存档。

2. 预案演练

应急防汛物资保障组每年至少应组织一次各小组成员参与的防汛物资应急预案培训和演练，以此提高全体成员应急反应速度和处置能力。对预案演练中发现的问题应及时提出整改措施并加以验证。

3. 预案响应

当同级防汛部门应急预案启动时，应急防汛物资保障组及各小组应立即启动相应的应急预案，并按各小组职责分工迅速到达应急工作岗位，进入应急工作状态。应急防汛物资保障组应按照规定的职责和应急响应等级，以及防汛应急预案开展防汛物资的收、发管理工作，并实行24小时值班制度，保证通信畅通。物资接收、发放小组应按规定的工作职责和工作流程开展防汛物资收、发工作。随车押运员在物资起运前应认真核对发放物资，到达接收点后应及时与接收方进行核对并办理物资交接手续。物资采购小组应根据物资统计小组提供的储备物资实际调用消耗和需求补充更新情况，提出物资应急采购清单并报送防汛物资战略供应商名单，报物资保障组组长或委托的副组长审批后，依法按程序实施采购。

4.2.3.9　评价和改进

1. 评价

防汛物资储备管理评价分为内部评价和外部评价，内部评价是物资储备单位自身对防汛物资储备管理工作的评价；外部评价由相关主管部门组织本级财政、国资部门和物资接收单位对物资储备单位工作进行的评价。为提高防汛物资储备管理水平，可将评价和改进与年度绩效考核有机结合起来。

外部评价应围绕物资储备工作所涉及的设施配置、制度建设、员工素质、管理质量等方面进行；内部评价应围绕仓库工作质量、出入库差错率、货损率、账卡物相符率、出库完成时效、信息报送及时准确率、安全责任事故率、物资应急出入库及发放准时率等进行。具体评价项目见表4.2.11。

表4.2.11　防汛物资储存、发放评价表

序号	类别	项目	要　求	评分标准（满分150分）	得分	备注
1	设施	仓库	建筑符合标准要求，库内干净整洁，货位、货架设置合理、码放有序、符合物品存放条件要求，库内消防安全等设备配置符合相关规定	5		
2		装卸机具	具备与库存规模相应的装卸、搬运机具，机械化作业量达到或高于人工作业量	5		
3		库内通道	库区通道及作业区能满足一般货运车辆通行和作业要求	5		
4		信息系统	建立了数据交换平台和实时可视监控体系，具有条码数据扫描和处理能力，能对相关数据进行查询和传递	10		
5	制度	安全管理	有健全的安全管理制度，包括消防安全、人员出入管理、物品出入管理、物品在库管理等安全管理制度并得以有效实施	20		
6		岗位职责	制定了明确的仓库管理人员职责和装卸、搬运作业人员职责	10		
7		操作规程	有详细的各岗位操作规程，包括但不限于装卸、搬运、机械、器具等操作规程	5		
8	员工素质	管理人员	管理人员应经过必要的专业培训并达到相关要求、取得职业资质。	5		
9		作业人员	机械作业人员取得相应资质、持证上岗，其他作业人员应经过培训合格后方可上岗	5		

续表

序号	类别	项目	要　求	评分标准（满分150分）	得分	备注
10	工作质量	入库	入库单据、数据填写清晰、完整、规范，入库物品检验、审核手续完备，作业计划完整、详细	10		
11		库存	物品码放规范、整齐，账货相符	10		
12		出库	出库单据、数据填写清晰、完整、规范	10		
13		标识	库区安全、消防标志的设置应符合 GB 2894、GB 16179、GB 13495 的规定，物品分区标志牌的设置应符合规定	10		
14		信息	单据与信息传递准确，数据与信息传输准时	10		
15		应急	防汛物资应急入库、出库、发放及时	30		
得分合计：			评价结论：			
评价单位：			评价人：	评价时间：		

注　总分达到 120 分及 120 分以上为优，总分达到 105 分及 105 分以上为良，总分达到 90 分及 90 分以上为合格，总分在 90 分以下为不合格。

2. 改进

一方面，物资储备单位应针对内部评价发现的不符合项，研究制定相应的整改目标和措施加以改进，实现改进目标。另一方面，物资储备单位应针对外部评价的不符合项制定相应的改进措施并加以实施，评价组织或人员应对物资储备单位改进后的效果再次进行评价，直至达到标准要求。

4.3 防汛物资种类及储备定额建议案

随着我国国民经济的快速发展，社会对防洪安全的要求越来越高，防汛物资储备已成为保障防洪安全的基本条件。按照“定额储备、专业管理、保障急需”的原则需求，近年来，各级政府和流域机构的防汛部门一直在探索适合本地区的防汛物资储备管理规定，针对不同类型的防洪工程和不同区域、等级的城镇洪涝灾害应急抢险，需要储备哪些物资，储备数量如何确定，迫切需要一系列的规范来作指导。为此，国家相关部门先后颁布了《应急物资分类及编码》（GB/T 38565）、《消防应急救援装备配备指南》（GB/T 29178）、《救灾物资储备库管理规范》（GB/T 24439）、《应急保障重要物资分类目录》（发改办运行〔2015〕825 号）国家标准和水利行业标准《防汛物资储备定额编制规程》（SL 298），以及《辽宁省防汛物资储备定额编制规程》（DB21/T 3414）、《成都市洪涝灾害应急救援物资储备指南》等地方标准，为各地防汛指挥机构应对洪涝灾害配备应急救援物资提供了参考，不同程度地解决了各地物资储备种类及储备定额盲目性的问题。同时，也为各地完善应急预案提供了指引，有助于提高各地洪涝灾害应急救援能力。

4.3.1 防汛物资种类

根据洪涝灾害应急救援人员救援转移以及工程抢险过程中对救援工具、个人防护装备、通信设备、能源设备、照明器材和防汛物料等物资的实际需求，考虑各种物资在处置各种险情中的性能特点，确定洪涝灾害应急救援物资的具体种类。结合《应急物资分类及编码》(GB/T 38565)、《消防应急救援装备配备指南》(GB/T 29178) 和《应急保障重要物资分类目录》确定洪涝灾害应急救援物资类别，包括舟艇、排水、个体防护（也叫单兵装备)、搜救、通信、能源动力、照明、警戒、基本后勤保障和抢险物料 10 大类，各类别包括物资见表 4.3.1。

表 4.3.1　　洪涝灾害应急救援物资分类

种　类	物　资　名　称
舟艇类	橡皮艇、橡皮艇拖车、冲锋舟、冲锋舟拖车、指挥艇
排水类	水泵、大功率泵车
个体防护类	安全绳、安全帽、反光背心、高音哨、安全带
搜救类	救生衣、水面漂浮救生绳、救生抛投器、伸缩救生杆、断丝钳、榔头、消防斧、十字镐、铁锹、伸缩梯、防坠器、救生绳、激光测距仪、水上遥控救生机器人、水下搜救机器人
通信类	卫星电话、天通卫星宽带便携终端、800MHz 手持电台、800MHz 车载电台、喊话器
能源动力类	汽柴油发电机、大功率发电机组、应急电源车
照明类	移动式升降照明灯组、防水电筒、防水头灯、肩灯、LED 应急球泡灯
警戒类	标志杆（柱、牌)、警示带、报警器、铜锣、鼓、号
基本后勤保障类	帐篷、雨衣、雨靴、雨伞、手机防水套、医疗急救包、手机充电宝
抢险物料类	袋类、块石（砂石料)、铅丝网片（铅丝笼)、四面体（六面体)、钢丝绳、土工布、防汛挡水板、装配式挡水子堤、移动堵水墙

4.3.2　防汛物资储备定额建议案

受水系分布、地形地貌、气候因素、城镇建设选址等多方面因素影响，我国各地面临洪涝灾害风险的形势不同，高原、山地地区在强降雨过程中易发生山洪灾害；平原沿河地区及中心城区部分低洼地带易发生洪涝灾害，含江河洪水和城市内涝两种洪涝形式；还有一部分兼具高原、山地、平原地貌的地区，又同时具有山洪、江河洪水、内涝三种洪涝灾害类型的风险。因此，基于灾害分区采用定性与定量相结合的方法对洪涝灾害应急救援物资的种类和数量提出建议。

4.3.2.1　舟艇类

定量方式参考《防汛物资储备定额编制规程》(SL 298) 蓄滞洪区抢险舟艇的定额方式。根据一般规律，建议橡皮艇按受内涝威胁人口数确定，每万人至少配备 5 艘；冲锋舟按受内涝和江河洪水威胁人口数确定，每万人至少配备 10 艘。舟艇拖车数量由各地根据储存场地、应急储备调运方式进行配置。指挥舟艇选择性配备。具体参见表 4.3.2 各防洪分区洪涝灾害应急救援物资配备。

4.3.2.2　排水类

排水类包括拖车式泵车、皮卡泵车、便携式抽水泵等。建议历史积水深度大于 0.5m 的低洼易淹风险点，每个风险点至少配备 1 台。历史积水深度小于 0.5m 的低洼易淹风险点，每 2 个风险点至少配备 1 台。流量 $300m^3/h$ 以上，最大扬程 10m 以上，配套出水管长度根据各风险点排水系统情况确定。大功率泵车可根据排水需求和资金等实际情况选择

配备。具体参见表4.3.2各防洪分区洪涝灾害应急救援物资配备。

4.3.2.3 个体防护类

安全绳、安全帽、反光背心、高音哨等个体防护类物资是应急救援过程中应急救援人员和受灾群众个体防护的必需品且成本不高，建议参考表4.3.2各防洪分区洪涝灾害应急救援物资配备表中所列内容储备。

4.3.2.4 搜救类

搜救类物资中救生衣、水面漂浮救生绳、救生抛投器、伸缩救生杆的数量基于受内涝和江河洪水威胁人口数按比例计算确定，配置标准参考了《防汛物资储备定额编制规程》(SL 298）和《辽宁省防汛物资储备定额编制规程》（DB21/T 3414)。断丝钳、榔头、消防斧、十字镐、铁锹等物资，建议参考表4.3.2各防洪分区洪涝灾害应急救援物资配备表中所列内容储备。激光测距仪、伸缩梯、救生绳、水上遥控救生机器人、水下遥控救生机器人可选择配备。

4.3.2.5 通信类

通信类物资在应急救援中具有非常重要的作用。根据卫星电话、800MHz手台配备的实际情况，根据各分区应急救援过程中的通信需求、应急救援工作经验、专家意见提出这三种物资的配备建议，参见表4.3.2各防洪分区洪涝灾害应急救援物资配备；800MHz车载电台、卫星宽带便携终端可选择配备。

4.3.2.6 能源动力类

应急救援过程中最主要的能源动力类物资就是汽、柴油发电机，本书参考《防汛物资储备定额编制规程》(SL 298）和《辽宁省防汛物资储备定额编制规程》(DB21/T 3414)对汽、柴油发电机的功率做出要求，以受洪涝灾害威胁人口数为参数按比例规定配备要求；大功率发电机组和应急电源车可以选择配备。参见表4.3.2各防洪分区洪涝灾害应急救援物资配备。

4.3.2.7 照明类

移动式升降照明灯组可满足大面积、高亮度照明的需要，以受洪涝灾害威胁人口数为参数按比例规定配备要求。防水电筒、防水头灯、肩灯多为个人照明用具，结合应急救援人员和受灾群众照明需求、应急救援工作经验和专家意见直接对物资数量进行规定。参见表4.3.2各防洪分区洪涝灾害应急救援物资配备。

4.3.2.8 警戒类

警戒标志杆（柱、牌）、警示带在应急救援过程应用广泛且易耗损，目前各地配备普遍不足，根据一般规律直接对此类物资数量进行了规定；此外，报警器以及铜锣、鼓、号等警戒类物资以镇（街）、村（社区）为单元分别提出配备建议。参见表4.3.2各防洪分区洪涝灾害应急救援物资配备。

4.3.2.9 基本后勤保障类

帐篷、雨衣、雨靴、雨伞、手机防水套、医疗急救包等后勤保障物资在洪涝灾害应急救援过程使用量大、易耗损，且该类物资配备成本不高，配备数量根据洪涝灾害应急救援经验和专家意见进行规定，手机充电宝根据实际需求选择配备。参见表4.3.2各防洪分区洪涝灾害应急救援物资配备。

4.3.2.10 抢险物料类

抢险物料类物资中袋类、块石、四面体、铅丝网片（铅丝笼）、土工布的配备要求以堤防、河道工程险工险段长度和水库等级作为衡量指标，参考《防汛物资储备定额编制规程》（SL 298）和《辽宁省防汛物资储备定额编制规程》（DB21/T 3414）规定的配备数量要求；钢丝绳根据工程抢险过程中物料捆扎、吊装作业需求进行配备；装配式挡水子堤、移动堵水墙可选择配备。参见表 4.3.2 各防洪分区洪涝灾害应急救援物资配备。

表 4.3.2　　各防洪分区洪涝灾害应急救援物资配备表

种类	名称	单位	配备建议			备注
			内涝区	江河洪水—内涝区	山洪—江河洪水—内涝区	
舟艇类	橡皮艇	艘	按受内涝威胁人口数确定，每万人至少配备5艘			适用于内涝水上救援，乘员数7人及以上，可托运橡皮艇。每艘橡皮艇根据需要配备合适功率的舷外机，加配同型号螺旋桨叶轮1个、专用润滑油1桶（4L）、随船专用工具1套、船桨4支、救生杆1根、剪刀1把、打气泵1个
	橡皮艇拖车	辆	根据储存场地、应急处置需求进行配置			
	冲锋舟	艘	按受内涝和江河洪水威胁人口数确定，每万人至少配备10艘			适用于江河洪水救援，乘员数10人及以上。每艘冲锋舟配60马力以上舷外机，加配螺旋桨叶轮1个、专用润滑油1桶（4L）、随船专用工具1套、船桨6支、救生杆1根、剪刀1把
	冲锋舟拖车	辆	根据储存场地、应急处置需求进行配置			
	指挥艇*	艘				适用于防汛指挥、护航、应急反应、搜救等多种任务。配100马力以上舷外机，并加配叶片保护罩和专用润滑油
排水类	水泵	台	历史积水深度大于0.5m的低洼易淹风险点，每个风险点至少配备1台。历史积水深度小于0.5m的低洼易淹风险点，每2个风险点至少配备1台			包括拖车式泵车、皮卡泵车、便携式抽水泵等。流量300m^3/h以上，最大扬程10m以上，配套出水管长度根据各风险点排水系统情况确定
	大功率泵车*	台				适用于城市内涝、农田渍涝等排水作业。流量1000m^3/h、3000m^3/h、5000m^3/h可选
个人防护类	安全绳	根	≥50	≥100	≥200	20m/根
	安全帽	个			按山洪区需要紧急转移人数确定，每万人至少配备500个	可根据需求配备矿灯式安全帽、智能安全帽
	反光背心	件	≥100	≥200	≥500	
	高音哨	个	≥50	≥100	≥200	
	安全带*	件				适用于被困高处群众的个体防护

续表

种类	名称	单位	配备建议			备注
			内涝区	江河洪水—内涝区	山洪—江河洪水—内涝区	
搜救类	救生衣	件	按受内涝和江河洪水威胁人口数确定，每万人至少配备1000件			浮力标准为7.5kg/24h。可部分用救生圈、救生手环代替
	水面漂浮救生绳	根	按受内涝和江河洪水威胁人口数确定，每万人至少配备10根			100m/根
	救生抛投器	套	按受内涝和江河洪水威胁人口数确定，每万人至少配备10套			远距离救生抛投器距离可达450m；近距离救生抛投器抛射距离为70～100m
	伸缩救生杆	根	按受内涝和江河洪水威胁人口数确定，每万人至少配备10根			
	断丝钳	个	≥50	≥100	≥200	
	榔头	个	≥50	≥100	≥200	
	消防斧	个	≥50	≥100	≥200	
	十字镐	个	≥500	≥1000	≥2000	
	铁锹	支	≥500	≥1000	≥2000	
	激光测距仪*	台				用于测距，可与救生抛投器配合使用
	伸缩梯*	把				适用于登高救人和抢修抢险时登高作业
	防坠器*	个				适用于被困高处群众的营救。救生绳为50m/根
	救生绳*	根				
	望远镜*	个				适用于寻找远处被洪水困住的群众
	水上遥控救生机器人	套				适用于施救水域环境复杂、恶劣情况下的落水救援
	水下搜救机器人*	套				适用于水下搜寻、水下打捞、水下摄像、消防救生、救援等水域救援任务
通信类	卫星电话	部	每个区至少配备2部	每个镇（街道）至少配备1部	每个镇（街道）及位置偏远交通不便的村（社区）至少配备1部	含防水套
	800MHz手台	台	≥50	≥100	≥200	含防水套
	喊话器	个	≥50	≥100	≥200	
	800MHz车载电台*	台				适用于车辆实时联络和指挥调度
	卫星宽带便携终端*	台				适用于文本消息、图片、语音、视频多媒体传输。可支持通过智能手机、平板、电脑进行可靠卫星连接

续表

种类	名称	单位	配备建议			备注
			内涝区	江河洪水—内涝区	山洪—江河洪水—内涝区	
能源动力类	汽柴油发电机	kW	按受洪涝灾害威胁人口数确定，每万人至少配备 10kW			含便携式发电机
	大功率发电机组*	kW				适用于负荷较大的用电场景
	应急电源车*	kW				适用于各种移动式用电场景
照明类	移动式升降照明灯组	组	按受洪涝灾害威胁人口数确定，每万人至少配备 10 组			
	防水电筒	个	按受洪涝灾害威胁人口数确定，每万人至少配备 500 个			
	防水头灯	个	按受洪涝灾害威胁人口数确定，每万人至少配备 500 个			
	肩灯	个	按受洪涝灾害威胁人口数确定，每万人至少配备 500 个			
	LED 应急球泡灯	个	按受洪涝灾害威胁人口数确定，每万人至少配备 500 个			
	便携式泛光灯	个				适用于夜间水上驾舟行驶照明
警戒类	警戒标志杆（柱、牌）	个	≥50	≥100	≥200	带闪烁功能
	警示带	卷	≥50	≥100	≥200	每卷 30～50m
	报警器	个	每个镇（街道）至少配备 2 个	每个镇（街道）和受洪涝灾害威胁的村（社区）至少配备 2 个	每个镇（街道）、受洪涝灾害威胁的村（社区）和每个山洪危险区至少配备 2 个	包括手摇报警器、蜂鸣报警器等
	铜锣、鼓、号	个	每个镇（街道）至少配备 2 个	每个镇（街道）和受洪涝灾害威胁的村（社区）至少配备 2 个	每个镇（街道）、受洪涝灾害威胁的村（社区）和每个山洪危险区至少配备 2 个	
基本后勤保障类	帐篷	套	≥10	≥20	≥50	面积 $12m^2$ 以上
	雨衣	件	≥500	≥1000	≥2000	
	雨靴	双	≥500	≥1000	≥2000	根据可能出现的雨天触电伤害配备部分高压绝缘雨靴
	雨伞	把	≥500	≥1000	≥2000	撑杆和握把绝缘良好
	手机防水套	个	≥500	≥1000	≥2000	可挂脖
	医疗急救包	包	≥50	≥100	≥200	根据需要配备外伤、中暑、毒虫叮咬等常用药品
	手机充电宝*	个				适用于应急救援人员手机应急充电。带充电线

续表

种类	名称	单位	配备建议			备注
			内涝区	江河洪水—内涝区	山洪—江河洪水—内涝区	
抢险物料类	袋类（草袋、麻袋、编织袋）	m^2	按河道防护工程险工险段长度计算，每千米至少配备 $1250m^2$；每座大型水库至少配备 $6250m^2$；每座中型水库至少配备 $1250m^2$；每座小(1)型水库至少配备 $625m^2$；每座小(2)型水库至少配备 $250m^2$			
	块石（砂石料）	m^3	按河道防护工程险工险段长度计算，每千米至少配备 $750m^3$；每座大型水库至少配备 $3500m^3$；每座中型水库至少配备 $2000m^3$；每座小(1)型水库至少配备 $1000m^3$；每座小(2)型水库至少配备 $500m^3$			
	铅丝网片（铅丝笼）	m^2	按河道防护工程险工险段长度计算，每千米至少配备 $1250m^2$；每座大型水库至少配备 $6250m^2$；每座中型水库至少配备 $1250m^2$；每座小(1)型水库至少配备 $625m^2$；每座小(2)型水库至少配备 $250m^2$			包括钢筋笼。常用铅丝网片（铅丝笼）规格，重量500kg铅丝网片（铅丝笼）展开面积为 $625m^2$
	四面体（六面体）	个	金马河及其主要支流西河、南河，南河及其主要支流蒲江河、临溪河、斜江河、郫江河，湔江所流经区（市）县配备，按所涉河流险工险段长度计算，每千米配备体积 $1m^3$ 的四面体（六面体）至少10个，每千米配备体积 $0.5m^3$ 的四面体（六面体）至少20个			$0.5m^3$ 的四面体须预埋直径不小于18mm呈Ω形的螺纹钢筋吊环，$1m^3$ 的四面体须预埋直径不小于22mm呈Ω形的螺纹钢筋吊环
	钢丝绳	m	根据工程抢险过程中物料捆扎、吊装作业需求进行配备			直径12～20mm，每个绳头配套不少于3个钢丝绳卡。$1m^3$ 的四面体（六面体）串联可使用直径16mm的钢丝绳，$0.5m^3$ 的四面体（六面体）串联可使用直径12～14mm的钢丝绳
	土工布	m^2	按堤防险工险段长度计算，每千米至少配备 $500m^2$；每座大型水库至少配备 $20000m^2$；每座中型水库至少配备 $4000m^2$；每座小（1）型水库至少配备 $2000m^2$；每座小（2）型水库至少配备 $800m^2$			包括编织布、土工膜等；土工布适用于堤防后坡漏洞、管涌细骨料反滤抢护；土工膜适用于堤防迎水面漏洞、管涌截水
	防汛挡水板	个	地下车库、商场入口、地铁入口等易淹点位，每个点位入口定制配备			400mm、600mm等多种高度可选
	装配式挡水子堤*	m				适用于砂壤土、壤土、黏土及混凝土、柏油等软质堤防漫堤抢险
	移动堵水墙*	条				适用于城市内涝及江、河、湖泊，水漫堤坝等漫堤抢险

注 1. 带“*”的物资表示由各区（市）县根据实际需要选择配备。
2. “基本后勤保障类”物资是应急救援过程中所需后勤保障物资，不包括受灾群众所需生活保障类物资。

4.3.2.11 物资定额计算示例

配备物资数量按进一法取整计算，计算示例如下：

某区（市）县受洪涝灾害威胁人口为2.03万人，那么该区（市）县应配备的冲锋舟数量则为2.03万人×(10艘/万人)＝20.30艘。按进一法取整，则该区（市）县需要配备冲锋舟的数量为21艘。

4.4　物资仓储和维护保养

防汛物资应纳入库房内储存，存储条件和要求不同的防汛物资必须根据物资理化特征分库、分类储存。物资排列要整齐、稳固，便于维护、检查和装卸。同时，按照防水、防潮、防蚀、防虫、防鼠等要求对物资进行保养，定期倒垛、翻垛、晾晒、修补；必要时，对纤维物资等进行理化性能检验。

4.4.1　物资仓储要求

库房保持整洁，装卸和维护用具摆放整齐。库房不渗不漏，门窗、风洞、门锁严密完好，启闭灵活。库房排水畅通，适时进行通风晾库或密封防潮，保持合理温度、湿度。满足防火、防盗要求。

橡胶类物资、橡套电缆应在恒温库房存储，要求室内安装温控设备，全年温度保持在0～25℃，相对湿度小于70%。橡胶子堤、橡胶储水罐在入库前要重新涂抹撒滑石粉，避免粘连破坏；橡皮舟舟体、橡胶子堤、橡胶船舷、橡胶储水罐在货架上尽可能舒展并单只（组）摆放，严禁重叠堆压；橡套电缆在隔潮垫层上（高度0.2m）整齐码放，隔潮垫板下方尽可能保证通风、干燥。

存储查险灯、强光搜索灯、管涌检测仪、救生绳索抛（投）器、专用空压机（泵）、照明投光灯等仪器设备的库房内要避光，并设通风设施，仪器设备分层码放在货架上（图4.4.1）。

存储编织袋、覆膜编织布、长丝土工布、二布一膜土工布、防管涌土工滤垫、围井围板、快速膨胀堵漏材料、吸水速凝挡水子堤、橡胶子堤护坦布、泡沫救生衣、帐篷篷体、涂塑输水软管、钢丝橡胶管等聚酯合成材料的库房内要严格避光，并设通风设施。上述物资应在隔潮垫层上（高度0.2m）（图4.4.2）整齐码放并用布质防尘罩罩盖。为防止重压变形，防管涌土工滤垫和围井围板的码高不得超过10层。严禁拆开快速膨胀堵漏材料和吸水速凝挡水子堤的密封包装，防止其因破损而自行吸水膨胀。

图4.4.1　复合型货架图

图4.4.2　隔潮垫图

存储喷水组合式抢险舟、嵌入组合式抢险舟、复合型防汛抢险舟、玻璃钢冲锋舟舟体的库房要求避光（图 4.4.3），并设通风设施。舟体在入库前要清洗干净，金属件涂敷黄油，舟体叠放不得超过 5 艘（图 4.4.4），防止下层舟体重压变形，叠放最下层舟体用 3 根垫木（截面：120mm×120mm）均匀支垫或用支架支撑（图 4.4.5），垫木与舟体接触面应包裹绒布，防止舟体摩擦损坏；舟与舟之间的间隔用硬质泡沫块支垫（图 4.4.6），叠放好的舟体用布质防尘罩罩盖。

图 4.4.3 遮光帘图

图 4.4.4 舟体叠放示意图

图 4.4.5 下层支架示意图

图 4.4.6 泡沫块支垫示意图

存储汽油船外机、汽（柴）油发电机（组）、净水设备、喷灌机（组）、便携式打桩机、液压抛石机、抢险照明车、水泵等机械的库房内要避光，并设通风设施。抢险照明车、拖车柴油发电机组液压抛石机、车体前后要有支撑立杆（腿）支撑。其他设备叠摞高度按包装箱标明规定码放在隔潮垫层上（高度 0.2m）。

存储钢丝网兜、铅丝网片、班用帐篷支撑架、抢险钢管及扣件等金属材料的库房内要求干燥、通风，下部设防潮垫层（高度 0.2m），码放整齐，避免重压，防止物资变形、生锈。

船外机专用机油、少量燃油应单独存放，严禁同其他物资混放，并与其他物资库房间距不应小于 30m。避免重压，防止机油挥发撒漏。库房内要避光，设通风设施，并备专用灭火器材，如消防沙土、二氧化碳或干粉灭火器。

4.4.2 物资维护保养

机械设备类物资使用后，要按产品说明书维护保养要求，进行全面的性能维护保养及试机。

4.4.2.1 基本要求

对橡皮舟、抢险舟橡胶船舷要逐只做8h气密试验；橡胶子堤要逐只（组）做接缝检查并重新涂抹滑石粉；橡套电缆做外护橡套质量检查，重点检查橡胶套表面有无裂纹、鼓包、划伤及麻花纹。

对编织袋、覆膜编织布、土工布、土工膜、快速膨胀堵漏材料、泡沫救生衣、帐篷篷体等物资进行外观检查，并进行防潮倒垛或翻晒，重新投放防虫、鼠药。

对喷水组合式抢险舟、嵌入组合式抢险舟、复合型防汛抢险舟、玻璃钢冲锋舟进行舟体外观检查，对非不锈钢金属件做涂敷黄油养护。

对汽油船外机、汽（柴）油发电机（组）、水泵、便携式打桩机、照明投光灯等机械进行外观检查和防锈维护保养。船外机专用机油还应进行防止挥发渗漏的检查。

对便携式应急查险灯（铅酸电池）逐只进行24h充电，做照射亮度实验；便携式应急查险灯（锂电池）、强光搜索灯逐只进行10h充电，做照射亮度实验；救生绳索抛射器进行绳索拉力试验，碳纤维充气气瓶每年汛前充气到20MPa储存、调运前充气到30MPa；逐台启动抢险照明车运行2h，做照射亮度实验。

对钢丝网兜、铅丝网片、帐篷支撑架等金属材料进行外观检查，做防锈处理。

4.4.2.2 具体要求

1. 防汛土工滤垫

防汛土工布滤垫应保存在阴凉无鼠害仓库内，每一叠的堆放量应不超过10层。每年汛前检查一次，进行必要的维护，做好抢险准备。使用后用水冲刷干净并晾干，对连结件进行除锈保养。

2. 装配式围井

每年汛前检查一次，进行必要的维护，做好抢险准备。主要检查防汛装配式围井配件是否齐备，单元围板上的螺钉和焊接点是否牢固。使用后单元围板、固定件和止水复合膜需用水冲刷干净，分别包装储存。

3. 充水式橡胶子堤

（1）胶囊外观检查：检查胶囊是否有开胶离层、机械损伤、部件脱落、排气阀内胶垫老化等现象，如有则应立即修复或更换。

（2）气密性检查：向胶囊内充入约16kPa压缩空气，然后在胶囊上涂擦一层中性皂液，观察是否有气泡冒出，如有气泡出现，则在漏气处标上标记以待修补。

（3）三环固定圈检查：检查有无开胶和机械损伤现象，如有则应立即修复。

（4）护坦布检查：仔细查看护坦布有无霉变、附件脱落、尼龙搭扣开胶、绳索短缺等现象，同时检查护坦布有无孔眼、刮坏等缺陷，如有应立即修复或更换。

（5）密封胶囊的检查：检查胶囊管是否老化龟裂、气嘴是否堵塞、气门芯是否老化，

如有应立即修复或更换。

(6) 连结凹凸槽的检查：检查凹凸槽是否有粘连现象，如有则要用滑石粉进行隔离。

(7) 橡胶子堤的回收：①将上下护坦布连接绳全部打开，把绳子冲洗干净后晾干，卷折成捆分别装入包装袋内；②将水龙带中的水放干，卸下阀门，冲洗晾干后包装；③放干胶囊中的水，晾干后包装；④护坦布冲洗干净，晾干后折叠包装。

(8) 包装和保管：①包装前涂隔离剂，检修后的充水胶囊和密封胶囊，表面要清理干净，均匀涂擦层滑石粉；②胶囊包装，把两个“右”充水胶囊装在有“右”字包装袋内，“左”胶囊和三环固定圈装在有“左”字的包装袋内；③护坦布包装，护坦布统一装在一个包装内。

4. 橡皮舟

橡皮舟在使用过程中应避开尖锐物体，并随气温变化适当调整气室压力。入库前应用淡水清洗舟体表面，如有油渍可用少量酒精清除。

橡皮舟附件和底板如有损坏或缺失，要修复或补齐，单独包装存放。舟体如有漏气损伤，应选一块大于破损处 25cm 的修补片，将破损处和修补片打毛并清理干净，涂三次胶液，每次干燥 25～35min，环境温度应在 25℃以上，将修补片平整贴在破损处压牢，停放 48h 后方可折叠或使用。

橡皮舟在储存及运输过程中应避免阳光直接照射和雨雪浸淋；在恒温库中储存（温度 0～25℃、湿度小于 70%），禁止与酸、碱、油类、有机溶剂等对橡胶有害的物质接触。

5. 嵌入组合式抢险舟

(1) 舟体的维护保养。舟体不能长期暴露在室外及强紫外线辐射环境下。舟体表面应保持清洁、无划痕、无裂纹等，如发现小的裂纹、破损时，先打磨缺陷表面至粗糙，然后用玻璃纤维胶粘剂涂抹粗糙面，待固化后打磨，用胶衣修复表面。每次抢险使用后，清除凹型嵌入管槽异物，并清洗舟体。舟体配件如有遗失或损坏，应及时更换。

(2) 充气胶舷的维护保养。每次抢险使用后，清除嵌入管棒处的杂物，并检查胶舷气密性。胶舷如有漏气损伤，选一块大于破损处 25cm 的修补片，将破损处和修补片打毛并清理干净，涂三次胶液，每次干燥 25～35min，环境温度应在 25℃以上，将修补片平整贴在破损处压牢，停放 48h 后方可折叠或使用。胶舷放在恒温库中储存（温度 0～25℃、湿度小于 70%），并避免与酸碱溶液、油脂等挥发性物质接触。

6. 喷水组合式抢险舟

(1) 喷水组合式抢险舟舟体维护保养参照嵌入组合式抢险舟维护保养方法。

(2) 喷水组合式抢险舟除污装置的日常维护：耙齿轴轴封、操纵软轴、耙齿遥控把手等用密封甘油擦拭。操纵软轴不能打折。每次使用时要检查耙齿轴两端法兰盘密封状况，使用后及时清理耙齿轴根部杂物，并时常拉动耙齿遥控把手，使除污装置处于灵活状态，然后打开手动除污装置密封阀，检查阀体密封橡胶质量，处理表面杂物。

7. 螺旋桨式船外机

(1) 船外机使用后的保管。①冷却水管道，在清水中以空转速度开动发动机 5min；②化油器，取下排油螺塞后，将燃油放出；③燃油过滤器，将过滤器取下，使用清洁剂清洗过滤器。

(2) 火花塞：将火花塞取下，清洁或更换火花塞，并调整火花塞间隙（火花塞间隙0.5～0.6mm）。

(3) 燃油箱：使用清洁剂彻底清洗燃油箱内壁，并将燃油管接头取下，用清洁剂清洗过滤器。

(4) 齿轮油：将螺塞取下，排出机油，然后由低塞孔中注入准双曲面90号齿轮油（专用齿轮油），待油从高孔中流出后拧紧螺塞。其他运行维护保养方法详见4.5.2冲锋舟运行维护保养。

8. 喷泵卧式船用四冲程发动机

(1) 空气过滤器：每12个月或每使用100h检查一次。

(2) 火花塞：每12个月或每使用100h检查一次，擦除火花塞螺纹上的污物，检查火花塞电极间隙是否为0.7～0.8mm（注意联系第5章故障排除），并重新安装，拧紧力矩为12.5N·m。如果电极过度腐蚀，或碳和其他堆积物过多，须更换指定的火花塞CR9EP（TORCH）。

(3) 冷却水道冲洗：在岸上将船艇或发动机水平位放置，用软管连接清洗水入口管道并接到水龙头上，启动发动机，然后马上打开水龙头，直到水从船艇喷嘴或发动机排水管中持续流出。让发动机空转约3min，后关闭水龙头，交替抓、放油门杆10～15s，使残留在冷却管中的水排出，最后停止发动机并拆掉软管。

9. 救生绳索抛射器

救生绳索抛射器使用后，应对以下组成部分进行保养：

(1) 牵引绳：使用后要及时用中性洗涤剂洗涤，然后再用清水清洗、风干。

(2) 抛射装置：使用后擦拭干净，对各零部件进行检查，确认完好后用防锈润滑油对各金属部件进行喷涂润滑。

(3) 发射气瓶：使用后进行清洗，待干燥后用少许硅油涂抹在气瓶嘴上，以备再用。

(4) 空气压缩机：压缩机在磨合期间，工作25h后必须更换一次润滑油，以后每工作50h更换一次；如果机器长期不使用，应每3个月运转一次。

10. 供排水设备

(1) 经常检查轴承温度，轴承体内应装有70%的钙基黄油，不得过多或过少，泵在运转过程中轴承温升不应超过环境温度35℃，轴承的极限温度不得超过75℃，若超过应停机检查，并予以消除。

(2) 发现功率突然增大或降低、流量突然减少、扬程突然降低的情况，应立即停机检查。

(3) 使用前应检查各部分螺丝是否松动，如松动应拧紧。

(4) 填料的调整应适度，以液体一滴一滴漏出为准，填料太紧易发热、消耗功率，填料太松易使水泵中液体漏损过多，降低效率。

(5) 水泵运转时，应注意泵内有无杂音或剧烈的摩擦撞击声，如有应停机检查。

(6) 水泵在冬季使用时，停机后应将水泵内和管路内的存水放尽，以防冻裂。

(7) 水泵在每一个灌溉季节使用后，应更换润滑黄油再存放。

(8) 水泵工作满 500h 后，应拆卸水泵，检查零件的磨损情况，如长期停用，应将运转部分拆下擦干、上油，妥善保管。

11. 拖车式抽水泵站

(1) 柴油机系统班次保养 (8～10h)。

1) 检查机油：油面升高时，应找出原因并排除，不足时应补加到规定值。

2) 检查水箱冷却水，不足时应加满。

3) 检查并紧固柴油机外露螺栓、螺母，排除漏油、漏水、漏气现象。

4) 在尘土较多场合工作时，用压缩空气清除空气滤芯上的积尘。

(2) 柴油机系统一级技术保养 (累计工作 50h)。

1) 执行班次保养的全部项目。

2) 用清洁的柴油清洗机油滤芯，每两个保养周期清洗一次离心式机油滤清器。

3) 清除空气滤芯上和积尘盘内的积尘，更换空气滤清器内的机油。

4) 检查并调整风扇带的张紧度。

5) 对柴油机的各部分进行检查，根据情况进行必要的调整。

6) 保养完成后，开动柴油机检查其运转情况，排除发现的故障和不正常现象。

(3) 柴油机系统二级、三级技术保养 (累计工作 250h 以上) 或长期不用时参照一级技术保养进行维护保养。

(4) 水泵系统技术保养。

1) 使用时应注意泵体上铭牌和转向牌的技术要求。

2) 水泵应关阀启动，关阀停止。

3) 定期检查水泵轴承磨损情况，并定期加注润滑脂。水泵的轴套、轴承压盖中的骨架油封填料、弹性圈都是易损件，应定期检查。如发现磨损过大或有噪声时应及时更换。

4) 水泵长期停用时，须将泵体全部拆开，擦干水，并清理污物。口环及其他转动部位，涂上防锈油脂后重新装配，封存备用。

(5) 拖车系统技术保养。

1) 拖车式抽水泵站长期储存时，拖车支撑腿起主要支撑作用，轮胎起辅助支撑作用，刹紧车轮；每 3 个月应检查一次拖车轮胎气压并及时补气；每 6 个月应对车轮毂轴承、转盘、机械支撑丝母加注一次润滑脂。

2) 拖车式抽水泵站使用前，应检查轮胎气压大小，并查看其是否老化、龟裂，机械支撑升降及车轮转盘转动是否灵活，牵引拉杆与底盘连接是否牢固，制动闸是否灵活有效。如有异常，应在故障排除后方可继续使用。

3) 牵引拖车在运行时应注意转弯速度不能过快、过急，以防侧翻。上下坡坡度不宜大于 1∶8，以防机组重心位移和力矩变动，造成转盘故障。

12. 便携式查险灯

灯具应保持清洁，并妥善存放于干燥库房。每年汛前应对灯具进行抽检，保证电池处于良好状态。

13. 光学变焦强光搜索灯

(1) 灯具应保持清洁，妥善存放于干燥库房。

(2) 每年汛前应对灯具进行抽检，保证电池处于良好状态。

14. 液压升降式照明车

(1) 液压升降式照明车应存放于干燥通风的库房。

(2) 每年汛前和汛后应各发动机械运行一次，运行时间为30～60min，同时检查有无漏油、卡阻现象。

(3) 活塞杆裸露部分应涂油存放。

(4) 定期检查液压油箱，油位应高于油箱高度的2/3，不足时应及时补充。

(5) 每次使用前需检查发动机空气滤清器，并每隔6个月或每运行500h吹扫清理一次。

(6) 为了防止油箱凝结，应在机器关闭或每天结束时将油箱注满。每6个月排放一次油，排出油箱内聚积的沉积物或凝结物。

(7) 建议每6个月或在冰点前检查发动机冷却剂的防冻功效，每12个月补充一次新鲜的混合物。

(8) 每月检查发动机散热器外部是否有障碍物、灰尘或碎片，如有，则在散热片之间朝正常气流的反方向，充入水或含有非易燃溶剂的压缩空气。如果散热器内部堵塞，则反向冲洗。

(9) 照明车行驶里程达850km时，应检查并调整制动连杆，每行驶5000km时，应检查制动磨损情况并进行调节。

(10) 若设备长期关闭，应每隔6个月或500h检查一次电气元件是否有松动、灰尘、灭弧及损坏现象。

15. 小型汽油发电机

(1) 通气：排气具有毒性，应保持通风。

(2) 加油安全：严禁不停机加油。

(3) 防过热：与四周物体保持1m距离。

(4) 防触电：严禁在雨中及下雪天使用发电机或湿手摸发电机。

(5) 接地：地线直径应为1.2mm/10A。

(6) 接线：不要与市电相连或与其他发电机并联使用。

(7) 输出电路控制柜应安装漏电保护开关后，方可接入用电设备。

16. 柴油发电机组

(1) 机组在经常工作或短期停放期间，每周应作一次保养。①将机组各部件清理干净，擦去积尘、油垢；②检查电气元件和导线的连接情况，排除接触不良或可能发生短路的弊端；③检查机组各机械连接部件是否牢固可靠，是否润滑良好，输出电路控制柜应安装漏电保护开关后，方可接入用电设备。

(2) 发电机的维护保养。①电机切忌受潮，存放时必须放在干燥的地方；②无论是存放或是运转时，必须避免水滴、金属等杂物进入；③发电机运转时，应注意冷却情况，电

压及电流均不应超过其额定值；④运转时，集电环[1]上不应看到大于1.5mm的火花，集电环温度不应超过80℃；⑤如有不正常响声，应立即停机检查并排除；⑥勿使电机置于水蒸气、多灰尘的场合下使用；⑦轴承工作3000h后，需要补充3号复核钙基脂，油脂量应占储油室的一半，油脂应清洁，轴承温度不应超过95℃；⑧检查励磁装置各元件是否断头及松动。

（3）柴油机的维护保养。

1）润滑系统的保养。

夏季采用CD级SAE15W/40柴油机用机油，冬季采用CD级SAE10W/40柴油机用机油，亦可根据环境温度选用CD级SAE系列其他牌号机油，有条件的可采用CF-4机油。

机油经长期使用后，不仅会有杂质和尘垢，而且一些未燃烧的燃油混入机油后，机油会变稀，部分废气窜入时也会带进酸酐等，使机油变质腐蚀机件。因此，机油经一段时间的使用后，应全部放出，更换机油。步骤如下：①在热机状态下旋下油底壳上的放油螺塞和注油口螺盖，放尽旧机油并收集起来；②旋上放油螺旋塞，从注油口加注新机油，油位达到油标尺的上标志处，旋上注油口螺盖；③启动柴油机，短期试运行后，停机检查油位，若达不到标尺上标志处，补充加足，但不应超过上标志。

换机油时应更换机油滤清器，抽出油尺后，用清洁棉丝拭去油尺上的油，然后再插入油底壳中，要将油尺插到底，再抽出油尺检查油面高度，使油面不低于下刻线，不高于上刻线，做短暂试运行，停机后再次检查油位，直到机油已达到油标尺上标志为止。

2）冷却系统的保养。

发电机运转时，冷却系统内必须并有足够的冷却水，以保证发电机正常工作。启动发电机前应认真检查并及时补充清洁软水（如纯净水），禁止使用含碱较大或矿物质较多的硬水。寒地地区、冬季还应加注防冻液，以免使水箱或机体冻裂；长期使用的柴油机也可四季使用防冻液，但每年必须更换一次，使柴油机冷却系统维护更加简单。放出冷却系统中的冷却液时，必须先打开水箱散热器盖，然后再打开散热器底部及气缸体放水螺塞。检查风扇皮带张紧轮是否正常，风扇皮带松紧度可由张紧轮自动调整。

3）燃油系统的保养。燃油需经过72h以上沉淀，并经仔细过滤后使用，注意观察是否局部过热或有不正常声音出现。若不具备一定试验条件，不能随便拆卸喷油泵总成。

4）如使用铅酸蓄电池时，检查蓄电池电解液液位。拧开蓄电池盖，用液面检查器逐格检查电解液液位，若液面能浸湿该检查器的底部，即为足够。若无液面检查器也可用木棒插进格内，直到铅板的上缘，若电解液能浸湿木棒10～15mm（即电解液高出蓄电池极板10～15mm）即为足够，若不满足上述条件，应加注蒸馏水。为避免短路，请不要把工具放在蓄电池上。

5）定期保养内筒。柴油机每工作50h，应检查整机有无螺钉、线路松动现象；清洗

---

[1] 集电环，也叫导环、滑环、集流环、汇流环等。它可以用在任何要求连续旋转的同时，又需要从固定位置到旋转位置传输电流和信号的机电系统中，其能够提高系统性能，简化系统结构，避免导线在旋转过程中造成扭伤。

柴油滤清器，更换机油，同时清洗机油滤清器、机油滤芯；清除空气滤清器积尘。

柴油机每工作250h，应检查各部位螺钉、线路接头是否松动；清除空气滤清器积尘，清洗机油滤清器，更换机油和机油滤芯；清洗燃油箱输油泵滤网及管路，向离合器各注油点加注润滑油；检查电压调节器的触头工作间隙和铁心间隙，必要时进行调整。

柴油机每工作1200h，除完成250h保养项目外，还需检查喷油嘴的喷油量和喷油压力，清洗柴油箱及其管道；检查蓄电池有无裂纹及漏电现象，检查硅整流发电机调节器的工作是否正常。

柴油机每工作2400h，除完成1200h保养项目外，还需检查并调整气门间隙，清除发动机进、排气系统及曲轴箱通风系统内的积垢，拆洗充电发电机及启动机，检查喷油泵的供油提前角供油量及各缸供油的均匀性，必要时进行调整。

17. 防汛帐篷

（1）帐篷应存放在通风、干燥、阴凉的库房内，底部铺设垫板，防止其受潮腐烂。

（2）用后重新包装时，应清扫干净、晒干篷体。

4.4.2.3　维护保养时间

仓库专管、物资管理人员应根据新进物资特性对其进行维护保养，每天巡查仓库2～3次，并做记录（表4.4.1），检查库内物资外观，确保物资完好。如有问题，应及时向仓库负责人汇报。

表4.4.1　仓库专管人员日巡查登记表

日　期	检查情况1	检查情况2	检查情况3	备　注

分仓库负责人每周组织仓库专管人员对整个仓库物资进行检查，发现问题及时处理，并做记录（表4.4.2）。

表4.4.2　仓库物资周巡查登记表

日　期	检　查　情　况	处　理　情　况	备　注

仓库总负责人每月组织全体工作人员对各个仓库物资进行检查，发现问题及时处理，并做记录（表4.4.3）。进行月检查之前，仓库专管人员需提前对仓库物资进行检查，向仓库负责人汇报物资现状，如电池电量是否充足等。

每年4月、12月，仓库负责人应聘请专业物流服务商对编织袋、复膜编织布、长丝土工布、救生衣、帐篷、麻袋、救生圈、土工膜、橡皮舟、抢险舟橡胶船舷等物资进行维护保养，并派专人记录（现场工程量签证单由物流服务商提供）和拍照，完毕后，由专管人员保管资料。

表 4.4.3　　仓库物资月巡查登记表

日　期	检　查　情　况	处　理　情　况	备　注

其余物资（如抢险舟、船外机、发电机组、橡皮舟、抢险舟橡胶船舷等）应根据相关标准进行维护保养，并填写保养日志（表 4.4.4），每季度汇总后交专管人员存档备查。

表 4.4.4　　物资保养日志

日期	品　名	规格	保养内容	备　注

4.4.2.4　维护保养后续工作

专管人员对维护保养的资料进行收集整理，并建立档案。主管部门对物资维护保养情况进行抽查，发现问题及时提出整改意见。储备中心收到整改意见或通知后，及时组织人员进行改进，并以书面形式报告主管部门。

4.5　舟艇起泊入库保养

4.5.1　舟艇起泊

舟艇每一次起泊前，应尽量将发动机内的残余燃油烧尽，防止入库后长时间存放，发动机缸体内余油锈蚀元件，造成二次启动故障。具体方法如下：每次抢险或训练结束后，怠速熄火前，先将连接发动机一侧的油管拔下断开，等发动机燃尽余油自动熄火后，再拆除其他部件。

舟艇应设置专用仓库，并指定专人负责维护管理。定期检查和保养舟艇，使其始终处于临战状态。常见保养方法如下：

（1）每次起泊后，应冲洗船体并护理外漆面，保持船面干净整洁、无污染物。

（2）检查挂机处艉板，若磨损过大或固定艉板松动，应及时更换。

（3）重叠存放时，应控制在 5 艘以内，并做支架固定，必要时应用废旧轮胎或硬泡沫板对凸起部位做隔离保护，防止船体表面磨损。

（4）装卸舟艇时应注意吊装平衡并固定，防止舟艇与车厢和其他物体碰撞或摩擦，导致舟体变形。

（5）橡皮艇入库时，应放气并折叠整齐，涂抹滑石粉后存入专门的恒温库房，定期监控温湿度指标，防止橡胶老化脱胶。

4.5.2 冲锋舟运行维护保养

1. 动力推进器磨合期

新的动力推进器（发动机）的磨合期一般为10h，在磨合期间，如果是二冲程船外机则要特别注意二冲程机油的配比，例如雅马哈船外机，在最初的10h磨合期间汽油与机油的混合比例是25∶1，磨合期后是50∶1。四冲程船外机在磨合期后须更换四冲程机油，以后通常是每运行100h后更换一次机油，但是应注意四冲程船外机新机器在运输过程中是不含机油的，须确认后再启动，否则将会造成发动机损毁的严重后果。舟、艇动力推进器的磨合和汽车、摩托车等燃油动力的磨合同理，在磨合期内应避免长时间全油门满负荷。在新船外机初次启动的3～4min内，应以怠速运转，让船外机得到良好的预热和润滑。特别是二冲程的机器，它是靠混合在汽油中的二冲程机油来润滑的，所以在预热后必须先慢速开动3～5min方可中速以上运转。如果是水冷的机器则要在水里启动，否则容易造成水泵叶轮磨损或使机器过热损坏。

2. 推进器（发动机）运行保养

推进器的运行保养很重要，特别是在经历过洪水和河口、滨海区等腐蚀性较强的水中，使用完发动机后应在淡水中启动一会，冲去脏水，以免机器腐蚀，这也是推进器在长期放置之前必须要做的。在实际管理中，可在仓库适当的露天区域修建一座能充水0.8～1m深的水池，并在池壁侧墙预埋角钢挂件，用于临时支撑发动机机座，水池清洁发动机示意图如图4.5.1所示。

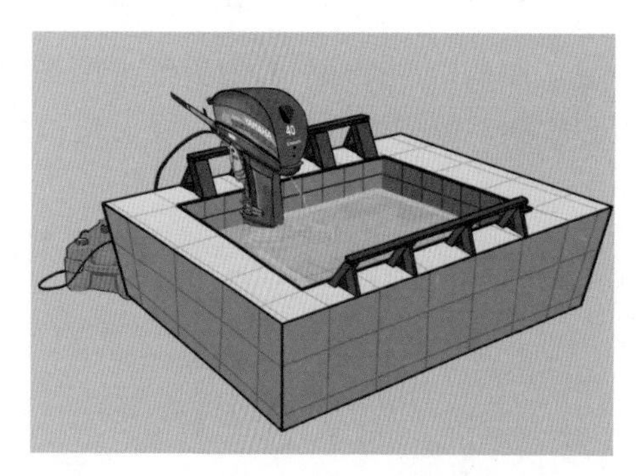

图4.5.1 水池清洁发动机示意图

如停泊收船时，油箱内还有余油，应及时将油箱盖上的气阀螺母拧紧以免箱内汽油渗漏、挥发，形成火灾安全事故隐患。另外，混合好的燃油很容易变质，存放时间不应超过3个月，特别是在塑料容器内，变质的燃油将失去润滑作用，严重损坏机器。在机器准备长时间放置前，应先放掉油箱中的燃料，然后启动马达，把化油器中的油耗尽，避免化油器中残存的燃料变质，造成重新启动困难。接着卸下火花塞，往汽缸中加入3～5滴机油，并在安装火花塞之前拉动启动手柄几下，让缸体保持润滑，避免生锈，然后再安装火花塞即可。其他部件保养维护参见4.4.2.2中“7. 螺旋桨式船外机”保养要求进行。

4.5.3 主船体（舟体）日常保养

冲锋舟执行救援任务结束后，应拧松船尾底仓螺帽排除舱室内积水和积油，并清除舱底杂物。经常检查扶手栏杆装置是否可靠，座椅有无变形、裂纹或断裂。如有，应及时进行校正和修复。同时，应检查两舷和船、舟首碰垫是否完好可靠，并根据损坏情况进行修

复或换新。缆绳和救援缆绳应避免受潮与阳光直接照射。

参 考 文 献

[1] 王虎. 基于B/S模式的信息管理平台［D］. 天津：天津大学，2017.

[2] 周奇才. 基于现代物流的自动化立体仓库系统（AS/RS）管理及控制技术研究［D］. 成都：西南交通大学，2002.

[3] 韦建斌，韩毅. 江苏省水利防汛物资智能仓储及其经济性分析［J］. 中国市场，2018（13）：173－174.

[4] 成都市质量技术监督局. DB 510100/T 183 救灾物资储备管理规范［S］. 2015

第 4 章 练 习 题

一、单项选择题

1. 关于防汛物资仓库建设，以下说法错误的是（　　）

A. 仓库选址应位于平坦、开阔区域，周围无危化品生产企业，交通便利的位置。

B. 卸货平台高度统一为1.5m，宽度4m，并加装防撞垫。

C. 仓库内的装卸搬运设备包括起重机、叉车、堆垛机、行车、堆垛车、手动推车等。

D. 仓库须配置消防安全设备，包括消火栓、报警器、消防车、手动抽水机、烟感探测器、应急照明等。

参考答案：B

卸货平台高度应统一为1.1m。因为，目前我国大多数厢式货车车厢高度为1.1m。

2. 以下关于钢结构仓库的结构特点，说法错误的是（　　）

A. 钢结构建筑质量轻、强度高、跨度大，使用年限长达80年。

B. 钢结构建筑搬移方便，回收无污染。

C. 钢结构体系有着更强的抗震及抵抗水平荷载的能力，适用于抗震烈度为8度以上的地区。

D. 钢结构建筑防火性好，耐锈蚀、耐腐蚀性较好，受当地气候影响较小。

参考答案：D

钢结构建筑防火性差，易锈蚀、耐腐蚀性较差，由于受焊接温度控制及温度应力影响，温度低的地区不宜使用钢结构。

3. 以下关于各岗位消防安全责任制说法错误的是（　　）

A. 库区领导应负责认真贯彻执行上级有关消防安全工作的指示和《中华人民共和国消防法》，把消防工作纳入议事日程，做到有计划、有检查、有总结、有评比。

B. 责任科室负责人岗位应负责组织拟定消防安全制度和保障消防安全的操作规程，检查、督促其落实。

C. 其他业务科室责任人岗位应负责在各自分管工作范围内，做好防火工作。同时，配合分管防火消防责任科室的工作，落实各项防火安全措施。

D. 库区安全管理相关事宜应由仓库专职或兼职安全员负责，普通员工无权参与

管理。

参考答案：D

仓库全体员工应严格遵守单位的消防安全管理制度和各项操作规则，发现火灾隐患和火情必须及时汇报，并有权制止违反消防制度的一切行为。同时，要提高防火意识，清晰认识本岗位火灾的危险性，掌握预防火灾的措施和消防常识，以及救火、逃生、引导疏散方法。

4. 关于防汛物资仓库管理，以下说法错误的是（　　）

A. 储备对温度、湿度有特殊要求的物资，须将物资存入恒温库房内。

B. 应由防汛物资管理监管小组组织定期或不定期对储备仓库工作进行抽查，并针对发现的问题提出整改意见。

C. 每年定期盘点时间分为汛前、汛后共两次。

D. 物资调出须按照先入先出、用旧存新的原则，避免物资到期未用而报废。

参考答案：C

每年定期盘点时间分为汛前、汛后和年底各一次（特殊物资除外）。

5. 下列关于不同类抢险救援物资的仓储要求中，错误的是（　　）

A. 橡胶类物资、橡套电缆在恒温库房存储，全年温度保持0～25℃，相对湿度小于70%。

B. 存储编织袋、复膜编织布、土工滤垫、围井围板等聚酯合成材料的库房内要涂敷黄油，并设有通风设施。

C. 存储喷水组合式抢险舟、嵌入组合式抢险舟、复合型防汛抢险舟、玻璃钢冲锋舟等舟体，要在入库前清洗干净，金属件涂敷黄油，舟体叠放不得超过5艘。

D. 抢险照明车、拖车柴油发电机组液压抛石机、绞盘式喷灌机车体前后要有支撑杆支撑。

参考答案：B

存储编织袋、复膜编织布、土工滤垫、围井围板等聚酯合成材料的库房内要严格避光，并设有通风设施。

6. 下列关于不同类抢险救援物资的维护要求中，错误的是（　　）

A. 对橡皮舟、抢险舟橡胶船舷要逐只做8h气密试验。

B. 对喷水组合式抢险舟、嵌入组合式抢险舟、复合型防汛抢险舟、玻璃钢冲锋舟进行舟体外观检查，对非不锈钢金属件做涂敷黄油养护。

C. 对汽油船外机、汽（柴）油发电机（组）等机械进行外观检查和防锈维护保养，对船外机专用机油进行防止挥发渗漏的检查。

D. 对救生绳索抛射器进行绳索拉力试验，碳纤维充气气瓶每年汛前以零气压储存、调运前充气到30MPa。

参考答案：D

对救生绳索抛射器进行绳索拉力试验，碳纤维充气气瓶每年汛前应充气至20MPa气

压储存、调运前充气到 30MPa。

二、多项选择题

1. 关于舟艇起泊入库保养，以下说法正确的是（　　）

A. 舟艇每一次起泊前，应尽量将发动机内的残余燃油烧尽，防止入库后长时间存放，发动机缸体内余油锈蚀元件，造成二次启动故障。

B. 橡皮艇入库时，应放气并折叠整齐，涂抹黄油后存入专门的恒温库房，定期监控温湿度指标，防止橡胶老化脱胶。

C. 在新的二冲程船外机初次启动的 1～2min 内，应以怠速运转，让船外机得到良好的预热和润滑后，即可长时间全油门满负荷运转。

D. 推进器在经历洪水和河口、滨海区腐蚀性较强的水中使用完后，发动机应在淡水中启动一会，冲去脏水，以免机器腐蚀，以便长期放置。

参考答案：A、D

B 项错误，橡皮艇入库时，应放气并折叠整齐，涂抹滑石粉后存入专门的恒温库房，定期监控温湿度指标，防止橡胶老化脱胶。

C 项错误，在新船外机初次启动的 3～4min 内，应以怠速运转，让船外机得到良好的预热和润滑。特别是二冲程的机器，它是靠混合在汽油中的二冲程机油来润滑的，所以在预热后必须先慢速开动 3～5min 方可中速以上运转。

2. 以下关于防汛物资管理的说法，错误的是（　　）

A. 物资验收应对每一类物资进行抽查，确认物资规格、数量是否符合合同约定，由验收小组对验收情况据实出具验收报告单，相关人员签字确认。

B. 同种物资按照入库时间顺序整齐码垛，为了紧急情况下能快速调拨物资，带有电瓶的设备需保证电瓶安装到位，油料驱动的设备要满载油料储存。

C. 需定期对库存物资进行盘点，清查物资生产日期、品名、规格和数量，确保物资账实相符，厘清物资盘点差异的原因，查明有无超期储存、损毁的物资。

D. 在任何情况下，物资调度必须完成申请、审批流程后方能进行调度工作。

参考答案：A、B、D

A 项错误，物资验收除需确认物资规格、数量外，还需确认物资质量、包装以及生产日期等内容。

B 项错误，带有电瓶的设备应将电瓶卸下单独存放，油料驱动的设备要放空油料储存。

D 项错误，如遇紧急情况，储备中心在接到主管部门电话通知紧急调拨物资时，储备中心值班人员应做好电话记录，按要求组织物资调运，物资调出后十日内由申请调用单位向主管部门、储备中心补办调拨手续。

三、简答题

近日，你所在的防汛物资管理监管小组在对本市防汛物资仓库进行的例行检查中，发现了如下问题：

（1）仓库雨棚未设置坡比，雨后积水严重。

（2）多艘橡皮舟舟体叠放于仓库内，室温 31℃，相对湿度 75%。

（3）大量编织袋堆放于仓库角落，部分编织袋已出现朽坏及虫蛀现象。

（4）部分物资已过期，且未见申报记录。

（5）仓库仅配置了手持式灭火器若干，未见其他消防安全设备。

请针对以上问题提出相应的整改建议，并写出具体规范要求或参数指标。

第5章　水上救援理论与实务

洪涝灾害水上救援是在极端恶劣的气象、水域等野外环境中展开的，但是平时训练时却不可能模拟那种场景，如雷电交加、狂风暴雨、湍急洪水、一片汪洋等，也不可能去熟悉航道，那么只有通过防汛抢险综合理论学习的形式，让参训人员树立应急意识，掌握应对恶劣环境的处置措施。因此，各单位在组织培训时，一定要重视综合理论环节，可聘请有丰富实战经验和理论水平的相关人员授课。本章主要针对平时培训时无法模拟的各类恶劣环境，如何掌握正确的水上救援操作要领，进行综合理论阐述。

5.1　水上救援概述

5.1.1　水上救援的定义

水上救援分为海事救援、涉水自然灾害救援和水域其他事故救援，本书中特指涉水自然灾害救援。水上救援不只是以营救生命为重点，还有针对涉及水环境中的应急处置行动，包括提供信息传输、水上运输、专业人员、技术装备、医疗救助等应急支援，而水上救生一般特指涉水环境下营救人员生命的应急行动。可以说，水上救援在定义上涵盖了水上救生，因此，本书将洪涝灾害救生统称为水上救援。

根据现有技术装备及救援成本考虑，水上救援的常见方法有利用舟艇救援（图5.1.1）、架设溜索缆索救援（图5.1.2、图5.1.3）、水中徒手救援（图5.1.4）、岸上救援（图5.1.5）、利用直升机或无人机救援（图5.1.6）等方式。

（1）利用舟艇进行水上救援具有安全高效、机动快捷、单位投入成本低等特点，是实际工作中运用最多的方式，但同时对操作人员也具有很高的要求。本书对舟艇操作的相关原理和实操培训进行了重点介绍，这些也是本书最核心的内容。

（2）架设缆索、溜索救援适用于两岸具有架缆条件的水域，特别是水流湍急的峡谷河道、舟艇不能航行的山洪水域。

图5.1.1　利用舟艇进行水上救援

图5.1.2　两岸架设溜索进行水上救援

图5.1.3　两岸架设缆索进行水上救援

图5.1.4　水中徒手救援

图5.1.5　岸上救援

图5.1.6　利用直升机救援

（3）利用直升机或无人机救援是近年水上救援采用的新方式，其迅速高效的优点十分显著，但单位成本高、运输量小的缺点也限制了其发展，受购置成本和专业人员的限制，基层抢险单位基本没有使用直升机救援。随着无人机的普及，其作为辅助救援手段具有较大的发展空间。

（4）水中徒手救援属于传统的单人救援方式，由于救援人员对事故水域的水情不熟悉，存在诸多安全隐患，特别是对于普通人，不建议盲目施救，职业救援人员也应慎重选择此种方式。

（5）岸上救援是指救援人员在落水者下游岸边，通过使用救生抛投器和抛投救生圈、木板、救生绳以及使用救生竿等器具进行施救的方法，但该方式常会存在施救覆盖水域面积狭窄、有利救援时机稍纵即逝的不利因素，救援效能偏低。如具备岸上救援条件时，救援人员应迅速跑到落水者下游适当位置并有利于观察和锁定目标，能更好地提高救助时的准确性和有效性，从而赢得宝贵的救援时机。

5.1.2　水上救援基本原则

（1）岸上救援优于水中救援。如具备岸上救援条件时，救援人员应优先选择岸上救援的方式，避免出现救援意外事故；另外，水中救援需要一定的准备时间，从救援时机来看对于人员落水等紧急情况，岸上救援则最为迅速。

（2）器材救援优于徒手救援。器材救援，如利用冲锋舟、橡皮艇等专用器材进行救援，与徒手救援相比能够在保护施救人员的前提下，更安全、有效、快速地救助溺水者。因此，从救援效能方面考虑，器材救援是开展救援行动的最优选择。

（3）团队救援优于个人救援。团队救援时能发挥集体的力量和智慧，在救助效率上会更加快捷，救援操作上会更准确、有效，对落（溺）水者❶的生命安全更有保障。以一艘舟艇为一个单位，至少需要1名驾驶员和2名救援人员。

（4）树立救生的先后顺序。救援人员在面对同时发生的多起溺水事故时，应先近后远，先易后难，先伤病后健康，先老幼后青壮；先对有行为意识的落水者❷进行救助，再去救助无意识的溺水者，有效提高救援效率。

（5）树立协同配合的救援观念。在救援中，由于现场地理、风土人情等各类情况往往比较复杂，需要与当地政府部门、村社组织联系，让熟悉情况的人员作为向导，以便准确到达指定地点，并帮助劝导被困群众配合救援，最大限度规避不必要的风险。

5.2 水流对舟艇操纵性能的影响

本书重点介绍了在洪涝灾害条件下利用冲锋舟艇进行水上救援的实务要领，而江河洪水对舟艇操纵性能的影响是至关重要的，为了最大限度地保证救援安全，因此有必要掌握一定的水流运动相关常识。

5.2.1 水流运动相关常识

5.2.1.1 流向

水流质点的运动方向称为流向，它是指水流去的方向。河槽中的水流方向是随河槽的形态、水位的不同而发生变化的。观测水流的方向除了用仪器之外，还可用目测。

目测流向的方法主要如下：

（1）观察漂流物的运动方向，判定该处的表层流向。

（2）观察河岸形状。在顺直河段，流向基本与岸线平行一致；弯曲河段，一般是凸岸水势高，凹岸水势低。水流扫弯，水流从凸岸流向凹岸；弯曲顶点以下，由于超高现象，水流自凹岸流向凸岸。

（3）观察河岸水生植物被水流冲击的倾倒方向。

（4）观察翻花水在水面漂浮的方向。

（5）在宽阔或水流较缓的河段不易判定流向时，可根据冲锋舟尾迹线水流的偏摆来判断流向。

5.2.1.2 流态

水流运动的形态称流态，在引航中通常是指水流的表层形态，直接影响到冲锋舟的航行。常见的流态有以下几种。

---

❶ 溺水者，指人体淹没于水中并导致水充满呼吸道和肺泡引起缺氧窒息，甚至造成呼吸停止和心脏停搏而死亡。在本书中特指淹没水中的人员处于神志丧失、休克甚至死亡状态。

❷ 落水者，在本书中特指落入水中，但有一定意识和行为能力的受难人员。

1. 主流

河槽（道）中表层流速较大并决定主要流向的一股水流称主流。主流在河槽（道）中的位置和流速的大小，随河槽（道）的形态、水位的高低、比降的大小而定，它在河槽（道）中的位置常常与河槽（道）的深泓线相对应。在不同类型的河段中，主流所处的位置和流速的大小是不一样的。对于弯曲河道来说，河道的深泓线❶一般偏向凹岸顶冲段，也就是主流流经区域。舟艇在主流区航行时，受水流冲击作用而明显影响船只的速度、回转❷等。

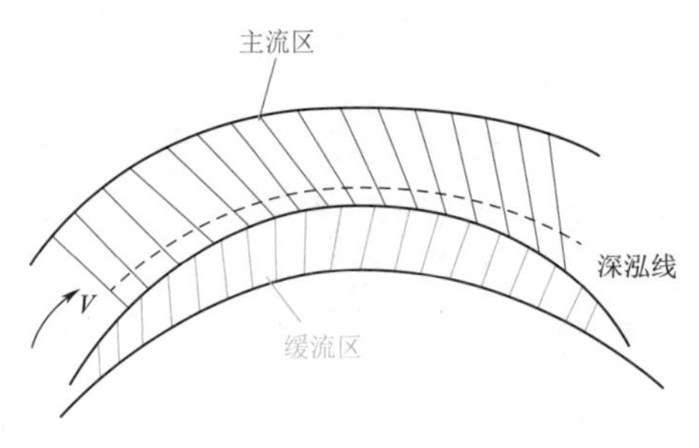

图 5.2.1　河道主流区与缓流区相对位置示意图

2. 缓流

直线主流两侧流速较缓的水流和河道转弯处形成的凸岸一侧下游水流称为缓流。缓流是相对于主流而言，与河道主流共同存在。吃水较深的外挂螺旋桨式舟艇应在主流区行驶，避免贸然进入缓流区，防止引起搁浅或触礁事故。但在舟艇参与江河救援行驶中，可作为临时停靠码头。

河道主流区与缓流区位置分布如图 5.2.1 所示。

3. 急流

阻滞和妨碍船舶航行的湍急水流，与水力学中的“急流”的内涵是有区别的。一般在河道河床纵向坡度比降加大时，如大于 4‰以上（1km 河道两端落差 4m），且突遇河床底部突出障碍物时，阻碍水流而形成的流态现象。如图 5.2.2（a）所示。由于舟艇属于吃水浅的高速小型船舶，与逆流航行舟艇相比（在此假设舟艇发动机动力能够克服逆流顶冲负荷），在顺流或横向穿越时突遇急流河段，易使舟艇失速、漂移以及触礁，船体稳定性较差。因此，操作手应沉着冷静，预先打开发动机基座锁销，防止因河床突出的暗礁打坏螺旋桨等驱动装置，同时稳定给油，采取“Z”字形航线加大与主流摩擦力及坡长来控制顺流航行舵效和速度。

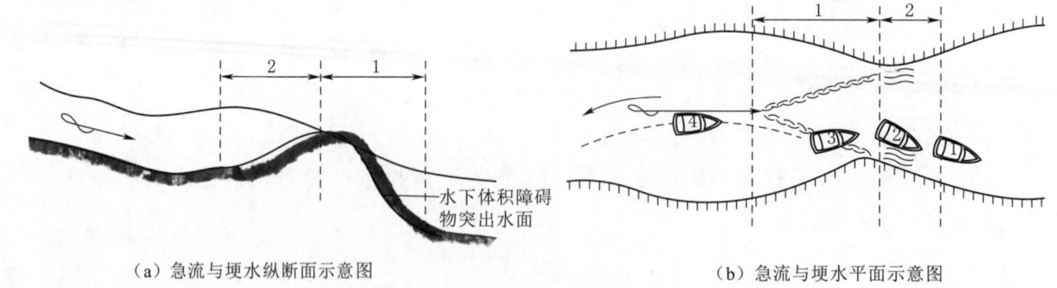

（a）急流与埂水纵断面示意图　　（b）急流与埂水平面示意图

图 5.2.2　急流与埂水示意图

1—急流段；2—埂水段

❶ 深泓线，是指河流的沙槽（又叫河床）各横断面（过水断面）最大水深点的连线。

❷ 回转，又称船舶回转性，是船舶在舵（或其他操纵器）的作用下作回转运动的性能。回转性与船舶旋回性无本质区别，两者都是船舶改变航向的性能，只是舵角不同，回转性取中等及以下舵角，旋回性则取满舵角。

4. 埂水

水流受河床形状影响或受礁石等障碍物所阻，在障碍物顶部或稍上处水面隆起成埂状的水流称“埂水”，是一种局部的壅水现象。如图 5.2.2（b）所示。相对来说，急流的产生和影响范围远大于埂水。舟艇在行进中，操作手应当密切注意观察航道水面有无埂水，如有时，请提前操舵避让，以免发生触礁碰撞事故。

5. 回流

同主流流向相反的回转倒流称为回流，主要存在于河道岸坡鱼嘴及凸岸下游一侧，如图 5.2.3 所示。舟艇在航行经过主流旁边有回流的航道区域时，应注意提前操舵，微微向主流方向摆舵，以免船体发生偏转，被水流带入回流区，影响航行方向。

6. 横流

凡水流流向与河槽轴线成一交角具有横向推力的水流统称为横流，如图 5.2.4 所示。横流按出现的地段和对舟艇航行的影响，可分为斜流、出水、扫弯水、背脑水（披头水）、内拖水、滑梁水等。由于横流会让船体一侧受力，容易引起舟艇偏转，尤其是在河岔口顺主流方向时，影响尤为显著。此时，操作手应有意识地向横流一侧摆舵，稍加动力、主动迎击横流造成的冲刷和风浪，尽可能减少舟艇的偏转和横荡影响。

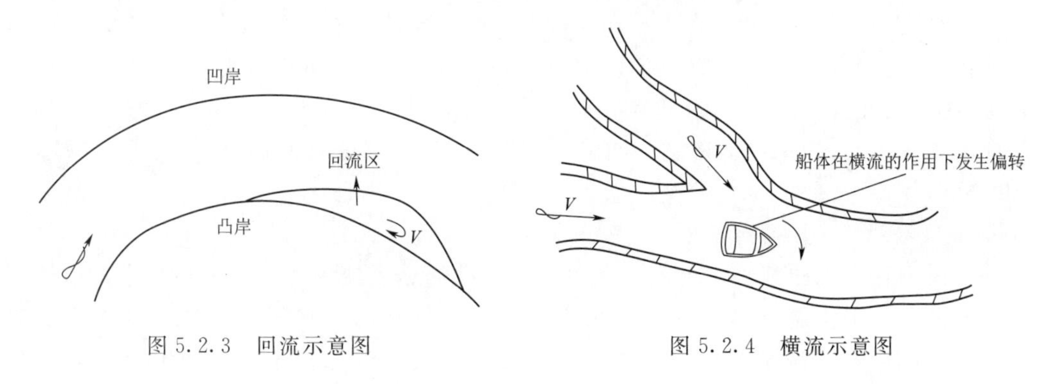

图 5.2.3 回流示意图　　图 5.2.4 横流示意图

7. 花水

水流受阻后降速增压所产生的上升流较弱，水面呈现紊乱或鱼鳞状的水纹称为花水，如图 5.2.5 所示。花水的强弱与流速的大小、河底糙度及水深大小有关，故有“深水花水”和“浅水花水”之分。

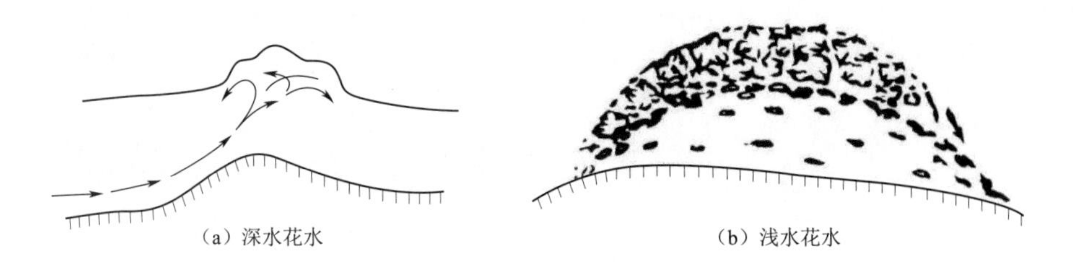

图 5.2.5 花水示意图

（1）深水花水。水流受到障碍物的阻挡产生的上升流，受纵向水流抑制及水流脉动作用的影响，涌出水面力量微弱，呈现紊乱状如密集的小泡水。一般产生在水深较大的水下

障碍物的上方，是障碍物的重要标志。

(2) 浅水花水。水流受到河底起伏或障碍物的阻挡，上升流微弱，涌升出水面产生鱼鳞状的细波纹，细波涟漪，闪耀反光，水面状似鱼鳞所覆盖，早晨或傍晚远看，水色暗黑，水纹如麻花铰链。此流态一般产生在水深较大的卵石滩地，是浅区的重要标志。

8. 漩水

由两股不同流向的水流相汇时形成交界面，交界面附近的水体发生波动摩擦，造成局部水体做垂线轴旋转，这个高速旋转的水体，成为漩涡核心，带动其周围的水做圆周运动，自边缘向中心的旋转速度逐渐增加，压力急剧降低而产生流压差，形成了旋转力矩，由于存在流速梯度，从而形成由外向内、自上而下凹陷的旋转水流，即漩水。简单描述，漩水就是由外向内、自上而下、水面中心下陷的旋转水流，如图5.2.6所示。

大面积的漩水，称“漩坑”，由于其会在水面自上而下产生强大的拉应力，会导致舟艇突然偏转、船体失稳，甚至产生倾覆危险。因此，在航行时一般可根据水流流量、流速等因素，使舟艇与漩坑保持不小于200～500m的安全距离。

在拦河闸坝、电站泄洪洞、泄洪闸等水工建筑物上游，闸门部分开启以及河道汛末水位下退、水流冲刷淤沙航槽时，水流含沙量大，而形成的强有力的漩水，称“沙漩”。由于沙的比重大于水，因此沙漩产生的回旋力和牵引力也较大，对舟艇航行的稳定性影响较大，更应提前避让。因此，所有舟艇在航行中应远离水工建筑物，尤其是泄水状态的闸坝、泄洪洞（闸）等泄水建筑物。在此，建议航行中的舟艇应距离水工建筑物不小于500m。

9. 翻滚水

通常出现在水工建筑物，如闸门、电站泄水孔洞、溢流堰等下游消力池中，由于高速水流不断跌入消力池中，在池内形成翻滚、泡水等现象。舟艇及人员一旦跌入消力池中，将面临倾覆、淹溺等危险。因此，严禁舟艇驶入消力池中。在翻滚水中的相关自救知识，详见本章第7节中意外情况下的水中自救他救要领。翻滚水示意图如图5.2.7所示。

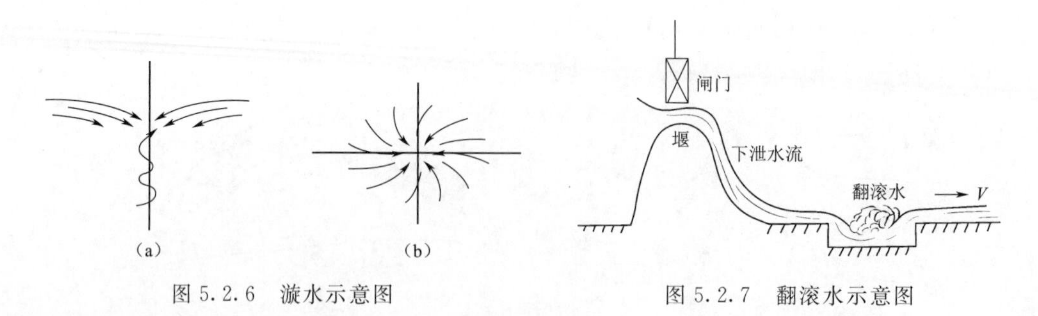

图5.2.6　漩水示意图　　图5.2.7　翻滚水示意图

5.2.2　水流对航速的影响

舟艇本身有动力，即使在静水状态下，水不流动，舟艇也有自己的速度，但在流动的水中，或者受到顺流的推动，或者受到逆流的顶逆，使船在流水中的速度发生变化。在

此，船速特指舟艇本身的速度，也就是在静水中的单位时间里所航行的行程，一般以“km/h”（每小时航行公里）为单位。

水流速度对船速的影响表现为增加或减少两个方面。舟艇顺流航行时，理论上的实际航速等于静水船速加水流速度；舟艇逆流航行时，理论上的实际航速等于静水船速减水流速度，即

顺水航行时，行程=（静水船速+水速）×顺水航行时间，实际船速=静水船速+水速；

逆水航行时，行程=（静水船速-水速）×逆水航行时间，实际船速=静水船速-水速。

5.2.3 水流对冲程的影响

船舶冲程是指航行舟艇（含前车和倒车）在停泊前，从开始减速（推进系统不再输出功效）起，直到船只完全停止，即相对于水流，船只处于静止状态，在此时间段内船只在原有速度的重力惯性下继续移动的距离。

水流对冲程的影响表现为增加或减少两个方面。当船速一定时，舟艇逆流航行时，流速越大冲程越小；舟艇顺流航行时，流速越大冲程越大。因此，在实际操作中，舟艇顺流航行时，不论是调头操纵或避让，都应及早减速停车，以免发生碰撞事故。

5.2.4 水流对舟艇漂移的影响

流舷角，横向水流冲击作用在船舶艏艉线向左或向右度量 0°～180°的某个位置角度，向右度量的称为右流舷角，向左度量的称为左流舷角。

舟艇航行正横（船首向左右 90°角的正左或正右方向）前受流时，流速越快、流舷角越大、船速越慢，则流压差角就越大（艏向与船舶重心运动方向之间的夹角）就越大，横向漂移速度也越大；反之，流速越慢、流舷角越小、船速越快，则流压差角就越小，横向漂移速度也越小。在操纵船舶时，应特别警惕横流的影响，尤其在通过急流、浅滩及桥区等航段时，应特别注意流舷角的修正，可适当反向摆舵和加大航速来及时调整。

5.2.5 水流对舟艇旋回运动的影响

舟艇旋回运动是定速直航（一般为全速）的舟艇，操作一定舵角，一般为左满舵、右满舵[1]时，其在水面上航行后留下的行驶轨迹。舟艇在均匀水流中需要做旋回运动时，由于受水流的影响，使舟艇的旋回圈变成近似椭圆。

有流时舟艇掌握转向时机与静水时不同，静水中可在物标接近正横前转向，而顺流航行时应提前转向，逆流航行时应延迟转向。这样在水动力作用下，舟艇转向后船位才能定在预定的位置。

5.2.6 水流对舟艇转向的影响

当船速一定时，舟艇逆流航行速度较顺流航行速度小，使用相同的转向角，逆流航行

---

[1] 左满舵、右满舵，指将舟艇舵杆向左或右打满 90 度（实际仅有 75 度）时，舟艇在动力驱动下的转向行驶状态。相当于把车的方向盘向左或向右打到底，舵角越大转方向的速度越快。

时能在较短的距离上使船首转过较大的角度；此外，由于逆流时螺旋桨或卧喷式水流对周围水体的作用力与反作用力均较大，因此，逆流的转向性能较顺流好。航速越快，其影响越小。

舟首向改变180°的操纵称为舟艇调头。舟艇调头操纵需要充分估计船舶冲程和旋回范围，并根据本船尺度、装载情况、风流条件、操纵性能和调头区的具体情况，选择有利的调头时机和调头方向，力求操纵准确、安全可靠。

在狭窄、水流湍急及风浪区水域调头操作，正确选择调头方向是完成调头操纵的关键，舟艇调头方向的选择应根据本船操纵性能、风流等影响因素来决定。下面就不同条件下的调头操作要领作介绍。

1. 顺流调头为逆流

舟艇顺流航行调头时，应从主流区向缓流区调头，如图5.2.8所示。当舟艇回转达90°左右时，由于舟艇尾部处于主流区，首部处于缓流区，水动力所产生的转船力矩与舵压力转船力矩方向相同，加力加速舟艇回转，减小舟艇旋回范围直径，帮助舟艇尽快调头。

2. 逆流调头为顺流

在逆流航行的舟艇调头时，应从缓流区向主流区调头，如图5.2.9所示。从图5.2.9中可以看出，当舟艇首部驶入主流区时，水动力转船力矩与舵压力转船力矩方向相同，加速舟艇回转过程。

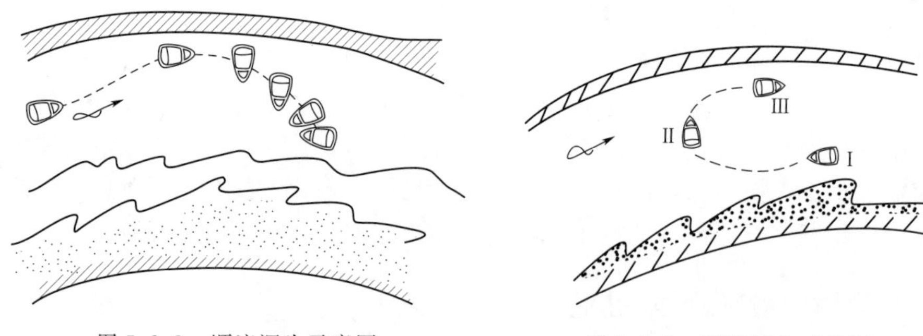

图5.2.8　顺流调头示意图　　　　图5.2.9　逆流调头示意图

如果驾驶员错误选择由主流向缓向调头，水动力转船力矩与舵压力转船力矩方向相反，将会阻碍舟艇回转，甚至造成舟艇发生偏转失稳危险。

5.3　风对舟艇操纵性能的影响

5.3.1　风动力及其转向力矩

5.3.1.1　风舷角

舟艇在风中航行，相对风速作用在船体水线以上部分产生风动力。风动力是指处于一定运动状态下的冲锋舟，船体水线以上部分所受的空气动压力。舟艇在风作用下的受力分析如图5.3.1所示。

风舷角是指风向与船舶首尾线（轴线）的夹角。风舷角小于 10°，称为顶风；风舷角大于 170°称为顺风；风舷角在 80°～100°称为横风（正横风）；风舷角在 10°～80°之间称为偏逆风；风舷角在 100°～170°之间称为偏顺风。

风动力中心是指舟艇水线以上受风作用的合力作用点。舟艇所受的风动力的大小、方向和作用点与风速的大小、风舷角、受风面积的大小和形状（如空载、满载、吃水差及上层建筑的布置情况）等因素有关。

5.3.1.2 风动力转向力矩

风动力转向力矩又称风压力转向力矩，即风动力与风动力作用线至冲锋舟重心垂直距离的乘积。风动力转船力矩如图 5.3.2 所示。

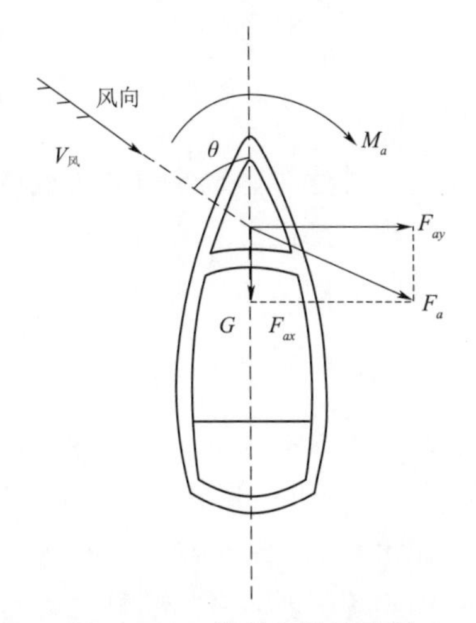

图 5.3.1 船舶受风示意图

G—舟艇的重心；F_a—风动力；

F_{ax}、F_{ay}—风动力的分力；

M_a—风动力转向力矩；θ—风舷角

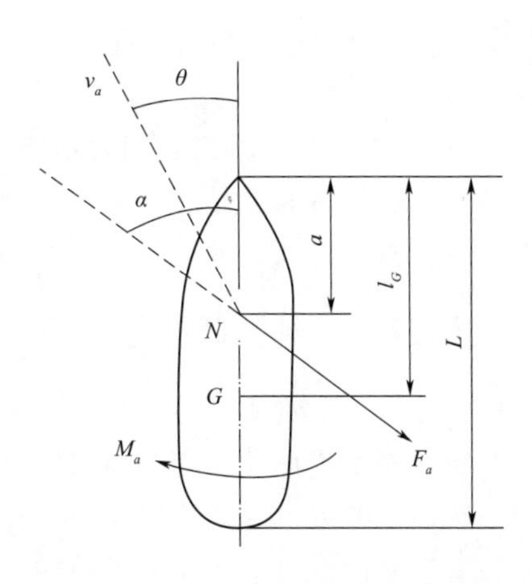

图 5.3.2 风动力转船力矩示意图

5.3.1.3 风动力对舟艇操作性能的影响

风动力对舟艇操作性能的影响主要表现在以下方面：

（1）风动力的纵向（风向与船轴线方向相同）分力使冲锋舟的航速和冲程增大或减小。

（2）风动力的横向分力，使冲锋舟向下风方向漂移。

（3）风动力与冲锋舟重心形成的风动力转船力矩，使冲锋舟发生偏转运动。

（4）风动力与冲锋舟横稳心高度形成横倾力矩，使冲锋舟发生横倾。

5.3.2 有侧风作用时掉头方向的选择

5.3.2.1 顺风掉头

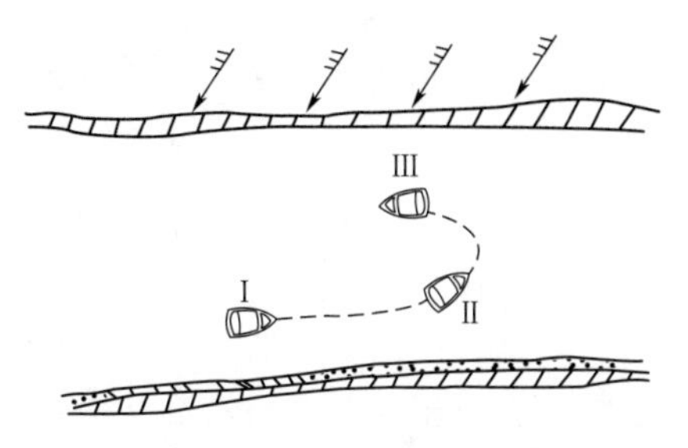

图 5.3.3 顺风调头示意图

顺风调头时，如图 5.3.3 所示。初期表现为碍转作用，但随着风舷角的增加，碍转效果逐渐减弱，至船尾顺风时，碍转效果为零。此后，船转至另一舷受风后，则又表现为明显的助转作用，帮助回转直至完成调头。

5.3.2.2　逆风掉头

逆风掉头时，如图5.3.4所示。初期呈现出助转，但随着风舷角的减小，助转效果逐渐减小，至船首顶风时，助转效果为零。此后，船转至另一舷受风后，则又呈现出明显的碍转作用，阻碍冲锋舟回转。

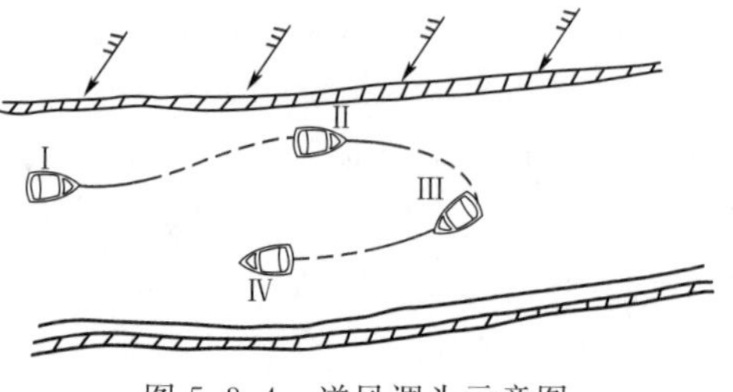

图5.3.4　逆风调头示意图

5.4　舟艇航行驾驶基本准则

舟艇航行安全是完成应急救援和保障任务的重要条件之一，也是避免机械或人员溺水事故的有效措施。操作手必须是经过学习、训练并经海事部门考核合格取得适任证书的持证人员，需要掌握机械性能，具备水文、气象常识和正确的操作技能，会排除常见故障。

5.4.1　《内河避碰规则》航行基本规定

（1）保持正规瞭望。瞭望是为了尽早发现目标，准确判明其动态，对碰撞危险作出充分估计，采取有效安全措施，避免碰撞事故的发生。航行水域较开阔时，可用望远镜全面、细致和连续性地瞭望，对紧迫局面或碰撞危险作出判断，并采取安全措施。

（2）控制安全航速。当来船动态不明或会让意图不统一时，要习惯性地减速；当他船占用本船航路或妨碍本船航行时，主动减速避让；不要片面强调对方避让；在事态明朗的情况下果断用车（加油提速），避免延误挽救危局时机。

（3）遵守航制规定。会船时，小型舟艇可以采取提前松油减速，提前摆舵、指明去向等方式明确告知他船航向意图。正常行驶时应靠右侧航道确定己船航线；进入复杂、狭窄弯曲航段前，事先通报、联系，不盲目快速驶入。在复杂、狭窄水道切忌齐头并进或强行追越。不要偏离自己的航路，给他船造成误判。按照《内河避碰规则》（以下简称《内规》）规定，遇极端恶劣天气时，应立即归港停泊。但洪涝灾害水上救援舟艇不适用此条规定。

5.4.2　操纵舟艇基本要领

5.4.2.1　离岸要领

参训队员必须穿好救生衣、携带救生器具，按班组迅速有序登船，在左右两船舷位置平均重量坐下，两手严禁把扶于船舷外侧，以免与相邻船只碰撞时，挫伤手臂，应抓紧船舷内不锈钢管或缆索，以便稳定身体重心。操作手启动发动机并怠速3～5min，观察排水孔是否正常排水，钥匙应套在把持油门手柄的那只手腕上，确定左右船距，怠速下迅速挂倒挡，手掌握住油门旋钮开关，掌根紧贴舵杆、慢加油倒车，转向（可以现场统一倒车摆舵方向，避免相邻两船左右交叉碰撞，如全船右舵倒车），确定前进航线，怠速迅速挂前车挡，慢加速行进。舟艇离岸要领示意图如图5.4.1所示。

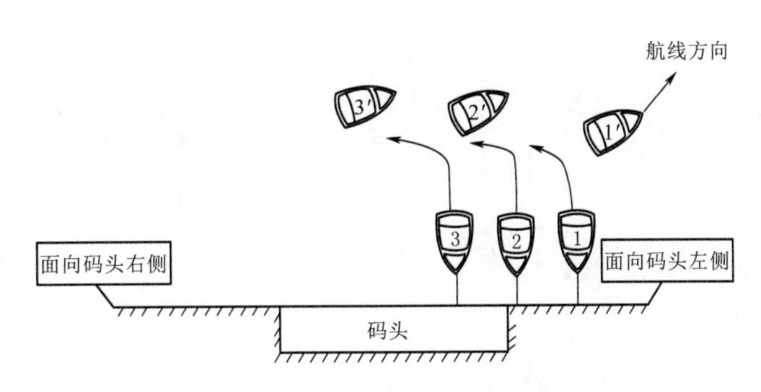

图 5.4.1 舟艇离岸要领示意图

5.4.2.2 靠岸要领

靠岸关键是要把握舟艇自由冲程。船舶在不同航速、流速下，怠速状态停车至船舶速度为零时，所滑行的距离为停车冲程，倒车至船舶完全停住时所滑行的距离为倒车冲程，也称自由冲程。

影响船舶冲程的因素主要有：排水量、船速、发动机倒车功率、船型系数、外界因素等。在其他条件一定时，排水量越大，冲程就越大；船速越大，冲程越大；倒车功率越小，冲程越大；另外，柴油机冲程比汽油机小10%左右，船舶在顺风、顺流航行时，船舶冲程增大，在浅水中航行比在深水中航行冲程小，船舶污渍严重，阻力增加，船舶冲程也就越小。

在实际操作中，为保证船体在靠岸时的稳定性并便于人员上下舟艇安全，冲锋舟艇宜采取船首抵顶岸边靠岸方法。具体来说，应早松油减速，提前选择靠岸点位。如果在流速较大的岸边靠岸后，应在怠速状态下将挡位一直挂在前进挡位上，始终保持舟艇船头抵顶岸边，不至于被水流冲淘偏转，待到其他船员登岸并将船只缆绳固定好后，驾驶人员方可操作熄火登岸。

新学员在静水中操纵，应提前不低于靠岸点位50m距离慢松油减速，如果冲程过大，可能会碰撞岸边，应在距离靠岸点位10m左右距离怠速挂倒车减少冲程，避免岸边岩石等撞坏船头或龙骨，造成船体渗漏进水。总的要求是操纵舟艇应做到无声靠岸。在有流速的江河中靠岸时，操纵原则不同于大船靠岸，宜为逆流、船头靠岸。其原因是：逆流舵效较顺流好、指向定点岸边更为准确，克服冲程肯定也比顺流更好，以小油门、低速即可靠岸，避免反复切换前进和倒车挡位；顺流时，可驶过定点靠岸位置，再在下游调头，变为逆流行驶靠岸。舟艇靠岸要领示意图如图 5.4.2 所示。

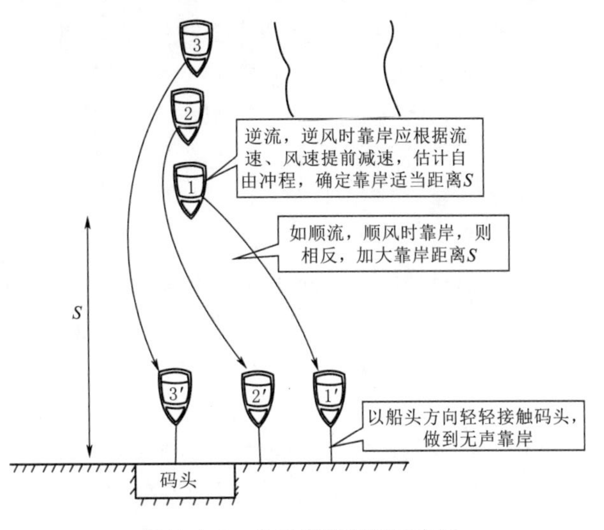

图 5.4.2 舟艇靠岸要领示意图

5.4.2.3　克服船间效应（船吸）要领

舟艇在狭窄拥挤水域中航行，要特别注意在对驶、追越或并进的过程中，控制两船之间的横向距离。如果两船距离过近，由于压力不平衡，可能导致船舶互相吸引或互相排斥，产生波荡和偏转，甚至引发碰撞事故。如图 5.4.3 所示。

图 5.4.3　多船并行

1. 影响船间效应（船吸）的因素

（1）两船的横距越小，则船吸影响越大。当横距为其 1/2 时，船吸现象极其显著，有引起接触和碰撞的危险。

（2）两船航向相同比航向相反时的影响大。两船航向相反时互相影响时间短，会相互抵消一部分作用力，剩余作用力也会消失得很快。可是，处于同航向的追越关系时，受到作用力的时间长，叠加影响力也会更大。

（3）航速越高，影响越大。船速越大则船侧的压力变化越大，兴波也越激烈，相互作用也越显著。

（4）船舶排水量越大，产生的反作用越激烈。两船的排水量相差越大，小船所受到的影响越显著，小船越容易发生偏位而冲击碰撞大船。

2. 预防船间效应的措施

（1）在狭窄水道追越他船前，应根据《内规》规定，给被追越船让路，并尽可能扩大两船之间的横距。在航道较宽的水域追越时，两船之间的安全横距最少应大于较大一船的船长。克服船吸效应示意图如图 5.4.4 所示。

（2）在追越过程中，被追越船在不影响舵效的情况下应尽量降低船速，而追越船可适当加速，以便尽早越过。当两船之间距离受到水深或其他限制时，双方均应酌情降低船速。

（3）两船对遇时，相互之间距离因限于航道条件时，双方都应先以缓速行驶，待船首互相通过时，可加速以增加舵效，稳住船首方向，使吸引力的作用尽快消失。

（4）两船对遇在船首相平后，有互相排斥的趋势，各自向外偏转，此时不宜用大舵角制止，以防船首到达对方正横低压区时加快向里偏转，出现船吸引起碰撞。

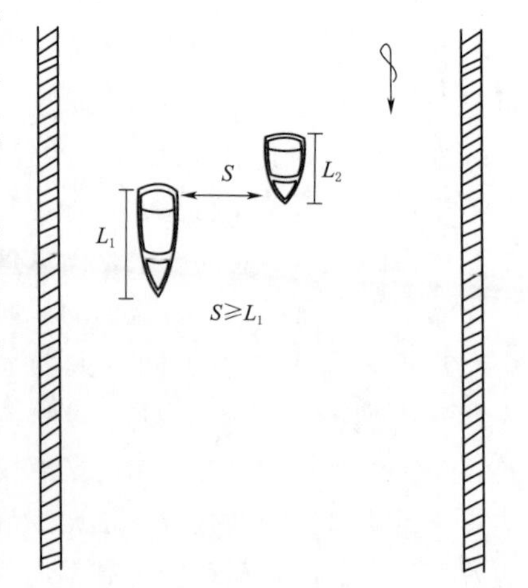

图 5.4.4　克服船吸效应示意图

（5）尽量避免在狭窄或浅滩处追越或对驶相遇。

（6）追越过程中，当出现船吸的迹象，应立即停车或开倒车，并利用喊话器迅速通知对方。

5.4.2.4 击浪要领

舟艇在水中航行，最主要的外力影响为风浪，因此击浪是极其重要的舟艇操作要领，掌握击浪要领之前，需要了解舟艇横荡、舟艇纵荡、螺旋桨飞车等概念。

舟艇横荡（横摇）是指舟艇在水中受风浪影响，在水中沿船体中心轴线方向作左右摇摆运动，剧烈的横摇有可能使船舶丧失稳定性而倾覆，尤其是吃水较浅、船舷低矮及重心较高的小型舟艇当摇摆至一定角度时，极容易翻沉倾覆。

舟艇纵荡（纵摇）是指舟艇在水中受风浪影响，在水中沿船体中心轴线方向作艏艉上下摇摆运动，如在高速击浪过程中会产生砰击现象。严重的砰击会使船体与风浪之间产生猛烈的局部冲击，多发生在船首部位。

螺旋桨飞车是指船舶在风浪中航行时，部分螺旋桨露出水面，由于瞬间失去水力荷载，转速剧增，并伴有强烈振动的现象。

击浪的目的是克服波浪对舟艇稳定性的影响，由于舟艇纵向稳定性远大于横向，其舟艇沿纵向前行，因此击浪需使船体由横荡变为纵荡，从而保证舟艇在波浪中航行平稳安全。舟艇操作人员需要熟知波浪对行驶中的舟艇有哪些影响，并掌握消除波浪对舟艇不安全行驶的要领。

风或交汇船只引起的波浪会通过水面传递，波浪到达舟艇时造成舟艇的横档和纵荡，舟艇表现为摇摆和砰击，波浪越大，摇摆和砰击越激烈，为克服波浪影响，需要沿波浪轴线摆舵，为减少砰击、顺利前行，应采用一定的角度迎击波浪。具体方法为：当看见前方 50～70m 出现水浪时，应及时松油门减速，朝水浪轴线摆舵，让舟艇船头中心线指向水浪轴线，使之形成 45°～70°夹角，拍击水浪，同时会听到舟艇底板排击水浪而产生的“啪啪”响声。但同时应当注意在击浪前应提前松油减速，避免发生螺旋桨飞车现象。舟艇击浪要领示意图如图 5.4.5 所示。

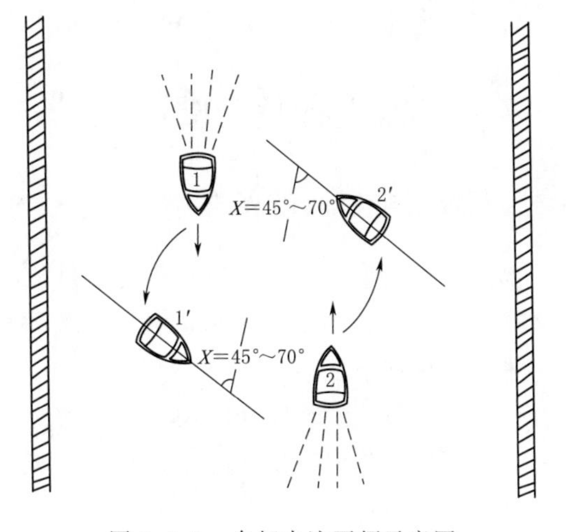

图 5.4.5 舟艇击浪要领示意图

5.4.2.5 养成“三会”习惯

（1）“会听”：是指能熟记船舶发动机怠速、正常高中低速运行声响，以便在舟艇行驶过程中，通过对比发动机、推进系统正常声响，及时发现故障问题。如火花塞点火工作、发动机缺陷、螺旋桨损坏等故障均可通过对比正常声响，及时辨识故障。便于一旦发现故障后，及时安全靠岸排除故障，避免造成严重的机件损坏或安全事故。详见 5.6 节舟艇常见故障及排除方法。

（2）“会看”：每次靠岸停车时，应将发动机提起锁止，看进、排水口、传动轴、螺旋桨等水下部位有无缠绕物、变形损坏情况；每次点火启动后，怠速 3min 左右，看发动机排水口排水量、尾气是否正常，如果排水量小于正常量，应考虑是否是冷却循环系统堵塞，熄火并与维保公司联系维修（舟艇排水孔排水量正常与否对比如图 5.4.6 所示）；尾

气过浓应考虑是否是燃油混合比过高。

（a）发动机正常排水孔排水量

（b）发动机非正常排水孔排水量

图 5.4.6　舟艇排水孔排水量正常与否对比图

（3）“会预判”：掌握基本水域流态，水文常识；根据自由冲程在静水、顺流、逆流中的不同速度及距离，而采取前进或倒车操作；遵守《内规》规定，根据航道宽窄，主流、支流，船舶大小，顺流、逆流等不同情况，预判避让措施。如逆流船舶应避让顺流船舶，小船应避让大船，支流船舶应避让主流船舶等。

5.5　舟艇水上搜救行驶

5.5.1　水上救援时的条件

以上只是根据《内规》规定提出了日常冲锋舟艇的基本行驶要求，但是在洪涝灾害抢险救援时的气象、道路、水文、水域、航道条件异常恶劣，远比平时训练驾驶条件更加艰险，主要表现如下：

（1）上游或本地连续强降雨，引发超标准洪水，淹没或冲毁部分道路、堤防。这就意味着，部分处于临河或低洼地带道路、堤防被淹没或被冲毁，交通异常拥堵，并极可能存在赶赴指定救援地点的道路封闭断道，需要在交通警察的引导下绕道通行。

（2）强降雨的同时往往会伴随着低空雷电，容易雷击伤亡。

（3）还会伴随着狂风，严重影响舟艇自由冲程、回旋和靠岸等安全操作。

（4）舟艇在洪涝水域中行驶，不可能预先熟悉航道基本数据。意味着用作舟艇下水的临时码头、航道宽度、深度及水下障碍物等均是不确定的，并随着洪水淹没水位动态变化。舟艇在诸多不确定的洪水航道中行驶，极易发生触礁、搁浅，碰坏船体及螺旋桨等水下部分零部件。

（5）行驶水域中含泥量非常高，极易堵塞发动机冷却系统；含泥量较高的洪水密度较清水大得多，必然增加舟艇行进阻力，加之水中存在大量漂浮（流）物，极易堵塞冷却系统进水孔和缠绕螺旋桨，损坏机件概率大幅度增加。

（6）随着洪水位陡涨陡消，水下障碍物必然影响舟艇的吃水深度，因此没有固定的靠

岸码头及行驶路线。

(7) 在部分低洼区域，没有及时断电的电缆，在导电良好的水中，可能会存在触电风险。

(8) 参与洪涝灾害水上救援任务时，往往存在不分白昼、连续作战的情况，夜间航行视线极低，尤其在雷暴、风、雨极端天气下航行，极容易引发误操作，引发安全事故。

(9) 江河洪水中存在急流险滩，紊流、漩水、横流等错综复杂的各种流态，势必严重影响舟艇安全航行。

5.5.2 搜救行驶基本要求

在充分认识各种洪涝灾害存在的客观条件后，需针对性地做好各方面的准备工作，也就是搜救行驶的基本要求。

(1) 现场舟艇分组。要求每艘船不得低于2人，最低配备1名操作手及救援人员；同一水域或能见区范围内不得低于3艘冲锋舟或橡皮艇，可以按班组以“品”字、一横排编队行进，根据洪涝面积适当拉开间距，严禁单船单独行动。洪涝灾害水上救援时，由于参与救援的舟艇资源往往非常有限，可以考虑适当超载乘员，冲锋舟可由12人超载至15人，橡皮艇可由6人超载至8人。

(2) 正确的行驶方法。随时观察发动机排水孔是否正常排水及排水量的大小，密切注意发动机声响，及时比对和平时正常声响的异同，以便第一时间甄别、判断机械故障。由于水上救援时的洪涝区域地形差异，洪水涨跌幅度变化，不能提前了解熟悉行驶水域河床形态，为最大限度地保护船外挂机，避免突出的水下阻碍物碰坏挂机水下零部件，甚至造成船只倾覆事故，应将发动机机座锁销打开。当两船相遇时，避碰原则为上行船避让下行船，小船避让大船，应主动提前减速摆舵，加大两船横向间距；转弯时应提前观察周围水域，松油减速，让舟艇保持在主流航线行驶，随航线转弯半径呈弧线状摆舵，避免过于靠边而引发触礁、碰岸事故。

(3) 注意观察水域环境。冲锋舟艇行驶时应远离航线下游水工建筑，如拦水大坝、电站、桥涵等，根据洪水流量、流速大小，安全距离不得小于500m。如遇水面漂浮物，应减速行驶避让，注意避开悬崖峭壁，尽量与山体边坡保持尽可能宽的安全距离，防止山体滑坡、泥石流伤及舟艇；观察当地降雨量，尤其是收集水域上游降雨量，当遇上游持续强降雨时，应重点考虑穿越江河主流营救的风险性。主要包含以下风险要素：

1) 风浪高度是否高于舟艇船舷高度，如高于船舷，极易发生舟艇倾覆事故。

2) 江河洪水的流速（或洪峰流速）是否已大于3m/s以上（在实战中，可用便携式流水测速仪在桥梁主流上方测定洪水表面流速），如已大于3m/s，应谨慎前往。此时由于洪水高流速造成的顶逆，冲刷力可能已超过舟艇发动机的最大功率产生的动力，如冒然航行，极可能发生舟艇偏转失控，甚至发生倾覆事故。

3) 两岸有无可靠的缓流区（或回流区）供舟艇安全离、靠岸。

4) 江河洪水中是否存在大体积漂流物，如房屋门窗、树木、油罐、失控的故障舟艇等。舟艇在穿越江河洪水过程中一旦被这些漂流物冲撞，将可能发生失稳倾覆事故。

另外，应高度重视在洪水中航行的舟艇选型问题。城镇内涝水域可优先考虑使用橡皮

艇（动力一般为40～48马力）；江河洪水中航行严禁使用动力偏小的橡皮艇，而应采用动力大于60马力的冲锋舟或封闭式巡逻指挥艇（动力一般大于115马力），以便有足够的动力抵抗洪水的顶逆和冲刷力。

（4）密切关注救援水域。施救人员应密切注视救援水域，“眼观四路，耳听八方”，迅速确定落水者大致方位，不主张下水救人。接近落水者的方法：不熄火，以船两舷的一边接近，逆水而上，如顺水时应在落水者周围绕半圈变逆水接近，应从下风、下水（当流向和风向不一致时，以逆水方向为准）以舟艇一舷接近落水者，并在适当半径距离将舟艇定位圆周行驶，即相对于落水者点位，舟艇作圆周行驶。在有流速的水域中，严禁熄火或挂空挡操作，因为在有流速的水域中，熄火和挂空挡均会让舟艇失去动力和舵效并会随水流运动。顺、逆流施救落水者舟艇航行轨迹示意如图5.5.1所示。

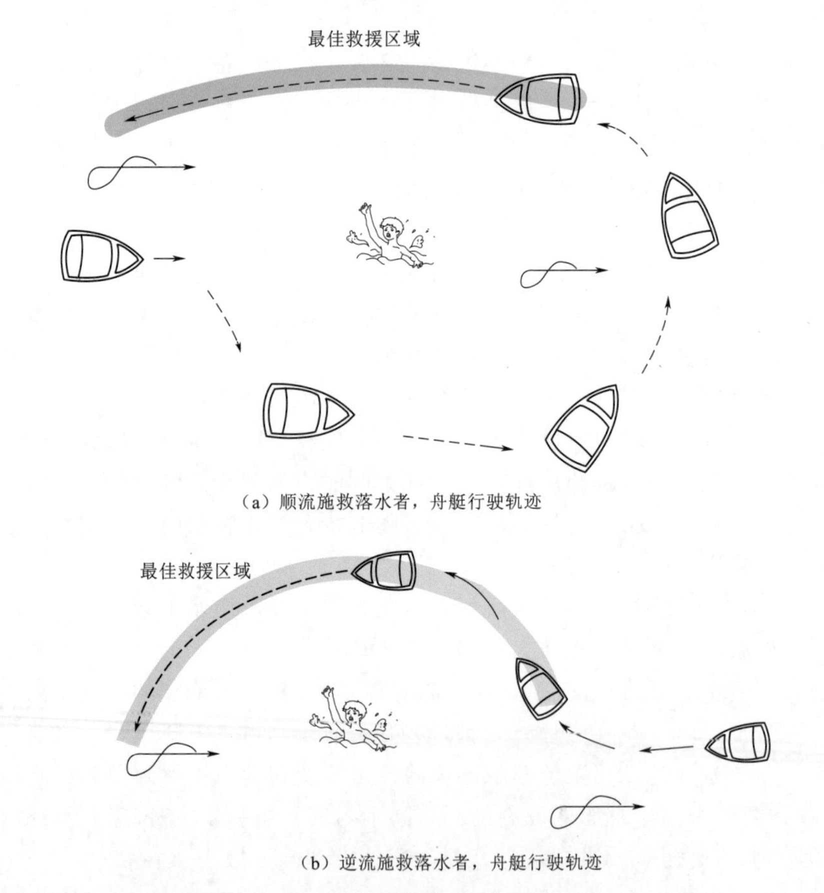

（a）顺流施救落水者，舟艇行驶轨迹

（b）逆流施救落水者，舟艇行驶轨迹

图5.5.1　顺、逆流施救落水者舟艇航行轨迹示意图

（5）施救落（溺）水者方法。严禁以船头或船尾接近溺水者，以免撞压溺水者，造成二次伤害。如落水者仍有活动能力，可抛出救生器具（救生圈、救生杆）帮助其靠拢船舶再拉扶上船。拉拽时特别要注意保持船体稳定，在救援中时常会发生包括操作手在内的多人一起去拖拽落水者，使得船体重心严重偏向临救一侧船舷，造成倾覆事故。如果溺水者已失去知觉，应用救生杆从溺水者侧边小心钩拉救生衣或衣服，使其靠拢船舷，便于施救

(图 5.5.2～图 5.5.4)。

图 5.5.2 在冲锋舟上抛投救生圈施救

图 5.5.3 打捞杆

图 5.5.4 利用冲锋舟打捞溺水者

(6) 夜暗操作注意事项。参与洪涝灾害水上救援任务时，往往存在不分白昼、连续作战的情况，夜间航行视线极低，尤其在雷暴、风、雨极端天气下航行，极容易出现误操作，引发安全事故。这不仅仅是因为夜暗使得已有的障碍程度增加了，更主要的是给及时发现障碍及搜救目标变得异常困难。因此，在夜暗条件下操舟，除必须按照前面的操舟要领执行外，还应特别注意以下事项：在航道水位变化不大的情况下，熟记昼间条件下航行路线及障碍地点，尽量沿昼间路线航行，可提前准备一批贴有反光膜的浮标，投入并固定在航线两侧（根据水深，将浮标系上绳索和砖头并沉入水中）；同时还应保持 3 舟 1 组队形，沿灯光方向低速前进，舟首观察员或救援人员最好使用便携式泛光灯照明，可尽量扩大照明水域面积以减少反光花眼影响。

5.5.3 城镇内涝搜救

(1) 舟艇选型。冲锋舟由于马力大（舷外机一般为 60 马力）、抵抗流水顶逆性能好、船体坚固等优势，适合江河洪涝救援；而橡皮艇轻便、吃水浅、柔韧性好，特别适合城市、村庄内涝救援。舷外机可配 30～40 马力即可满足动力需求。舟艇参与城镇内涝救援场景如图 5.5.5、图 5.5.6 所示。因此，当接到指挥部下达的应急救援命令时，分队长应立即了解是城市、村庄内涝还是江河洪涝，以便确定携带冲锋舟还是橡皮艇。

图 5.5.5 冲锋舟、橡皮艇配合搜救

图 5.5.6 舟艇参与城镇内涝救援

（2）临时码头选址。应尽量考虑进出场道路抵近救援水域，并且水域能够满足舟艇最低吃水要求，水面相对开阔，并且岸边稳固的淹没区边缘。洪涝灾害发生后，往往受降雨量、上游来水流量、地势地貌等因素影响，水位陡涨陡消，淹没区域也是变化无常的。因此，应当随时准备根据水位变化，动态迁改临时码头的位置。城镇内涝水上救援临时码头如图 5.5.7、图 5.5.8（b）所示。

图 5.5.7 城镇内涝水上救援临时码头

（3）向导支援。内涝救援时，应首先取得当地村、社组织支持，指派熟悉当地地形、地貌及住户的干部作为救援向导，指引救援舟艇前往灾区救援。

（4）航线选择。第一趟行进应在当地村社向导的指引下，在保证平均最低吃水深度、宽度的情况下，打开舷外机机座锁销，低速行进并开辟相对固定的航线。为防止舟艇驶出航道区域，可在已探明的航道两侧设置反光或发光浮标、浮筒，同时也便于夜间行驶时更加安全。舟艇行进在城镇内涝区域时，还要密切观察淹没水位，及时发现输变线路电杆、电线、围墙，防止因电杆横担、电线、围墙顶玻璃碰撞、缠绕、割破船体零部件及气室。

（5）行进要领。航道往往穿梭于街道、巷道、树林，狭窄且吃水深浅不一，应打开发动机锁销，以免水下障碍物打坏螺旋桨及传动轴；还要注意由于航道狭窄，两船相遇回浪较大，对船体反作用力也比较大，两船交会时应提前减速避让，以免发生船体失稳碰撞事故。

（6）救援安全。当救援城乡居民区被困群众时，应利用手持喊话器或呼叫被困群众，发现被困者后，应驾舟慢慢靠近房屋并观察房屋结构，找到合适的攀爬点，救援人员可通过阳台、门窗攀爬到屋内，利用软梯或绳索等让被困者顺势降落到舟艇上。舟艇解救被困群众及临时码头设置要领如图 5.5.8 所示。

(a) 舟艇解救被困群众

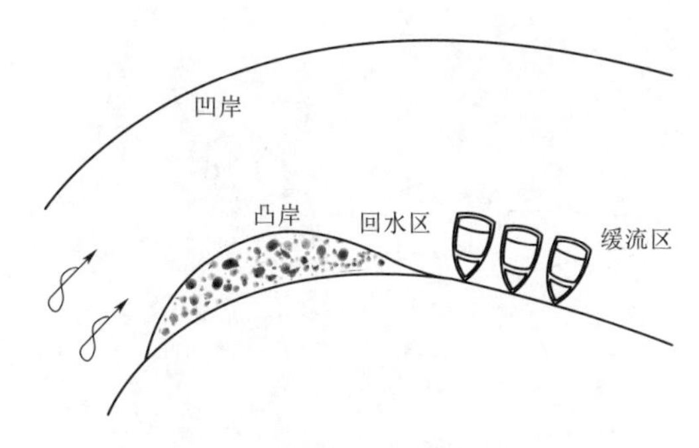

(b) 临时码头设置要领

图 5.5.8 舟艇解救被困群众及临时码头设置要领

(7) 避免事故。救援时应注意建筑物的稳定性，洪涝灾害时，由于长时间的雨水浸泡，致使围墙、砖木混合结构的建筑极易倒塌。临近高大建筑（构）物时，应密切观察建筑（构）物有无明显倾斜，结构件有无明显裂缝，并提前规避此类建筑物，避免发生物体打击事故。

(8) 如有获救人员淹溺时，应立即在船上实施心肺复苏术进行现场急救，详见 6.13 溺水现场急救实训所述。

5.5.4 江河洪水水上救援

(1) 了解江河水情。江河洪水水上救援时应携带冲锋舟。下水前，分队长或带队领导应询问了解清楚江河洪峰流量，如淹没面积、深度、宽度等，应了解堤防、大坝大概位置，找到合适安全的下水、靠岸位置。在江河洪水中驾驶冲锋舟艇参与救援前，须找到相对于主流的缓流区或回流区作为临时码头。临时码头设置要领如图 5.5.8 (b) 所示。

(2) 避开漂流物体。江河洪涝会伴随大量漂流物，舟艇在航行中应注意避碰，防止冲撞大型漂流物，造成舟艇损坏，避免冲撞板型漂流物，造成舟艇倾覆，同时密切关注发动机及排水孔是否正常工作，如堵塞应立即寻找缓流回水区或靠岸熄火停机，迅速拉起发动机，用尖刀剔除堵塞物（图 5.5.9）。严禁在湍急的洪水中熄火停机，当操作螺旋桨船外机时可采取挂倒挡与前进挡交替反复操作，可使缠绕物自动脱离螺旋桨；在操作卧喷式冲锋舟时，应提拔篦梳开关来清除进水口吸附物。

(3) 保持良好舵效。详见 5.5.2 搜救行驶基本要求。

(4) 正确驾舟施救。详见 5.5.2 搜救行驶基本要求以及图 5.5.10 拖扶上船安全要领所示。由于江河洪涝，流速、流量非常大，河床起伏不定，加之伴随暴风雨，势必会有大风浪现象，救援舟艇应按照前述驾舟击浪要领注意击浪避险。

关于抛投救生圈施救落水者到底是抛到落水者上游还是下游，笔者经过多次实践分析得出，应尽量抛到落水者下游。这是因为如果抛到落水者上游，落水者势必往上游挣扎扑向救生圈，试想在高流速的洪水中，逆水运动必然很困难，且容易被涌浪呛水，而顺流中却可借助水流冲刷力和浮力，较易抓住救生圈，也不容易呛水。

(5) 如有获救人员淹溺时，救生人员应立即在船上实施心肺复苏术进行现场急救，详见 6.13 溺水现场急救实训所述。

图 5.5.9 安全清除发动机缠绕物

图 5.5.10 拖扶上船安全要领

5.5.5 不同航道航行要领

大面积洪涝灾害发生后，城镇村庄巷道淹没，形成类似于内河航道；临近江河往往又与内涝区域连成一片，形成典型的一片汪洋，普遍存在静水缓流区、主流激流区，对舟艇航行安全形成了巨大的挑战。因此，应把握不同水域航道的特点。内河航道与海洋航道不同，航道尺度受限制，河槽常有变迁，水位随季节涨落，水流形态复杂，这些都影响到船舶的安全航行。内河航道按航道条件的不同可分为顺直河段、弯曲河段、浅滩河段、架桥河段、河口段、山区河段和湖泊水库等航道。在不同类型的内河航道上，船舶航行驾驶方法也各有不同。同时，还应根据 5.2 节水流对舟艇操纵性能的影响，5.3 节风对舟艇操纵性能的影响以及 5.4 节舟艇航行驾驶基本准则等知识正确修正操作动作，保证舟艇在各种航道中的安全行驶。

5.5.5.1 顺直河段航行

河道在较长距离内保持顺直地势的河段，航道宽、水流平顺。航行中要力求摆正船位，航道线路应靠右行驶。在流速不大于 3m/s 及纵向坡比不大于 4‰时（反之，应谨慎驾舟前往），下行船一般应沿主流而下，上行船应航行于缓流区，但船底富裕水深不能过小，如缓流区水深不够，也可沿陡岸航行，但不能距岸过近，以免水下障碍物破坏舟艇船体及推进装置，同时也不应占用下行航道。追越、会船时，应注意保持足够宽的两船间距，同时应用击浪要领，保持船体稳定航行。

5.5.5.2 弯曲河段航行

弯曲河段凹岸冲刷、凸岸淤积，流态复杂。主流、回流、扫弯水和横流对船舶航行安全都有一定影响，尤其是对顺流船影响更大。下行船（顺流船）转向时，在惯性离心力、舵的横移力和扫弯水作用方向一致的情况下，容易发生碰岸、触坡等事故。因此，下行船在驶入弯道之前应调整船位，使航迹线的曲率半径大于航道轴线的曲率半径，以降低转向时的惯性离心力。下行船在驶入弯道前还应及时减速，在驶抵弯顶前再及时增速，使船在通过弯顶时的离心力较小，却又有较大的舵力可供使用。反之，对于在弯曲凹岸段逆流航行驾驶，难度相对于顺流船只难度要小得多，舟艇在满足逆流顶冲所需的动力前提下，这时舟艇舵效、克服水流扫弯、横流对船体偏转效果均要好于顺流舟艇。总之，在弯曲河段

航行时，重点把握用舵、加速、击浪等操作要领，采用“S”型航线行进，以此保证舟艇安全驶过危险水域。

5.5.5.3 浅滩河段航行

浅滩是内河上常见的一种碍航物。船舶通过浅滩，要力求使船首尾线垂直于浅滩的沙脊棱线，并使航向平行于流向，即避免用舵增加航行阻力，又防止船舶偏移。可详见5.2节水流对舟艇操纵性能的影响中的浅水花水。因此，操作手应沉着冷静，预先打开发动机基座锁销，防止因河床突出的暗礁打坏螺旋桨等驱动装置，同时稳定给油，控制顺流航行速度。浅滩河段往往有横流，航槽又窄，船舶通过时，受横流的推压，容易越出航道界限，发生搁浅事故。因此，船舶在横流中航行，航线应偏在横流的上方，即主动摆舵，使船指向主流方向，使航迹与预定航线相重合，以此来抵消横流的不良影响。

5.5.5.4 架桥河段航行

舟艇在通过各类桥梁时，受与桥梁非正交的主流影响，使船位难以控制，易擦挂、碰撞桥墩。因此船舶通过大桥时，应适当提高航速以抑制与桥梁非正交的主流，避免船位偏移。船在进桥孔前要及时摆舵调整航向，可采取间歇性加速，即操作油门“一松一紧”，以此保证在不明显加速的情况下，使舟艇舵效处于最佳状态，尽量缩小航道宽度，从位于主流的正桥孔正中通过。

5.5.5.5 河口段航行

河口可分为入海河口、支流河口与入湖河口三种。

(1) 入海河口段水面宽广，风浪较大，有潮流的影响，主要靠航标指示航道界限。同时，须掌握潮流、风浪的影响，充分利用潮流以提高航速。

(2) 支流河口段在干支流汇合处流态紊乱，常有不正常的水流，如横流夹堰水（两股不同流向的水流相互冲击摩擦，在水面呈现的一长条乱流）、回流等。夹堰水常使航行船舶发生偏转和颠簸，应按照击浪要领，及时调整航道，主动迎击夹堰水，以此克服对舟艇的偏转和颠簸影响；回流对逆流船航行有利，但它与邻近其他水流结合，能使船舶严重偏转失控。因此，船舶进出支流河口应绕过或避开这些不正常水流区行驶。如确实不能避开，应采取5.2节水流对舟艇操纵性能的影响中有关操舟要领来驾驶船舶脱离困境。此外，支流河口附近进出口航路交叉，支流船舶应注意避碰主流船舶，逆流船舶避让顺流船舶。

(3) 入湖河口段岔道多而浅、窄、弯，船舶航行困难，应根据情况分别应用浅滩河段或弯曲河段的驾舟方法，保证舟艇航行安全。

5.5.5.6 山区河段航行

山区河段坡降大，流急滩险，流态紊乱，由于水流高流速产生的顶逆使上行船（逆流船）航行困难。逆流船安全通过急流险滩的方法是：①避开急流，充分利用滩下回流、缓流提高船舶上滩冲势；②避开大纵坡降位置，从比降较小处上滩。此外，船舶航行要重视不正常水流的影响。如驶经漩水（俗称旋涡）区，应尽可能避绕而过。大范围的强漩水可能使船舶失控，随流旋转；小船甚至有被吞没的危险。必须通过时，应顺着水流旋转方向的一侧驶过，长江船员称为“撵漩”。遇到泡水（由下向水面翻涌如沸的水流），弱的可能使船偏转，强的可能将船掀翻，因此对较强泡水只宜绕避、等让；对较弱泡水可适当加速、摆舵，取航迹与主流夹角大于45°以上来抗衡泡水对舟艇船体的偏转失稳影响。

5.5.5.7　湖泊水库中航行

湖泊、水库水面宽广，在兴风条件下风浪较大，但水流流速缓慢，舟艇航行难度较小。船舶航行的主要问题是判定船位，提前减速避让周围船只，及时摆舵击浪，保持船舶稳定。

5.5.6　善后处理工作

救援工作完成后，后续善后处理工作也是不可或缺的，具体如下：

（1）当救援任务完成时，应及时配合现场指挥部做好本队、组的营救群众数量、被困城镇、村庄面积、伤亡情况统计工作。

（2）及时向指挥部和本单位领导汇报现场救援情况。参见附录15《洪涝灾害营救情况统计表》。

（3）及时联系现场指挥部，寻求施救人员或群众帮助搬运冲锋舟上车，有序撤离现场。

（4）清理回收装备并现场统计器具受损情况，归队后应及时安排专人修复受损机具，并按本书第4章有关洪涝灾害物资保养、储存管理要点做好物资保养、回收入库工作。

（5）灾区当地政府部门应及时清理灾后垃圾，做好环境消毒和灭蝇、灭蚊、灭鼠工作，防止疾病发生和流行；做好交通、水、电、气、讯保障，帮助人民群众尽快恢复灾后的正常生产生活。

（6）相关单位应及时组织完成洪涝灾害应急救援总结，具体分为各单位书面总结、相关问题和处理建议以及召开总结大会，表彰先进单位及个人。参见附录16《洪涝灾害应急救援任务总结报告编制大纲》。

（7）各单位主要负责人应根据书面总结、相关问题和处理建议，及时组织修订完善应急救援制度、预案以及演练方案，并按规定重新报批、报备。参见附录17《水上救援应急预案范本》。

5.6　舟艇常见故障及排除方法

5.6.1　发动机启动困难

1. 故障原因

除发动机内部电路出现断路、短路、设备损坏等故障外，发动机启动故障多由电源未开启、不供油或供油不畅、火花塞受损等因素造成。

（1）电源未开启。四冲程发动机启动系统与汽车发动机启动系统工作原理一致，可简述为以下两个过程：首先通过启动开关，开启蓄电池上的电路设备，使蓄电池产生电能，然后通过点火开关和启动机，让蓄电池上产生的电能转化为机械能，进而产生启动系统启动所需的能量[1]。因此，在未开启电源情况下，无法产生启动所需电能，发动机无法启动。二冲程发动机由于未配备蓄电池，启动系统是在接通启动开关，起动机电路形成通路的情况下，依靠拉动启动拉绳带动机体内飞轮转动产生机械能和电能，启动发动机，若电源未开启，启动电路将形成断路，造成发动机无法启动。故应确保电源钥匙卡入电源开关卡座中。

（2）不供油或供油不畅故障。外置油箱、油管和舟艇油缸共同构成舟艇的油路。外置

油箱在有余油的情况下不供油多是油管反向连接造成的。因为油管气囊内有单向阀门，油料只能单向输送，若安装时油管与油箱的连接方向倒置（正确安装方向为泵油气囊上的箭头应指向发动机一侧），发动机无法获取油料。而供油不畅故障又多为油管两端O形密封圈或卡销损坏以及化油器堵塞所致。油管两端的密封圈和卡销能使油管与油缸和油箱的连接更加严密，在使用过程中如受到损坏，会使空气进入油管，减小进油气压，从而减小进油量，导致供油不畅。此外，发动机在库房内存放较长时间后（3个月以上）再进行启动，往往也会启动困难。这是由于化油器被上次未燃烧完的油料中的水分子锈蚀堵塞，造成供油不畅。

（3）火花塞受损。目前水上救援舟艇主要配备汽油发动机。对于汽油发动机而言，其做功行程需依靠火花塞间隙（侧电极和中心电极之间最小的距离）之间产生的火花点燃混合气，以此产生高压，推动活塞运动，将内能转化为机械能，使发动机对外做功。若火花塞受损，气缸内的做功行程将无法进行，因此导致发动机不启动。火花塞如图5.6.1所示。

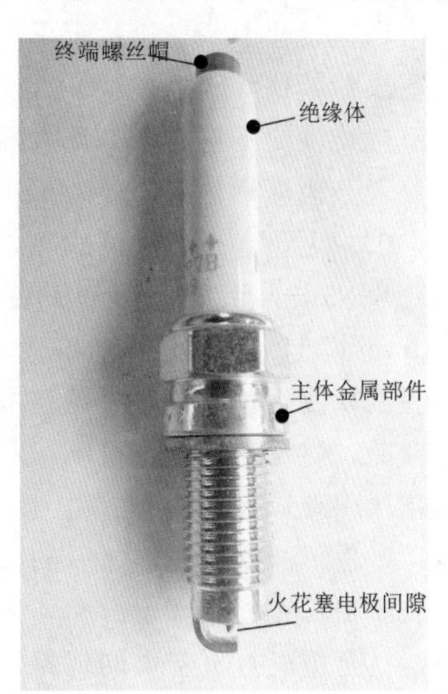

图5.6.1　火花塞

2. 处置办法

（1）应先检查电源钥匙是否插入到位，保持电源处于开启状态。

（2）最后检查火花塞是否能够正常打火，可拔出火花塞，拉动启动手柄，火花塞无弹火，则应及时更换火花塞。

（3）如发动机冷机启动或在低温季节（环境温度不大于10°）时，适当拔起阻风门开关，减小化油器的空气进气量，从而增加进入气缸的混合气的汽油浓度，提高发动机的启动性能。

（4）参照本书第4章中4.5舟艇起泊入库保养的方法进行船外发动机的清洁、维护，防止出现发动机内的余油水分子锈蚀破坏化油器等燃油系统。

5.6.2　正常行驶中熄火

1. 故障原因

正常行进过程中，突发熄火故障，除发动机内部电路故障外，通常是由于外置油箱内油已耗尽或供油不畅造成的。在连接油箱的油管一端O形密封圈和卡销无损坏的情况下，油箱内部处于真空状态，随着油箱内油被消耗时，箱内气压与外界大气压形成气压差，使油箱表面变形，导致油管不能均匀地给发动机供油，进而造成了突然熄火故障。

2. 处置办法

（1）应先观察油箱表面，若出现向内侧较大幅度的变形，马上将油箱盖上的气阀螺栓拧松，恢复油箱内气压。燃油箱如图5.6.2所示。

（2）检查油箱内余油情况，若已无油料，应立刻添加。

3. 注意事项

如停泊收船时，油箱内还有余油，应及时将油箱盖上的气阀螺母拧紧，以免箱内汽油

渗漏、挥发，造成火灾安全事故隐患。

5.6.3　怠速不稳

1. 故障原因

行进过程中，怠速状态下，发动机怠速不稳易抖动、易熄火现象，多为供油不畅和火花塞故障导致。

（1）供油不畅故障。该故障通常由化油器堵塞和油箱变形所致，前文已对其故障原因和处置办法进行分析，此处不再赘述。

（2）火花塞故障。该故障主要表现为火花塞电极间隙异常和火花塞上积碳过多。一般飞轮电机点火系统使用的火花塞电极间隙为0.7～0.8mm，个别火花塞电极间隙可达1.0mm以上（具体根据火花塞型号而定）。如果间隙超过型号标准范围，便处于异常状态。长期使用过程中，火花塞电极间隙易变大，导致火花塞点火能量降低，影响发动机动力性能，使发动机机身抖动，动力下降。如果间隙过小，又会造成火花温度不足而断火。火花塞积碳最直接的原因是气缸内机油和气油混合气在没有充足氧气的情况下未充分燃烧，产生了油烟和烧焦之后的微粒，当再次运行发动机时，吸入的空气会使油烟和微粒形成胶质物，在火花塞顶部和环上粘结，进而形成积碳。火花塞积碳会使点火成功率大幅下降，甚至造成打不着火的现象。火花塞积碳如图5.6.3所示。

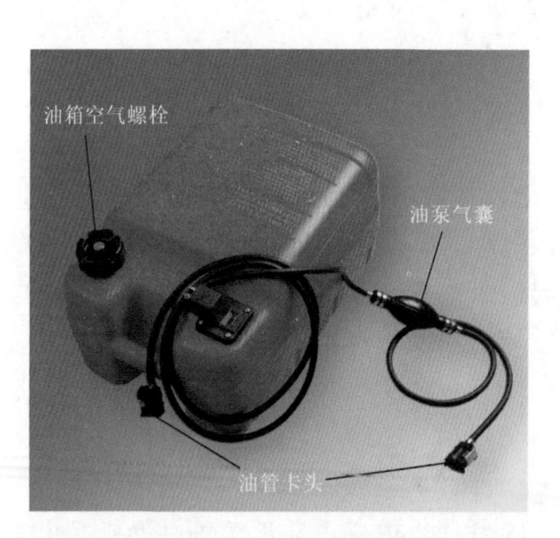

图5.6.2　燃油箱

图5.6.3　火花塞积碳

2. 处置办法

若遇火花塞故障，在随船携带了备用火花塞且航行水域流速较小的情况下，应立刻停船，熄火更换火花塞。如随船并未携带备用火花塞时，可采取以下应急措施：

（1）火花塞积碳故障，应及时采用细磨砂纸或螺丝刀口打磨电极部位的积碳。

（2）火花塞间隙故障，使用塞尺测量火花塞间隙，若间隙过大，可使用螺丝刀柄轻轻敲打外电极以缩小间隙；若是间隙过小，可用平口螺丝刀插入电极间，轻轻扳动螺丝刀以扩大间隙。

5.6.4 排水孔排水不畅

1. 故障原因

在舟艇行进过程中，位于螺旋桨上部的进水孔在机体内水泵的带动下不断吸取水域内的冷却水，在水压力作用下冷却水进入机体内部，带走机体气缸、活塞、喷油器等工作时产生的热量，最后通过排水孔排出。因此，行进时水冷循环系统的损坏将导致排水孔排水不畅。而水冷循环系统故障有以下两种情况。其一是进水孔和排水孔被杂物堵塞。刚出库的发动机由于长时间不使用，进、排水孔中易堆积粉尘颗粒。另外，水下进水孔在吸水时对水中杂物（如水草、塑料袋等）具有一定吸附力，易被杂物附着堵塞。其二是发动机机体内输水管堵塞或损坏。

2. 处置办法

（1）将舟艇驶到缓流区、回流区或安全靠岸后，立刻清理进、排水孔上的杂物。安全清除发动机缠绕物如图 5.5.9 所示。

（2）在确保进、排水孔无堵塞物时，仍排水不畅，应考虑发动机内的输水管堵塞或损坏，此时应立刻报告指挥部，等待专业检修人员进行维修，切忌不可在排水不畅的情况下继续长时间行船，因为发动机在缺失冷却系统的情况下工作，极易导致金属高温脆化，活动部件咬死，危及行船人员安全。

5.6.5 发动机动力不足

1. 故障原因

除舟艇严重超载和螺旋桨损坏等直观因素外，螺旋桨被杂物缠绕和船体损坏底仓进水也会导致动力不足，且后者是舟艇最为常见的故障。航行时如遇螺旋桨碰撞到水中的木头或其他硬物、在浅水区域通行时未将机器设置成浅水行驶状态、在离岸时操作不当致使高速旋转的螺旋桨触及岸边浅水区块石、淤泥等情况，都将损坏螺旋桨。常见的造成动力不足的原因包括螺旋桨损坏、附着缠绕物、船体损坏底仓进水等三种（图 5.6.4）。

2. 处置办法

（1）及时清理螺旋桨上缠绕的杂物。应该注意的是，在静水或流速较小的内涝洪水状况下，可在保障安全的前提下关闭发动机停船清除螺旋桨杂物。在流速较大的江河洪水状况下，不可贸然熄火停船清理，因为关闭发动机将使舟艇完全失去动力和舵向，处于极其危险的状态，应采取挂倒挡与前进挡交替反复操作的方式使缠绕物自动脱离螺旋桨。对于卧喷式冲锋舟，可提拔篦梳开关以清除进水口杂物。

图 5.6.4 常见动力不足的三大原因

（2）当螺旋桨上缠绕物清理后发动机动力仍较差，表明螺旋桨已受损，应立刻更换，因为使用受损螺旋桨不仅大幅度降低船速，而且还将造成发动机抖动甚至损坏舟艇后尾板以及整个发动机。

（3）排除以上原因后仍动力不足时，应考虑船体因靠岸碰撞而损坏，造成底仓进水，徒增舟艇运行的额外负荷。此时，应立即安全靠岸，将船体搬运上岸，排出底仓积水，晾晒干燥后，使用手砂轮打磨渗水裂缝处（常见于舟艇底部龙骨处），然后用玻璃纤维胶粘剂涂抹粗糙面裂缝处，用专用胶衣贴补裂缝即可。

5.6.6 发动机“闷油”故障

1. 故障原因

“闷油”故障指的是机体内汽油缸油量积累过多，阻碍火花塞正常燃爆，造成发动机难以启动。启动时每拉一次启动拉绳都有相应的汽油注入汽油缸，驾驶员由于缺乏经验，会频繁拉动启动拉绳，致使气缸内油量过多，最常见的是将火花塞极点打湿，影响正常打火（图5.6.5）。

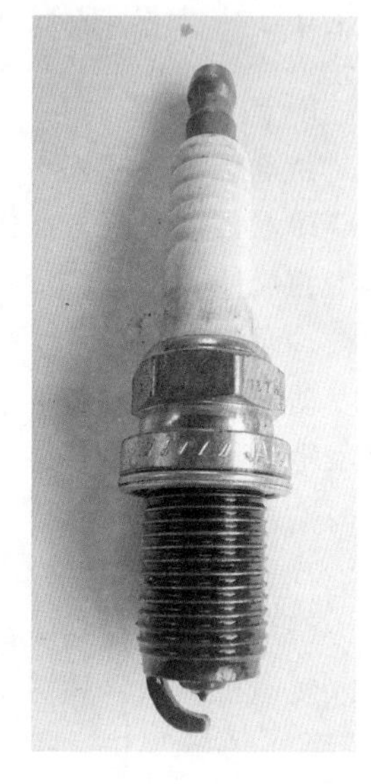

图5.6.5 火花塞闷油

2. 处置办法

（1）拔出电源钥匙，关闭电源开关，断开油管与机体油缸连接的一端，并空拉启动拉绳2～3次，使机体内余油全部排入到油缸。

（2）使用专用套筒扳手。拔出火花塞，从火花塞孔洞处吸出油缸内的油料，待油料全部吸出后，重新装上火花塞，连接油管及启动电源重新启动。

应特别注意的是，在处置“闷油”故障时，一定要切记必须在拔出电源钥匙和关闭电源开关情况下，才能进行空拉和吸油操作，否则将可能引起发动机爆燃而损坏发动机部件。

5.6.7 发动机“乱挡”故障

1. 故障原因

正常行驶时，有时会出现挡位自动切换至倒挡时，舟艇仍向前行驶的乱挡现象。这主要是因为在高速前进过程中，驾驶人员直接将前进挡切换至倒挡，导致发动机配件中复位弹簧没有及时弹起复位。

2. 处置办法

平时要养成怠速换挡和平顺换挡的良好习惯。切换倒挡时，应先减速慢行，在怠速状态下切换至空挡，并保持在空挡挡位运行2s后再切换到倒挡。

5.7 意外情况下的水中自救和他救

救援过程受施救人员自身身体、心理素质、救援环境的影响，也容易发生意外，常见的有舟艇倾覆落水、跌入消力池和游泳抽筋三种情形。当发生意外情形时，施救人员首先要保持冷静，判断所处的环境条件，利用自救和他救技巧，迅速自救，然后在条件允许时开展他救。本节主要就舟艇倾覆落水、跌入消力池和游泳抽筋三种常见意外情形发生时，论述如何自救和他救。

5.7.1 救生泳姿简介

现代竞技游泳运动主要有蛙泳、蝶泳、仰泳、爬泳（也称自由泳）等，其中反蛙泳、侧泳虽然未列入竞技项目，但相比其他泳姿更节约体力，尤其是在有流速的江河中，可以利用流水冲力形成的浮力，较轻松地游向下游岸边，更适合水中自救和他救。在湍急的水流中，既节省体力又高效的游泳方式有反蛙泳和踩水两种，具体如下：

图 5.7.1 反蛙泳

（1）反蛙泳，在流水状态下不可机械地强调标准动作而浪费额外的体力，可以保持和仰泳大致相同的体位，仰躺在水面顺水流方向，身体放松，尤其是颈部放松，不要害怕水面淹没面部而刻意勾头，使身体失去平衡而下沉。如图 5.7.1 所示。采用该游姿时，应特别注意下游岸边方位，可时不时交替踩水泳姿观察就近岸边的位置，同时还可避碰身后坚硬的漂浮物和暗礁。

（2）踩水。踩水又称“踏水”或“立泳”，是一项有着较大使用价值的游泳技术。通过熟练掌握踩水技术，不仅可以使施救人员在水中休息、观察、变换方向时应付自如，而且也可以使施救人员在必要时顺利持物游渡江湖或抢救溺水者。踩水速度虽然较慢，但比较安全，尤其在对水流状况不了解、水质浑浊的洪水中应经常采用。在救助溺水者时，便于观察水面情况，及时躲避水草、岩石，可做前后、左右方向的移动或拖带，因此在救助溺水者时具有重要作用。如图 5.7.2、图 5.7.3 所示。

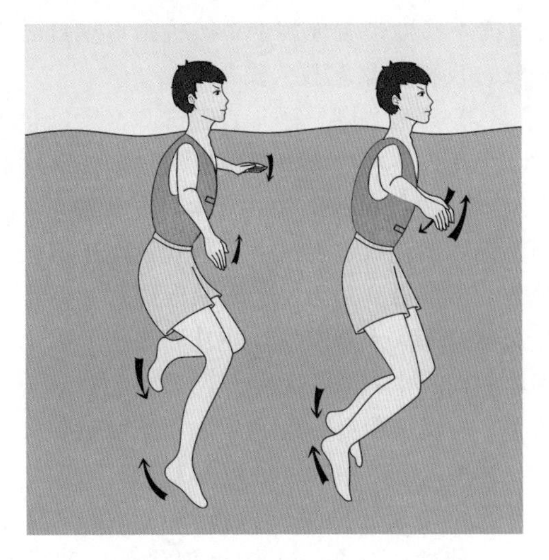

图 5.7.2 踩水 1

图 5.7.3 踩水 2

在游泳运动中，各种水平姿势的游泳都是靠手臂和腿的动作产生推进力来克服水的阻力而前进的，而踩水是靠手臂和腿的动作产生的上升力来克服人体的重力而使身体漂浮于水中。由于人体浸入水中后，本身就受到相当于所排开水的重量的向上的浮力作用，加之在流速较大的江河洪水中形成的流水冲力形成的浮托力，因此在掌握踩水技术后，臂、腿稍作动作就能使头部浮出水面。技术娴熟者踩水时“如履平地”，可以仅靠腿的动作使身体浮起来而腾出双手来持物或对溺水者施救。两种救生泳姿动作要领可详见 6.12 救生泳姿实训。

5.7.2　舟艇倾覆落水时的自救和他救措施

（1）应保持镇静，千万不要手脚乱蹬拼命挣扎，可减少水草缠绕，节省体力。在穿着救生衣时，哪怕不会游泳，也不会下沉。如果没有穿戴救生衣，就不要试图将手臂举出水面胡乱挣扎，而应采取顺流踩水或反蛙泳，放松身体和呼吸，确保人体在水中不失去平衡。

（2）除呼救外，落水后立即均匀呼吸，蹬掉双鞋，脱掉衣裤，以便尽量减小阻力，然后放松肢体，当感觉开始上浮时，尽可能地保持仰位（反蛙泳），使头部后仰，使鼻部可露出水面呼吸，呼吸时尽量用嘴吸气、用鼻呼气，以防呛水。呼气要浅，吸气要深。因为深吸气时，人体比重降到 0.967，比水略轻，因为肺脏就像一个大气囊，屏气后人的比重比水轻，可浮出水面（呼气时人体比重为 1.057，比水略重）。

（3）距岸（舟艇）较远，如果舟艇仍停留在水里时，应抓住它。但如果舟艇开始下沉，则应尽快离开，以免被船下沉时的空气涡流困扰。

（4）双手抓住漂浮物，如瓶子、桶、木板、塑料泡沫等。

（5）如在湍急河道中，迅速翘首观察周围河道两岸宽度、有无滩地、有无稍大的漂浮物，并可利用漂浮物或采用反蛙泳或踩水方式顺流斜向划向距离近的岸边；还应注意观察水域环境，采取踩水泳姿避让坚硬物或卵石，当要发生碰撞时，须用手或脚去撑开身体，避免头部受撞昏厥。靠岸时，应观察下游几百米范围内的两岸，选择就近缓流、回流水域岸边靠岸。

（6）当施救人员出现时，落水者只要理智还存在，绝不可惊慌失措去抓抱施救人员的手、腿、腰等部位，一定要听从施救人员的指挥，让他带着你游上岸。否则不仅自己不能获救，反而连累施救人员。

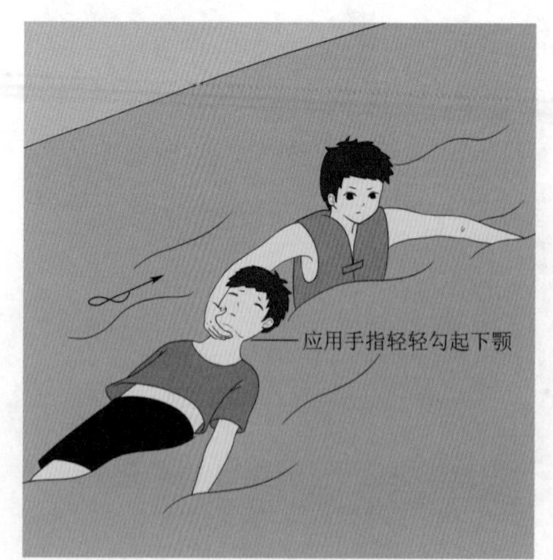

图 5.7.4　踩水泳姿拖带施救示意图

（7）当发现落（溺）水者试图抱紧施救人员时，可用以下两种方法予以应对：①在落水者下游距离其 2～3m 处，密切观察对方动态，保持适当距离，消耗落水者体力直至其不至于沉入水下为准，然后游到对方身后，采取踩水泳姿，一手托起落（溺）水者下颚，使其面部朝上露出水面顺流斜向靠岸（图 5.7.4）；②当已经被落水者抱紧时，应迅速深吸一口气，自沉入水迫使其松手后，再按“①”中的方法施救。

在水中使用救生圈的方法：用手压救生圈的一边使它竖起来，另一手把住救生圈的另一边，并把它套进脖子，然后再置于腋下，一手

抓住救生圈，另一手作划水动作，如图 5.7.5 所示。

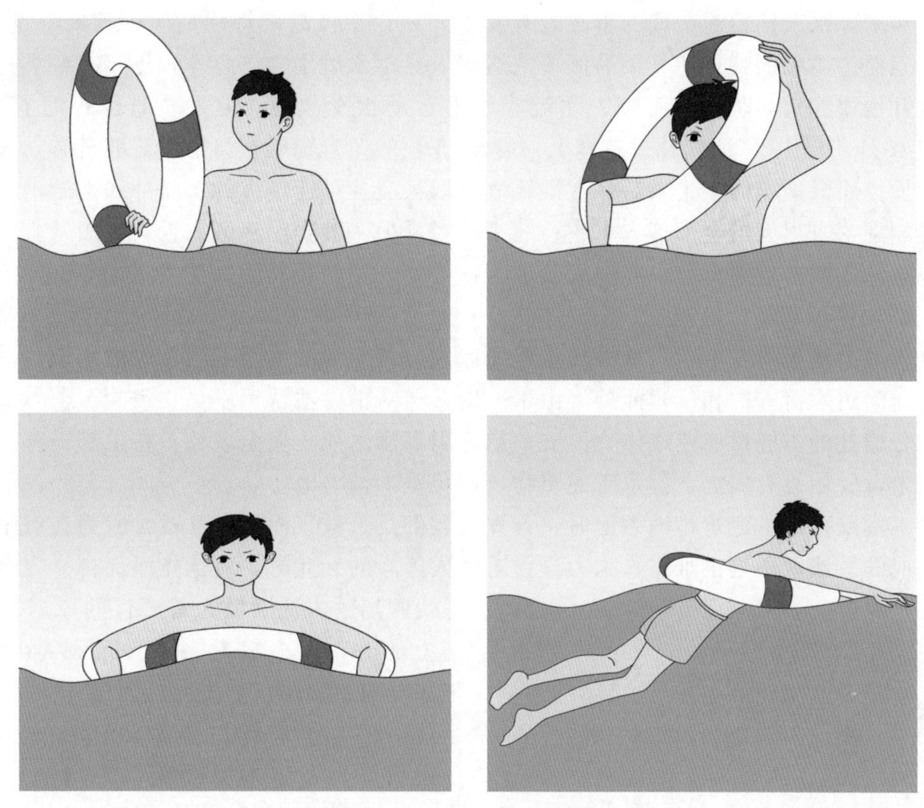

图 5.7.5 救生圈使用方法

5.7.3 跌入消力池时的自救措施

水工建筑物消力池，泛指为克服挡泄一体水工建筑物因为雍高水位，形成上下游水头而存在巨大的水力势能，为避免水流冲刷破坏建筑物下游河床及堤岸，在泄水建筑物下游产生底流式水跃的消能设施。消力池能使下泄急流迅速变为缓流，一般可将下泄水流的动能消除 40%～70%，并可缩短护坦长度，是一种有效而经济的消能设施，溢流堰消力池如图 5.7.6 所示。

图 5.7.6 溢流堰消力池

水跃消能主要靠水跃产生的表面漩滚及漩滚与底流间的强烈紊动、剪切和掺混作用。造成源源不断的上游来水跌入消力池中形成典型的紊流漩滚形态，消力池中的漩滚水上部由于受下游消力坎、海漫壅水影响形成水垫，产生强大回流现象，致使物体在其中来回翻滚；而消力池下部受主流不断冲刷力及消力池后端消力坎、海漫水跃影响，沿池底前端至后端受力由大

变小。因此，人体在消力池下部相比较上部更容易潜出逃生。

近年来，跌入消力池造成的事故时有发生，死亡率极高，特别是橡皮艇抢险过程中，因为其轻便、柔韧的特点使其极易倾覆，造成人员落水后溺亡。此外，近年来各类舟艇竞渡运动开展得如火如荼，龙舟赛、漂流等水上运动很受欢迎，但安全事故也时有发生。2018 年 4 月 21 日，广西桂林桃花江上一艘 18m 长的龙舟赛船在河道溢流堰上游，该船人员努力操控船只逆流而上无果后，在溢流堰上游被流速迅速增大的水流冲入下游消力池中并发生侧翻，舟上人员全部落入水中；几乎同时，另一艘赛船从旁靠近，试图营救，救援赛船也被冲入溢流堰消力池中并引发侧翻。据统计，两艘赛船上共约 60 人落水，17 人遇难。详见本书第 7 章 7.5 节。

跌入消力池极易发生死亡事故的主要原因为：消力池的流态不同于一般水域，漩滚水流方向与河道水流方向相反，此外，由于一般人员对消力池认识不足、经验不够，极易慌乱，加之挣扎的本能反应造成体力不支，最终引发溺水死亡安全事故。在洪涝灾害抢险施救过程中，要始终远离上下游水工建筑物，避免跌入消力池。

当不幸跌入水工建筑物消力池时，首先强调的是自救，而不是互救，因为在有水位落差而造成的漩滚水中是很难靠人为力量去对他人施救的。此时，应优先保证自身安全，以尽快脱离消力池困境为首要目的。当被卷入消力池时，大多数人会条件反射地用尽力气想要冲出消力池中的强大漩水，但通常是徒劳的。落水者在强大翻滚漩水产生的作用力下，人体来回漩滚，终将消耗完体力，直至发生溺亡事故。正确的方法是，迅速脱掉身上的衣裤（包括脱掉救生衣，因为此时有救生衣的持久浮力，很不容易钻入翻滚漩水的下层。）深呼吸一口气，顺势潜入漩水下层，这时随着漩滚水力的冲刷作用，潜入消力池下部是较为容易的，并在水下感受身体的受力情况，在池底朝受力小的方向顺流潜出脱困，消力池逃生方法，如图 5.7.7 所示。

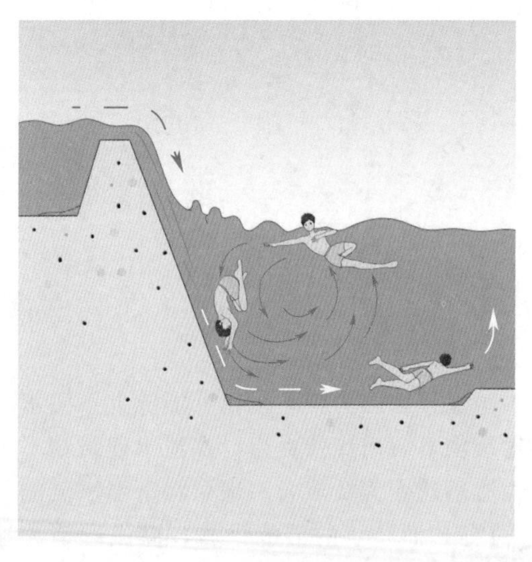

图 5.7.7　消力池逃生方法

5.7.4　游泳抽筋时的自救措施

游泳过程中，身体各部位肌肉由于突然受冷刺激，都可能出现“抽筋”的现象，经常发生的部位有小腿、大腿、手指、脚趾和胃部。这是一种肌肉自发的强直性收缩，同时伴随剧烈疼痛。通常原因是下水前没做好准备活动、身体过于疲劳或突遇寒冷的刺激、水温过低或过分紧张、动作不协调等。在水中一旦身体出现“抽筋”现象，将严重影响泳姿动作，极可能造成溺水事故。

发生抽筋时，必须保持镇定，不要惊慌，可呼救也可自救。抽筋后一般不要继续再游，应立即上岸，擦干身体，按摩抽筋部位，注意保暖。在水中自我缓解抽筋部位的方法

主要是反方向拉长抽筋的肌肉，使收缩的肌肉松弛和伸展，具体方法如下：

（1）手指抽筋时，可将手握拳，然后用力张开，迅速反复多做几次，直到抽筋消除为止，如图 5.7.8 所示。

（2）小腿或脚趾抽筋时，先吸一口气仰浮水上，用抽筋肢体对侧的手握住抽筋肢体的脚趾，并用力向身体方向拉，同时用同侧的手掌压在抽筋肢体的膝盖上，帮助抽筋腿伸直，如图 5.7.9 所示。

（3）大腿抽筋时，可同样采用拉长抽筋肌肉的办法解决。

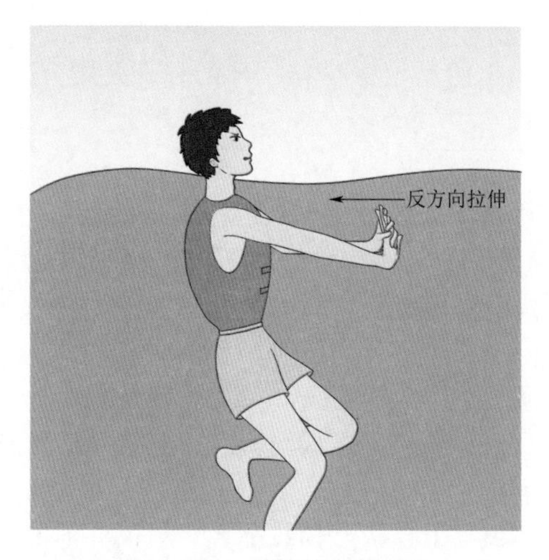

图 5.7.8　手抽筋自救方法

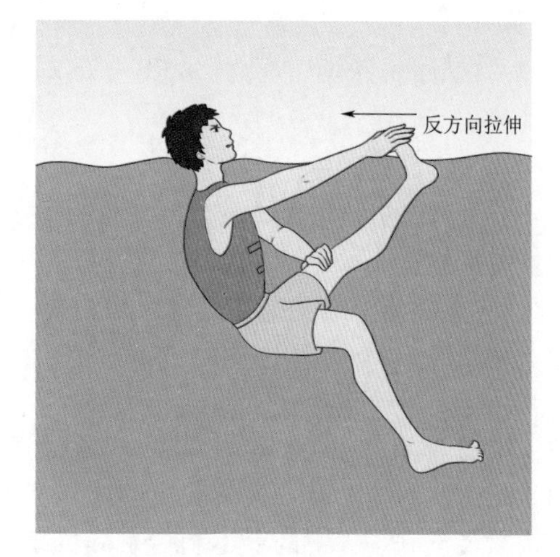

图 5.7.9　脚抽筋自救方法

5.8　水上大型漂流物的应急处置

近年来，随着我国城际交通建设步伐的加快，发达的立体交通网络密织交错，给人们的生活带来了诸多便利，但同时也因为诸如水运、陆运线路立体交叉，也存在较高的船舶碰撞风险。

最近几年，全国各地就相继发生了多起船舶撞击铁路、公路桥梁事故，尤其是汛期洪水冲刷引起停靠船舶缆绳断裂，失控撞击下游桥梁的事故时有发生，给交通运输安全造成严重威胁，甚至是引发特大伤亡事故。如九江大桥“6.15”塌桥事故，其事故经过为：2007 年 6 月 15 日凌晨 5 时 10 分，325 国道广东佛山九江大桥，一运沙船（船号为粤佛山工 2038，船长 57.72m、宽 17.8m，载重 2495t）违规操作驶入非主航道撞击桥墩，导致南桥段有近 200m 的桥面垮塌，坍塌的桥体呈 45°插入水中。事故造成 4 辆汽车坠江，8 人死亡、1 人失踪。

在实际中，也有成功应对船舶撞击铁路、公路桥梁造成较大及以上事故的案例。如 2010 年 7 月 4 日凌晨，四川省万源市突遭暴雨袭击，突如其来的暴雨和山洪顿时让后河水位陡涨，最大洪峰流量达 1500m^3/s。一艘重 20 余 t、长约 30m 的大型采砂船，因受到洪峰猛烈冲击，其固定船只的钢缆断裂，采砂船连同拖挂在船上的另外两艘小型工具船一起被冲走，随波逐流的采砂船犹如一匹“脱缰野马”向下游襄渝铁路的罗文一号、二号大桥冲去。在此危急时刻，现场抢险指挥部决定，利用冲锋舟的强劲动力，从下游方向靠近采砂船，然后用钢绳将采砂船固定在岸边的石墩和大树上。方案确定后，随着一声令下，一场与洪魔的殊死较量随即展开。湍急的洪水冲过漫水桥时，激起1m多高的巨浪，救援工作进行得异常困难。冲锋舟向采砂船靠近时，多次被浪打得在河心打转，险象环生。经过近8个多小时的奋力抢险，4日下午5时许，这匹“脱缰的野马”终被驯服，悬在襄渝铁路线上的“定时炸弹”也被彻底清除。

在探讨大江大河中大型漂浮物应急处置方案之前，有必要先行了解漂流物撞击力计算公式。

（1）《铁路桥涵设计规范》（TB 10002）中给出的漂流物撞击力 F 的计算公式为

$$F=\gamma v\sin\alpha\sqrt{\frac{w}{C_1+C_2}}$$

式中：γ 为动能折减系数；α 为船舶行驶方向与碰撞处切线夹角；C_1、C_2 为船舶、墩台的弹性变形系数。

（2）《公路桥涵设计通用规范》（JTGD 60）中给出的漂流物撞击力 P 的计算公式为

$$P=\frac{Wv}{gT}$$

式中：W 为漂流物重力，kN；v 为水流流速，m/s；g 为重力加速度，m/s^2；T 为撞击时间，s。

按照最不利条件下的最不利后果分析原则，根据上述两个计算公式，可以分别得出桥梁在受到大型漂流物撞击时所受到的撞击力，从而可以对比大桥承受最大撞击力的设计值，来分析判断漂流物可能造成大桥的损坏程度。

在实战中，当突发类似漂流物撞击的险情时，需根据现有应急抢险处置条件，综合研判、灵活处置，以确保下游桥梁安全与行洪畅通。因此，应有针对性地对应急处置水上大型漂流物技能进行培训。

5.8.1　驾驶汽艇或冲锋舟拖曳漂流物

当发生大型漂流物险情时，现场指挥部应迅速启动预警机制并召集当地水务（水利）、海事、公安、交通、消防等部门，紧急会商，掌握江河流量、流速，水位深度状况，漂流物物理指标（长宽高、总质量）；指派交通、公安部门对下游江河桥梁实行预警交通管制。

可以采取牵引汽艇或大马力冲锋舟（建议动力大于115马力）靠近漂流物，系上钢缆顺流拖曳的方法，将漂流物拖曳至安全河岸并用数条钢缆固定在岸边。近年来，随着舟桥设备的提挡升级，出现了自带动力的动力舟桥。如条件允许，使用其作为拖曳和水上作业平台，更能保障抢险作业的安全性和高效性。

如漂流物搁浅，应考虑就地控制并迅速采取现场分割解体的措施，以减小受水流冲刷的阻力。

抢险处置过程中需做好以下安全保障措施：

（1）所有作业人员应按要求穿戴好救生衣。

（2）凌空作业人员应单独在构筑物上系牢安全带。

（3）必要安全冗余措施：当主钢缆控制住漂流物时，应根据漂流物重量、水流流速、流量情况另外加注数条钢缆；抢险作业船只应单独牵引滑轮钢缆，不得将就系在用于固定漂流物的钢缆上。所有钢缆连接端头应按安全规范使用匹配的锁扣及螺栓，并确保连接牢固。待漂流物初步控制牢固后，可视情况安排在地质条件良好的岸边打桩，加固钢缆。

（4）锚桩设置。锚桩是将大型漂流物固定的关键设施，因此一定要保证锚桩牢固可靠，能够抵御洪峰造成的数倍冲击力，可在适当的缓流、回流区靠岸一侧使用便携式打桩机紧急打设锚桩。打设深度应根据岸边地质情况、水流冲击力、漂流物自重、体积大小，再加上安全冗余值等因素来确定。为方便收紧钢缆，也可在锚桩端头与钢缆之间连接上一套起吊重量适宜的手动葫芦，方便随时根据需要收缩系船的钢缆，防止缆绳弹性变形过大而引发绷断事故。

在处置过程中应指派专人24小时值守锚桩、钢缆、故障船只稳固情况。密切观察锚桩有无位移倾斜，岸边锚桩周边土层有无应力破坏造成的裂缝，并在水位发生消涨变化时，应及时调整锚桩的葫芦钢缆的松紧程度，防止故障船只或大型漂浮物受水流浮力变化影响而引发缆绳绷断或漂浮物倾斜。

（5）减小水流冲刷力的应急措施。在采取如上所述的顺流拖曳方式时，应尽量将故障船只或大型漂浮物拖曳至缓流、回流区的岸边（详见5.2.1水流运动相关常识）。如情况紧急，确实很难有缓流、回流区的岸边时，可强行将事故船只或大型漂浮物拖至流速较高的岸边，并将其系牢在锚桩上。同时，可紧急调度土石方作业机械，如挖掘机、装载机、自卸汽车等，在事故船只或大型漂浮物的上游10～20m处，抢筑一道丁坝，用以抵挡水流冲刷，减小钢缆、锚桩的动荷载。如图5.8.1所示。填筑丁坝应参照进占填筑戗堤工艺要求进行，按照“先块料，再小块料、细料夯实”，以及“防冲、防渗临重于背（“临”是指毗邻上游来水一侧的临水面，反之即背水面）”的原则，将主流调离至主河槽或对岸。

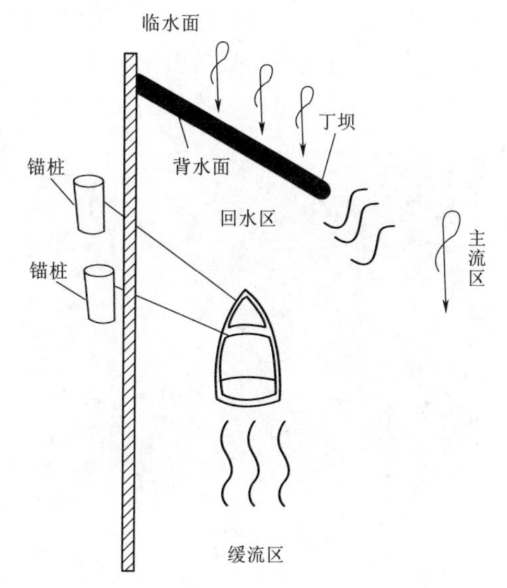

图5.8.1　减小水流冲刷力的应急措施示意图

如事故船只或大型漂浮物不能有效拦截或因其他原因也未能炸毁或炸沉，则可提请现场抢险指挥部迅速采取水闸、水库调度的办法进行处置。即将事故船只或大型漂浮物的下游水库、河道大部分或全部闸门提起泄洪，加大水库或河道的下泄流量，迅速降低库区水位，以便为下一步关闭水闸腾出空余库容。待事故船只或大型漂浮物在坝前约3km时，迅速关闭大部分或全部闸门，减小库区水流流速，迫使事故船只或大型漂浮物减速，故而便于进行有效拦截处置。

（6）及时回收漂流物残体。

5.8.2　实施漂流物自沉

在不允许采取上述方法时，可紧急向当地武装部队求援，采取无后座火箭炮将漂流物击沉或上船用氧乙炔割枪将底仓割开数个进水孔，让船舶底仓进水自沉。

5.8.3　爆破处置

如在城区河段，不建议采取爆破的方式处置漂流物，因为爆破产生的爆炸力，会瞬间将漂流物分解为威力巨大的弹片而危及附近群众的生命财产安全。如在偏僻无人河段，可指派专业爆破队伍，安置炸药，对漂流物实施定向爆破解体处置，建议多点位在构造部位布置炸点，以达到漂流物在瞬间爆破解体的目的。

5.9　山洪泥石流灾害自救与救援

5.9.1　山洪简介及应对措施

山洪通常指在山区沿河流及溪沟形成的暴涨暴落的洪水及伴随发生的滑坡、崩塌、泥石流。暴雨、融雪、拦洪设施的溃决等都可引发山洪。山洪成因及特点详见1.3.1洪涝灾害的定义及分类。山洪灾害是指山洪暴发而给人们带来的危害，包括人员伤亡、财产损失、基础设施毁坏及环境资源破坏等。山洪灾害分为泥石流灾害、滑坡灾害和溪河洪水灾害。

图5.9.1　山洪泥石流躲避示意图

按照“宁可信其有、不可信其无”和“防重于抢”的原则，树立避洪避险意识。居住在山洪易发区或冲沟、峡谷、溪岸的居民，每遇连降大暴雨时，必须保持高度警惕，特别是晚上，如有异常，应立即组织人员迅速撤离现场，就近选择安全的地方落脚，并设法与外界联系，做好下一步的救援工作。切不可心存侥幸或救捞财物而耽误避灾时机，造成不应有的人员伤亡。

遭遇山洪时，应保持冷静，迅速判断周边环境，尤其辨明山脉走向、道路方向，尽快向山上或较高地方转移。如一时躲避不了，应选择一个相对安全的地方避洪。山洪暴发时，不要沿着行洪方向跑，而要向两侧快速躲避，更不要贸然涉水过河，山洪泥石流躲避示意如图5.9.1所示。当被困在山中时，应及时与当地防汛、应急或公安等部门取得联系，寻求救援。

5.9.2　泥石流简介及应对措施

泥石流是山区沟谷或斜坡上由暴雨、冰雪消融等引发的含有大量泥沙、石块、巨石的特殊洪流。泥石流常与山洪相伴，其来势凶猛，在很短时间里，洪水裹挟大量泥石横冲直

撞，形成强大冲击力，并在沟口或平缓处堆积起来。可以说，泥石流也属于山洪的一种特殊形式。泥石流的形成需要三个基本条件：有陡峭便于集水集物的适当地形；上游堆积有丰富的松散固体物质；短期内有突然性的大量流水来源。泥石流的破坏性很强，冲毁道路，堵塞河道，甚至淤埋村庄、城镇，给生命财产和经济建设带来极大危害。

在泥石流多发地区建新房，切记一定要选择安全地带。切莫在松散覆盖层、坡陡处、坡脚处和山沟冲积扇形地带建造房屋。当地居民要随时注意灾害预警预报，选好躲避路线，避免到时措手不及。

由于山洪泥石流破坏力非常强，来势汹汹，难以阻挡。因此，着重强调避险。各级政府应专门组织群众学习掌握必要的泥石流灾害发生的前兆常识：

(1) 熟悉周围环境。将住宅区地貌背景与灾害区进行比较。掌握居住地区地质结构，是否存在稳定性较差的冲积砂卵石、壤土地层；了解所居住地区是否发生过泥石流灾害；曾经发生过泥石流的斜坡，在将来很有可能再次发生泥石流灾害。

(2) 在雨季，留意住宅区附近山坡所有的地表运动征兆，例如变宽的缝纹和裂缝、小规模泥石流，或者逐渐倾斜的树木和电线杆。当地政府宜在排除隐患过程中，采取预置地层位移监测系统，加强雨情、水情监测预警预报。

(3) 留意住宅区附近山坡雨水排水沟的类型。山坡上从淤塞排水沟或者其他支流汇集地表径流水的位置，最易发生滑坡灾害。

(4) 在暴雨来临之前，清理排水渠和其他排水系统中的碎屑，但是，在暴雨期间，清理严重堵塞的排水渠是非常危险的。

(5) 强暴风雨期间保持清醒和警惕。许多造成伤亡的泥石流事件都是在人们睡着时发生的。通过收听气象广播来了解住宅区附近区域山洪的监测或预警信息，当区域降水量达到暴雨等级，或虽未到达暴雨等级，但发生连续 24h 以上的降雨时，应组织山坡脚、山腰上的群众转移至安全地带。

(6) 注意任何可能由碎屑移动带来的不正常声响，例如树木破裂或者砾石相互撞击的声音。少量的碎屑或泥浆流动能够先于大规模滑坡泥石流灾害而发生。如果居住区位于河流或者河道附近区域，注意水流流量的突然增减以及水质由清到浊的变化，此时应准备尽快转移。

(7) 开车时尤其要保持警惕。路边的护坡最易发生滑坡坍塌危险，不可贸然开车行驶，注意躲避道路上崩塌的路面、泥浆、掉落的碎石以及其他碎屑。

(8) 存在地质灾害隐患的地区，当地政府应在每年汛前（或雨季前）组织开展地质灾害隐患排查及逐村逐户调查统计人员居住情况，做好避灾宣传教育。按照自然资源部提供的统一格式，制作避险明白卡并发放至每户居民手中，见表 5.9.1。

5.9.3 山洪泥石流抢险救援措施

虽然山洪泥石流应对以避险为主，然而也会因为出现因避险不及或断路、断桥而出现应急救援情况。当前的主要手段有直升机空中救援、救生（或锚钩）抛投器架设救生溜索或悬索桥、新开辟山路绕行等。但综合投入成本和效率来看，最快捷经济的是救生（或锚钩）抛投器架设救生溜索或悬索桥，下面着重介绍这两种方法。

表 5.9.1　　崩塌、滑坡、泥石流等地质灾害防灾避险明白卡

编号：

<table>
<tr><td>户主
姓名</td><td colspan="2"></td><td>家庭
人数</td><td></td><td>房屋
类别</td><td></td><td colspan="5">灾害基本情况</td></tr>
<tr><td>家庭
住址</td><td colspan="6"></td><td>灾害类型</td><td colspan="2"></td><td>灾害规模</td><td></td></tr>
<tr><td rowspan="6">家庭
成员
情况</td><td>姓名</td><td>性别</td><td>年龄</td><td>姓名</td><td>性别</td><td>年龄</td><td rowspan="2">灾害体与本住户的位置关系</td><td rowspan="2" colspan="4"></td></tr>
<tr><td></td><td></td><td></td><td></td><td></td><td></td></tr>
<tr><td></td><td></td><td></td><td></td><td></td><td></td><td rowspan="2">灾害诱发
因素</td><td rowspan="2" colspan="4"></td></tr>
<tr><td></td><td></td><td></td><td></td><td></td><td></td></tr>
<tr><td></td><td></td><td></td><td></td><td></td><td></td><td rowspan="2">本住户
注意事项</td><td rowspan="2" colspan="4"></td></tr>
<tr><td></td><td></td><td></td><td></td><td></td><td></td></tr>
<tr><td rowspan="5">监测与
预警</td><td>监测人</td><td colspan="2"></td><td>联系
电话</td><td colspan="2"></td><td rowspan="5">撤离
与安置</td><td>撤离
路线</td><td colspan="3"></td></tr>
<tr><td rowspan="2">预警
信号</td><td rowspan="2" colspan="5"></td><td rowspan="2">安置
单位
地点</td><td rowspan="2"></td><td>负责人</td><td></td></tr>
<tr><td>联系电话</td><td></td></tr>
<tr><td rowspan="2">预警
信号
发布人</td><td rowspan="2" colspan="2"></td><td rowspan="2">联系
电话</td><td rowspan="2" colspan="2"></td><td rowspan="2">救护
单位</td><td rowspan="2"></td><td>负责人</td><td></td></tr>
<tr><td>联系电话</td><td></td></tr>
</table>

本卡发放单位：　　　　负责人：　　　　联系电话：　　　　户主签名：　　　　联系电话：
（盖章）　　　　　　　　　　　　　　　　　　　　　　　　日　　期：

（此卡发至受灾害威胁的群众）　　　　　　　　　　　　　　中华人民共和国自然资源部印制

（1）架设救生溜索。溜索属于较原始的渡河工具，至今已有两千多年的应用历史。具体为用两条或一条绳索，分别系于河流两岸的树木或其他固定物上，表现为一端高、一端低，利用自重溜滑（滑轮）移动至安全地带。在实际应急救援中，往往需要救生抛投器或锚钩抛投器与救生绳、滑轮配合使用。可先用救生抛投器将牵引绳索抛射到被洪水阻断的对岸，并固定在牢固的树干或岩石上。然后连接较粗重的救生绳及绳索滑轮，架设马叉固定救生绳两端，施救人员和被困者可以通过该套设施穿越被山洪阻断的河道。溜索在山洪救援中的应用如图 5.9.2 所示。

如果现场没有锚钩抛投器、河道也不是很宽时，两岸可各选一个力气大的人，先用细线（如钓鱼线）的一端拴一小石子，取一定夹角后两岸对投，待两个石子在河心交织在一起形成一根细绳时，便可慢慢拉至一侧对岸。而后把钓鱼线系上较粗的救援绳，这时再将救援绳一端固定于一岸的溜桩或大树上，另一端拉过对岸，也固定于对岸的树上或溜桩上，并用木棍逐段绞紧即可。

溜索应用注意事项：①出发前系紧鞋带、皮带，不要穿开衫，女性不应穿裙子，长发结辫盘起；不要携带无关物品（一定要带的物品要放在合适位置，防止掉落）；滑轮、安全带、手套等检查妥当。②飞速溜行中身子应朝后仰，避开钢索，否则容易摩擦受伤。

图 5.9.2 溜索在山洪救援中的应用

③快到终点时若冲击力仍然很强应注意及时“刹车”，或指定专人接扶。④体重较轻者可两人一起过溜，便于增加惯性，顺利滑到终点。

（2）架设悬索桥。悬索桥也称吊桥、绳桥、索桥等，是用竹索或藤索、铁索等为骨干相拼悬吊起的临时人行桥，多建于水流湍急不易做桥墩的陡岸险谷，主要见于西南地区。其做法是在两岸建屋，屋内各设系绳的立柱和绞绳的转柱，然后以粗绳索若干根平铺系紧，再在绳索上横铺木板，有的在两侧还加一至两根绳索作为扶栏。

在架设救援溜索的基础上，抛射平行（间距为0.3～0.5m）的3～4根牵引底绳，并固定在对岸的可靠树木或岩石上，注意几根绳索均应绷紧且平均受力，再抛射一根安全绳索，高于底绳0.7～1.0m，利用滑轮和安全绳套在营救人员和被困者腰部，保证其安全通过河谷；最后，在底绳上铺设稍宽于两侧绳索的木板形成简易索桥。此法适用于营救大批被困老弱妇孺人员，安全系数高于救援溜索，但费时耗物。

此外，也可使用救生抛投器进行山洪救援。在舟艇或岸上，利用救生抛投器将装有自动充气救生圈弹头迅速抛射至落水者下游适当位置处，让其能快速抓住已充气的救生圈并拖曳上船或岸边获救。此法只使用于有基本行为能力的被因青壮年，且水浅、流速不大的山洪水域。

5.10 其他救援常识

5.10.1 雷击预防措施

当洪涝灾害发生前后，往往会伴随着雷雨天气引发的电闪雷鸣，防汛抢险救援时也应保护自身免于雷击伤害。

（1）学会判别落地雷。由于光速为300000km/s，声速约为360m/s，两者速度悬殊巨大，如果看见闪电后立即听到雷声，说明正处在“低空雷、落地雷”的环境中，应该停止户外活动，如已在户外，可打低雨伞并两脚并拢立即下蹲。特别需要注意：雨伞撑杆两端

要有绝缘材料包裹，以防导电。当然了，如果看到闪电后几秒，乃至于十几秒后才听到雷声，可以判定为“高空雷”，这是相对安全的。

（2）尽量避免使用有无线传输信号的电子产品；尤其是在“低空雷”“落地雷”发生时，严禁在野外任意使用无线对讲机、手机等通信设备。

（3）不在大树、广告牌、烟囱及灯杆旁避雨；如果确实万不得已需要在大树底下停留，则必须与树身和枝桠保持2m以上的距离，并且尽可能下蹲，把双脚靠拢，这样既可降低人体的有效高度又可预防跨步电压的危害。

（4）远离建筑物外露的金属物体。

（5）不要在空旷地上的小型无防雷建筑内避雨。

（6）会同当地气象部门，加强灾区雷击监测，并启动预警机制，当有低空雷击危险时，现场指挥部应统一下达暂停野外救援行动，并将人员、设备安置到安全避雷场所。

（7）注意不要高举带金属的杆类，如带金属撑杆的雨伞等物品，避免增加有效高度成为“尖端”而遭雷击。

（8）当附近发生高压电线遭雷击断时，应双脚并拢或单脚跳离现场；为预防跨步电压触电[❶]，不得随意接近故障地点、导线断落接地点或在雷雨天靠近避雷针接地极埋设地点。当误入上述区域时，应单脚着地朝故障点反方向跳出危险区或站在原地不动，等待救援，切不可迈步走近故障点，以防跨步电压伤害。跨步电压触电示意图如图5.10.1所示。

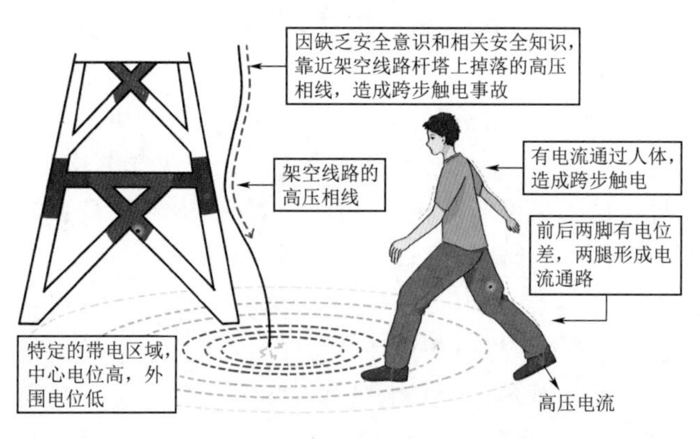

图5.10.1　跨步电压触电示意图

（9）如果感觉头发竖起，或者皮肤有显著的颤动感时，要明白自己可能就要受到电击，应立即卧倒在地上，等雷击过后呼救。如果有人遭雷击心脏停搏，应立即做人工呼吸和胸外心脏按压，并快速将伤者送往医院。具体方法详见本书6.13节。

5.10.2　解决饮水问题

发生特大洪灾后，供水系统极有可能已被污染，灾区一片汪洋，却没有洁净的水可以饮用，可通过以下一些措施解决饮水问题。

1. 寻找水源

（1）地下水：如井水、泉水、地下蓄水池等。

---

❶　跨步电压触电，当高压电气设备或线路（一般为10kV以上）发生断落并接地故障时，接地电流从接地点向大地四周呈圆弧形流散，这时在地面上形成分布电位，离接地点越近，电压越高，则大地电位越高。人假如在接地点周围（一般为20m以内）行走，其两脚之间就有电位差，电流便沿着人体的前脚到腿，经后脚再与大地形成电流通路，从而造成触电伤害。另外，220V、380V相线触地后，由于电压太低，一般不会发生跨步电压。

（2）生物水：如一些植物含有充足的水分，如北方的黑桦、白桦的树汁，山葡萄的嫩条，酸浆子的根茎，南方的芭蕉茎、扁担藤、竹子、仙人掌等。

（3）天上水：如雨水、雪水、露水及溶化的冰块等。

2. 自制水源

（1）使用救生包里的成套单兵（班用）户外净水器过滤水源。单兵（班用）户外净水器是使用野外复合反渗透合成技术的一套装置，包括主体交叉过滤结构、分子筛吸附结构、静电动力吸附结构。详见 3.3.6 便携式户外净水器介绍。

（2）自制取水器。夜晚前在地上挖一小坑，坑中央放一容器。将洁净的塑料薄膜展平扪在坑口上，用土将四周压好，塑料薄膜的中央放一小石头，使其呈倒尖锥状，如图 5.10.2 所示。夜间冷空气处于塑料薄膜的外表面，而相对密闭的内表面处于温度较高的空间，可使坑内升起的水汽在塑料膜膜的内测凝结成水珠，并聚集滴下，进入容器中。为增加水蒸气，还可在坑内多放些新鲜的、含水量较高的青草或预埋一些有余温的木炭。

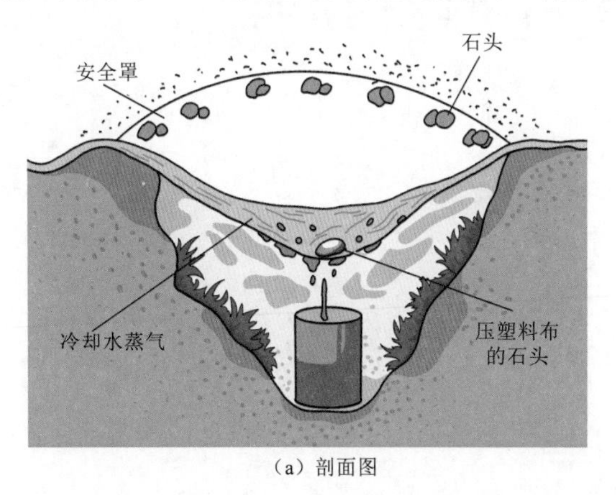

（a）剖面图　　（b）平面图

图 5.10.2　自制取水器

（3）自制过滤装置。可以制作一个如图 5.10.3 所示的简易净水器，从瓶口往瓶体中依次装入干净的滤纸、细砂子、木炭、粗砂石，并将脏的杂质去除。木炭的表面有很多微孔，可以吸附去除水中的杂质，并配合使用野外净水药剂或药片、煮沸消毒等方法后，即可饮用。

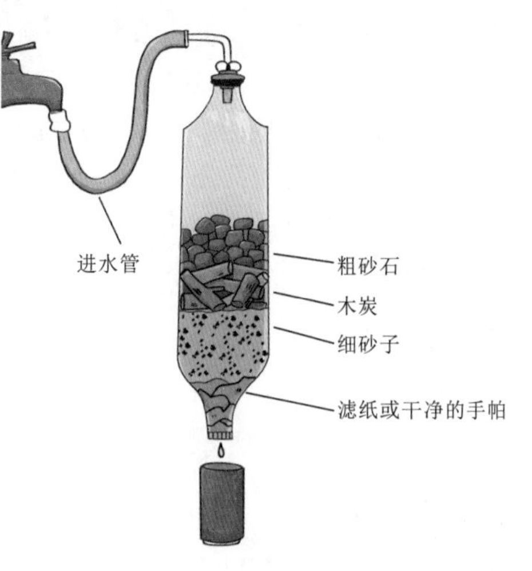

图 5.10.3　自制过滤装置

3. 水源消毒

利用“方法（2）”自制取水器收集的水源是通过水蒸气冷凝的方式取得的，可以直接饮用。利用“方法（3）”自制过滤装置获得的水源需要消毒后才能饮用，消毒方式主要如下：

（1）煮沸：把水煮沸是最经济的一种处理方式。

（2）净水药剂：主要成分为碘和氯，如碘

酒、漂白剂，在每升已被净化的水中滴入 3～4 滴碘酒或漂白剂后，静置 30min，即可饮用。

（3）净水药片：按使用比例，将药片放入已被净化的水中，搅拌摇晃，静置 30min，即可饮用。净水药剂和药片净化过的水，可灌入壶中存储备用，但不可长期饮用该水，会有损身体健康。

（4）食用醋：在净化过的水中倒入一些醋汁，搅匀后，静置 30min 后便可饮用。

参考文献

［1］ 刘兆正，钱宗河，魏建华. 浅谈国汛 99 型冲锋舟的常见故障处理及防护［J］. 城市建设理论研究（电子版），2012（4）.

［2］ 朱云峰. 浅析火花塞点火间隙对发动机性能影响［J］. 网友世界，2014（11）：28.

［3］ 张军. 火花塞积炭对发动机性能影响分析［J］. 科学技术创新，2017（30）：55 - 56.

第 5 章练习题

一、单项选择题

1. 以下关于水上救援的基本原则中，说法错误的是（　　）

A. 水中救援优于岸上救援

B. 器材救援优于徒手救援

C. 团队救援优于个人救援

D. 应树立必要的救援先后顺序意识

参考答案：A

岸上救援优于水中救援。如具备岸上救援条件时，救援人员应优先选择岸上救援的方式，避免出现救援意外事故；另外，水中救援需要一定的准备时间，从救援时机来看对于人员落水等紧急情况，岸上救援则最为迅速。

2. 在强对流天气带来的强风、暴雨环境中驾驶冲锋舟掉头，以下操作最安全快捷的是（　　）

A. 冲锋舟顺流航行调头时，选择从缓流区向主流区调头。

B. 冲锋舟逆流航行调头时，选择从主流区向缓流区调头。

C. 冲锋舟在侧风中调头时，选择逆风调头。

D. 冲锋舟在侧风中调头时，选择顺风调头。

参考答案：C

舟艇顺流航行调头时，应从主流区向缓流区调头；逆流航行时，应从缓流区向主流区调头，避免水动力转船力矩与舵压力转船力矩方向相反，从而阻碍舟艇回转，甚至造成舟艇发生偏转失稳危险。舟艇在侧风中调头时，应选择逆风调头，减小舟艇旋回范围直径，帮助舟艇尽快调头。

3. 以下关于内河避碰规则中，说法错误的是（　　）

A. 保持正规瞭望，尽早发现目标，准确判明其动态，对碰撞危险作出充分估计，采取有效安全措施，避免碰撞事故的发生。

B. 当他船占用本船航路或妨碍本船航行时，采取“让速不让道”原则。

C. 当遇会船时，小型舟艇可以采取提前松油减速，提前摆舵、指明去向等方式明确告知他船航向意图。

D. 进入复杂、狭窄弯曲航段前，事先通报、联系，不盲目快车驶入。在复杂、狭窄水道切忌齐头并进或强行追越。

参考答案：B

当他船占用本船航路或妨碍本船航行时，应主动减速避让，不要片面强调对方避让。

4. 在城镇内涝救援中，需要注意的要点有（　　）

A. 打开发动机锁销，以免水下障碍物打坏螺旋桨及传动轴。

B. 由于航道狭窄，两船相遇回浪较大，两船交会时应提前减速避让，以免发生船体失稳碰撞事故。

C. 要密切观察淹没水位，及时发现输变线路电杆、电线、围墙，防止因电杆横担、电线、围墙顶玻璃碰撞、缠绕、割破船体零部件及气室。

D. 以上说法均正确。

参考答案：D

5. 在某次救援行动中，已测得洪水流速为 5m/s，某型号冲锋舟静水航速为 60km/h，则驾驶此型号冲锋舟前往上游 15km 处的救援点，理论上需要约（　　）min。

A. 30　　B. 28　　C. 22　　D. 15

参考答案：C

逆水航行下，(船速－水速)×逆水航行时间＝逆水行程，则逆水航行时间＝逆水行程/(船速－水速)。代入题中数据，15km/(60km/h－18km/h)≈0.36h≈21.6min。

6. 在江河洪水中驾驶冲锋舟施救尚有行为能力的落水者，可采用抛投救生圈施救，救生圈应抛投至落水者（　　）。

A. 上游　　B. 下游　　C. 左侧　　D. 右侧

参考答案：B

这是因为如果抛到落水者上游，落水者势必往上游挣扎扑向救生圈，在高流速的洪水中逆水运动必然很困难，且容易被涌浪呛水，而落水者在顺流中却可借助水流冲刷力和浮力较为容易地抓住救生圈且不容易呛水休克。

二、简答题

1. 请列出下列船外机故障出现的常见原因及排除方法。

(1) 正常行驶中突然停车，重新启动后又会出现停车（注：停车即为熄火）。

原因：

排除方法：

(2) 发动机工作正常，但机器背力，显得动力不足。

原因：

排除方法：

（3）有不正常的声响、动力明显下降，甚至停车。

原因：

排除方法：

2. 请根据以下情形，选择适合的方式处置对应的水上大型漂流物，并简述操作方案。

（1）某艘大型采砂船的固定钢缆断裂，随水流漂离码头，威胁下游桥梁安全。经勘查，采砂船现所处水域较开阔，水流速较慢，适合冲锋舟行驶。

（2）洪水中，一艘小型工具船由上游漂流至某平坦石滩处搁浅，但随时还有再次被洪水冲走的可能。经勘查，工具船搁浅处地势平坦，具备机械作业条件。

（3）洪水中，一艘废弃的工具船由上游漂流至某山区河段被山石卡住，存在再次被洪水冲走的可能。经勘查，现场四周无构筑物，且现场人烟稀少。

第6章　洪涝灾害水上救援实训

本章通过现场或模拟现场实训，感受救援现场的真实气氛和环境，增加对水上救援工作内容的了解，加深对防汛抢险基本概念的理解，增强事故防范意识；通过规范的实际操作训练，提升参训人员对抢险环节的认知能力，掌握水上救援的基本技能。本章和第5章理论知识相辅相成，重点是在日常实操训练中掌握正确的操作技能，为保证救援安全、高效提供技术指导。

6.1　实训基本要求

6.1.1　适用对象及总体要求

本章实训内容，主要适用于我国内陆（内河）基层应急、水利防汛部门或者担负有防汛抢险救援任务的军警民等单位的一线指战人员，也可覆盖如龙舟赛、漂流等涉水文旅项目，在日常培训中提高参训人员的应急救援操作技能。各单位也可根据本辖区内洪涝灾害、江河湖泊状况自行掌握训练内容；所有参训队员应身体、心理健康，听从指挥，具有奉献精神，思想觉悟高；具备高中及以上学历，年龄在20～45岁之间，并通过专业机构体检方能具备培训资格，体检表可详见附录18；根据目前涉水事务法规规定，驾驶舟艇属于国家专项执业许可范围，必须经专门的水上救援培训及海事考核合格取得《船舶适任证书》后方能上岗操作，适任证书考核申请表详见附录18。培训、考核形式分为理论和实操两部分，主要内容有：①水上交通安全管理法规；②《内河避碰规则》；③驾驶操作；④船舶轮机等。

前面章节也多次强调由于目前我国还没有成体系的洪涝灾害培训考核教材，只能依赖上述海事培训体系，但又不能有效针对洪涝灾害所固有的恶劣气象与水域条件。因此，为了最大限度地保证指战人员、人民群众的生命安全，以及便于信息传递，提高救援效率，建议在传统海事部门的培训考核基础上，洪涝灾害水上施救人员应重点掌握如下知识：

（1）应急管理、防汛救灾法律法规。

（2）认识洪涝灾害应急管理组织机构、主要职责及重点工作等。

（3）洪涝灾害专业基础知识。

（4）常用装备及物资储备、保养管理。

（5）洪涝灾害条件下利用舟艇施救要领。

（6）特殊情况下的自救与互救要领。

另外，凡是经培训考核合格并取得船舶适任证书，均应按水上交通安全管理、防汛法规要求参加当地海事和防汛或应急部门联合组织的年度复训，以及相关应急水上救援继续教育。

6.1.2　实操培训主要科目

（1）军事体能训练科目。军事体能训练科目主要包括：①常用队列训练；②800m跑步；③力量训练。

（2）舟艇水上救生专项科目。舟艇水上救生专项科目主要包括：①认识常用救生舟艇、船外机；②携带装备到达指定地点集结；③舟艇编队行驶；④施救实操要领；⑤现场急救；⑥400m游泳、救生泳姿；⑦水中徒手施救等。

（3）常用的其他抢险配套设备。常用的其他抢险配套设备主要包括：①移动发电机的使用；②救生抛投器的使用；③移动泛光灯的使用；④常用抽排水泵。

6.1.3　训前准备

（1）各单位须在汛前将拟定的训练方案报上级防汛部门核备，方案须明确参与训练的人员、物资装备情况，以备汛前统一核查。训前上报水域行政主管部门，经批准后踏勘论证现场安全性。

（2）划定训练水域，要求距离上下游各类水工建筑物不得少于500m；分班组建制，在同一水域——视线能见度范围内，不得低于3艘船只，以便互相策应支援。

（3）培训形式为理论讲座结合实操训练，采取集中讲解及分（班）组方式进行并尽量按计量、计时规则进行考核记录成绩；要求每名队员要有以训备战的意识，认真刻苦训练，努力提高自身体能素质，掌握基本救援技能并能通过各单位组织的每年一次考核；要求每支分队每年自行组织训练、理论培训不得低于3次，并将每次训练、培训实施情况以书面、影像、视频形式上报防汛部门备案。

（4）建议各单位统一配备个人应急背包，如对讲机、饮用水、干粮、防水电筒、雨衣、药品、打火机、尖刀等常备物品。

（5）集中强调训练纪律：

1）全体队员要牢固树立防汛抢险保平安的思想，认真学习，积极锻炼，严格要求自己。

2）本次集训将按军事化训练和管理，要求全体队员严格遵守作息制度，不迟到、早退，不得缺席和中途退出。

3）上课和集训时不得接听和拨打手机。

4）理论讲座时认真做好笔记。

5）训练时严肃认真，不得打闹、嬉戏。

6）充分注意安全，做好各项安全措施，水上训练时不得私自下水，不得擅自驾船，登船时须按规定穿戴好救生衣及备好其他救生器材。

7）爱护集训场地及住宿地的设施，如有损坏，照价赔偿。

8）集训期间不得饮酒、赌博。

9）听从教练员安排，积极主动配合管理人员的各项工作。

（6）统一现场通信方式，可充分使用口令、灯语、旗语等方式互通信息。

（7）训练负责人应在现场指挥部的领导下，做好培训人、财、物以及后勤保障工作。

（8）训练负责人应及时与舟艇维保公司联系，对易损件进行及时更换维修。

冲锋舟操作训练如图 6.1.1 所示。

图 6.1.1 冲锋舟操作训练

6.2 防汛工作认识实训

6.2.1 实训目的

了解防汛指挥机构组成、岗位职责、工作内容及信息指挥系统。

6.2.2 实训场地

当地［省、市、区（县）、乡镇］防汛抗旱指挥部。

6.2.3 实训内容

6.2.3.1 了解当地防汛指挥机构的组成情况

防汛抢险是一项综合性很强的工作，需要动员和调动各部门、各方面的力量，分工合作、同心协力、共同完成。

1. 防汛组织原则

《中华人民共和国防洪法》《中华人民共和国防汛条例》规定，防汛抗洪工作实行各级人民政府行政首长负责制，统一指挥，分级、分部门负责，各有关部门实行防汛岗位责任制。

2. 防汛组织机构

《中华人民共和国防洪法》《中华人民共和国防汛条例》规定，国务院设立国家防汛指挥机构——国家防汛抗旱总指挥部及其办公室，负责组织、协调、指导、监督全国防汛抗旱工作，2021 年 6 月之前，其办事机构设在国务院水行政主管部门（水利部）。在国家确定的重要江河、湖泊设立由有关省、自治区、直辖市人民政府和该江河、湖泊的流域管理机构负责人等组成的防汛指挥机构，指挥所管辖范围内的防汛抗洪工作，其办事机构设在流域管理机构。

省、市、县（市、区）人民政府应分别设立由有关部门、当地驻军（武警）、人民武装部负责人等组成的防汛抗旱指挥部，在上级防汛指挥机构和本级人民政府的领导下指挥本行政区域的防汛抗洪工作，其常设办事机构在同级水行政主管部门（如省水利厅、市县水务局），具体负责防汛指挥机构的日常工作。防汛指挥机构各成员单位，按照分工，各司其职，做好防汛抗洪工作。如图 6.2.1 所示。

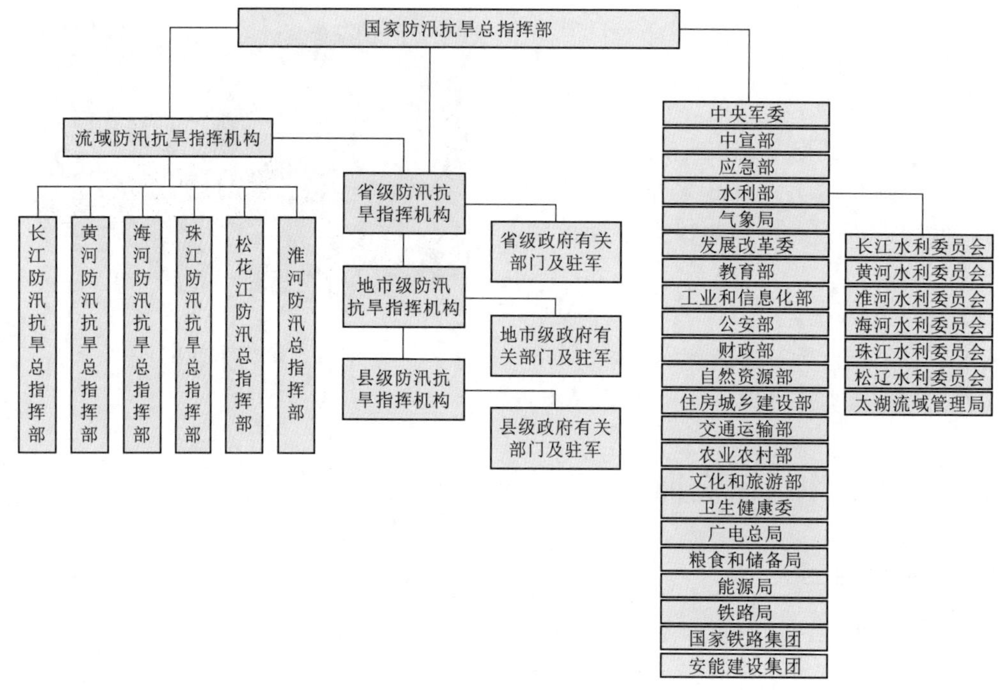

图 6.2.1　国家防汛抗旱指挥部组织机构图

随着 2018 年 3 月，我国正式成立了应急管理部以来，全国上下从体制、机制上逐步实现了“大应急”的工作格局。2021 年 6 月，国务院决定将国家防汛抗旱总指挥部正式纳入应急管理部所属机构。各省、自治区、直辖市以及地市州、区县随即整合相应机构和职责。与此同时，各级水务（水利）部门则内设成立了水旱灾害防御机构，其主要职责为：组织编制辖区重要江河湖泊、水库、山洪危险区、城市排水管网和下穿隧道、重要水工程的水旱灾害防御调度及应急水量调度方案，按程序报批并组织实施；承担水情旱情监测预警工作；承担水旱灾害应急抢险的技术支撑工作；组织指导辖区防汛抗旱物资的储备和管理等工作。由此，进一步明确了应急管理部门承担“救灾”，水务（水利）部门承担“防灾、治理”的职责。确保了洪涝灾害“防”“治”“救”职能无缝对接，职责边界清晰、责任链条完整闭合。

6.2.3.2　了解当地防汛机构相关各部门的工作职责

各级人民政府行政首长、防汛抗旱指挥部及各有关防汛组织具有相应的防汛职责。

1. 地方各级人民政府行政首长主要职责

（1）负责组织制定本地区有关防洪的政策性、规范性文件，做好防汛宣传和思想动员工作，组织全社会力量参加抗洪抢险。

（2）负责建立健全本地区防汛指挥机构及其常设办事机构（如××市防汛指挥部办公室）。

（3）按照本地区的防洪规划，广泛筹集资金，多渠道增加投入，加快防洪工程建设，不断提高防御洪水的能力。

（4）负责制订本地区防御洪水和台风的方案。

（5）负责本地区汛前检查、险工隐患的处理、清障任务的完成、应急措施的落实，做好安全度汛的各项准备。

(6) 贯彻执行上级重大防汛调度命令并组织实施。

(7) 负责安排解决防汛抗洪经费和防汛抢险物资。

(8) 组织各方力量开展灾后救助工作，恢复生产，修复水毁工程，保持社会稳定。

2. 县级以上地方人民政府防汛抗旱指挥部主要职责

(1) 在上级防汛抗旱指挥部和本级人民政府的领导下，统一指挥本地区的防汛抗洪工作，协调处理有关问题。

(2) 部署和组织本地区的汛前检查，督促有关部门及时处理影响安全度汛的有关问题。

(3) 按照批准的防御洪水方案，落实各项措施。

(4) 贯彻执行上级防汛指挥机构的防汛调度指令，按照批准的洪水调度方案，实施洪水调度。

(5) 依法清除影响行洪、蓄洪、滞洪的障碍物以及影响防洪工程安全的建筑物及其他设施。

(6) 负责发布本地区的汛情、灾情通告。

(7) 负责防汛经费和物资的计划、管理和调度。

(8) 检查督促防洪工程设施的水毁修复。

3. 各级防汛抗旱指挥部办公室职责

各级防汛抗旱指挥部办公室是各级防汛抗旱指挥部的常设办事机构，其职责是掌握信息、研究对策、组织协调、科学调度、监督指导，应做到机构健全、人员精干、业务熟练、善于管理、指挥科学、灵活高效、协调有力、装备先进。

6.2.3.3 了解各地方政府防汛指挥部的工作内容

(1) 组织检查防汛准备工作情况。

(2) 防汛的物资储备、管理和资金的计划使用情况。

(3) 组织防汛抢险队伍，调配抢险劳动和技术力量情况。

(4) 每年洪涝灾害情况调查及信息报送。

(5) 滞洪区安全建设和应急撤离转移准备工作情况。

(6) 防汛通信和预警系统的建设管理情况。

(7) 开展防汛宣传教育和培训，推广先进的防汛抢险技术情况。

6.2.3.4 了解当地防汛抗旱指挥部的指挥系统

各地防汛抗旱指挥机构都设有防汛抗旱指挥系统，沿海地区称为防汛抗旱防风指挥系统（简称三防指挥系统）。其主要作用是根据防汛抗旱工作的需求，建成一个以雨、风、旱灾情信息采集系统和雷达测雨系统为基础，通信系统为保障，计算机网络系统为依托，决策支持系统为核心的政府防汛抗旱指挥系统。该系统要求先进实用、高效可靠、达到国际同期先进水平，能为各级防汛抗旱部门及时地提供各类防汛抗旱信息，较准确地作出降雨、洪水和旱情的预测预报，为防汛抗旱调度决策和指挥抢险救灾提供有力的技术支持和科学依据。

防汛抗旱指挥系统包括防汛信息采集系统、计算机网络系统、通信系统、决策支持系统。

（1）防汛信息采集系统（汛期气象形势、雨情、水情、工情等）。防汛信息采集系统是防汛自动测报、决策支持系统工程的重要组成部分，是防汛决策指挥的基础。它的主要目标和任务是：实时完成对流域内的雨情、水情、工情、灾情、气象等信息采集，对采集的信息进行处理、传输，并进行监视和异常情况报警；防汛信息采集系统中心站可根据相关资料和模型，及时作出洪水预报，向各有关部门提供汛情实时监视、洪水预警预报信息、调度参考策略等，为防汛决策提供第一手的资料和依据。该系统可通过计算机广域网络与市政府、市政协、各级防汛办、各个防汛成员单位、气象局、排水处、防汛信息中心等有关部门进行信息共享和交换。

（2）计算机网络系统。

（3）防汛通信系统。

（4）防汛决策支持系统。

（5）相关设备及工作情况等。

6.2.3.5　了解当地防汛抢险应急预案及编制依据。

6.2.3.6　了解当地防汛指挥机构贯彻执行防汛工作方针、政策、法规、法令情况。

6.2.3.7　了解制定和实施各种防御洪水方案情况。

（1）洪水调度原则、洪水调度方案。

（2）重要江河的防御特大洪水方案。

（3）蓄滞洪区运用的预案。

（4）水库汛期调度计划。

（5）提出实时洪水调度方案和防洪抢险对策。

6.2.3.8　清楚防汛指挥部各成员单位的职责

防汛抗旱工作是社会公益性事业，任何单位和个人都有参加防汛抗旱的义务。防汛抗旱指挥部各成员单位应按照《中华人民共和国防洪法》和《中华人民共和国防汛条例》的有关规定和各个阶段的工作部署，在政府和防汛抗旱指挥部统一领导下，共同做好防汛抗旱工作。防汛抗旱指挥部各成员单位的职责分工可参考本书第2章中的“防汛抗旱指挥部成员单位主要职责”，在此不再赘述。

由于各级、各地抗灾救灾的重点不同，防汛抗旱指挥部的组成单位也有所不同，各级人民政府可按照实际需要，因地制宜地确定防汛抗旱指挥部的成员单位及其职责。

6.2.4　实训方法及要求

1. 方法

（1）请当地防汛指挥机构的技术人员作报告，结合当地实际情况及各防汛部门职责，讲述洪涝灾害应急管理工作的基本情况。

（2）参观防汛指挥部及信息指挥系统。

（3）学员听报告、记笔记。

2. 要求

根据本节内容，每位学员写一篇实训报告。

3. 考核

实训指导老师根据 6.15 节救援舟艇适任证书考核标准及学员实训表现、笔记内容和实训报告评定成绩。

6.3 洪涝灾害应急救援物资的认识实训

6.3.1 实训目的

了解洪涝灾害应急救援各类物资、设备数量、存放位置、用途等。

6.3.2 实训场地

防汛物资或应急救援物资仓库、储备中心。

6.3.3 实训内容

6.3.3.1 了解我国防汛物资储备管理工作基本内容

救援物资储备是指为抢护可能发生的各类险情而储存备用的物料、器械、设备和车辆等。为支持全国防汛抗旱减灾工作，保障抗洪抢险和抗旱减灾物资，截至目前，国家防办先后在 27 个地区设立了 29 处中央防汛抗旱物资仓库。这些仓库靠近大江大河防汛重点地区、重点防洪城市、干旱易发区和商品粮主产区，交通便捷、调运快捷、辐射宽广，具备较好的仓储条件、较完善的管理机构和制度。大多数省、市、县也为防汛抗旱应急抢险建立了相应的地方救灾物资储备库。

1. 物资储备库

物资储备库一般分为室外和室内两种。

（1）室外物资储备库一般设置在水利工程的附近，用于储备不易风化、水毁的建筑类材料，如沙土、卵石、块石（防洪石）、抗冲四面体等。

（2）室内物资储备库用以储存容易被风（氧）化腐蚀的工具、材料、设备和设施，如编织袋、麻绳、木桩、钢筋、铅丝笼、灯具、发电机、船、特种车辆、特种设备等。

2011 年 9 月 8 日，财政部、水利部印发了《中央防汛抗旱物资储备管理办法》（财农〔2011〕329 号）。该办法自 2011 年 12 月 1 日起施行，财政部、水利部原来颁发的《中央级防汛物资管理办法》（财农〔2004〕241 号）同时废止。

2. 物资储备管理

（1）物资储备原则。防汛物资应本着“宁可备而不用、不可用而无备”的原则，以足额储备实物的方式进行储备；要遵循“安全第一、常备不懈、以防为主、全力抢险”和“讲究实效、定额储备”的方针进行防汛物资的储备。有时为了防御超标准洪水，弥补常备防汛物资的不足，通常也需要利用商业、供销和租赁等方式进行储备，以满足防汛抢险的应急需要。

（2）完善管理制度。物资储备库应有专人管理，对于防汛物资的管理应完善、健全岗位职责制度，如物资验收与发放、日常维护与保养、日常巡查、安全消防、资料建档、运输、保管、交接、报废等各项制度，并采取积极有效的措施保证各项制度落实到岗、到人。

（3）防汛物资验收与发放。验货时由专人仔细核对运送单据中防汛物资的数量、规格

和质量，认真检查并做好相关记录。物资发放时要审核领料手续，仔细清点发货规格、数量，做到发货后及时登记记账。在物料验收及发放时，发现问题应及时汇报处理，特别是紧急调用的防汛物料，更应现场交验，做到准确无误。

防汛物料本着“先近后远、满足急需、先主后次、先期先用”的原则使用，常备物料的使用本着快速、灵活、实用的原则，由当地防汛部门根据险情的大小、抢护方法及时填写物资调拨清单，同级防汛指挥部应及时向上级防汛指挥部请示，调拨本辖区以外的防汛物料，以满足抢险需求。

（4）防汛物资的保养。库区规划布局应合理、堆垛有序、标记明显，库存设备有合格证、说明书。库内物资按“四号定位、五五摆放”（四号即库号、架号、层号、位号；五五即五五成行、五五成方、五五成串、五五成堆、五五成层）的方法，分区、分类、合理存放。

对库区的防汛物资应进行经常化、科学化保养，做到无锈蚀、无霉烂变质、无损坏。及时盘点仓库，更新过期的防汛物资，做到账、卡、物相符，电子账与纸质账相同。此外，要做好仓库内的卫生，保持仓库整洁，及时检查仓库电路、门窗，防止易燃易爆炸物品入库，积极与当地应急、公安消防联系，做好防火防盗工作，确保防汛物资存放的安全、完好。室外存放的物资要做到分区、分类、整齐划一，严防暴晒、雨淋、水泡现象发生。

（5）物资的报废与更新。部分防汛物资为保证抢险救援安全及成效，规定有一定的储存年限，当其过了存放年限后，就必须申请报废，否则将严重影响抢险救援安全及成效。每年汛后应对本单位仓储内的防汛物资进行系统、全面地查看和清理，及时与账、卡、物相对照，统计出需要更新、补充的防汛物资的种类和数量，以便进行更新和补充。对于报废、报损鉴定的防汛物资要提前三个月上报，及时处理，并形成制度化，定期检查，定期补充，确保防汛物资储备的数量和质量。各地应根据当地历史洪灾常见险情、灾种情况，有针对性地储备洪涝灾害应急救援物资，并按物资储备管理有关法规、政策性文件规定做好仓储管理工作，可参考本书第4章中有关储备管理要求开展各项工作，在此不再赘述。

6.3.3.2 参观综合性防汛抢险物资仓库

（1）了解选用防汛抢险物料的原则（综合配套，适应复杂的气候、水流条件及河床变形，具有较好的耐用、抗冲性能；结构简单，能在野外便于迅速换件维修）。

（2）了解防汛抢险—水上救援的各种设备（机具）、数量及用途，详见第3章所述。

（3）掌握正确穿戴救生衣要领。集中强调“救生衣是防汛抢险一线指战人员的生命之衣”，每个人必须要按规范穿戴好救生衣。救生衣又称救生背心，是一种涉水环境救护生命的服装，设计类似背心，采用尼龙面料配聚乙烯泡沫塑料或可充气的材料、反光材料等制作而成。除具有浮力外还具有保温，醒目、报警求救的功能，属于非常重要的水上救生个人防护装备之一。

了解性能特点：救生衣穿在身上具有足够浮力，要求浮力＞75N，使成年落水者头部能露出水面，在水中浸泡24小时后，浮力损失应小于5%。防汛救生衣规格通常为，长：55cm、宽：40cm，适合胸围3尺2，颜色：一般为橙色，反光片：胸前和后背各2片，重量：0.3kg左右；求救口哨：1只；执行标准：GB 4304标准要求；浮态：保持人体垂直或后倾，头部高于水面。船用、防汛救生衣使用年限一般为5～7年。

穿戴要领：先整理救生衣，将有反光片的一侧整理在外，穿戴上身；胸绳或拉链、腰

绳及腋下绳应系紧、系牢，保证救生衣与身体紧贴。

6.3.4 实训方法及要求

1. 方法

（1）请防汛抢险物资仓库的管理人员、技术人员作专题报告，结合水上救援防汛抢险要求及上述实训内容，讲述防汛抢险物资的存放位置、数量要求、基本用途等。

（2）参观防汛物资仓库，观摩主要设备操作要领。

（3）在教练员带领下，学员轮流操作主要设备，掌握实操要领。

（4）学员听专题报告、记笔记、拍摄照片视频。

2. 要求

每位学员写一篇实训报告。

3. 考核

实训指导教师根据学员实操表现、笔记内容及实训报告评定成绩。

6.4 军事体能实训

6.4.1 实训目的

通过队列、体能训练，提高学员组织纪律性，树立一切行动听指挥的意识；也是提高每一位从事应急救援作业人员所必须具备的身体协调性以及完成各类救援动作所必需的体能要求。总的来说，通过该项科目的组织训练，促使参训人员在极端天气、环境情况下，满足各类救援所必需的身体素质要求；同时，通过轮岗领队的方式，也可快速提高参训人员的组织指挥能力。考核标准可适当参照相关的部队、学校考核指标执行，体能不达标的参训人员严禁从事救援一线工作。

6.4.2 实训场地

运动场、操场。

6.4.3 实训内容

（1）队列训练主要内容有：①列队报告；②基本队列动作，如：立正、稍息、向右看齐、跨立、蹲下等；③紧急集合（分徒手及携带装备）；④齐步走、跑步走；⑤按班组、队建制登船、靠岸登陆等。

（2）体能训练主要内容有：①800m 跑步；②仰卧起坐、俯卧撑、引体向上、蛙跳；③必要的器械训练，如跳绳、卧推哑铃（杠铃）等。

6.4.4 实训方法及要求

1. 方法

体能训练开展分为训练前准备活动、训练实施、放松运动三个方面进行。建议参照有关学校、部队队列、体能训练大纲执行。可参考以下范例进行训练组织指挥。

体能训练组织指挥程序范例

1. 由领队组织全体学员整理队伍

口令："向右看齐、向前看两遍、整理着装、报数、稍息、立正。"

2. 向现场最高首长或考官请示报告

口令："×××（领导职务或考官）同志　×××（某地或某单位水上救援或防汛抢险集训队）全体学员结合完毕，应到××人，实到××人，请指示。"

考官或领导："请按计划组织实施训练！"学员领队："是"。

3. 准备活动与放松运动

（1）准备活动。在体能训练前应进行10min左右的准备活动，可全面提高身体各个部位的温度，使身体各部位肌肉更加灵活自如，避免由于做伸展、负重练习而拉伤肌肉；也可以减少运动对身体的心血管系统及供血系统的消耗，有利于运动后尽快解除疲劳。一般按照"从头到脚"顺序活动，包括颈部、上肢、腰腹、腿部及手腕、脚腕活动等。

1）颈部运动：颈部肌肉的伸展，低头、仰头、向左侧、右侧，最后头分别由左向右或由右向左绕环。口令4×8拍，要求幅度由小到大，充分活动。

2）上肢运动：左脚向左跨出，与肩同宽。1～2拍两臂胸前平屈后振，掌心向下，3～4拍两臂伸直打开，掌心向上，5～6拍两臂经体侧上举后振，掌心向前，6～8拍两臂垂下后振，掌心向后。4×8拍，要求手臂伸直，注意每个节拍掌心方向，动作协调，适当用力。

3）腰腹运动：听到"预备"口令时，左脚向左跨出约1m，两腿伸直，两臂向两侧平伸，掌心向下，上体姿势保持不变，上体与地面平行，1拍时右手摸左脚尖，2拍时左手摸右脚尖，依次交替。4×8拍，要求左右转体幅度要大，两腿挺直，充分伸展。

4）弓步压腿：听到"预备"口令时，左脚向正前方跨出一大步，全脚掌着地，大腿与地面平行；右腿挺直，前脚掌着地，上体正直，两手交叉贴于脑后，两肘后张，抬头挺胸，身体上下起伏。4×8拍后动作相同，方向相反继续4×8拍活动。要求身体要稳，抬头挺胸，两肘后张，大腿与地面平行。

5）仆步压腿：听到"预备"口令时，左脚向左跨出适当距离，屈膝下蹲，身体重心落于右脚，左脚与地面垂直，右脚全脚掌着地，两手交叉贴于脑后，两肘打开，上体保持正直，身体上下起伏。4×8拍后动作相同，方向相反继续4×8拍活动。要求上体保持正直，抬头挺胸，逐渐增加难度，充分拉伸。

6）膝关节运动：听到"预备"口令时，左脚向左跨出与肩同宽，两膝微屈，手指自然并拢，放于两膝上，由左至右、由右至左或是由内向外、由外向内绕环。练习4×8拍，要求幅度要大。

7）脚腕、手腕运动：两手交叉自然置于胸前，左脚脚尖着地，脚腕手腕自然放松，按照顺、逆时针方向绕环活动；后2个8拍换右脚，动作相同。要求关节放松，幅度要大。

（2）放松运动。在进行完高强度、高密度体能训练后，应当再做5～10min的放松运动。因为高强度运动后，身体都或多或少会在体内产生一些乳酸，它能使肌肉僵硬酸痛，而放松运动可以使乳酸在体内的血液中快速循环并代谢出体外。它是通过逐步降低运动强度来实现身体韧带、肌肉和运动关节放松下来。放松运动具体有慢跑、慢走或倒走，轻压腿、轻压腰部韧带，揉捏腿部、臂部肌肉等。

2. 要求

（1）在训练中严守训练秩序。

（2）充分做好安全防范，防止事故发生。

3. 讲评示范

每位学员轮岗领队指挥，考核要求：口令准确，讲评言简意赅，精气神饱满。

领队口令："向右看齐、向前看两遍、整理着装、报数、稍息、讲评。"

领队讲评："请稍息，通过今天×××体能训练情况来看，好的方面：①在训练中大家的积极性都比较高，能严格完成训练科目和训练量；②×××在课前预习较充分，×××在训练中态度端正，能认真完成训练量，充分体现了吃苦耐劳的精神，希望大家向他们学习！不足之处：①个别学员在准备活动过程中身体没有完全活动开；②个别学员身体素质还有待提高，在完成训练内容时标准不高，希望在今后的体能训练中加强自身训练强度，提高身体素质，为水上救援打下良好的体能基础。大家能不能做到?"

全体参训人员齐声回答："能"。

4. 考核

实训教练参照相关部队、学校考核项目和指标，并根据学员训练动作是否规范正确以及完成数量，评定学员平时的训练成绩。

6.5 划桨基本动作要领实训

在以往历届集训及水上救援中，发现相当部分队员在舟艇因发动机故障，失去动力或城镇内涝搁浅时，不能很好地利用船桨划行，普遍出现左右船舷用力不平衡，左右摇摆偏转明显；调头时，左右配合不好，原地打旋等问题。因此，要求在静水（湖泊）或低流速水（河道）中，划桨行驶距离不少于400m，每艘船两名桨手，用船桨或借助救生杆划行舟艇，如图6.5.1所示。

图6.5.1 舟艇划桨训练

6.5.1 实训目的

要求学员掌握舟艇划桨基本动作要领，有效控制船只航向、航速。

6.5.2 实训场地

流态、流速稳定的湖泊或流速不大于1m/s的河道中。

6.5.3　实训内容

6.5.3.1　准备工作

（1）所有参加训练的学员按规定穿戴好救生衣及安全帽。

（2）提前将发动机提起锁止；根据参训人员数量，提前准备好船桨，将其顺放在船舷两侧。

（3）以舟艇为单位，每艘船2名桨手；固定一名桨手下达小口令。

（4）各参训人员蹬舟后，迅速坐在舟艇两舷正横位置（船舷居中位置）。

6.5.3.2　操桨步骤

（1）上桨。各桨手用内舷手手心向上握住船桨把手上端，外舷手手心向下、四指在外、拇指在内握住桨把手中下段，并将桨平放在两腿上方。内（外）舷手：指船员面向船首方向坐在左右船舷一侧，相对船舷位置，船舷内的手叫内舷手，船舷外的那只手叫外舷手。

（2）划桨。各桨手听到“各就各位，预备，开始”口令后，上体尽量向前倾，立即把桨叶叶面垂直于水面并斜向插入水中1/2～2/3，同时身体向后倒带动双臂拉桨，两手向外转动桨柄，使桨叶始终以最大阻力面划动水流，两脚用力蹬船底板，当上体后倒至最大限度时，两肘迅速屈臂收腹同时压桨，桨柄压在胸前两肘夹紧，以此周而复始运动。

（3）左转弯或右转弯。当下达“左转弯”小口令时，左舷桨手继续用劲向前划桨，注意有意识地将桨叶比正常向前行进时更深入水中一些，并保证桨叶面在水中承受最大阻力；同时，右舷桨手则向后划桨，以便帮助舟艇迅速向左侧转向，待转到合适方向时，右舷桨手立即变为向前划桨，如果舟艇存在左转向过大或接近于调头（180°）趋势时，左舷桨手应适当减小向前划桨力度，等待右舷桨手调整好既定方向时，再正常往前划桨行进。舟艇右转弯时与上述动作相反即可。

（4）调头。根据上述左右转弯动作要领，左右舷桨手及时控制转向角度。

（5）倒车。当舟艇在靠岸前，自由冲程较大有可能碰撞岸边时，应及时下达“倒车”小口令，左右舷桨手应同时变为向后划桨，以此减小舟艇自由冲程，避免碰撞船只。

6.5.3.3　划桨注意事项

（1）各桨手动作一定要左右看齐，以免动作不齐，造成舟艇左右舷受力不均而引起船体摆动甚至偏转。

（2）注意穿戴上耐磨的点塑手套并尽量不要把手弄湿，以免手掌摩擦起泡。

（3）两名桨手可以在直行段或适当位置互相交换位置，以便及时交换内外舷手，避免拉伤手臂肌肉。

（4）划桨时要运用整个身体前倾或后仰的力量，并要注意放松手臂肌肉，以保持耐久力。

（5）重点训练如左右转弯、倒车操控动作，提高桨手之间的默契配合。

6.5.4　实训方法及要求

1. 方法

（1）集中所有学员强调训练纪律，实训水域范围。

（2）教练员集中讲解动作要领，示范分解动作。

（3）分组实操。

（4）400m 计时考核。

（5）讲评训练效果。

2. 要求

（1）每位参训学员熟练掌握训练要领。

（2）划定训练水域，安排两艘舟艇进行不间断安全安巡逻。

3. 考核

实训指导教练根据分组学员实操动作正确与否、熟练程度，计时评定平时训练成绩。

6.6 舟艇组装调试实训

6.6.1 实训目的

掌握常用橡皮艇、冲锋舟组装、调试操作要领。

6.6.2 实训场地

长不小于 1000m、宽不小于 200m，且流速不大于 2m/s，无通航要求的河道或湖泊水域。

6.6.3 实训内容

6.6.3.1 常用橡皮艇组装

1. 安装

（1）解开包装取出舟体和附件。

（2）在清洁平整处把舟体打开，把气嘴上部安装好，把舟的龙骨放正，两人配合张拉将舟体橡皮气囊尽可能平整舒展。为方便舟体橡皮气囊舒展，提高安装速度，可先将舟艇各个气囊充气至 1/3 标准气压。

（3）底板按所给的图纸编号顺序依次安装，一般从船头至船尾依次为①②③④号底板，为方便快捷地安装底板，先安装①②④号底板，最后安装③号底板，配合踩踏将③号底板压平到位。注意上下底板之间的凹凸槽一定要嵌固到位，并保证两舷及底板橡皮不被嵌压。

（4）装入边条，每艘橡皮艇两舷底内侧各配置了两根一长一短的铝合金材质的中空边条，并可连接成一根通长的边梁，其作用是支撑两舷船体并将底板嵌入其内，可有效提高橡皮艇的整体性和可拆分性。在安装时，要求边条安装到船舷和底板之间的夹角处，起到固定底板的作用。为提高舟体在航行击浪中的整体性，抵抗击浪产生的冲击荷载，安装时切记两舷边条长短应错缝分开，两舷的两根边条不可一样长短。

2. 充气

打开气嘴上部，先将船舷气囊充气，由尾至首，最后充填底板气室。注意不要一次充到标准气压，待各气室分别充起后，再补充到标准气压，将气嘴上部拧紧，使其气压稳定。

图 6.6.1 橡皮艇组装

图 6.6.2 组装完成的橡皮艇

3. 安装外挂发动机

水上救援橡皮艇外挂发动机配置一般为 30～40 马力，艉板有较明显的防滑安装处，由于不便在艉板钻孔穿螺杆连接发动机与船体，防止橡皮艇在行进过程中，尤其是转变离心力较大时，引发甩脱船外机事故，所以一定要拧紧卡式扳手，要求养成每间隔航行 30min 应检查扳手是否松动的习惯。

4. 注意事项

（1）经常检查各气室的压力，使其压力保持在标准气压状态下。检查所有附件是否有损坏或磨损，必要时应进行维修。

（2）船内积水排放：把固定挂机的艉板下方的单向阀胶塞取出，开动舷外机，推动橡皮舟前进，即可轻松排除积水。

（3）橡皮舟配用的船外机不允许超过制造厂推荐的动力。在操纵时，舟内载荷要分布均匀，特别是遇到强风浪时，不要急转弯，以确保舟体的稳定航行。

6.6.3.2 常用冲锋舟（外挂发动机）组装

（1）船外机的安装。2～3 人将发动机安装在冲锋舟艉板中心线上，将夹具固定在艉板上，拧紧艉板钳手柄并将两颗螺栓穿过艉板和机座孔（如艉板在出厂时未钻孔，应用冲击电钻在舟体中心线上左右距离均等钻孔两个），最后拧紧螺母固定好发动机。船外机安装如图 6.6.3 所示。

图 6.6.3 船外机安装

需要说明的是，前些年防汛冲锋舟在出厂时，有大量船只艉板未钻发动机机座螺栓孔，仅靠发动机机座手柄拧紧来固定发动机。这样，在持久的发动机共振作用下，尤其是转弯行进时强大水阻力及离心力影响下，容易将发动机甩脱船体，造成重大操作事故。因此，强烈建议水上救援冲锋舟应当采用两根钢件螺杆（直径及长度根据发动机机座孔及艉板厚度适当确定）对穿机座及艉板，并加装弹簧垫、平垫及配套螺母。

（2）连接缆绳。选用结实耐用的直径 2～3cm，长度约 6m 的缆绳，一端系在船头吊环，一端系在长约 30cm、直径 20～22mm 削尖端头的螺纹钢筋，方便停靠时插入岸边固定船只，可参见图 3.1.6。

（3）调整机座悬挂倾斜角，使船外机与水面垂直；检查安装水位线，确保安装水位线与水面接近。

（4）安装油管、油箱。将油箱的油表、加油盖一面朝上平放在发动机旁边；理顺油管，严禁油管打结，观察油管上的油泵气囊箭头，箭头方向应指向发动机一侧，箭尾则指向油箱方向，依次连接发动机和油箱。注意，连接时油管卡头应对准卡簧件，严禁大幅度摇摆油管卡头，使管头密封圈受损漏气而不能正常供油。图 6.6.4 为舟艇常用油箱油管示意图。

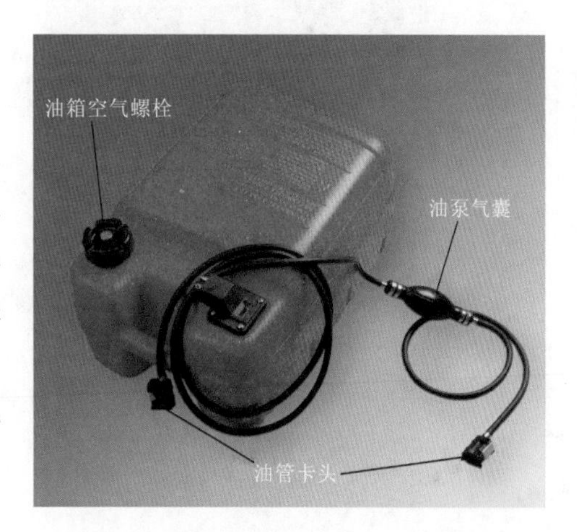

图 6.6.4　舟艇常用油箱油管示意图

在加油时，油箱空气螺栓应拧松，空气螺栓在油箱盖的中间铜质螺母。在行进过程中，如果不拧松空气螺栓，会随着油箱不断供油，而产生真空现象，使油箱出现负气压而供油不畅，影响发动机正常工作，甚至于熄火。

如停泊收船时，油箱内还有余油，应及时将油箱盖上的气阀螺母拧紧，以免箱内汽油渗漏、挥发，形成火灾安全事故隐患。

6.6.3.3　二冲程新旧船外机调配燃油

（1）二冲程发动机采用混合燃油，由于二冲程发动机相较四冲程发动机构造不同，因此在汽油中添加一定比例的专用润滑油，这样可有效对机体内各零部件进行润滑、降温。按规定的号数（一般为 92 号无铅汽油）和专用润滑油比例调剂好，并加注满油箱。

（2）船外机磨合期。首次使用船外机的磨合期一般为 10h。在磨合期间，如果是二冲程船外机，则应特别注意机油的配合比，如雅马哈船外机在最初的 10h 磨合期间要求汽油与专用机油的混合比例是 25：1，也就是一箱标准油箱 25L，需要混合 1L 专用机油，视觉颜色为深蓝色；低转速或怠速启动 10h，即完成磨合期。勾兑二冲程船外机混合燃油如图 6.6.5 所示，二冲程发动机混合燃油色卡对比如图 6.6.6 所示。

（3）旧发动机。磨合期完成后，汽油与专用机油混合比例改为 50：1，也就是一箱 25L 标准油箱汽油，掺加混合专用机油 0.5L，视觉颜色为浅蓝色。

（4）在油箱连接油管之前，将油箱立放在地面上，来回摇晃数次，使油箱内燃油与润滑油充分混合均匀，以期达到良好的润滑效果。

图 6.6.5　勾兑二冲程船外机混合燃油

（a）二冲程发动机新机器磨合期间混合燃油颜色

（b）二冲程发动机磨合完毕后混合燃油颜色

图 6.6.6　二冲发动机混合燃油色卡对比

（5）尤其注意四冲程船外机严禁使用混合燃油，需要单独往缸体内添加四冲程专用机油，燃油一般为 92 号以上无铅纯汽油。但是 10h 磨合期后，须及时更换机油，以后通常每运行 100h 更换一次专用机油。

另外，四冲程船外机在出厂交货时缸体内并未添加机油，请在启动前确认发动机内是否已加注专用机油，以免贸然启动发动机而损坏机器。

6.6.3.4　启动试机

1. 泵油

待连接好油管、油箱后，即可泵油，两手连续挤压气囊，直至气囊变硬时，即代表油管及发动机燃油系统已充满燃油。

2. 启动

在冷机状态时，先不卡上电源开关钥匙，应先拉动拉索启动手柄几下，促使发动机各关节部件活动，以便缸内混合燃油均匀润滑到位；检查发动机挡位是否在空挡上，禁止挂挡启动。常用舟艇发动机挡位以船头至船尾方向分别是前进挡、空挡、倒退挡三个挡位，操作手可在启动前来回挂挡，寻找空挡位置；转动油门手柄，使油门手柄箭头指向“慢速”位置；再卡（或插）上电源钥匙，拧小油门，然后操作手成弓步站在发动机旁，双手紧握启动手柄，拉动启动手柄直至发动机点火启动。挡位细部图如图 6.6.7 所示，拉动启动手柄点火如图 6.6.8 所示。

阻风门，是汽油发动机化油器上的一个部件，一般在化油器的进气口，通过安装在便于操纵的拉钮上进行操作。在发动机冷启动或低温季节（环境温度≤10℃）时，适当拔起或拉起阻风门开关，关闭部分进气口，减少空气进气量，从而增加进入气缸的混合气的汽油浓度，提高发动机的启动性能。将拉钮完全拉出，化油器的阻风门即关闭，此时化油器进气口完全或部分关闭，在燃油系统内压作用下，增加了化油器内混合燃油的气体浓度。反之，将拉出的阻风门拉钮推回，阻风门即正常打开，即为发动机化油器进气口恢复正常供气状态。

图 6.6.7 挡位细部图

图 6.6.8 拉动启动手柄点火

3. 观察

(1) 会看：发动机启动后，怠速预热 3min 左右，检查机头后侧排水孔是否排水通畅，如图 6.6.9 所示。这一点很重要，因为只有发动机在工作时能正常进行冷却水循环，才能有效地进行发动机冷却温控，以免温度过高，烧坏发动机。

(2) 会听：每一名操作手应牢记发动机在正常怠速、低速及中高速状态下的声音，在发动机运行过程中，可为快速辨识发动机故障提供重要的听觉经验。

4. 操作

行驶前必须将电锁钥匙拉线套在手腕或腰带上，如图 6.6.10 所示。注意挡位切换方向，向发动机方向推是倒挡，向船头拉是前进挡。在换挡过程中发动机应在怠速（低转速状态）运转状态下，前进、倒退换挡必须经过空挡停顿后方可进行。

图 6.6.9 发动机排水孔正常排水图

图 6.6.10 电锁钥匙拉线套手腕

5. 注意事项

船外机的磨合期与汽车、摩托车等燃油动力的磨合期是一个道理，在磨合期严禁长时间的全油门满负荷运转，在新船外机初次启动的 3～4min 内，应以怠速运转，让船外机得到良好的预热和润滑，特别是二冲程发动机是靠混合在汽油中的二冲程专用机油来润滑发动机各部件的，因此在预热后必须先慢速行进 3～5min，方可中速以上运转。

为有效保证发动机正常运转，新机磨合期运行最好是在水质比较良好的水域进行；如遇洪涝水域，在每次执行任务后应及时清洗发动机外表及冷却循环系统。最简单的方法是：发动机从舟体上拆卸后，单机放入检修水池中，启动几分钟即可将冷却系统中的泥沙冲洗干净。具体方法详见本书4.5节。

6.6.4　实训方法及要求

1. 方法

(1) 集中所有学员，请1名教练员做现场组装动作示范，总教练在旁边讲解动作要领。

(2) 由1名教练员带领4～6名学员分组练习。

(3) 集中学员讲评，强调安装启动先后顺序，分步骤进行；提出易犯错误及纠正的方法。

2. 要求

(1) 每个学员能掌握常用舟艇组装要领，调配新旧发动机燃油比例，以及启动发动机的要领。

(2) 划定训练水域，安排1～2艘舟艇进行不间断安全巡逻。

3. 考核

实训指导教练根据6.15节救援舟艇适任证书考核标准判断学员实操动作正确与否、熟练程度，计时评定平时的训练成绩。

6.7　舟艇离靠岸操作实训

6.7.1　实训目的

掌握舟艇自由冲程、操舵方向、离靠岸操作要领。

6.7.2　实训场地

长不小于1000m、宽不小于200m，且流速不大于2m/s，无通航要求的河道或湖泊水域。

6.7.3　实训内容

6.7.3.1　了解常用舟艇在不同速度、流速下的自由冲程表现

船舶在不同航速、流速下，怠速状态停车至船舶速度为零时，所滑行的距离为停车冲程，倒车至船舶完全停住时所滑行的距离为倒车冲程，两者统称为自由冲程。

影响船舶冲程的因素主要为排水量、船速、发动机倒车功率、船型系数、外界因素等。在其他条件一定时，排水量越大，冲程就越大；船速越大，冲程越大；倒车功率越小，冲程越大。另外，柴油机冲程比汽油机小10%左右，在顺风、顺流航行时，船舶冲程增大；在浅水中航行比在深水中航行冲程小，这是由于在浅水中航行时，船舶污底严重，阻力增加，船舶冲程也就相对较小。在本书第5章操纵舟艇基本要领中已详细阐述，在此不再赘述。

6.7.3.2　常用舟艇操舵

常用水上救援的舟艇操舵，分为前操（方向盘式）和后操（舵杆式），其中又以后操为主，可简单总结为：前操与汽车方向盘转向操作相同；后操采用操舵杆左、右摆舵来操控舟艇航行方向，即前进相反、后退相同。在训练中，很多学员刚开始把握后操舵效不

准，错操舵杆，具体来说：当挂倒挡倒退时，如欲往左侧后摆渡，应握住舵杆往左侧摆舵；当挂前进挡行驶时，如欲往左侧转向，应握住舵杆往右侧摆舵；同理，往右侧转向，反之，如图 6.7.1 所示。

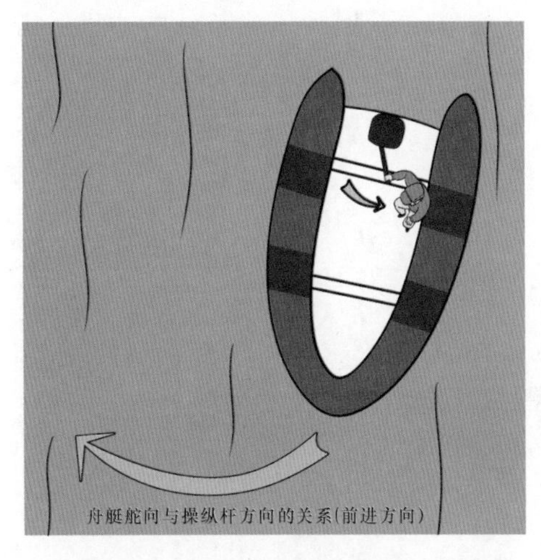

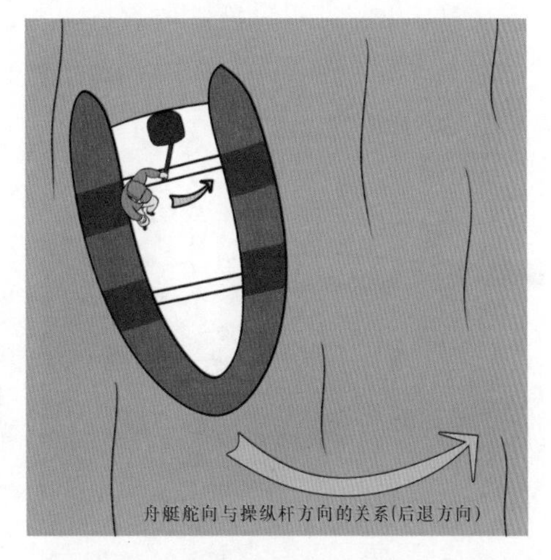

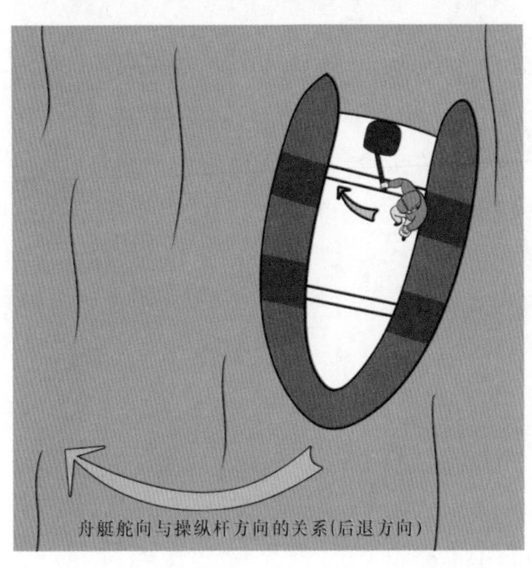

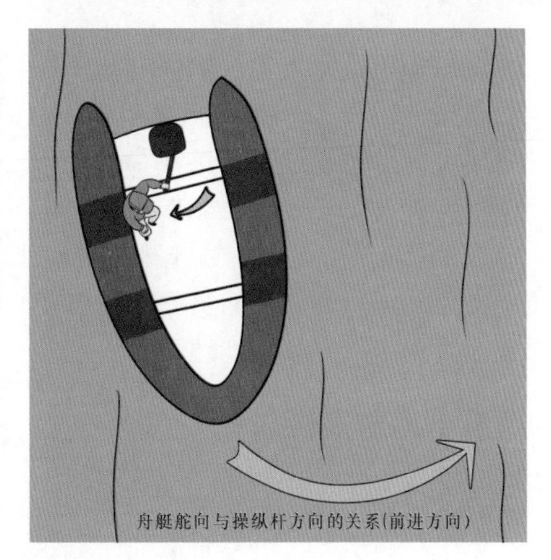

图 6.7.1　舟艇操舵

6.7.3.3　舟艇离靠岸操作要领

1. 离岸操作程序

安装—启动—检查—倒挡摆舵转向—确定前进航线—前进挡行驶。

参训队员按分班组迅速有序登船，左右两船舷平均坐下，严禁两手把扶于船舷外侧（注：以免船与船之间碰撞时，挫伤手背），应紧抓船舷内不锈钢管或缆索；正确安装燃油箱及连接油管，发动怠速 3～5min；观察排水孔是否正常排水；将发动机机座锁销打开；钥匙应套在把持油门手柄的那只手腕上，确定左右船距，怠速下迅速挂倒挡；手掌握住油门旋钮开关，掌根紧贴舵杆铁件部位，慢加油倒车，转向（可以现场统一倒车摆舵方向，避免相邻两船左右交叉碰撞，如统一下达“全船右舵倒车”口令），完成倒车转向后，迅速确定前进航线，怠速挂前车挡，各船依次慢加速行进，如图 6.7.2

所示，也可参见图5.4.1舟艇离岸要领示意图。

2. 靠岸操作程序

为保证船体在靠岸时的稳定性并便于人员安全上下舟艇，冲锋舟艇宜采取船首抵顶岸边靠岸的方法，提前100m确定停靠点位——提前50m减速——控制自由冲程（前进挡与倒挡交替控制）——停靠，如图6.7.3所示。

图6.7.2　摆舵

图6.7.3　挂倒挡

在实际操作中，应主张早松油减速，靠岸点位早确定。具体来说，新学员在静水中操纵，手把握住油门旋钮开关，掌根紧贴舵杆铁件部位，便于控制好油门大小，提前50m慢松油减速，如果冲程过大，可能会碰撞岸边，应在距离停靠岸边10m左右，怠速挂倒车迅速减少冲程，总的要求是船舶无声靠岸。舟艇靠岸后，如果在逆流或横流较大的岸边靠岸，应在怠速状态下将挡位一直挂在前进挡位上，始终保持舟艇船头抵顶岸边，不至于被水流冲淘偏转，待到其他船员登岸并将船只缆绳固定好后，驾驶人员方可熄火登岸，参见图5.4.2舟艇靠岸要领示意图。

6.7.4　实训方法及要求

1. 方法

（1）集中所有学员，讲解舟艇舵向操纵、自由冲程特点、离靠岸操作要领。

（2）由1名教练员带领4～6名学员分组练习。

（3）新学员刚开始练习离靠岸时，可选择较软的河岸滩地或码头迎水面一侧设置减震缓冲轮胎，防止操作不当碰坏舟艇船体。

（4）集中学员讲评，根据分组实训情况，提出易犯错误及纠正的方法。

2. 要求

（1）每个学员能感受在不同航速、流速状态下的自由冲程情形。

（2）熟练掌握控制冲程方法：前进挡与倒挡交替控制。

（3）划定训练水域，安排1～2艘舟艇进行不间断安全巡逻。

3. 注意事项

在离、靠岸倒车过程中，由于机座锁销处于打开状态，极可能造成发动机上翘，引起操作者恐慌。教练员可教导操作者在怠速状态不加油慢倒车，或用另一只手压住发动机机

盖即可克服上述问题。

4. 考核

实训指导教练根据6.15节《冲锋舟适任证书考核重点及标准》判断学员实操动作正确与否、熟练程度，评定平时训练成绩。

6.8 舟艇编队行驶实训

6.8.1 实训目的

通过掌握舟艇编队（纵队、一字形、三角形、S形）行进操作要领，提高学员操控舟艇能力，及时避碰水上各类障碍物，熟悉搜救队形应用。

6.8.2 实训场地

长不小于1000m，宽不小于200m，流速不大于2m/s且无通航要求的培训实操水域。

6.8.3 实训内容

6.8.3.1 一路（两路）纵队编队行进

8～10艘相同排水量的动力舟艇，依照一路（两路）纵队，前后左右间距6～8m跟进。首艘船操机手注意控制速度与航向，随后船只应随时掌控前后间距。整个编队成纵队前进，如图6.8.1所示。

应用特点：一路纵队适合于驾舟穿越中途水域，并对行驶速度要求较快的较狭窄航道；两路纵队适合于狭窄航道，搜救面积不大的水域。

6.8.3.2 S形一路纵队编队行进

其原理同一路纵队行进，只是在训练水域每隔15m左右设置一个浮漂，根据行进距离和舟艇数量确定浮漂数量，并成一条纵向弯曲航线布置，要求所有船只依次保持前后间距通过浮漂，但不能触碰浮漂。

应用特点：此编队可适用于狭窄弯曲航道，尤其是可快速躲避水面阻航漂浮物。绕圆周编队行进，可适用于在低速状态下以落（溺）水者为圆心，舟艇逐步缩小圆周半径接近落（溺）水者，从而进行安全有效的水上施救。可参见图5.5.1。

6.8.3.3 一字形编队行进

所有舟艇面向行驶航道，成一字形排开，左右间距为6～8m，向前行进。此队形注意速度不宜过快，以免舟艇相互间兴浪影响间距保持。

应用特点：此队形适用于搜救面积较大的、流速偏低的水域。由于行驶速度较小、占用航道也较宽，因此不适合驾舟穿越中途水域并对行驶速度要求较快的较狭窄航道。

6.8.3.4 三角形编队行进。

按照每三艘船成三角形编组，依次排列布置。由n个三角形编组形成一个大的三角形编队，要求前后三角形编组的中间船只前后对齐，控制速度保持队形整体行进。如图6.8.2所示。

应用特点：该队形适用于搜救面积较大，水面漂浮物较多或航道较复杂，需要几艘舟艇之间随时策应的水域。

6.8.3.5 混合编队行进

混合编队行进是指将上述几种队形混合编队，如：一路纵队出发至指定位置时，以S队形返回；再以一字形出发至指定位置时，变换队形成三角形返回等，要求所有舟艇统一编号，确定各自点位，迅速变换队形并保持前后左右间距整体行进。

图 6.8.2 三角形编队行进

应用特点：混合编队可展现救援队伍的整体风采，训练场面气势磅礴，多用于水上救援演练和接受媒体采访拍摄时使用。

6.8.4 实训方法及要求

1. *方法*

（1）集中所有学员，讲解舟艇编队队形、前后左右间距操作要领。

（2）每艘舟艇配备一名驾驶员和两名救生员，也可轮流、轮岗操作。

（3）指挥员注意统一下达口令，在离岸出发时，可根据现场码头布局，统一所有舟艇倒车摆舵方向，避免相邻两船左右交叉碰撞，如“全船右舵倒车”；或以码头中线为准，分左边舟艇右舵倒车转向，右边舟艇左舵倒车转向。

（4）集中学员讲评，根据分组实训情况，提出易犯错误及纠正的方法。

2. *要求*

（1）由简到难，由于舟艇在行驶过程中会互相产生船吸现象和涌浪影响，因此建议按照一路纵队—两路纵队—S形一路纵队—一字形编队—三角形编队的顺序逐渐增加难度来进行练习。

（2）开训前，应在训练水域上下游布置警戒船只，严禁其他船只进入训练水域。

（3）根据控制舟艇速度、冲程，操控前后左右间距，间距控制须大于舟艇船长，比如：6m长冲锋舟，那么间距应为6m以上，方可有效克服船吸和涌浪影响。

3. *考核*

实训教练根据各种编队行进时有无出现队形不整齐，前后左右安全间距不足，发生船间碰撞或碰岸等情况，评定平时训练成绩。

6.9 集结实训

6.9.1 实训目的

通过集结训练提升学员紧急集合的应急意识和能力，掌握不同险情条件下不同装备配备及集结流程和要领。

6.9.2 实训场地

参训人员单位或仓储地点至培训实操水域。

6.9.3 实训内容

携带装备到达指定地点集结，按照逻辑关系主要包括三项内容：①携带基本装备；②陆路运输；③组装舟艇行进至指定水域。

6.9.3.1 携带基本装备

（1）按照每一艘舟艇标准配备，冲锋舟救援基本器具详见第 3 章表 3.1.2。

（2）其他随船配备物资。个人急救背包、雨衣、小型爆闪警示灯、饮用水、干粮、墨镜等，各单位根据自身情况酌情配置。（参见 3.2 节常用单兵装备及应用）

6.9.3.2 陆路运输

目前，救援舟艇主要还是通过陆路交通车辆运输，具体有拖架运输、箱式货车运输及随车吊货车运输。为便于高效快捷，建议使用随车吊货车运输，其集吊车与货车于一体，大幅提高了装卸能力及速度。但需要注意的是，随车吊货车的操作人员需要 B 照（货车驾驶证）和起重吊装特种操作证齐全，方能上岗操作。随车吊吊运冲锋舟如图 6.9.1、随车吊货车起重作业如图 6.9.2 所示。

图 6.9.1 随车吊吊运冲锋舟

图 6.9.2 随车吊货车起重作业

1. 随车吊货车操作安全注意事项

按《起重机械安全规程》（GB 6067）要求，将车身停放在较平整、坚实的地坪上，支撑支腿，严格在支腿下垫设专用垫板或枕木，并保证垫板和枕木面积是支腿底面积的 3 倍，且两者接触面平整、可靠。在起吊操作过程中，应借助车身水平仪，动态确保车身处于水平状态。

2. 交通保障及利用赶赴途中时机统筹安排

（1）参训人员接到集结指令后，带队负责人应通过上级部门或指挥中心，询问受灾现场指挥人员联系方式并保持三方通信，尽快确定清楚受灾详细地点及最优交通路线，如遇沿途断道封闭，应及时与现场指挥部联系人取得联系，寻求当地交警部门保障通行。

（2）利用赶赴现场的路途时间间隙，及时告知现场指挥人员所需要的人、料、机等后勤保障。以水上救援任务为例，具体为：①舟艇需要的燃油量（注意，专用润滑油自带）；②需要支援的卸船搬运人员；③请对方发送 GPS 导航截图；④抢险队员人数，以便指挥部提供食宿准备；⑤及时与舟艇或其他专用机械设备特约授权公司取得联系，准备常用、易损配件，必要时请对方供货到位并提供现场维修服务。

6.9.3.3　组装舟艇行进至指定水域

一场完整、高效的集结训练，不只是携带装备和陆路运输，还更应包括组装舟艇行进至指定水域，救援队组保证“人、料、机”随时能够投入水上救援。只有如此，才能实现“召之即来，来之能战”的目的。

(1) 具体要求参照本章6.6节舟艇组装调试实训。在平时训练的基础上强调团队协作和熟能生巧，快速完成舟艇组装任务。卸车、组装控制时间的一般要求为：冲锋舟在20min以内，橡皮艇在35min以内。

(2) 行进至指定水域，详见本章6.7节舟艇离靠岸操作实训。到达指定水域后，领队应及时向现场指挥部报到，接受验收携带的救援装备、计时核定。

6.9.4　实训方法及要求

1. 方法

(1) 集中所有学员，按前述携带基本装备、陆路运输及组装舟艇行进至指定水域要求，轮流担任领队组织指挥全体学员完成集结训练。

(2) 由一名教练员带领4～6名学员分组练习。

(3) 集中所有学员讲评，提出易犯错误及纠正的方法。

2. 要求

(1) 开训前，应在训练水域布置警戒船只，严禁其他船只进入训练水域。

(2) 每名学员轮岗担任领队，熟练掌握组织指挥要点内容以及提升必要的汇报、沟通协调能力。

(3) 每名学员熟练掌握携带水上救援的基本装备，服从领队的指挥安排，积极提高团队协作能力。

3. 考核

实训教练根据参与集结训练的各组队携带装备的完备、完好情况，以及陆路运输平均时速和舟艇组装行进至指定水域用时，先综合评定各队组总成绩，再评定每名学员的平均训练成绩。

6.10　驾驶冲锋舟水上救生实训

6.10.1　实训目的

掌握驾驶冲锋舟进行水上救生的操作要领，提高学员利用冲锋舟等设备进行水上救生技能，有效避免发生救援事故。

6.10.2　实训场地

能满足冲锋舟驾驶救援培训，长不小于1000m、宽不小于200m，流速小于1.0m/s且无通航要求的河道、湖泊水域。

6.10.3 实训内容

6.10.3.1 驾驶冲锋舟配合使用救生圈、救生杆进行水上救生

1. 接近落（溺）水者

保证实训水域下游1000m范围内没有拦水闸坝、电站、溢流堰及箱涵等水工建筑。当接到指令时，实训小组首先应通过无线通信向救援指挥部或当地政府了解落（溺）水者大致的水域位置，然后携带必要的救援装备快速驾驶舟艇赶赴指定水域，迅速确定落（溺）水者位置，重视正确驾舟接近落（溺）水者的方法：不熄火，以船两舷的一边接近，逆水而上，如顺水流时应在落（溺）水者周围绕半圈变逆水行进，以舟艇的一舷接近落（溺）水者，并在适当距离将舟艇作圆周定位行驶。也就是相对于落（溺）水者点位，操纵舟艇作圆周行驶，严禁熄火或挂空挡操作，严禁以船头或船尾接近落（溺）水者，以免撞压落（溺）水者，造成二次伤害。如落水者仍有活动能力，可抛出救生圈（系20～30m长，直径0.5～1cm的救生绳）帮助其靠拢船舷，再拉扶上船（参见图5.5.1）。

2. 抛投救生圈

在营救有行为能力的落水者时，先将系在救生圈上的救生绳整齐折叠（折长30cm左右），左手紧握绳末端，右手环抱救生圈，半弓步扭腰转体，用力向目标方下游抛出。要求抛投方位尽可能准确接近水中目标并根据现场风速、流速，将救生圈抛投在目标下游，以便落水者借助水流冲刷力和浮力迅速抓住救生圈（参见5.5.4节和图6.10.1）。

图6.10.1 抛投救生圈示意图

3. 救生杆的使用

如果溺水者已失去知觉意识，没有行为能力，施救人员应用救生杆从溺水者侧边小心钩拉其衣领、腰带，使其靠拢冲锋舟并拖拽上船获救。严禁鲁莽挥舞救生杆，给溺水者造成二次伤害。

4. 拖扶上船

拖拽落水者上船时一定注意保持船体左右船舷平衡，由两名救生员蹲下身体、放低身体重心，在船舷一侧稍靠船头位置拖扶落（溺）水者手臂或腋窝部位上船，驾机员应适时调整座位，往重量轻的一侧移动身体，尽可能平衡舟艇左右舷重量。总之不能将所有船上人的重量都集中在船舷施救一侧，以免造成船体失稳而倾覆，如图6.10.2所示。

6.10.3.2 使用锚钩、救生抛投器进行水上救生

锚钩、救生抛投器的性能、特点详见3.3节。

1. 发射锚钩

锚钩作为攀援辅助工具，可以抓住70～120m间距的两岸树枝、墙壁、栏杆、船舷等，通过绳索辅助攀爬；锚钩为钛合金整体无焊点制造，具有重量轻、抗拉能力强、抓着点牢固的特点。在断路断桥的山洪灾害应急救援中，往往需要架设溜索，架设溜索时需将救生抛投器或锚钩抛投器与救生绳、滑轮配合使用。如先用锚钩抛投器将牵引绳索抛射到

被洪水阻断的对岸，并固定在牢固的树干或岩石上。然后连接较粗重的救生绳及绳索滑轮，按照施救一侧低于被救一侧的原则，架设马叉固定救生绳两端，施救人员和被困者可以通过该套溜索穿越洪水河道，如图6.10.3所示。

2. 发射救生圈

一般采用4mm专用救生绳索连接弹头，弹头被抛射到落水者下游的水面后，在其内的救生圈遇水5s即可自动弹开充气。橙红色救生圈颜色明显，有利于落水者快速发现救生圈位置；并且4mm绳索可以漂浮于水面，落水者也可以方便地抓住，如图6.10.4所示。

图6.10.2 拖扶上船

图6.10.3 架设溜索穿越洪水河道

图6.10.4 发射救生圈

发射角度取35°～40°。水中救援时，尽量选择在落水者的下流或下风位置发射，发射目标对准落水者下流或下风方向的5～10m处，以便落水者借助水流冲刷力和浮力迅速抓住救生圈。发射救生圈应根据现场情况以及发射距离，可在船上或岸上发射。后续施救动作可参照本节拖扶上船要领进行。

3. 后坐式救生抛投器的使用

后坐式救生抛投器因其射程较手持式远，可击发次数达6次左右（手持式一般仅击发3次），因此推荐使用后坐式救生抛投器，其产品介绍、应用领域及主要性能参见本书3.3.7节救生抛投器中所介绍内容。

（1）发射前的准备工作。

1）将发射气瓶、救援绳按要求正确组装准备好。

2）准备好自动充气救生圈、水用塑料保护套，做好发射连接安装及充气准备。

3）发射气瓶、救援绳、自动充气救生圈的连接安装：

a. 检查救援绳有无打结或磨损现象，将绳子理顺渐次放入绳包中。

b. 发射气瓶嘴保护套上有4个小孔，将黄色拉紧绳的两端分别从2个相对的小孔穿入，再将快速自动充气救生圈上黄色拉紧绳的两端分别从气瓶嘴保护套上的另外2个相对的小孔穿入，一同套在气瓶嘴上，用扳手拧紧气瓶嘴保护套，拉紧绳及救生圈被连接在发射气瓶上。这样就使发射气瓶与救生圈和主救援绳相互连接。作为陆用抛投器使用时，取下橙黄色水塑料保护套，套上气瓶保护套。同时将救援绳更换为牵引绳即可。

c. 拉紧绳上有一个连接小吊钩，打开小吊钩环与救援绳头端相连，关闭小吊钩环，当发射气瓶被发射出去时，通过拉紧绳带动救援绳及救生圈起到救援目的。

d. 将救生抛投器铝制衬筒（小）推进发射装置铝筒（大）内并将槽口对准固定销，用手轻轻抬起衬筒将发射装置固定销卡在槽口上。

e. 将装有救生圈的塑料保护筒安装到发射气瓶上，准备给气瓶充气。

（2）快速充气救生圈组装。

1）用手拧下救生圈上自动充气装置的透明塑料盖（如再次使用前要将水分擦干）。

2）将里面的红色溶解塞换下，放入新的溶解塞（白圈向上），将塑料盖扭好（注意：如果溶解塞没有问题，可以从白色塑料顶部看到绿色，否则呈现红色）。

3）更换用过的二氧化碳气瓶，溶解塞遇水后迅速溶解，白色塑料盖里的顶杆在压簧的作用下撞击撞针，刺破二氧化碳气瓶，向自动充气救生圈内充气，使之迅速膨胀。

4）如果使用了手动急充气开关，需要更换位于应急开关旁边的绿色塑料开关保险销。如撞针未能刺破二氧化碳气瓶，被救者可使用此装置给救生圈充气。

5）在救生圈上有一个人工应急充气嘴，在二氧化碳气瓶失效或压力不足的情况下可用于补充（救生圈的放气也应从这里进行）。

6）在重新安装救生圈前，先将其擦干净并放空里面的所有空气，将救生圈从一端卷起，使气体排出。（注意：必须将空气排出，否则无法装入塑料筒的弹头内）

7）两次对折救生圈，充气装置置于上面。

8）从有绳索一端开始紧紧卷起救生圈，包住自动充气装置，尽可能地保持卷好的救生圈均整、干净。

9）将救生圈塞入红色的水用塑料保护筒内（救生圈上的透明塑料盖一端必须朝向塑料保护筒的顶端）。

10）拉紧与气瓶嘴保护套相连的白色拉紧绳，并将多余的部分塞入塑料保护筒内。

（3）发射。

1）检查绳包装上的安全销是否处于正确位置。

2）拔出发射安全销。

3）以适当角度置于身前，并估计发射距离（应超过被救目标），双手紧握，扣动发射扳机进行发射（发射时应采用抛物线，严禁直接对准被救目标及物体，以免伤害被救者或损坏发射气瓶）。

4）填装有救生圈的弹头落水后3～5s，会自动击发小气瓶而使救生圈自动涨开。

5）遇险者抓住救生圈，并将它套在自己的身上，施救人员可将他们拉到安全地带或拖拽上船。

（4）注意事项。

1）每次发射之前应检查救援绳，确保完好后方可使用。在水面使用时，一般发射距离为70～250m。

2）救生抛投器的救援绳、发射气瓶、自动充气救生圈都是可以反复使用的。

3）发射救生圈一般采用4mm专用救生绳索连接，因为水中拉力较轻，橙红色绳索颜色明显，有利于落水者发现绳索位置；并且4mm绳索可以漂浮于水面，落水者可以方便地抓住。救生圈遇水后5s即可击发自动充气。

4）发射角度取35°～40°。水中救援时，发射目标对准落水者下游或下风方向的5～10m处，以便落水者顺流而下趁势抓住救生圈，而不至于弹头落体伤害到落水者（机理分析详见5.5.4江河洪水水上救援“（4）”所述）。发射救生圈应根据现场情况以及发射距离，可在船上或岸上发射。落水者抓住自动充气救生圈后，救生员应从下风下游拖曳至船上或岸上。

5）严格遵守操作规程，严禁对着人发射。

6）尽量减少救援绳的磨损。

7）注意对发射气瓶的保护，发射气瓶为铝制品，弹头为塑料制品，都比较容易损伤，在使用和平时训练中，要尽量减少对气瓶的损伤，因此在平时的训练中要注意加强气瓶的保护，尽可能找一些土质比较松软或有草坪的地方，进行抛投训练。严禁使气瓶由高空直接落到地面，造成气瓶与地面直接撞击，致使气瓶损伤。避免由于平时训练不注意而造成抛投器的无谓损伤，在平时训练中应轻拿轻放。

8）严禁用于救援以外的其他作业。

（5）再发射。

1）先将快速充气装置及救生圈和发射气瓶上的水分甩掉，用洁净的干布擦拭干净，对其进行检查，确保无漏气无磨损后方可再用。

2）装上新的溶解塞或小气瓶。

3）卷好救生圈，塞入新的水用塑料弹头筒中。

4）理好救援绳。

5）筒装在气瓶上，把救援绳连接好，装回发射装置上，进行充气。

6）对救生抛投器各零部件进行检查，确认安装连接好，方可再次发射。

6.10.4　实训方法及要求

1. *方法*

（1）集中所有学员，请1名教练员做现场组装动作示范，总教练在旁边讲解动作要领。

（2）每组挑选一名水性较好，并着救生衣的队员扮作落水者，进行抛投救生圈、拖扶上船以及使用救生抛投器施救科目训练；使用救生杆施救溺水者科目，则可使用硅胶人体模型扮作溺水者进行训练。

（3）由1名教练员带领4～6名学员分组练习。

（4）集中学员讲评，提出易犯错误及纠正的方法。

2. *要求*

（1）开训前，应在训练水域布置警戒、安全巡逻船只，严禁其他外来船只进入训练

水域。

（2）每个学员能掌握驾驶舟艇配合救生圈、救生杆进行水上救生的操作技能。

（3）掌握组装、使用救生抛投器。

3. 考核

实训指导教师根据学员实操动作正确与否、熟练程度，计时评定平时训练成绩。

6.11 驾驶舟艇进行孤岛（孤楼）救援实训

6.11.1 实训目的

掌握驾驶冲锋舟进行孤岛（孤楼）救援技能。

6.11.2 实训场地

长不小于1000m、宽不小于200m，流速不大于2m/s且无通航要求的培训实操水域。

6.11.3 实训内容

6.11.3.1 驾驶舟艇进行孤岛救援

随着短时区域性强降雨而形成的洪涝灾害具有显著的突发性，往往灾区群众还来不及转移，就被洪水围困在相对高处的孤岛上，这就需要在现场侦测、巡查的基础上，果断采取驾驶舟艇的方式，迅速将被困群众转移至安全地点并妥善安置。

1. 侦测

可利用现代无人机进行受灾区域侦测、侦察、运输等应急支援，产品介绍和应用领域可参见本书3.3.2节内容。

无人机最大的优势就是可以在恶劣的自然条件下进行低空飞行，获取影像数据，满足各类应急侦察和测绘需求。因此，广泛应用到应急救灾行动中，为应急救援指挥部门的灾情分析、判断、救援方案提供及时有效的决策参考。当然无人机操作人员须经过国家专门的培训考核合格后，取得驾驶执照，方可上岗操作。

2. 巡查

在没有条件利用无人机侦测时，也可驾驶舟艇在灾区当地社区人员引导下对被困群众所处孤岛进行实地巡查。巡查人员应当详细了解被困村社地理位置、上游来水、附近有无大江大河及水工建筑物，常住人口数量等情况。到达现场后，巡查人员应先在被困孤岛周围绕行一周，仔细观察孤岛淹没情况，被困群众大致数量，选择便于船只安全航行和离靠岸的位置，并迅速将现场巡查情况报告指挥部并提出营救方案建议。

3. 转移

孤岛救援的关键在于选择便于船只离靠岸位置，一般选择在远离急流的缓流或回流区，避开在紧邻水工建筑物的上下游或主流、横流区靠岸。如现场确实要穿越流速湍急的大江大河，应根据现场流速、风速以斜向下游一定角度以“S”形行驶（注：便于克服涌浪，提高舵效）靠向被困孤岛。靠岸时，应迅速拴好缆绳，固定好船只。

如果靠岸位置有堤防、岩石等高坎，救援队应提前准备好梯子或绳梯，便于被困群众安全登船。建议使用便于携带的伸缩铝制梯子或绳梯，但要注意安装牢靠，保证群众上下船安全（图 6.11.1）。

图 6.11.1　孤岛救援

舟艇靠岸停稳后，应先安排两名救生员登岸维持现场次序，搀扶群众依次登船，发放救生衣并督促每一名群众按要求穿戴好救生衣，平均重量坐在两船舷边，乘员不得超过极限载客量。舟艇停靠至安全地带时，同样安排两名救生员搀扶群众登岸，回收救生衣并报告转移被困群众人数。

6.11.3.2　驾驶舟艇进行孤楼救援

孤楼救援方法大致同孤岛救援，只是上下舟艇难度稍高一些。救援舟艇在接近被困孤楼时，应安排一艘舟艇在孤楼的下游巡逻警戒，并使用手持喊话器不断向被困孤楼群众喊话："我们是某某救援队，请大家不要惊慌、不要拥挤，等待后续救援……"，积极安抚现场群众情绪。

舟艇靠岸要根据现场淹没水位情况灵活掌握，可以利用孤楼窗户、阳台等作为上下通道，并尽可能选择通道与舟艇垂直落差小的位置停靠；如高差确实较大，可利用绳梯、滑索帮助被困群众上船，但一定要系上安全绳，安全绳的一端由救援人员攀爬到窗户或阳台，寻找牢靠的地方系牢，也可以使用防坠落器替代安全绳，以此保证每一名群众安全登船。相关索具功能请参见本书 3.2 节相关内容。另外，严禁群众凌空坠落踩踏舟艇，避免舟艇失稳颠簸或倾覆事故发生，孤楼救援如图 6.11.2 所示。

图 6.11.2　孤楼救援

6.11.4　实训方法及要求

1. *方法*

（1）选择模拟孤岛及孤楼场地。

（2）集中所有学员，请 1 名教练员做现场组装动作示范，总教练在旁边讲解动作要领。

（3）由 1 名教练员带领 4～6 名学员分组练习。

（4）集中学员讲评，提出易犯错误及纠正的方法。

2. *要求*

（1）开训前，应在训练水域布置警戒、安全巡逻船只，严禁其他外来船只进入训练

水域。

(2) 每个学员能掌握孤岛（孤楼）救援要领，分工明确，协同配合。

3. 考核

实训指导教师根据学员实操动作正确与否、熟练程度，计时评定平时训练成绩。

6.12 救生泳姿实训

6.12.1 实训目的

掌握蛙式仰泳和踩水两种救生泳姿动作要领，提高学员在水中自救互救技能。

6.12.2 实训场地

培训实操静水水域或流速不大于 1.5m/s、水位（水深）不淹没至下颚的顺流河道，下游 1000m 范围内无溢流堰、水闸、箱涵等各类水工建筑物。

6.12.3 实训内容

6.12.3.1 蛙式仰泳

蛙式仰游又叫反蛙泳，顾名思义，就是身体翻过来面向天空的蛙泳。反蛙泳呼吸自然、动作自如，节省体力，容易学习和掌握，在有流速的江河里顺流自救或互救行动中具有很高的使用价值，尤其在抢救溺水者时常常采用这项游泳技术。在长时间、长距离顺流游泳时，反蛙泳还是一种比较实用的水中休息方式。但是，在流量、流速很大的洪水中应用时，易迷失左右岸方向和碰撞水面漂浮物及岸边，因此建议采取与踩水泳姿交替操作较为安全。

初学者应放松颈部，尽量使头部向后仰，使面部露出水面，能自由呼吸即可；全身放松，寻找使身体平衡的体位，尽量使腿部上浮，然后将两腿轻轻收回再蹬出形成反作用力，驱动身体顺流而下，两手臂后伸向体侧划水。

腿臂配合动作：反蛙泳的臂腿动作一般是移臂时收腿，划水时蹬夹腿。划水结束后身体（包括臂和腿）要自然伸直向前滑行。呼吸配合：移臂时吸气，入水后用鼻或口鼻均匀地慢慢呼出（可参考图 5.7.1）。

1. 身体姿势

反蛙泳的身体姿势和仰泳相同，身体自然伸直，仰卧于水面，两臂置于体侧或前伸，稍收下颌，头的后半部浸于水中。

2. 腿部动作

反蛙泳腿的动作类似蛙泳腿，但是由于身体仰卧，为了保证收、蹬腿时膝关节不要露出水面，因此收腿时膝关节边收边向两侧分开，小腿向侧下方收。

3. 臂部动作

两臂在体侧自然伸直，同时在两肩侧入水，然后曲肘掌心向后，使整个手臂、手掌对准两腿方向划水。划水结束后，两臂自然放松从体侧循环前述动作。

4. 完整配合

（1）臂腿配合：反蛙泳的臂腿动作一般是移臂时收腿，划水时蹬夹腿。划水结束后身体（包括臂和腿）要自然伸直向前滑行。

（2）呼吸配合：移臂时吸气，入水后用鼻或口鼻均匀地慢慢呼出。

5. 救生应用

在多次实践中证明，有丰富经验的救生员在湍急的顺流中（流速≥1.5m/s），只要保持好身体仰躺平衡，是可以不需双腿或双手划动就可以顺流漂流的，无非是掌握好靠岸技巧，比如：需要身体向右侧游动，就用右手（五指并拢，手臂、手掌放松呈椭圆形划动）在身体右侧划动；需要身体向左侧游动，相反即可。如果水域环境较为复杂，有大量坚硬的漂浮物和暗礁时，可采取与踩水泳姿交替操作。比如，顺流而下时采用反蛙泳，转向，水中观察，躲避障碍物、漂浮物时可采用踩水泳姿。这样，既最大限度地保证了安全，又节省了体力。

6. 训练方法

（1）陆上模仿练习。

1）仰卧地上，做双腿蹬水动作练习。

2）站立，单手扶墙，做单腿蹬水与单手划水配合动作练习。

（2）水上练习。

1）仰卧，双手扶池边或扶游泳池爬梯适当高度的梯棍做腿蹬水练习。

2）仰卧，单手扶池边，做腿（单或双）与臂配合练习。

3）滑行中，做腿、臂与呼吸配合练习。

6.12.3.2　踩水（又称踏水、立泳）

该泳姿特点见5.7节相关描述。

在游泳运动中，各种成水平姿势的泳姿都是靠手臂和腿的动作产生推进力来克服水的阻力而向前游进的。而踩水是靠手臂和腿的动作产生的上升力来克服人体的重力使身体漂浮于水中。由于人体浸入有流速的水中后本身就受到相当于所排开水的重量的向上浮力作用，所以在掌握踩水技术后，只要臂、腿稍作动作就能使头部浮出水面。技术娴熟者踩水时“如履平地”，可以仅靠腿的动作使身体浮起来而腾出双手来持物或对溺水者施救。

1. 身体姿势

整个身体几乎垂直于水面，稍前倾，头部始终露在水面，下颌接近水面。

2. 臂部动作

两臂稍弯曲，在体侧前做向外、向内的摸压水的动作，动作幅度不能太大。向外时，手指并拢并掌心向身体外侧划水，有分开水的感觉；向内时，手掌心向身体内侧划动，有挤水的感觉。向内摸压至肩宽距离即分开。两手掌摸压水的路线呈摇撸式拨水（“8”字拨水）。

3. 腿部动作

腿部动作有同时蹬夹水和交替踩水两种。同时踩水，腿部动作几乎和蛙泳一样，只是需要注意的是它的收蹬腿的幅度要小。收腿时，膝关节可外翻，蹬腿时膝关节向内扣压，同时小腿和脚内侧蹬夹，两腿尚未蹬直并拢即开始做第二次的收腿动作，动作要连贯。交替踩水，先屈右膝，小腿和脚向外翻，然后膝向里扣压，用右脚掌和右小腿内侧向侧下方

蹬夹水，当腿尚未蹬直时向后上方收小腿，收腿的同时左腿开始做如同右腿的蹬夹水动作，两腿交替进行。如图 6.12.1 所示。

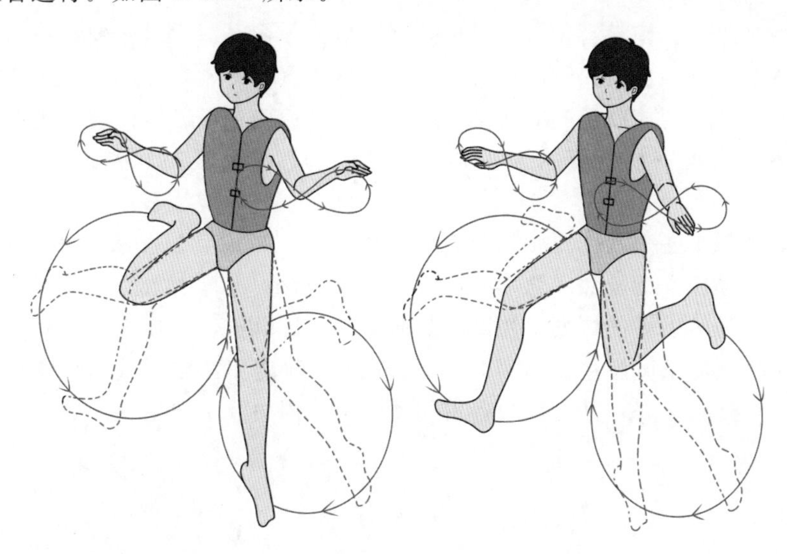

图 6.12.1 踩水

4. 臂、腿、呼吸配合

臂腿的动作配合要连贯、协调，一般是两腿做蹬夹水时，两臂向外做摸压水的动作，收腿时则向内摸压，呼吸要跟随臂腿自然进行。蹬夹水（臂向外）时吸气；收腿（臂向内）时呼气。可以一个动作一次呼吸，也可以几个动作做一次呼吸。用踩水游进时，可以采用身体的不同侧向以及蹬夹和摸压的方向来改变游进的方向。向前，身体稍前倾，脚稍向侧后蹬夹水，两臂稍向后拨水，反之亦然。

5. 训练方法

（1）池边模仿踩水，坐在泳池边，脚浸入水中 30cm 左右，模仿踩水的腿部动作，注意体会小腿和脚的内侧面向下蹬压水的感觉。

（2）扶边踩水，双手扶泳池边，上体略微前倾，双腿同时或交替做向下弧形蹬压、向上收腿翻脚的连贯动作，注意感受水所产生的上浮力。

（3）助浮踩水，胸部和背部系扎几个浮球（板），使身体在静止状态下也能自立漂浮于水中，练习踩水的臂、腿动作。当臂腿动作较为熟练时，应逐步减少浮球（板）数，过渡到不用浮球（板）助浮即可。

（4）套绳踩水，用软绳或双背式安全绳做成套圈套在练习者腋下，帮助者在岸上提拉绳子另一端，练习者在深水区做踩水动作。帮助者根据练习者在水中踩水上浮情况适时拉紧或放松绳子，使练习者下颌保持在水面以上。练习者应逐渐摆脱对绳子的依赖（图 6.12.2）。

6.12.3.3 常用水上救生拖带技术

应用拖带法的关键就是把握拖带时机，经实践证明在流速大于 1.5m/s 的水中，不会游泳的落（溺）水者在水中挣扎至体力消耗殆尽，甚至于昏厥休克状态，也不至于立刻沉入水下。那么，施救者在接近落（溺）水者之前先密切关注落（溺）水者动态、表情，迅速判断其体能如何，如已处于无力状态，应从落（溺）水者下游 3～5m 处接近施救。常用的水中徒手救生方法——拖带法，是进行水上运送落（溺）水者的一项专门技术，主要采用踩水或蛙式仰泳泳姿。

（1）踩水拖带法。施救者位于落（溺）水者后方，用一只手轻轻勾起其下颚，让其口鼻始终露出水面，并顺流斜向下游岸边，迅速拖带落（溺）水者靠岸。此泳姿，相比较蛙式仰泳可在水中适当转体就可随时辨别靠岸方向，迅速确定下游缓流区或浅水区等相对安全的靠岸位置；也可密切观察水面障碍物及漂浮物，以便及时躲避碰撞，如图6.12.3所示。

（2）反蛙泳拖带法。动作要领见前面反蛙泳练习，考虑到施救者采用反蛙泳泳姿时，身体后仰在水中动作幅度较踩水泳姿幅度大，拖落（溺）水者后脑勺优于拖后背或腋下。建议单手拖带，另一手做体侧划水协助蹬腿而驱动身体游进。采用该泳姿时，同样是顺流拖带溺水者迅速斜向下游岸边靠岸，但不便于观察、确定下游水面及水流情况，在实际操作中应适时采用踩水泳姿，帮助施救者密切关注水域周边及下游情况。如图6.12.4所示。

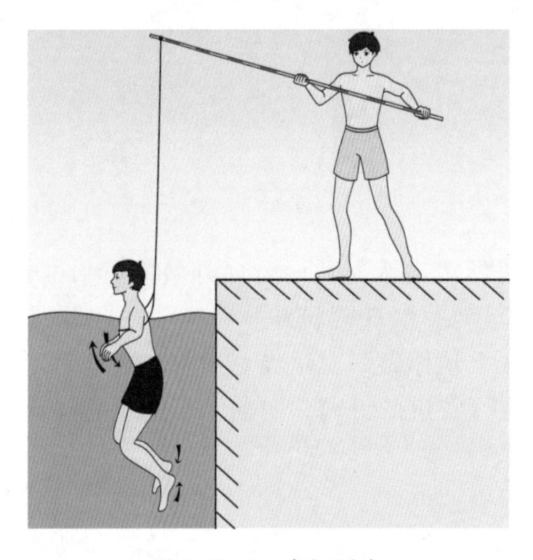

图6.12.2　套绳踩水

图6.12.3　踩水泳姿拖带施救示意图

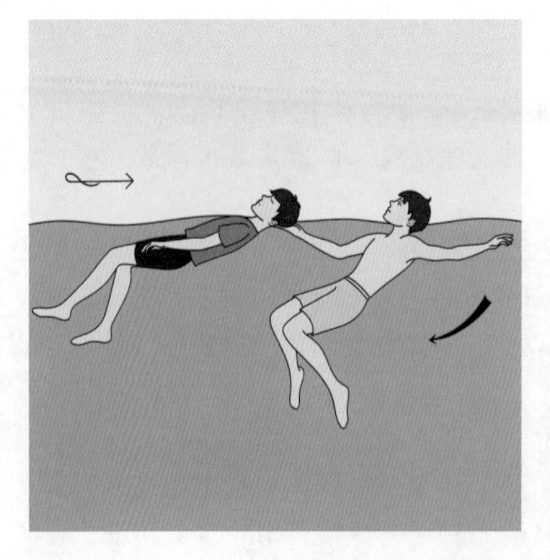

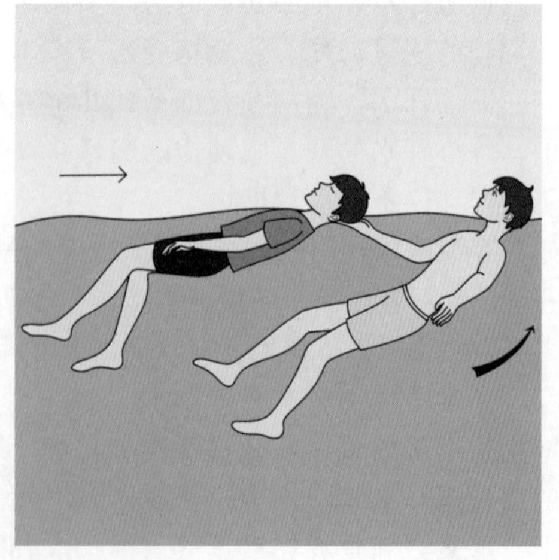

图6.12.4　拖后脑勺反蛙泳拖带法示意图

(3) 错误拖带法。严禁采取手臂勾套落(溺)水者脖子(颈部)拖曳,因为易造成落水者窒息,同时影响施救人员展开泳姿动作,如图 6.12.5 所示。

(4) 上岸。救生员注意先用双手掌将溺水者两手背压在岸顶后,再跳上岸。

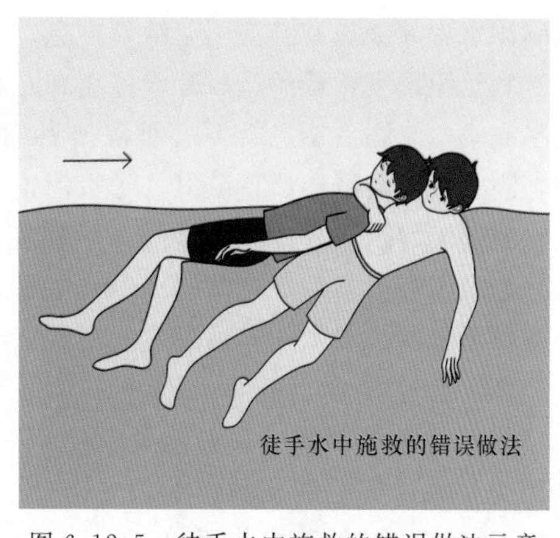

图 6.12.5 徒手水中施救的错误做法示意

6.12.4 实训方法及要求

1. 方法

(1) 集中所有学员,进行常用泳姿理论讲座。强调在洪涝灾害条件下的水上救援行动中,不到万不得已时不得贸然下水徒手救援。

(2) 由 1 名教练员带领 4~6 名学员分组练习。

(3) 由简到难,如分解动作到完整配合;陆上比划领会和水中练习相结合。

(4) 两人一组,互相交换进行水中徒手救生练习。

(5) 集中学员讲评,提出易犯错误及纠正的方法。尤其是参照本书 5.7 节意外情况下的水中自救和他救中有关如何接近落水者,防止被落水者抓抱和抽筋自救措施,掌握好水中自救和他救安全操作技能。

2. 要求

(1) 开训前,应在训练水域布置警戒、安全巡逻船只,严禁其他外来船只进入训练水域。

(2) 全体学员不得擅自下水练习,并在划定的水域中有组织、守纪律地进行训练,务必使每一名学员都能掌握常用泳姿动作要领以及水中徒手救生方法。

3. 考核

实训指导教师根据学员泳姿动作正确与否,完成 400m 反蛙泳和踩水并掌握常用水中徒手救生方法,计时评定平时训练成绩。

6.13 溺水现场急救实训

6.13.1 实训目的

掌握正确的心肺复苏按压术及人工呼吸操作技能。

6.13.2 实训场地

培训教室、会场。

6.13.3 实训内容

6.13.3.1 对心肺复苏的基本认识

(1) 溺水,又称淹溺,是人体淹没于水中或其他液体介质中并受到窒息伤害的状况。水

充满溺水者呼吸道和肺泡引起缺氧窒息，吸收到血液循环的水引起血液渗透压改变、电解质紊乱和组织损害，最后造成呼吸停止和心脏停搏而死亡。淹溺发生后患者未丧失生命者称为近乎淹溺；淹溺后窒息合并心脏停搏者称为溺死，如心脏未停搏则称近乎溺死。一般情况下，溺水事故会经历严重缺氧、呼吸停止、有心跳无呼吸和心搏骤停四个阶段。第一个阶段因水域环境、个人身体状况不同，一般在1～2min内发生；第二个阶段呼吸停止和第三个阶段有心跳无呼吸，一般在淹溺3～4min后发生，需要立即采取人工呼吸等急救措施；而最后心搏骤停阶段也会紧随其后发生，需要立即实施心肺复苏胸外按压配合人工呼吸急救。

（2）心肺复苏（简称CPR）是为了恢复患者（溺水者）自主呼吸和自主血液循环，针对骤停的心脏和呼吸采取的紧急救命技术。该技术是近半个世纪以来，全球最为推崇，也是普及最为广泛的急救技术。

6.13.3.2　心肺复苏操作流程

1. 判断病人意识

施救者“轻”拍打双侧肩膀。在伤员的耳旁重唤：“你还好吗？”

如是婴儿，则拍打婴儿足底，观察有无反应。

如意识丧失即为危险状态，故必须立即呼救——“快来人呀！这里有人晕倒了！我是救护员，请这位先生快帮忙拨打‘120’；有会救护的请和我一起来救护！”该步骤应控制在10s以内，以免耽误最佳急救时机。

2. 判断心跳

评估循环体征：触摸溺水者颈动脉搏动。

颈动脉位置：两侧气管与颈部胸锁乳突肌之间的沟内。

方法：一手食指和中指并拢，置于患者气管正中部位，男性可先触及喉结然后向一旁滑移2～3cm，至胸锁乳突肌内侧缘凹陷处。如无循环体征——立即进行胸外按压；解开病人衣领、腰带。该步骤应控制在5s以内。

心肺复苏体位：使患者处于平卧位。值得注意的是：一定要躺在坚硬的平面上，如图6.13.1所示。

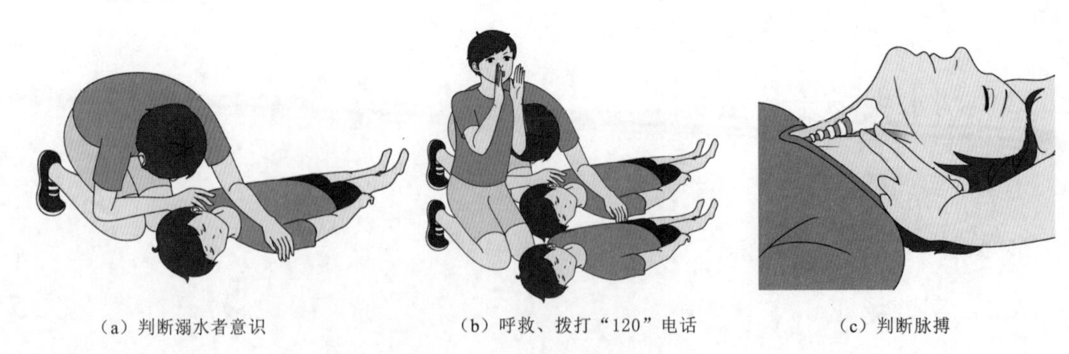

（a）判断溺水者意识　　（b）呼救、拨打“120”电话　　（c）判断脉搏

图6.13.1　心肺复苏准备工作

3. 胸部按压

要领：有力、连续、快速。

部位：胸骨下1/3交界处，或双乳头与前正中线交界处。

定位：用手指触到靠近溺水者一侧的胸廓肋缘，手指向胸部中线滑动到剑突部位，取剑突上两横指，另一手掌跟置于两横指上方，置胸骨正中，另一只手叠加之上，两手手指上下锁住，交叉抬起，胸部按压部位如图6.13.2所示。

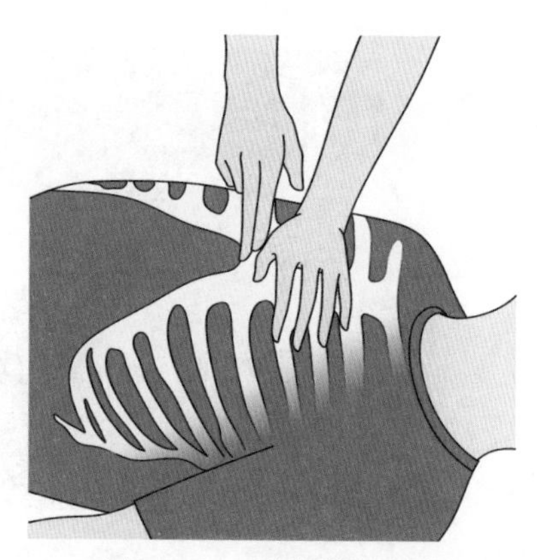

图6.13.2 胸部按压部位

按压方法：按压时施救者上半身前倾，腕、肘、肩关节伸直，以髋关节为支点，垂直向下用力，借助上半身的重力进行按压，胸部按压动作要领如图6.13.3所示。

4. 按压各项指标

频率：100次/分。

按压幅度：胸骨下陷5cm，压下后应让胸廓完全回弹；压下与松开的时间基本相等。

心肺复苏按压和人工呼吸配合操作次数比值为30∶2（成人、婴儿和儿童频率均相同）。

5. 人工呼吸要领

开放气道：将溺水者头偏向一侧，清除口腔内异物或假牙；将溺水者嘴张开，并捏住其鼻翼，防止吹入的气体从溺水者鼻腔漏掉。

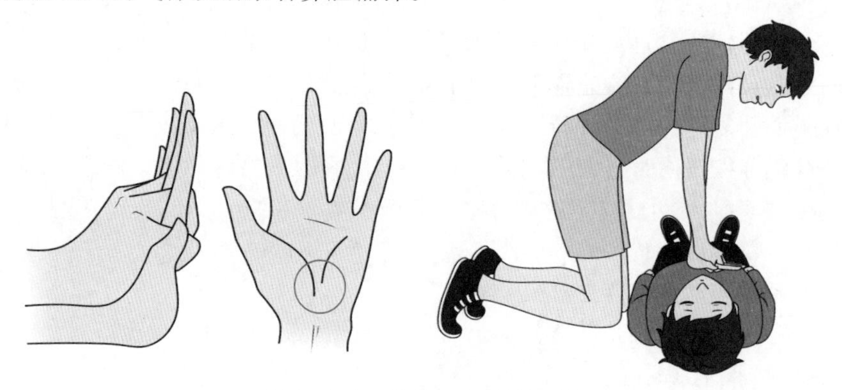

图6.13.3 胸部按压动作要领

吹气方法：施救者深吸一口气后，嘴包住溺水者的嘴，密闭，缓慢地将气体吹入其口中。为保证卫生，可将随身携带的急救包中的绷带纱布垫在溺水者的嘴上后，施救者再行吹气。如此连续进行两次人工呼吸后，即循环进行胸外按压。

吹气时间：1s。

有效标准：溺水者胸部抬起。

吹气后：松鼻、离唇、眼视溺水者胸部。

人工呼吸示意图如图6.13.4所示。

人工呼吸的频率：成人为10～12次/min；儿童为12～20次/min；婴儿为12～20次/min。

6. 心肺复苏注意事项

（1）对正常体型的患者，按压幅度至少5cm。在现实应用中，由于年长的患者骨骼严重失钙常常会造成胸骨骨折伤害，但在“两害相权取其轻”的原则下，以救人性命为首要任务，故不必纠结由此带来的损伤。

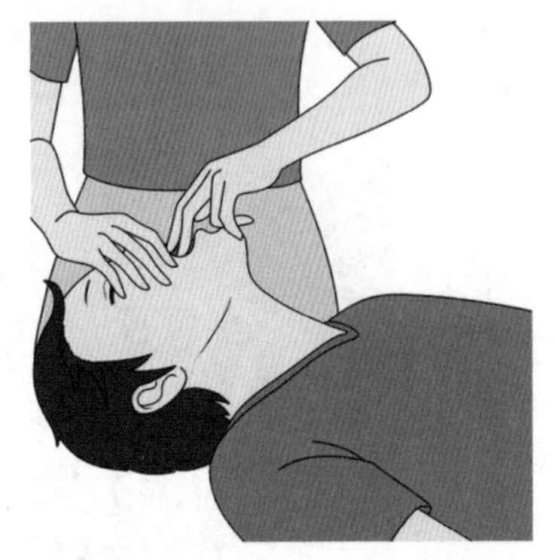

图 6.13.4　人工呼吸示意图

(2) 每次按压后，双手放松使胸骨恢复到按压前的位置。放松时双手不要离开胸壁。保持双手位置固定。

(3) 为保证急救质量，建议每 2～5min 更换按压者，每次更换尽量在 5s 内完成。

(4) CPR 过程中不应搬动患者并尽量减少中断。

(5) 关于是否在心肺复苏前进行控水（又称强制排水）的问题，在医学界一直存在争议。正如 2010 年国际心肺复苏和心血管急救指南指出的那样："没有证据表明呼吸道的水与其他堵塞物相同，并且进入淹溺者呼吸道的水量通常不是很多，而且很快会被血管吸收；大量的水是被呼入到人体的胃里，是不需要紧急排出的。如盲目地进行控水，只会使患者丧失最佳心肺复苏的宝贵时间。"因此无需在急救中作控水动作。

(6) 心肺复苏按压同时与人工呼吸配合进行，每按压 30 次做人工呼吸 2 次。

7. 心肺复苏终止指标（以下身体特征均指溺水者）

(1) 面色、口唇由紫转红。

(2) 摸到动脉搏动，有自主呼吸。

(3) 瞳孔由大变小，对光反射存在。

(4) 眼球活动，手脚抽搐。

(5) 开始呻吟，出现排尿等。

(6) 心电图出现波形。

(7) 恢复自主呼吸和心跳。

(8) 专业医护人员确定病人已死亡。

(9) 心肺复苏进行 30min 以上，检查患者仍无反应、无呼吸、无脉搏、瞳孔无回缩。

(10) 有专业医务人员接替抢救。

6.13.4　实训方法及要求

1. 方法

(1) 集中所有学员，请两名教练员做现场组装动作示范，总教练在旁边讲解动作要领。

(2) 由 1 名教练员带领 4～6 名学员分组练习。

(3) 可借助心肺复苏，模拟人操作，帮助学员实时掌握按压位置、频率、深度及人工呼吸配合要领。

（4）集中学员讲评，提出易犯错误及纠正的方法。

2. 要求

（1）每个学员能够认识心肺复苏术的重要现实意义。

（2）正确掌握心肺复苏操作流程。

（3）掌握心肺复苏按压及人工呼吸的正确动作要领。

3. 考核

实训指导教师根据6.15节救援舟艇适任证书考核标准判断学员实操动作正确与否、熟练程度，计时评定成绩。

6.14 水上应急救援实训科目竞赛

6.14.1 实训目的

通过建立健全实训科目竞赛规则，以寓教于乐方式提高参训队员应急水上救援技能，也可用于水上救援演练和接受媒体采防拍摄。

6.14.2 实训场地

长不小于1000m、宽不小于200m，流速不大于1m/s且无通航要求的培训实操水域。

6.14.3 竞赛规则

1. 冲锋舟800m绕障行进

参赛队伍各派1艘冲锋舟2名船员参加，在规定赛道（赛道水域长度800m，预置8～10个浮漂作为障碍物）内行进，返回时必须绕行每个障碍物，按比赛用时进行排名。

2. 20m抛投救生圈速救落水者

参赛队伍各派1艘冲锋舟4名队员（1名驾驶员、2名救生人员，1名落水者）参加，在规定等距水域，各参赛队伍预置1名落水者，参赛船只参照本章6.10节标准，前往抛投救生圈救起落水者并安全返回码头，按比赛用时进行排名。

3. 冲锋舟400m团体划桨

参赛队伍各派6名队员参加，在400m直线水域内使用船桨划行并往返行进，按比赛用时进行排名。

4. 100m游泳接力

参赛队伍各派5名队员参加，在规定的赛道内，自选游泳姿势，按比赛用时进行排名。

5. 奖励办法

（1）各科目均取团体前三名。

（2）建议对获奖队伍进行一定的精神及物质奖励。

6.14.4 计分准则

（1）集结项目：满分为10分，其中，集结用时可根据参训单位路途远近距离，按每百公里用时计算，由裁判组全体成员共同打分，满分为4分；待全部参训单位到达指定码头后，由裁判人员统一下达卸船组装的口令并计时，同时用对讲机通知靠岸码头计时人员，流程为：卸船—组装—携带必要救生设备（满分为3分，缺一样扣0.5分。每艘船，救生圈1个，救生绳30m左右，救生衣17件，刀具1把，泛光电筒2只，浆2支）—启动—行进至目的地，按用时排名，第一名为3分，第二名为2分，第三名为1分。

（2）冲锋舟800m绕障碍行进：满分为10分，携带必要装备3分，缺一样扣0.5分；躲避障碍物3分，碰撞一个扣0.5分；速度耗时满分为4分。

（3）抛投救生圈速救落水者：满分为10分，携带必要装备为3分；按照本书6.10节正确要领驾舟接近落水者并抛投救生圈，船头接近落水者扣1分，螺旋桨部位接近落水者扣1分，熄火扣1分，满分为3分；落水者上船后现场急救（心肺复苏）为2分；返回速度为2分。

（4）冲锋舟400m团体划桨行进：以用时作为名次的唯一评判标准。

（5）100m游泳接力：以用时作为名次的唯一评判标准。

6.14.5　其他

每个项目必须以安全操作为第一要务，如出现安全隐患（机械故障及人为操作事故）均取消成绩；训前，请当地海事部门配合，在考核水域内清场所有外来船只，并配备必要应急救生船只。

6.15　救援舟艇适任证书考核标准

根据目前涉水事务法规规定，由于驾驶舟艇属于国家专项执业许可范围，必须经专门的水上培训及海事考核合格取得《船舶适任证书》后方能上岗操作。按照培训、考核形式不同分为理论和实操两部分；按照时间关系不同，又可分为平时训练成绩和考试成绩。通过理论结合实操考试，可以促使学员强化重要理论知识点、更加深刻领会正确实操要领，为建立科学、高效的洪涝灾害水上救援队伍提供专业技术支撑。建议按照理论和实操的不同形式，平时训练成绩和考试成绩各占50%折算总成绩，并确定合格、优良分数线。总成绩不合格（>60分）者，应继续补考，补考仍不合格，则严禁参加一线指战作业。

6.15.1　理论知识部分

此部分总分值为100分。

海事部门培训、考核理论内容主要有：①水上交通安全管理法规；②《内河避碰规则》；③驾驶操作；④船舶轮机等。建议分值为40分。

为了最大限度保证指战人员、人民群众的生命安全，以及便于信息传递，提高救援效率，建议在传统海事部门的有关高速船舶驾驶理论培训、考核基础上，洪涝灾害水上救援指战人员应重点掌握如下洪涝灾害应急管理与救援专业知识：

（1）防汛救灾法律法规、应急管理（本书第1、第2章，5分）。

（2）认识洪涝灾害应急管理组织机构、主要职能及重点工作（本书第2章，5分）。

（3）掌握洪涝灾害专业基础知识（本书第1章，10分）。

（4）熟悉防汛值班值守和信息报送相关规定（本书第2章，5分）。

（5）常用装备及物资储备、保养管理（本书第3章、第4章，10分）。

（6）洪涝灾害条件下利用舟艇施救要领（本书第5章、第6章，20分）。

（7）特殊情况下的自救与互救要领（本书第5章，5分）。

理论考试在综合海事部门传统试题和上述洪涝灾害应急管理与救援专业知识的基础上，可以采用客观题，如单选、多选、判断；也可以采用主观题，如填空题、简答题、案例分析题等形式来考核，建议分值为60分。参考各章练习题。

6.15.2 实操要领部分

此部分总分值为100分。

目前，全国冲锋舟（含橡皮艇）实操考核普遍以操作复合玻璃钢材质船体、雅马哈P40/P60螺旋桨式船外机为主。考核标准中的权重分值是根据保证舟艇行驶安全的重要性来设置考核分值，以下考核要素仅作参考。

（1）穿戴。上船前，应试者须按要求穿戴救生衣、安全帽。胸绳或拉链、腰绳、腋下绳应系紧、系牢，保证救生衣与身体紧贴；安全帽下颚绳应系紧在下颚。建议分值5分。

（2）检查与启动。应试者登船后，应先检查发动机排挡杆是否处于空挡位置，检查油箱、油管安装是否正确并泵油，然后插入电源开关钥匙，稍微旋拧油门至1～2cm之间（小油门），确保油门处于怠速至低速状态；检查发动机机座锁销是否处于打开状态，如在冬季可适当拉起阻风门开关；双手扣握启动拉索手柄，来回拉动，直至发动机启动，并同时检查排水孔是否正常排水。建议分值10分。

（3）离岸。启动后，应试者应坐在操作手位置，将电源开关钥匙环套在握油门的手腕上或系在腰带、救生衣腰绳处。建议分值5分。向考官报告："某某号学员、姓名等个人信息，经检查一切正常，是否离岸，请指示!"待考官下达"离岸"口令后，应试者应在怠速状态下将挡位手柄迅速挂至倒车挡位，缓慢加油、加速正倒车至船长2/3距离时，慢慢摆舵转向，将舟艇船头调整指向既定航道方向。切忌舵向不明或摆舵混乱。在倒车过程中，由于机座锁销处于打开状态，极可能造成发动机上翘，引起应试者恐慌，应试者可在平时训练时，慢加速或用另一只手压住发动机机盖即可避免，建议分值10分。（本项总分值为15分）

（4）前行操作。当考官下达"前行"口令后，应试者应再次检查并打开发动机基座锁销，根据《内河避碰规则》选择航线，靠右行驶。当考官下达"加速"口令后，应试者应缓慢加油、加速，切忌猛加油提速；当考官下达"减速"口令后，应试者应缓慢松油、减速，切忌猛减油，降速，切忌涌浪涌入舟体舭板内。建议分值10分。

（5）调头与击浪。当考官下达"调头"口令后，应试者应慢慢松油减速，根据航道宽窄、流向、风向等因素，操作舟艇调头；当考官下达"击浪"口令后，应试者应根据风浪或兴浪方向、距离、船速等因素，操作舟艇击浪。切忌摆舵取向与浪轴线角度小于40°，以免舟艇受到浪的作用力影响，致使船体横荡（左右摇摆）。建议分值15分。

（6）行驶中倒车。当考官下达"倒车"口令后，应试者应慢慢松油减速至怠速时，迅速挂倒车挡，并根据航道宽窄、流向、风向等因素，操作舟艇小油门低速倒车，严防倒车时涌浪从艉板外涌入。建议分值 5 分。

（7）靠岸。当考官下达“前方岸边某某物体处靠岸”口令后，应试者应根据水流流速、风向、船速等因素，提前 50～100m 距离，慢慢松油减速至怠速，选择好靠岸点位，采取切换前进挡和倒车挡来有效控制舟艇自由冲程，以船头部位缓慢、无声靠岸。切忌岸边停靠时碰撞船头及龙骨。建议分值 20 分。

（8）现场急救——心肺复苏。建议分值 20 分。

按照判断溺水者意识（2 分）——判断心跳（2 分）——胸部按压位置、频率、下陷幅度（12 分）——配合人工呼吸动作要领、频率分别考评学员实操成绩（4 分）。

第 6 章练习题

一、单项选择题

1. 关于常用水上救援的舟艇操舵方向，以下说法错误的是（　　）

A. 前操式舟艇向左前进时，应向左转动方向盘。

B. 前操式舟艇向右后退时，应向右转动方向盘。

C. 后操式舟艇向左前进时，应向左侧摆舵。

D. 后操式舟艇向右后退时，应向右侧摆舵。

参考答案：C

前操式前进相同，后退相同；后操式前进相反，后退相同。C 选项为后操式舟艇前进操作，故摆舵方向应与前进方向相反。

2. 关于船的航行及加速度，描述错误的是（　　）

A. 通过换挡杆改变船的前进和后退。

B. 通过油门杆来加速和减速。

C. 可以通过操舵杆来运行船外机的油门及舵效。

D. 通过换挡杆来执行加速和减速操作。

参考答案：D

船只加速和减速通过操舵杆上的油门旋钮开关控制；船只前进和后退通过换挡手柄变档来控制。

3. 关于船只和速度之间的关系，描述错误的是（　　）

A. 发动机功率的输出影响船只的速度。

B. 排水量影响船只的速度。

C. 吃水线深度影响船只的速度。

D. 船舱材料影响船只的速度。

参考答案：D

影响船只速度的因素包括发动机功率、排水量、吃水线深度、风速、水速等，不包含船舱材料。

4. 关于水上救生操作，以下说法正确的是（　　）

A. 驾驶舟艇接近落水者时，应挂空挡或熄火停船，托扶落水者上船。

B. 抛投救生圈时，应根据现场风速、流速，将救生圈抛投在落水者下游。

C. 拖拽落水者上船时，船上所有救援人员应站在船舷一侧，齐力托扶落水者上船。

D. 使用救生抛投器发射救生圈的最佳发射角度为 60°。

参考答案：B

A 选项错误，驾驶舟艇接近落水者时，应以船两舷的一边接近，严禁熄火或挂空挡操作；C 选项错误，拖拽落水者上船时，需注意保持船体左右船舷平衡，避免所有人集中在船舷同一侧；D 选项错误，使用救生抛投器发射救生圈的最佳发射角度为 35°～40°。

5. 在离岸操作程序中，下列选项排序正确的是（　　）

①确定前进航线，怠速迅速挂前车挡，慢加速行进。

②应将钥匙套在把持油门手柄的那只手腕上。

③确定左右船距，怠速下迅速挂倒挡。

④正确安装燃油箱及连接油管，发动机怠速 3～5min，观察排水孔是否正常排水，打开机座锁销。

⑤手掌握住油门旋钮开关，掌根紧贴舵杆，慢加油倒车，转向。

A. ④②③⑤①　　B. ④②①③⑤　　C. ②④③⑤①　　D. ②④①③⑤

参考答案：A

参见 6.7 节实训科目：舟艇离靠岸操作要领。

二、填空题

1. 紧急情况下须驾驶舟艇施救时，对尚有行为能力的落水者应采取________和________进行水上施救；而对无行为能力已休克的溺水者，应采取________钩拉其衣领、腰带进行施救。

2. 驾驶舟艇进行孤岛或孤楼救援时，须按照________、________、________三个流程进行。

3. 在紧急情况下不得已需下水徒手救援时，采用反蛙泳拖带溺水者时，应在溺水者后方托起其________进行水中徒手救生；如采用踩水泳姿拖带时，应在溺水者________用一只手轻轻勾起落（溺）水者下颚顺流拖带施救。

三、简答题

判断下列橡皮艇的安装步骤是否错误，若错误，请写明原因和正确操作。

（1）在清洁平整处把舟体打开，把气嘴上部安装好，龙骨放正。

（2）打开气嘴上部，先将底板气室充气，由首至尾，最后充填船舷气室。

（3）首次充气应直接充至标准气压，将气嘴上部拧紧，使其气压稳定。

（4）装入边条，安装时两舷边条应长短对称，两侧一样长短。

（5）按图纸安装顺序安装底板，为方便快捷安装底板，一般可最后安装倒数第二个底板。

（6）将外挂发动机安装至艉板的防滑安装处，拧紧卡式扳手。

第7章 案 例 分 析

7.1 2007年成都市某县水政执法冲锋舟翻沉事故

7.1.1 事故概况

2007年5月某日午时，成都市某县水利局水政执法大队原大队长王某带领两名执法队员，驾驶一艘冲锋舟前往岷江干流——金马河下游一河岸滩涂偷盗采砂现场执法。当行至距离目的地500m处时，突发触礁，操作不当导致冲锋舟迅速翻沉，致使驾驶员王某失踪，两名队员潜出翻沉船只，被附近渔船救起生还。

事故发生后，当地政府迅速组织营救，在配合上游紫坪铺水库断流的情况下，搜寻失踪者下落。两天后，最终在事发地点下游约2000m处寻找到失踪者王某的尸体。在经过法医现场勘验，发现死者右脑后侧有一7cm钝器伤口，未穿戴救生衣，死亡原因为：死者右后脑开放型钝器伤导致昏厥，溺水死亡。

7.1.2 事故原因分析

该起事故为什么会发生？又为什么造成驾驶员右后脑钝器伤而溺水死亡？

首先来看，事发冲锋舟为通用型玻璃钢船体，发动机配置为日本原装进口雅马哈48马力二冲程外挂机。事故发生后，上游紫坪铺水库紧急停止发电断流，搜寻失踪者。随着金马河水位跌落，发现事发现场有众多因采砂石而形成的深坑，深坑周边有许多丢弃的超粒径砾石堆积而成的暗礁；从打捞起来的沉船来看，螺旋桨、齿轮箱已严重变形，发动机机座锁销处于锁止状态。那么，不难推定冲锋舟在高速行驶时，发动机螺旋桨突然触礁，形成瞬间强大的反作用力，造成船体迅疾失稳翻沉。通常，在驾驶小型船舶时（未配备水下探测雷达）是无法看清水下障碍物的，那么怎样避免驾驶冲锋舟等小型船舶突遇水下暗礁时，发生翻沉事故呢？经过正规防汛抢险水上救援培训考核的驾驶员都应该知道，所有小型船舶外挂机都设计有机座锁销，它的作用就是：处于打开状态时，可以让发动机在触礁紧急情况下，自动上翘而避免产生强大反作用力，进而避免船舶失稳翻沉。在此，需要强调的是，尤其是防洪船只，在平时培训演练时就应要求所有驾驶员养成打开发动机机座锁销的习惯，以便适应在不熟悉的水域安全行驶。

再有，为什么会造成驾驶员钝器伤而溺水死亡呢？冲锋舟外挂机属于高速运转发动机，转速可达5000r/min，但是当断开电源时，发动机螺旋桨会立即停止转动。在该冲锋舟触礁翻沉的瞬间，发动机螺旋桨还在高速旋转，而驾驶员处于最接近发动机的位置，在落水的瞬间，死者头部直接被继续高速旋转的发动机螺旋桨击伤，造成右后脑钝器伤是此

次事故的直接原因。因此，驾驶员在操作小型船舶时，必须将电源开关钥匙环紧系在驾驶员手腕或腰带上，以便在船舶突然翻沉时，能迅速将发动机电源开关钥匙扯离断电，制止螺旋桨继续旋转，以免击伤操作人员。

最后，来看看其他两名同船人员由于正确穿戴了救生衣，在翻沉后能迅速潜出翻沉的冲锋舟而获救，但是死者王某在2天后打捞上岸时，身上已经没有了救生衣。据事后两名队员回忆，王某上船时只是将救生衣披在身上，并没有将腰绳、胸绳系紧，这应该是导致救生衣脱落的直接原因。据现场法医勘验，王某真正死亡的原因是溺水死亡。我们试想，如果当时王某按要求穿戴好救生衣，即使冲锋舟触礁，电源开关未及时断开造成头部被螺旋桨击伤，也不至于溺水身亡。

7.1.3 事故教训

（1）发动机机座锁销在行进时未打开，是引发冲锋舟触礁的直接原因。

（2）发动机电源开关钥匙环未套在手腕或腰带上，是造成螺旋桨击伤死者的重要原因。

（3）死者未按要求穿戴好救生衣，是引起溺水身亡的主要原因。

纵观整个案例不难看出，防汛抢险或水政执法人员驾驶舟艇必须同时做到以上三条安全操作基本规定，培养每一名驾驶人员养成良好的行为习惯，避免类似惨痛事故的再次发生。

7.2 “5·12”抗震救灾——成功抢建水上生命线

7.2.1 行动背景

2008年5月12日14时28分，那惊天动地的一刻：地动山摇、房屋倒塌、交通阻断、通信不畅……根据中国国家地震局的数据，汶川地震的震中位于四川省阿坝藏族羌族自治州汶川县映秀镇与漩口镇交界处，面波震级达8.0级，地震烈度达11度；震源深度为10～20km，属于典型的浅源地震，因此破坏力极强，严重破坏地区超过10万km^2，其中极重灾区共10个县（市）。截至2008年9月18日，“5·12”汶川地震共造成69227人死亡，374643人受伤，17923人失踪，是中华人民共和国成立以来破坏力最大的地震之一，也是唐山大地震后伤亡最严重的一次地震。

7.2.2 行动概况

震后第一难，外界与震中映秀镇的唯一交通——213国道和通信全部中断，形势十分危急。13日，在通往震中汶川的关口之一紫坪铺水库大坝沿线集结了大量的救援队伍，但都因道路不通而无法前进。四川省抗震救灾指挥部召集交通、水利、部队等部门紧急磋商后，果断决定：以紫坪铺水库大坝为起点，全力打通水上救援运输线，用冲锋舟运送救援部队、医疗队到达震中映秀镇，并营救伤员下山治疗，这样可以大大缩短挺进极重灾区映秀—汶川的距离和时间。任务一下达，救援部队、省、市防汛办公室立即行动，全省紧急调运冲锋舟、快艇及配件、油料，防汛抢险的冲锋舟、快艇以及零配件源源不断地从各地集结至紫坪铺水库大坝。紫坪铺水库位于四川省成都市西北岷江上游，地处都江堰市麻溪乡，距都江堰市区约9km。指挥部根据现场地形特点，将救援码头设置在水库大坝对面的一个占地1万余m^2的滩涂上，至映秀镇临时码头（映秀铝厂上游1.5km处）航道有16余km，沿途有两处暗礁群，两个狭窄的山谷，受余震影响，航道两侧山体随时都有大量的岩石塌方，水面堆集有大量因地震冲下来的漂浮木材和杂物。紫坪铺水库大坝及救援码头如图7.2.1所示。

图7.2.1　紫坪铺水库大坝及救援码头

水上运输线于13日傍晚6时开通，从紫坪铺水库救援码头出发，每艘船满载部队官兵、医疗队伍约14人，至映秀镇临时码头，单边距离约16km，双向约32km，航行一趟一般耗时30～45min。返航优先运载重伤员、老弱妇孺。重伤员被放在用山竹、电线制作的简易担架上，上船后平放在冲锋舟中间位置。到14日晚上7时，用于运输线的冲锋舟、快艇已达40余艘，现场冲锋舟操作手（驾驶员）达到80余人，分两班上船驾驶，一班到达救援码头后，另一班驾驶员将富余油箱灌满混合油，提上船安装好，接着操作驾驶，要求所有船只不间断运输。每天早上天微微发亮时，就开始作业，一直持续到天完全黑静，工作时间在12～14h，所有参与水上运输的成员，发扬了不怕苦、不怕累的连续作战精神。

在紫坪铺水上救援连续6天的抢险中，所有参战人员争分夺秒与时间赛跑，将一批批救援人员运送到抗震救灾前线，返航又载满了受灾群众，共运送解放军战士、医疗人员达1.5万余人，解救被困伤员、群众近2万余人，以及部分救灾物资和药品，为第一时间打通通往映秀和汶川的水上通道，做出了积极贡献。后来一位领导评价说："这条水道太珍贵了，地震之后最关键的前几天，救援人员、物资、灾民，几乎全是由这条生命通道进出来往的。若没有这一条通道，汶川的伤痛将更为巨大"。救援实景如图7.2.2所示。

7.2.3　经验教训总结

在整个救援行动中，也有一些经验和教训值得总结和吸取，具体如下：

(1) 指挥部根据交通道路严重受阻的情况，果断做出开辟紫坪铺水库救援码头至映秀

图 7.2.2　救援实景

镇临时码头水上运输线，及时解决了救援力量进入灾区的紧迫问题。

(2) 加强现场多部门联合协同指挥。救援开始的前两天，凡是亲临救援现场的人，都有一个感受：现场有救援部队、医疗、民政、水利、电力、通信等众多应急部门人员及设备，各部门没有很好地将有限的各类救援资源整合起来，缺乏统一的协调指挥，这就提出了一个新问题：怎样在灾情发生后，尽快地整合各类资源投入到应急救援中去呢？针对这一问题，建议如下：

1) 在总指挥部的领导下，迅速成立专项救援现场指挥部，并指定由最熟悉该项救援业务的部门行政一把手任指挥长，其他协同部门一把手任副指挥长。

2) 在现场指挥部的领导下，根据不同的项目救援特征，分别成立一线突击队（可根据不同单位建制编为数个突击队）、技术方案组（制定科学高效的救援备选方案）、后勤保障组（解决现场人员吃住、设备维修保养问题）、信息联络组（承上启下，统计信息传递）、安置救济组（灾民安置、医疗救助）、交通治安组（交通管制，维护现场治安）等，并制定岗位职责，落实到人。

3) 形成会议制度，利用每天晚上的空闲时间，召开各部门联席会议，总结当天工作，发现问题及时处理，安排第二天工作并记录在案。只有健全上述机制、机构，才能在抢险救援中发挥各单位救援实力，提高救援综合效率。

(3) 强震后，指挥部迅速调集成都军区某舟桥营参与到救援行动中，大大缓解了冲锋舟运输能力有限的问题。该营携带大型漕渡门桥于 15 日下午 3 时许赶到救援码头。

22时，成功架设4个漕渡门桥，实现了大型机械和大批部队进入震中汶川映秀镇。门桥是用两个以上桥脚舟和其他部件结合而成的浮游结构物。漕渡门桥主要用于渡送技术兵器和车辆过河，通常与码头配合使用。有些制式器材结合的漕渡门桥自带跳板，在河岸坡度合适时，门桥靠岸后将跳板搭在河岸上，车辆即可上下。使用这类门桥渡河，受水位变化的影响小，门桥靠岸点有较多的选择余地，并可迅速转移渡口位置。动力驱动配有专用的舟桥汽艇或操舟机，机动灵活，运载量较一般小型舟艇大10～20倍，一般载人可达200余人，也可同时装载两台重型工程设备。紫坪铺水库水上运输线漕渡门桥实景如图7.2.3所示。

图7.2.3　紫坪铺水库水上运输线漕渡门桥实景

（4）截至2009年6月30日3时，汶川地震余震区已发生余震57083次，其中4.0～4.9级255次，5.0～5.9级36次，6.0级以上8次，最大为5月25日16时21分四川青川县6.4级余震。在驾驶冲锋舟时很难迅速感知余震的到来，而因余震引发的峡谷航道山体滑坡，是舟艇航行安全的重大威胁。在此次水上运输的10余天中，航道途中要行经两个峡谷，尤其是一号峡谷随着紫坪铺水库应急泄流，水位不断下降，航道最窄处只有50m，而峡谷山体高约200m，强震引发的山体滑坡，已形成典型的悬崖式航道。稍微有个小岩石滚落，都会在狭窄的航道上造成巨浪，对正在通过峡谷的舟艇将是毁灭性打击。广大舟艇操作手积极开动脑筋，总结出了如下经验：当水面无明显起风时，突然有小波浪泛起，舟艇会随着波浪摇摆，这时操作手应立即减速，张望周围山体有无扬尘，有无滑坡现象发生，如果有，应判定为发生了余震。期间，所有舟艇成功规避了数次较大规模的峡谷航道滑坡，现场实景如图7.2.4所示。

（5）停靠临时码头，安全操作注意事项。水上运输线从13日下午开始运行至15日傍晚，位于映秀镇的临时码头在部队、警察的维持下，秩序井然。灾民们都能按照先伤病员、妇孺老幼依次上船。但是到15日晚7时许，下起了中雨，又谣传将有强震发生，在码头上聚集的千余名灾民不免出现了激动情绪，都想尽快登船脱离困境。也发生了几起群众一拥而上，踏翻舟艇的事故，所幸附近船只及时营救，才未造成严重伤亡事故。通常，冲锋舟在保证安全的前提下，极限载客15人，而超载是船只翻沉的首祸。因此，作为冲锋舟操作手，应密切关注灾民情绪、现场秩序状况，如发生骚动拥挤情况时，应不要立即

图 7.2.4 峡谷航道滑坡实景

靠岸，可用喊话器隔岸安抚群众情绪，排队上船，并及时请求岸上工作人员加强码头现场秩序维护。

（6）在几天的紧张航行中，一部分操作手没有经过正规严格培训，未取得船员适任证书，在法律层面属于无证驾驶违法行为；在操作方面，又发现数起停靠码头时，未及时松油减速，发生碰撞或者直接将船冲上岸的情况，事后统计有约10艘冲锋舟由于碰撞岸石，底仓进水，影响了舟艇的正常航行。建议在今后的应急救援中，现场指挥部应安排专人对参与现场机械设备操作人员，进行验证核定，严禁无证驾驶操作；同时应做好现场人员、设备的登记备案工作。

（7）燃油、润滑油、零配件供应还需加强。当接到上级救援命令时，除了迅速组织人员、设备赶赴现场外，同时还应由后勤保障部门联系舟艇及其他设备的售后服务单位，请求给予设备易损件、耗材（如螺旋桨、专用润滑油等）及时供应并配备一定数量的现场维修人员，以便在设备出现故障时，能及时修复。

7.3 "5·12"抗震救灾——崇州市鸡冠山堰塞湖抢险处置

7.3.1 行动背景

2008年5月16日傍晚，成都市防汛机动抢险队在完成了紫坪铺水库大坝至震中—映秀镇的第一阶段水上运输线的救援任务后，接到市防汛办的紧急调令：速调两台挖掘机赶往崇州市鸡冠山镇参与堰塞湖挖掘任务。

7.3.2 行动概况

带队领导立即安排平板拖车准备起运两台挖掘机，并要求参战人员携带好单兵装备，携带两天干粮、饮用水、机械常用易损件（空气、机油、液压油滤芯、两副斗齿/台）等赶赴现场。深夜23时左右，在车队行进至距离鸡冠山镇3km处时，前方开道小车领先后方大车500m左右，发现由于余震不断、持续降雨，造成山路右侧山体松动，不断有大粒径飞石滚落在道路上，临河一侧山路由于下雨也引发路肩局部垮塌，导致原本5m宽的路基只有3m左右，现场情况极其危险：深夜降雨、余震、飞石、路基局部垮塌。第一辆拖车拉载着挖掘机为了躲避垮塌的路基虚边，不得不尽量往山体一侧大方向绕行。这时，驾驶员发现挖掘机驾驶室位置，有一块岩石突兀出来，挡住了前进的道路。经过两次车辆挪移，就差约5cm才能通过，怎么办？这时周边山体随着降雨加大，滑坡、泥石流轰隆隆地飞落下来，“此处太危险了，必须快速撤离！”带队领导下达命令：“在保证安全的情况下，不必纠结挖掘机驾驶室被路旁山体岩石剐蹭，迅速通过！”随着平板拖车慢慢加油启动，只见挖掘机驾驶室右侧边框在突兀出来的岩石棱角上摩擦出一路火花，并伴随着刺耳的金属摩擦声。整个车队就这样顺利通过危险路段。事后发现，挖掘机右侧驾驶室边框被岩石剐蹭出长40cm、深2cm左右的深槽。

试想如果当时带队领导心痛机械设备的小损失，而止步不前，很有可能车队会遭到滑坡、泥石流、飞石的袭击，将造成不堪设想的严重后果。

突击队队员、两台挖掘机于17日凌晨1时到达堰塞湖现场。带队领导迅速与现场处置指挥部指挥长—崇州市水利局张××局长联系，报告人员设备情况。当日天微亮，张××指挥长带领指挥部成员以及各参战分队领导踏勘堰塞湖现场，再次确定：由于强震、持续降雨造成次生地质灾害，估计有100多万m^3泥石堆积在西河上游鸡冠山镇段，形成长1.5km宽50～100m的堰塞湖坝体，进而阻断上游山谷来水，雍高水位，如果不及时挖掘堰体渣土，不仅会淹没两岸大量村庄，更有可能形成大型堰塞湖，松散渣土构成的堰体一旦抵御不了越来越大的水压力而溃坝，将严重影响下游上百万群众的生命财产安全。鸡冠山堰塞湖现场实景如图7.3.1所示。

图7.3.1 “5·12”鸡冠山堰塞湖现场实景

后经过指挥部组织水利、施工管理、机械操作等相关方面的专家会商论证，根据现场实际情况因地制宜地制定了此次堰塞湖处置方案，开挖渣土100余万m^3，及时排除堰体上游积水，保证了两岸及下游村镇的安全。

7.3.3 经验教训总结

鸡冠山堰塞湖之所以能够成功完成抢险处置，与县（市）多部门协同配合，抢险资源

及时到位等要素密不可分，更重要的是因地制宜的现场施工方案。此次堰塞湖处置方案如下：

(1) 首先从堰体最下游右岸，安排数台挖掘机分段挖掘形成一条底宽约 2m、沟槽两侧坡比为 1∶1，纵坡以堰体最下游水平面为 0m 起点，纵坡比为 1/1000，均深 3m 的排水沟槽；其作用是先将上游来水通过排水沟排走，为后期开挖堰体渣土创造干地施工条件。具体施工方法：挖掘机采取就地挖甩方（注：挖甩方，挖掘出渣就地堆放在沟槽一侧或两侧，无需转运他处，相比挖掘装车具有较高效率），甩方尽量堆砌在右岸紧邻山体一侧，而不得随意堆积在河床一侧，以免后期挖掘堰体时，重复挖掘，既不高效又不经济。堰塞体开挖横断面示意如图 7.3.2 所示。如在挖掘过程中，右岸沟边确实堆放不下甩方渣土，可调用一台挖掘机在右岸沟侧，接应开挖沟侧的挖掘机出渣，充当“二传手”的角色。当然了，也可以利用装载机来近距离转运，扩大渣土堆放面积，只是应根据现场空间条件来选择而已。如需机械穿越沟槽时，应根据现场地形、地貌、排水量设置排水涵管、简易钢构板桥。如排水量不大，在满足机械安全的情况下，也可以采用“过水路”的简易方法解决。施工技术具体如下：

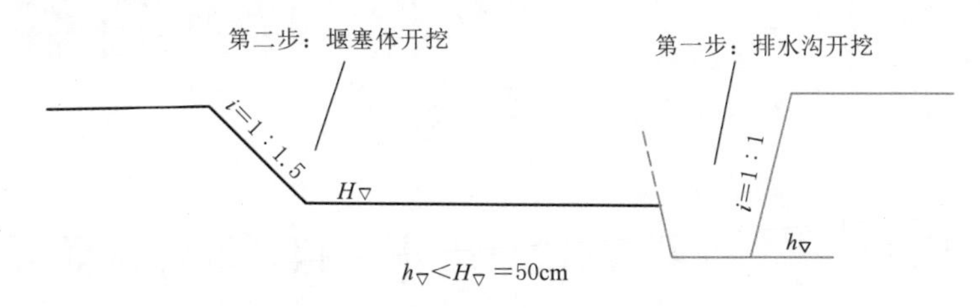

图 7.3.2 堰塞体开挖横断面示意图

1) 根据开挖堰体工程量、深度、长度，进行施工放线、放样，确定排水沟槽开挖几何尺寸，要求沟槽排水量能够满足堰体开挖期间上游来水量。

2) 排水沟槽深度低于堰体开挖深度 0.3～0.5m。

3) 根据原始地貌高低，在不能满足甩方堆放的情况下，才选择是否安排“二传手”机械扩大堆放渣土，以免造成不必要的机械作业浪费。

4) 如为了加快沟槽开挖进度，采取分段平行开挖时，应安排施工控制测量人员，进行分段控制开挖高程，严格把控纵坡比降，以免造成沟槽中部积水，进而影响上游排水。

(2) 当排水沟渠上下游贯通后，能完全满足上游来水量时，即可进行堰体渣土开挖转运。具体施工方法如下：

1) 测量放线、放样，确定开挖深度、宽度。

2) 就近选择弃渣土堆放场地，布置场内、外运输便道，并安排装载机维护保养，保证便道通畅、平整、路面无“响石”、浮石，以免运输车辆轮胎碾压飘石，弹飞引起物体打击伤害事故。

3) 为避免水下开挖，同样是从最下游开挖，根据开挖体量、宽度，在保证机械安全作业的情况下，可安排数台挖掘机、自卸车平行施工。

4) 场内施工便道交汇处，应安排专职安全员进行交通指挥。

5) 在堰体开挖即将贯通时（应根据临水堰坝稳定性、上下游水位落差等现场情况，确定10～20m预留宽度)，停止挖掘运输作业，安排装载机或推土机将开挖面内的子埂、浮石统一推运平整后，撤离所有人员、机械设备至安全场所。

6）当堰坝蓄水量不大时，可调挖掘机至上游临水面堰体，从侧面伸直全臂，挖掘排水，应注意保证机位安全，控制渐进深度与宽度。

7）当堰坝蓄水量较大时，可采用爆破作业，炸开堰体，使积水宣泄而下。堰塞湖挖掘现场实景如图7.3.3所示。

图7.3.3 堰塞湖挖掘现场实景

7.4 2013年金堂县“7.9”洪涝灾害水上救援冲锋舟翻沉事故分析

7.4.1 行动背景

2013年7月初，四川盆地连续普降暴雨，部分地区出现特大暴雨，由于降水总量大、降水强度高、持续时间长，导致金堂县北河、中河、毗河水位暴涨。截至7月9日8时，沱江流域最大洪峰流量达7410m^3/s，洪水造成金堂县沱江沿线的赵镇、三星、官仓、清江、栖贤、白果、五凤等乡镇不同程度受灾，多处出现群众被洪水围困的险情。“赵镇、官仓、五凤危急……”一条条告急信息上报至成都市防汛指挥部办公室。金堂县受灾乡镇淹没实景如图7.4.1所示。

图7.4.1 金堂县受灾乡镇淹没实景

7.4.2 行动概况

7月9日8时30分，市防汛办果断启动红色预警，调集市公安、消防、防汛机动抢险队等单位，组织水上救援分队，携带装备赶赴受灾最严重的金堂县官仓镇等地展开营救行动。

灾情就是命令！成都市防汛机动抢险队在接到市防汛办命令之前，早已通过各类信息，启动水上救援应急预案并做好抢险人员、物资准备工作。8时40分，该队正式接到指挥部电话调令。立即组织人员装备，运输两艘冲锋舟、一艘橡皮艇赶赴金堂县五凤镇。在赶赴途中，带队领导吴某密切与市防汛办指挥部、受灾现场指挥部联系，了解道路交通情况，选择较通畅、便捷道路通过；并告知现场指挥部，小分队参与救援的人数、船只数量，请指挥部做好船只所需要的燃油、搬运人员等准备工作。现场指挥部派出专人在交通干道接应市抢险队小分队，并于上午10时30分到达路程约75km的指定受灾地点——金堂县官仓镇。搬运舟艇下水，安装发动机，加油等紧张有序地进行着。“请指挥部协调三名熟悉当地情况的村社区干部分乘三艘冲锋舟，一同前往被困村镇救援！”带队领导吴某通过调频对讲机与现场指挥长联系到。小分队三艘舟艇在三名向导的带领下，迅速展开救援行动。营救被困群众实景如图7.4.2所示。

图7.4.2 营救被困群众实景

只见官仓镇双凤村4组已被洪水团团包围，农田已变成一片泽国，水上存在大量漂浮物，洪水中的含泥量可达40%左右……为了保证救援安全，带队领导吴某要求所有舟艇打开发动机机座锁销，电源开关钥匙套在驾机员手腕上；与消防武警的救援舟艇紧密协作，每一水域不得低于2艘船只，严禁单独行动。小分队参战成员们顾不上喝水、吃饭，也顾不上身上衣服是被汗水浸透还是被洪水打湿，一趟趟地转运被困群众，连续作战7h，成功转移被困群众150余人。到17时左右，官仓镇双凤村4组被困群众终于被全部转移到安全地带，疲惫已极的队员们刚啃了几口面包，又突然接到指挥部的电话通知，县城赵镇尚有不少群众急需转移，请求赶赴支援。所有队员二话没说，立即收拾装备、船只赶赴赵镇老城区。

由于赵镇老城区地处低洼地带，又紧邻江河位置，洪水淹没最深处约4m，原来的街道已成为河道，俨然已变成了一座水上城市，被困群众早已从低处转移到二、三楼上的窗户、阳台处翘首期盼救援船只的到来。小分队船只在街道、巷道紧张有序的航行，将二楼窗户、阳台当成停靠码头，采用安全绳系在被困者腰部并搀扶、背起被困者上船。救援行动持续到20时，小分队高某驾驶一艘冲锋舟行进至一处被困点时，由于天色已暗，加之停水停电，10余被困群众不免出现焦急情绪，都想尽快撤离到安全地带，就一窝蜂地登上该冲锋舟，驾驶员高某也未及时加以有效制止，仍艰难地航行着。冲锋舟准载12人，救援极限载量15人，而该舟装载群众17人，其中有两名小孩，加上驾机员、救生员各1人，共载19人，船舷离吃水线仅5cm左右，已严重超载航行。当该舟行进至临江路时，突遇江水涌起的波浪，向船头左侧袭来，直扑船头，冲锋舟就像潜艇一般直接钻入水下……“不好，船翻了!”就在不远处的带队领导吴某大喊道。“快，马上救人!”附近两艘冲锋舟迅速赶来，“船上一共多少人?”，高某站在齐胸的水中答道：“加上我们两人，一共19人!”万幸的是，事发地点的水深只有1.5m左右，随着一个个落水者被救上船，吴某某紧张的不断重复点着人数，“不好，还差两人!快，看看船下面!”救生员王某、郑某立即潜入已倾覆的冲锋舟下面寻找，果不其然，很快将被反扣在船舱里的一名妇女和小男孩拉出，此时距离冲锋舟翻沉已有40s，两人均已休克昏迷，上船—排水—胸外复苏按压—配合人工呼吸，大家利用平时训练时掌握的急救方法及时施救，两人均很快苏醒了过来。事发救援实景如图7.4.3所示。

图7.4.3　事发救援实景

将落水群众妥善安置后，吴某立即组织大家将倾覆的冲锋舟翻转过来。众人在水中用水翻转倾覆船只过程中，驾机员高某站在船尾发动机处，双手握住已倒扣的发动机机座，使劲往上翻转，当船体翻正时，发动机随着重力立即下压复位，一百余斤的发动机全部压在高某左手中指第三关节处，只听高某惨叫一声，“快抬起发动机，手压住了!”旁边两名队友立即蹿过来狠劲抬起发动机，这时，高某痛苦地取出血肉模糊的左手中指，第三关节已明显断裂，只是被表皮连接着。事后，经医院急救，由于指关节粉碎性骨折，加之受污水感染，不得不截肢，不幸地留下了终生残疾。

7.4.3　经验教训总结

(1) 从小分队参与此次“7.9”洪涝灾害救援行动来看，成都市防汛办、金堂县防汛相关部门，信息报送及时，组织有力，采取措施恰当；参战小分队在带队领导的组织协调下，抢险准备工作充分、落实到位；队员抢险技能娴熟，发扬不怕苦、不怕累的连续作战精神。

(2) 小分队带队领导吴某，充分利用在赶赴抢险现场的路途时间，与市防汛指挥部办公室、受灾现场指挥部保持密切联系，及时了解灾情发展、交通状况并请现场指挥部准备好舟艇所需的油料、搬运人员等，这大大节约了时间，提高了现场救援效率。

(3) 从高某驾驶冲锋舟翻沉事故来看，严重超载是事故发生的主要原因。即使是在救援状态下，冲锋舟极限载量为15人，并且应平均重量分坐在船舷两侧，严禁重量集中于

船头，避免波浪首先从船头灌水入仓，引发“潜水”效应而发生倾覆事故。

（4）在翻转倾覆事故船只时，由于驾驶员高某不熟悉船外机机座结构在倾覆与正常情况下的机械运动原理，误将手指伸入机座扣件内，这是造成手指被压伤的直接原因。这就要求每一名救援人员在平时应加强在特殊情况下的应急处置学习与训练，熟悉冲锋舟艇机械原理，防止类似事故再次发生。

（5）冲锋舟翻沉后，带队领导吴某指挥及时、恰当；采取现场急救措施正确有效，避免了严重溺水死亡事故。

7.5 广西桂林“4.21”龙舟翻沉事故案例分析

7.5.1 事故概况

2018年4月21日13时许，广西桂林桃花江上一艘18m长的龙舟赛船在赛道所在河道溢流堰上游进行赛前训练，当舵手发现下游约10m处是一道水位落差1.5m的溢流堰时，该船人员努力操控船只逆流而上无果后，在溢流堰上游被流速迅速增大的水流冲入下游消力池中并发生侧翻，舟上人员全部落入水中；几乎同时，另一艘赛船从旁靠近，试图营救，救援赛船也被冲入溢流堰消力池中并引发侧翻。据统计，两艘龙舟上共约60人落水，经现场营救处置后仍有17人不幸遇难。一周后，当地检察机关以涉嫌重大责任事故罪对相关主办、承办责任人员进行了逮捕。看了这则新闻，我们不免会问道：既然是龙舟赛，参与选手一定是身体强壮且会游泳的青壮年，那又为什么会造成17人死亡的重大安全事故呢？在龙舟赛事组织、安全保障方面又有哪些教训值得我们深刻反思呢？事发现场如图7.5.1所示。

图7.5.1 事发现场

7.5.2 事故原因

通过对广西桂林桃花江龙舟翻沉事故以及近年来一些水上沉船事故进行分析，造成事故的原因不外乎安全管理疏漏、防护措施不到位、避险操作不当、救生装备缺失以及盲目自救互救等原因。

水上运动（含水上救援行动）不同于其他运动，需要在复杂甚至是恶劣水域中进行一系列操作，如激流险滩、紊流漩水、上下游各类水工建筑物对水流流速、水头的明显影响，或

者是在极端天气条件下操作舟艇展开水上救援行动等，因此要求组织指挥应当周密有序，参与人员必须掌握一定的自救互救技能。而往往有些水上活动属于自发活动，未进行行政审批或审批不严，无应急预案及应急救援响应，也未对参与人员职业资格进行严格审查。

7.5.3　案例拓展

1. 水上活动安全事故预防和救护的原则

（1）统一指挥，分级负责。以水上活动主办方和承办方为主体责任单位，活动前应充分勘测了解河道形态，并上报当地交通、海事、水务等行政主管部门审批活动方案。主体责任与监管责任分别落实到位。

（2）预防为主，提前准备。主办方和承办方应在水上活动前制定切实可行的应急救援预案，并组织培训机构进行专项培训、考核工作。

（3）规范有序，常备不懈。主办方和承办方应根据我国水上活动相关法律法规，周密组织、科学筹划，按照水上交通安全规定装备必要的救生、救援工器具。

（4）科学应对，措施果断。主办方和承办方应根据可能出现的险情，结合应急救援预案，聘请有丰富经验的专家踏勘现场、现场培训，务必让每一名参与者掌握：在险情发生后，迅速采取科学有效的处置措施，及时保证参与人员、财产安全。

2. 水上活动组织指挥的基本要求

（1）组织指挥应周密有序展开。活动前应由主办方或指挥部向流域管理机构、海事部门报送赛事方案，并审批安全水域上下游界限，不得在激流险滩和各类水工建筑物上下游附近展开行动，尤其要求避开各类河道节制闸、防洪闸、大坝、电站、溢流堰等水工建筑物，安全距离应根据流量、流速大小等因素保持在500～1000m之间；应尽量避开有紊流旋水、跌水河段；测定拟活动河段河床平均宽度、深度及纵横坡降形象尺寸，并经行业行政主管部门审批后，方能组织相关水上活动。

（2）统一配备安全设施及安全用品。根据水上活动特点，应当强制设置上下游警戒浮漂绳、水面安全拦网、高音喇叭；配备对讲机、救生衣、救生圈、救生绳及救生杆等工器具。

（3）应制定切实可行的安全应急预案。预案主要内容应包括：组织指挥机构、人员分工、应急救援装备、应急技术方案、通信保障、培训与演练等。

（4）必要的安全巡查机制。水上活动两岸应配备专职安全管理人员携带对讲设备，进行不间断巡查，对即将超越安全警戒线的船只应及时制止；对不按要求穿戴（携带）救生装备的，应及时纠正；密切关注舟艇运行状态，对不正常运行应及时报告指挥部；水域中应配备专门的救生艇，在活动水域两侧进行不间断的巡查，及时对故障船只拖曳靠岸；迅速营救倾覆船只人员等。救生艇必需装备详见表3.1.2内容。

3. 水上活动操作人员基本要求

（1）年龄适宜、身体健康、心理素质较好。一般要求操作人员应为年满18周岁至45周岁，体检健康，并经专业测试，心理素质较好人员。

（2）应当经专业培训、考核合格。水上活动操作人员应当参加水上活动（水上救援）培训，不低于规定的学时完成理论、实操培训，并建立培训教育个人档案；参与驾驶机动

船舶的人员，应经当地海事行政主管部门考核合格，取得相关职业资格证书后，方能参与各类水上活动操作。

（3）具备特殊应急自救互救技能。培训机构应当聘请有丰富理论、实践经验的教员，掌握在危急情况下（如船只倾覆紧急情况下），如何自救、互救；尤其应当掌握落水人员被冲入水闸、溢流堰下游消力池中如何自救的方法。

（4）克服思想麻痹、侥幸心理。据笔者查阅多起舟艇倾覆事故案例，以及多年水上救援实践，发现绝大多数安全事故当事人，均未按要求穿戴（携带）救生工器具。正确穿戴救生衣、携带必要的救生装备是水上活动人员安全的最基本保障。

（5）树立自救互救思想意识。当发生水上危急险情时应着重把握以下要点：

1）所有当事人应尽量保持冷静的头脑，冷静应对险情状况。

2）根据险情状况，迅速结合平时培训所学到的危急险情处置措施，甄别现场水纹、水势状况的适用方法，如尽量避开紊流漩水、激流险滩等区域，采用确保自身安全前提下的自救、互救方法。

3）不主张主动下水施救，应当尽量利用舟艇接近落水者并使用诸如救生圈、救生杆、救生舢板及救生抛投器等器具施救；确实不具备以上施救条件时，不得已需要下水施救的，应迅速判别水域流向、大致流速、下游有无水工建筑物或者距离下游水工建筑物有多远？尤其不得在紧邻水工建筑物上游施救，否则极有可能在水流流速急剧增大时被冲入建筑物消力池中。

4）一旦被急流冲入消力池之类的建筑物中，应确立以自救为主，采取正确的自救逃生技巧，迅速脱离消力池。

5）确立优先妇孺儿童、先近后远的施救原则。

6）确立由上游斜向下游顺流迅速靠向缓流一侧岸边的自救、互救原则。

4. *舟艇倾覆前后的处置措施*

舟艇倾覆的主要原因有：风浪、船行波、跌水与堰流失衡（失稳）、误操作引起的失衡（失稳）、碰撞等。风浪：指在风的作用下产生的水面波动。由于水面面积、风速大小不同，一般在内河水域受风作用产生的风浪比海洋水面风浪小得多。船行波：指船舶在水面上运行时，船体推挤水体而形成的波浪，该波浪沿船行方向呈放射锥形扩散。

（1）当在内河遇到风浪、船行波袭击时，船上人员应保持镇静，务必穿戴好救生衣，平均重量坐在船舷两侧，不要站起来或集中倾向船的一侧，使船体保持重力平衡。操作人员应摆舵使船头近乎垂直（或在狭窄水域时夹角不小于45°）于波浪轴线，利用击浪使船体由左右摇摆变为上下稳定振幅。击浪后舟艇应及时摆舵，使船舶回复到正常航向。击浪示意图如图7.5.2所示。

（2）船只发生跌水与堰流失稳时的处置方法。跌水，使上游渠道（江河、水库等）水流自由跌落到下游的水工建筑物。跌水多用于水流落差集中处，也常与水闸、溢流堰等水工建筑物连接作为上下游退水及泄水建筑物。请注意，跌水、堰流上游一定长度范围内流速随流量、纵坡比降成正比例关系，流量、纵坡比降越大，流速越大；随下游水深大小成反比例关系，下游水深越小，上游流速越大。因此，所有水上活动应远离上下游各类水工建筑物，尤其是远离下游水工建筑物，以免船舶动力（机动或人力）克服不了水工建筑物

上游流速突然变大，从而引发被冲入水工建筑物下游消力池中的极度危险境地。

一旦被急流冲入消力池之类的建筑物中，应以自救为主，采取正确的自救逃生技巧，迅速脱离消力池。

（3）误操作引起的失稳（失衡）倾覆。常见的有，没有及时操作船只进行正确、有效的击浪，船只受风浪与船行波影响引发左右摇摆失稳，而发生倾覆；操作转向摆舵时，未在减速的条件下，转弯半径过小，引发船只离心力过大而倾覆。

（4）碰撞引发的倾覆。与水下暗礁、岸边、船只碰撞，在平时训练中需要按照《内河避碰规则》要求进行避让、避碰操作；如冲锋舟在不熟悉的水域中，应在运行前打开发动机机座锁销，一旦触礁，发动机可自动弹起，以免锁死机座，避免触碰水下障碍物时产生强大的反作用力造成船只倾覆。

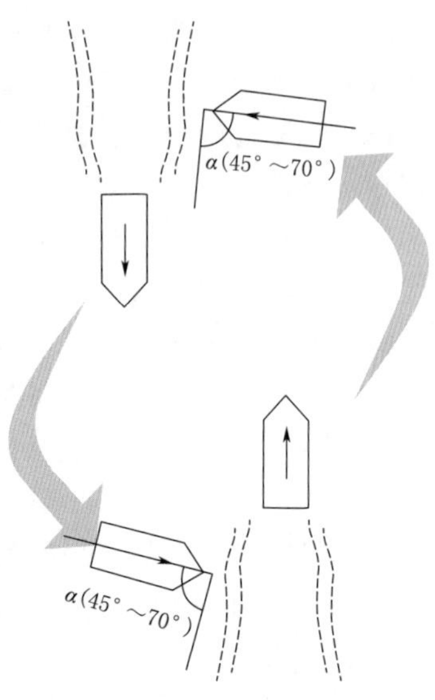

图 7.5.2 击浪示意图

5. 船只倾覆落水后的自救方法

应当根据不同水域条件，分为普通河道落水的自救和冲入消力池的自救两类。

（1）普通河道落水的自救方法。

1）首先应保持镇静，千万不要手脚乱蹬拼命挣扎，要减少水草缠绕，节省体力。只要穿着救生衣，哪怕不会游泳，也可保证48h不下沉。如果没有穿戴救生衣，不要试图将手臂举出水面胡乱挣扎，而应采取顺流踩水或反蛙泳，放松身体和呼吸，人体在水中就不会失去平衡而下沉。踩水和反蛙泳动作要领详见本书6.12节。

2）除呼救外，落水后应立即屏住呼吸，蹬掉双鞋，以尽量减小阻力，然后放松肢体，当感觉开始上浮时，尽可能地保持仰位（反蛙泳），使头部后仰，使鼻部可露出水面呼吸，呼吸时尽量用嘴吸气、用鼻呼气，以防呛水。呼气要浅，吸气要深。因为深吸气时，人体比重降到0.967，比水略轻，因为肺脏就像一个大气囊，屏气后人的比重比水轻，可浮出水面（呼气时人体比重为1.057，比水略重）。

3）尽量寻找并抓住水面漂浮物，如瓶子、桶、木板、塑料泡沫等，斜向下游缓流、回流区一侧岸边靠岸。

4）如在流速湍急河道中，迅速翘首观察周围河道两岸宽度、有无滩地、有无稍大的漂浮物，并可利用漂浮物或采用反蛙泳或踩水方式顺流斜向划向下游距离近的岸边；同时还应注意避让坚硬物或卵石，当要发生碰撞时，须用手或脚去撑开身体，避免头部受撞昏厥。靠岸时，应观察下游几百米范围内的两岸，选择就近缓流、回流水域岸边靠岸。

5）当救助者出现时，绝不可惊慌失措去抓抱救助者的手、腿、腰等部位，一定要听从救助者的指挥，让其拖带着你游向岸边。否则不仅自己不能获救，反而拖累救助者。

6）在水中使用救生圈时，用手压住救生圈的一边使它竖起来，另一手把住救生圈的另一边，然后再置于腋下，一手抓住救生圈另一手作划水动作；或者，将救生圈套入两手臂腋下，并用两手臂在救生圈两侧划水，驱动靠向下游岸边。

（2）冲入消力池的自救方法。需要说明的是，这里指的水工建筑物消力池，泛指为克服挡泄一体水工建筑物因为雍高水位，形成上下游水头而存在巨大的水力势能，为避免水流冲刷破坏建筑物下游河床及堤岸，在泄水建筑物下游产生底流式水跃的消能设施。消力池能使下泄急流迅速变为缓流，一般可将下泄水流的动能消除40％～70％，并可缩短护坦长度，是一种有效而经济的消能设施。

水跃消能主要靠水跃产生的表面漩滚及漩滚与底流间的强烈紊动、剪切和掺混作用，造成源源不断的上游来水跌入消力池中形成典型的紊流漩滚形态，消力池中的漩滚水上部由于受下游消力坎、海漫壅水影响形成水垫，产生强大回流现象，致使物体在其中来回翻滚；而消力池下部受主流不断冲刷力及消力池后端消力坎、海漫水跃影响，沿池底前端至后端受力由大变小。

因此，不难得出：人体在消力池下部相比上部更容易潜出逃生。请注意，在这里强调的是自救，而不是互救，因为在有水位落差而造成的漩滚水中是无法靠人为力量去对他人进行施救的。此时应优先保护自身安全，以尽快脱离消力池困境为首要目的。

一切水上活动，始终要远离上下游水工建筑物，当不幸被卷入消力池时，落水者的本能反应会用尽全力，尽量向上冲出消力池中的强大漩水，事实证明这样是完全徒劳的。落水者在强大翻滚漩水造成的作用力下，人体随着几个回合的来回漩滚，消耗完体力后终将溺水身亡。正确的方法是迅速脱掉身上的衣裤（包括脱掉救生衣，因为此时有救生衣的持久浮力，很不容易钻入翻滚漩水的下层）深呼吸一口气，顺势潜入漩水下层，这时随着漩滚水力冲刷作用，潜入消力池下部是较为容易的，并在水下感受身体的受力情况，在池底朝受力小的方向顺流潜出。参见图5.7.7方法。

6. 水中互救——徒手水下救生方法

通常不主张主动下水施救，但在危急情况下，现场又无可利用的救生装备时，可采取以下施救方法进行互救：

（1）入水前的准备。迅速确定落（溺）水者方位，脱掉衣裤、鞋子等，确定下游1000m内无水工建筑物，并尽量在岸上跑步，在最接近落（溺）水者位置跳入水中。

（2）接近、拖带落（溺）水者。游向落（溺）水者时，应在落（溺）水者下游保持距离5～6m并密切关注落（溺）水者体能状况、意识形态等，迅速判定落（溺）水者有无可能抓抱施救者，要知道一个体能消耗殆尽的落水者比胡乱抓抱的落水者更易于施救；一般情况下，在有流速的水中落（溺）水者是不会立即下沉的，故在其下游接近并拖带施救，便于有效监控落（溺）水者的安全状况；消耗落（溺）水者体力至不至于沉入水下为准，然后游到其身后，施救者可采用踩水泳姿用一只手掌勾起落（溺）水者下颚或采用反蛙泳托起落（溺）水者后脑勺，使其面部朝上露出水面顺流斜向靠岸。参见图6.12.3、图6.12.4所示方法。

（3）当落（溺）水者试图抱紧救援者时，可用以下方法予以应对：当已经被落（溺）水者抱紧时，应迅速深呼吸一次，自沉入水迫使其自动松手后，再按上述方法施救。

通过将所有涉及水上作业、活动安全行为纳入相关法律法规制约范围，加强水上安全监管巡查并对违法违规行为加大处罚力度，科学有序地开展水上运动的组织指挥，严格进行水上技能培训等一系列措施，是可以最大限度减少诸如广西桂林2018年4月21日重大淹溺事故发生。

附录　洪涝灾害应急管理与水上救援常用文档模板参考

附录 1

地级市防汛抗旱指挥部办公室主要业务工作清单及任务分工表（建议案）

序号	内　　容	承担部门	备　注
1	负责对接省防指（办）	应急/水务	
2	统筹二级及以上防汛抗旱应急响应启动后的全市水旱灾害应对处置工作	应急	
3	组织开展防汛抗旱应急预案编制与修订	应急	
4	组织开展防汛抗旱预案演练工作	应急	
5	统筹协调防汛抗旱抢险救灾物资和队伍	应急	
6	市防指（办）工作规则修订	应急	
7	督促指导地方开展受灾群众安置工作	应急	
8	组织各级各类防汛抗旱责任人的落实及分级公示	应急	
9	市防指组织机构调整	应急	
10	统筹防汛抗旱宣传工作	应急/水务	应急负责“抢”“救”工作宣传；水务负责“防”“治”工作宣传
11	统筹防汛抗旱培训工作	应急/水务	共同开展
12	组织防汛抗旱表彰奖励等工作	应急/水务	共同开展
13	提请市级防汛抗旱应急响应启动、终止	应急/水务	应急主导，水务协同
14	组织开展防汛抗旱会商研判和调度	应急/水务	应急主导，水务协同
15	组织开展防汛抗旱值班值守工作	应急/水务	应急主导，水务协同
16	统筹防汛抗旱信息报送、发布工作	应急/水务	应急主导，水务协同
17	组织开展洪旱灾害调查评估	应急/水务	应急主导，水务协同
18	组织召开全市防汛抗旱相关会议	应急/水务	应急主导，水务协同
19	组织“三单一书”“两书一函”机制的建立及实施	水务	
20	安排部署各级各部门汛前准备	水务	
21	组织开展防汛减灾督导检查工作	水务	
22	组织开展防汛抗旱隐患排查工作	水务	
23	组织开展监测预警工作	水务	
24	组织开展水库水电站防汛抢险应急预案编制审批工作	水务	
25	组织建立完善山洪灾害群测群防体系	水务	
26	组织防汛抗旱总结考核等工作	水务	

注　市防办主要业务工作按照“水务负责‘防’和‘治’、应急负责‘抢’和‘救’”的总体原则进行划分，市应急部门和市水务部门共同承担指挥部及办公室工作，各负其责、各行其权、各有侧重，加强沟通衔接、积极主动配合，形成工作合力。

附录 2　防汛抗旱指挥部办公室“三单一书”模板

×××防汛抗旱指挥部领导干部责任清单

序号	姓名	职务	主要职责	备注
1		总指挥长	所辖区域防汛抗旱行政责任人，全面统筹安排防汛抗旱工作，协调解决重大问题	
2		指挥长	所辖区域防汛抗旱行政责任人，全面统筹安排防汛抗旱工作，协调解决重大问题	
3		副指挥长	负责统筹指挥安排抢险救灾方面相关工作，协调解决重大问题，负责贯彻落实指挥长确定的事项	
4		副指挥长	负责监督防汛抗旱日常工作，负责统筹指挥安排预防、监测预报预警等工作，协调解决重大问题，负责贯彻落实指挥长确定的事项	
5		副指挥长	负责辖区防汛抗旱应急队伍的建设工作，负责贯彻落实指挥长确定的事项	
6		副指挥长	负责辖区防汛抗旱灾后救助工作，负责贯彻落实指挥长确定的事项	

×××防汛抗旱部门职责清单

序号	部门	主要职责	责任人	备注
1	应急局	执行中央、省、市、区、办事处防汛抗旱指挥部的方针和重大决策部署，分析研判辖区防汛抗旱形势，部署洪涝灾害防御和应对处置工作；完善防汛抗旱体系，提高全区防灾救灾能力；根据市、区防汛抗旱指挥部应对处置工作启动应急响应级别，快速反应做出应对措施；建章立制、完善预案体系，加强宣传培训演练，提升群众防灾救灾能力；完成市、区、办事处防指办交办的其他工作		
2	水利（务）局、防汛办	负责做好防汛抗旱办公室日常工作，负责辖区洪涝灾害防治工作，负责指导一般性洪涝灾害突发事件的处置工作；负责承担防御洪水应急抢险的技术保障工作；负责规划和实施洪涝灾害防治规划工作；指导辖区水利工程实施、设备的安全运行、应急抢护；负责转发区气象部门天气预报预警和监测信息；负责防汛抗旱指挥部交办的其他工作		
3	应急救援队伍	负责应急队伍参加防汛抗旱抢险任务的组织、协调、指挥工作；组织防汛抗旱应急演练；完成防汛抗旱指挥部交办的其他工作		
4	财政局	负责统筹防汛抗旱经费统筹、调拨和监督使用；确保防汛抗旱应急资金及时到位；完成防汛抗旱指挥部交办的其他工作		
5	农业农村局、文旅局	负责防汛抗旱宣传工作，通过便民微信工作群和“村村响”发布预警信息；负责景区、公园游客的有序撤离、转移和安置工作，设置景区、乡村旅游景点警示标志和转移路线标志；负责城市防洪预警信息和灾害抢险工作。完成防汛抗旱指挥部交办的其他工作		

续表

序号	部门	主　要　职　责	责任人	备注
6	民政局	负责开展洪涝灾害受灾群众临时救助工作；负责组织安排危险区民政福利设施、财产安全转移等工作；完成防汛抗旱指挥部交办的其他工作		
7	规划和自然资源局	负责指导协调因降雨诱发的山体滑坡、崩塌、地面塌陷、泥石流等地质灾害监测、预警、防治等工作，做好地质灾害抢险救援的技术保障；完成防汛抗旱指挥部交办的其他工作		
8	公安局	负责洪旱灾害的社会稳定和治安保卫；依法打击造谣和盗窃、哄抢防汛抗旱物质，破坏水利工程建设的违法犯罪活动，确保抗灾救灾工作顺利进行。完成防汛抗旱指挥部交办的其他工作		
9	市场监管局	负责洪涝灾后辖区市场供应的食品、药品安全工作；严厉打击因灾害致市场供应不充足而哄抬物价的商家。完成防汛抗旱指挥部交办的其他工作		
10	卫健委（局）	负责防汛抗旱应急抢险医疗救护工作；指导受灾区域防疫消杀工作。完成防汛抗旱指挥部交办的其他工作		
……	……	……		

×××洪涝灾害风险隐患清单

序号	类别	薄弱环节或短板弱项	整体提升、防范应对主要措施	责任单位
1	灾害形式	××年汛期气候较常年偏差、旱涝交替、极端天气气候事件发生概率较大	加强会商，提前研判气候趋势和洪涝灾害形势，为辖区防汛抗旱提供科学决策，提早制定切实可行的应对措施，坚持多措并举开展洪涝灾害防治工作	防汛抗旱指挥部、防汛办
2	能力建设	基层防汛抗旱力量薄弱，缺少专业技术人员	加强人才队伍建设，邀请相关防汛、救灾专家成员来本地进行防汛抗旱防治专业技术工作培训；提高队伍专业技术水平	各成员单位
3	监测预报预警	监测预报预警信息不对称	完善预警信息平台，多渠道发布天气信息的预警和预报，传统与高科技结合的方式快速传递防汛抗旱预警信息	应急局、水利（务）局、水文局、气象局等
4	超标洪水防御	河道防洪能力有限	及时清理河道影响泄洪障碍物；及时转移沿河群众和财产，确保汛期人民群众财产安全	沿河行政区域、水利（务）局、农业农村局等
5	城市防洪	部分城市低洼地段、地下轨道交通遇暴雨出现洪涝灾害	及时检查低洼地段的排水通道是否堵塞和完好；加强预警信息发布，遇暴雨及时提醒群众安全出行，及时停运地下轨道交通，确保人民群众生命财产安全	排水设施管理部门、轨道交通部门、应急局及其他应急救援队伍
6	抢险救灾	缺乏专业抢险人员	加强队伍培训和演练能力建设，提高防汛抗旱救灾救助能力	应急局及当地驻军、警，国有平台公司
……	……	……	……	……

×××洪涝灾害防御责任与任务承诺书*

根据防汛抗旱行政首长负责制，为切实做好防汛抗旱工作，本人承诺按照“两个坚持、三个转变”“人民至上、生命至上”及相关要求，恪尽职守、主动作为，统筹安排、扎实举措，防御、减轻洪涝灾害，全力确保人民群众生命财产安全，坚决遏制群死群伤事件发生。

本人将组织防汛抗旱指挥部有关单位和相关责任人，建立完整防汛抗旱责任制体系，加强对防汛抗旱工作的监督检查；充实防汛抗旱指挥机构，完善防汛抗旱指挥体系；加强组织领导，落实物资、队伍、经费等各项保障措施；强化安全风险防范意识，抓紧抓实抓细防汛抗旱各项重点工作。本承诺书一式三份，一份承诺人留存，一份指挥部留存，一份交上级指挥部备案。

×××防汛抗旱指挥部（代章）

指挥长（承诺人）签字：

年　　月　　日

* 防汛抗旱工作其他责任单位及责任人，结合本岗位职责，参照上述承诺书内容及格式制定有针对性的承诺书。

附录 3　防汛抗旱指挥部办公室“两书一函”模板

约谈通知书（模板）

××单位：

××××年××月××日（××日），你市（州）、县（市、区）对市防汛办查出的洪涝灾害安全隐患问题整改落实不到位等问题，导致重大安全隐患长期存在，极易引发（淹没、淹溺、排水管道堵塞、闸门倒塌、堤坝决口）等事故，给人民群众生命财产安全造成严重威胁，充分暴露出你市（州）、县（市、区）或××行业监管部门及××企业“生命至上、安全第一”的理念树得不牢，对洪涝灾害防御工作重视不够，地方“党政同责、一岗双责”和“三个必须”以及“企业主体责任”落实不到位，日常防灾减灾监管流于形式、浮于面上，导致洪涝灾害隐患长期存在。

根据相关警示和约谈制度相关规定，现对你单位履责不到位进行约谈，时间为××××年××月××日××时，地点在××会议室。约谈后，请你单位在××日内对约谈指出问题的进行整改，整改不到位的，防汛办将把有关情况抄送相关纪委监委和行政执法部门，并依法依规进行追责问责。

联系人：××，联系电话××，传真：××，邮箱：××

××××防汛抗旱指挥部办公室

××××年××月××日

督促限期整改通知书（模板）

××单位：

××××年××月××日（××日），防汛办领导带队到××市（州）、县（市、区）开展防汛工作督察、检查、巡查、考核，发现了一批洪涝灾害安全隐患问题（见附件，附件应明确××洪涝灾害安全隐患图片及文字说明）。

为深入贯彻习近平总书记关于防灾减灾的系列重要论述，全面落实省委、省政府决策部署，严密防范重大洪涝灾害风险，坚决防御洪涝灾害及次生灾害事故，切实从根本上消除事故隐患、从根本上解决问题，确保实现安全度汛，现将查出的隐患问题清单移交给你单位。请你单位高度重视，迅速组织研究，认真抓好整改落实。

请你单位（你）自《督促限期整改通知书》发出之日起××日内，将隐患问题整改落实情况经你单位主要负责人（你）审核签字后书面报送××市防汛办。对逾期未进行整改或整改落实不到位的，将作为约谈的条件或启动问责的依据。

联系人：××，联系电话：××，传真：××，邮箱：××。

附件：××市（州）洪涝灾害安全隐患问题清单

×××防汛抗旱指挥部办公室

××××年××月××日

提醒敦促函（模板）

××单位：

根据全省（市）洪涝灾害风险统计分析/开展洪涝灾害隐患检查、督察、巡查、考核以及举报/防汛办常态化工作专班《洪涝灾害风险防控预警信息》提示了解的情况，近期你市（州）、县（市、区）涉及的隐患问题比较多，充分暴露出主体责任不落实、洪涝灾害风险管控和隐患排查整治不到位，属地管理和行业监管不落实。

针对存在的隐患问题，防汛办特别提醒，请你单位及时督促辖区各责任单位认真落实洪涝灾害防御主体责任，全面深入开展风险隐患辨识管控和隐患排查整治，逐项抓好自查自改；同时请你单位督促相关行业监管部门加大洪涝灾害隐患日常监管和监察执法力度，严厉打击违法非法行为，确保所属辖区安全度汛。

请你单位自《提醒敦促函》发出之日起××日内，将敦促整改落实情况经你单位核实签字后书面报送防汛办，由防汛办汇总上报防汛办领导。对逾期未开展提醒敦促或未督促整改落实到位的，将作为进行约谈的条件。

联系人：××，联系电话：××，传真：××，邮箱：××。

×××防汛抗旱指挥部办公室

××××年××月××日

附录4　洪涝灾害应急救援专家库管理办法建议案

洪涝灾害应急救援专家库管理办法建议案

为规范洪涝灾害应急救援专家组（以下简称专家组）专家决策咨询管理工作，真正发挥各专业专家在预防和处置洪涝灾害中的技术咨询及指导作用，确保专家组相关研究和咨询工作的有效开展，及时为行政决策提供高效、科学且操作性强的专业技术指导意见。

第一条　洪涝灾害应急救援专家组由气象气候、地质、水文、水利水电工程、水上救援、环境工程、卫生防疫等领域的专家学者按1∶3比例（聘用1名，备选2名）组成。

第二条　遴选的专家组人员应有广泛的代表性并具备以下资格：

（一）坚持党的路线、方针、政策，具有较强的政治素质和社会责任感，身体健康且一般不超过70周岁并愿意参加专家组工作的人员。

（二）具有丰富的实际工作经验，有较高的学术水平、业务知识，熟悉本学科、本专业领域的国内外工作动态，具有高级以上技术职称，在上述专业技术领域中有较大影响力，在同行专家中有较高的威信和组织协调能力。建议在遴选中重点突出真实专业技术水平，如同时兼备以下三点条件：从事上述相关专业领域工作十年以上，参加过类似应急救援任务三次以上的优先录取；在国家级专业期刊发表相关专业论文3篇以上的，编著出版相关专业书籍的优先录取；除上述高级以上技术职称外，考取有国家级水利水电工程、建筑工程安全工程师等相关专业执业资格证书的优先录取。上述条件均需提交工作业绩、论文、书籍和证书证明原件备查。

（三）有良好的科学精神和学术道德，工作认真负责，坚持原则，办事公正，不受部门（单位）及个人利益影响；能集思广益，善于听取各方面意见，作风正派，团结同志，合作共事。

（四）身体健康，年龄适宜，在精力和时间上能够保证参加专家组的相关工作和活动。

第三条　专家聘任程序

（一）专家所在部门（单位）或其本人通过所在部门（单位）向聘用单位推荐或自荐。

（二）聘用单位根据应急救援工作需要，提出专家组成员推荐名单和初步审核意见，发给拟选专家填写《洪涝灾害应急救援专家组成员申请审批表》，详见附件一。

（三）本人填写相关表格并提供有关材料，经所在部门（单位）签署初审意见后报聘用单位。

（四）聘用单位研究复审批准后，颁发专家聘任书和专家证。并对聘任专家进行建档立卡，建立联络平台信息。

（五）专家聘任期限为3年，聘期结束后，经审查合格者，可以续聘。

根据工作需要，经聘用单位报请当地政府同意，可以适时增补专家。

第四条　专家组成员的评聘、考核和管理

（一）聘用单位负责建立专家组成员数据库，记录专家相关信息并实施动态更新；承办专家组成员的聘任、发证、考核和换届工作；安排专家执行任务或参加有关活动；组织

学术交流和技术培训工作，向专家提供国内外有关资料和信息；及时向专家通报有关应急救援情况，对专家提出的咨询意见和工作建议进行研究和吸纳；组织召开专家组全体会议、专家组代表会议和专题工作会议；指导和整理专家组制定工作计划、编写论文集和相关报告；组织研究解决专家提出的应急救援工作重大问题或专题报告。

（二）建立专家工作考核制度。对专家组的考核按照届期进行，主要考查专家组履行职责情况。对专家组成员个人的考核按照年度进行，主要考查专家个人履行各项工作职责时的客观公正性、遵守纪律情况、专业素质、参加专业技术活动时间及完成工作的数量和质量等，并填写《××××年度聘期洪涝灾害专家组业绩考核表》并提供相关佐证材料，详见附件二。专家库成员一旦被有关部门认定存在违法、违纪行为的，聘用单位应当立即解聘服务关系并将其本人清除出专家库。

第五条　专家组的工作内容是为辖区应急救援工作提供决策建议、专业咨询、理论指导和技术支持。

（一）根据有关工作安排和课题研究计划，开展或参与调查研究。每名专家组成员每年至少提供一篇关于应急救援相关领域的调研文章，用以指导受聘辖区的应急救援工作。

（二）参与应急救援立法调研，参加有关地方性法规、规章、规范、政策的研究、草拟和论证工作。

（三）为应急救援发展规划、年度计划提供技术支持，并对规划和计划进行论证和审查。

（四）参与对特别重大或重大突发事件进行分析研判，必要时参加应急处置工作，提供决策建议。

（五）参与应急救援教育培训工作及相关学术交流与合作。

（六）参与突发事件预防性项目的项目评价、应急预案、技术检测和成果审查，提出审查意见和结论。

（七）为应急救援各类数据库建设提供指导。

（八）办理聘用单位委托的其他工作。

第六条　专家组工作程序

（一）每年至少召开一次专家组例会（专家研讨会），研究辖区内应急救援工作，主要听取专家有关建议。当工作需要或遇有突发事件时，随时召开专家会议。

（二）聘用单位选派专家执行任务时，专家携带专家证按时抵达指定地点执行任务，相关单位及负责人应给予配合协助。

（三）专家完成工作任务后，应向聘用单位写出书面报告。按照发现问题、分析问题、解决问题的逻辑，提出切实可行的书面建议意见。

（四）有关部门（单位）聘请专家组成员执行其他应急救援方面任务时，需征得聘用单位的同意。

第七条　以专家组名义开展工作并形成研讨意见、评审结果和论证结论等时，由聘用单位报送辖区政府有关领导或送有关部门（单位）；专家组工作情况以及有关调研报告和学术论文等，由聘用单位视情况推荐在相关刊物刊发。

第八条　专家成员在受聘期间，因工作需要调离本岗位，或离开本区 30 日以上、或

由于身体状况等原因，不能正常履行专家职责的，应及时报聘用单位备案。离开半年以上的，视情况及时进行专家组成员的增补和调整。

第九条 专家组履行各项工作职责时应坚持科学客观、实事求是的原则，并严格遵守有关保密纪律。

第十条 专家在受聘期间，如有以下情况，聘用单位可单方解聘并通知其本人，视情况予以通报。

（一）个人能力不足，不能胜任工作，或在专业技术咨询活动中提供明显错误（或低级错误）意见的。

（二）不履行职责，不服从管理，违反纪律，无故不接受指派任务。

（三）在执行任务期间，工作不负责任，违反科学，违背客观事实，导致两次以上向有关方面提供有失公允或错误意见结论。

（四）擅自以专家组名义从事不正当活动；或违背客观规律和现场实际情况，利用专家身份收受红包、礼品的。

（五）其他违反法律法规规定的行为。

第十一条 聘用单位承担专家组秘书工作职责，负责组织安排专家组日常工作。在专家所在部门（单位）设立联络员，负责专家与聘用单位日常联络工作。

第十二条 专家开展应急救援工作活动期间，可按国家相关专业技术服务劳务报酬规定领取适当的劳务费。劳务费及活动期间的差旅费，由聘用单位或任务、项目提出方（受益方）提供。

第十三条 聘用单位研究提出专家组年度工作安排建议和经费预算，经辖区人民政府批准后，向辖区财政局专项申请并负责经费管理。工程项目参建单位应在项目概算、预算中明确列支“技术咨询费、专家论证、评审费用”。

附件一：××市（区、县）洪涝灾害应急救援专家组成员申请审批表

附件二：××××年度聘期洪涝灾害专家组业绩考核表

附件一

××市（区、县）洪涝灾害应急救援专家组成员申请审批表

填报日期：　　　　年　　月　　日

姓　名		性　别		出生年月		
工作电话		住宅电话		移动电话		
身份证号			在岗情况	在岗□　退休□		
常住地地址						
单位全称						
单位地址			邮政编码			
所在部门			职务/职称			
单位电话		传真号码		电子邮箱		
毕业学校		最高学历		最高学位		
所学专业		现从事专业及时间		所属行业		
职业（执业）资格及注册号						
工作简历	起止年月	单位及部门		从事专业、担任职务		
发明、著作、学术论文情况（何时、何地出版或发表）						
受过何种奖励						
应急管理相关工作主要业绩及研究成果						
申请人签名	年　月　日					
所在单位意见	（公章） 年　月　日					
推荐单位意见	（公章） 年　月　日					
初审意见	（公章） 年　月　日					

附件二

××××年度聘期洪涝灾害专家组业绩考核表

编号：××××（单位简称）-××（专家级别）-××××（专家流水号）

<table>
<tr><td>受聘人</td><td></td><td>聘用部门</td><td></td><td>行政职务/岗位/执业资格证书及编号</td><td></td></tr>
<tr><td>专家职称</td><td></td><td>聘 期</td><td colspan="3">＊＊年＊＊月＊＊日 至 ＊＊年＊＊月＊＊日</td></tr>
<tr><td colspan="6">聘期内主要任务</td></tr>
<tr><td rowspan="6">本年度重点工作</td><td>任务</td><td colspan="2">内容及预期目标描述</td><td>目标分</td><td>实得分</td></tr>
<tr><td>××项目</td><td colspan="2">××年××月实现××目标，输出××成果（不限于聘用单位）</td><td></td><td></td></tr>
<tr><td>参与××专家论证</td><td colspan="2">××年××月××日，提出××意见建议，实现××目标或取得××成效（不限于聘用单位）</td><td></td><td></td></tr>
<tr><td>参与××汛前、汛中、汛后检查</td><td colspan="2">××年××月××日，提出××意见建议，实现××目标或取得××成效（不限于聘用单位）</td><td></td><td></td></tr>
<tr><td>参与××应急处突</td><td colspan="2">××年××月××日，提出××意见建议，实现××目标或取得××成效（不限于聘用单位）</td><td></td><td></td></tr>
<tr><td>…………</td><td colspan="2"></td><td></td><td></td></tr>
<tr><td rowspan="7">本年度专业能力建设</td><td>任务</td><td colspan="2">内容及目标描述</td><td>目标分</td><td>实得分</td></tr>
<tr><td>课题研究</td><td colspan="2">聘期内，主持或参加的课题研究××项</td><td></td><td></td></tr>
<tr><td>论文撰写</td><td colspan="2">聘期内，所撰写的论文著作或研究报告××篇</td><td></td><td></td></tr>
<tr><td>能力培训</td><td colspan="2">聘期内，所参加的培训课程××门，受训××学时</td><td></td><td></td></tr>
<tr><td>合理化建议</td><td colspan="2">聘期内，所制作提案××个，且被采纳实施的提案××个</td><td></td><td></td></tr>
<tr><td>专利成果</td><td colspan="2">聘期内，独立或合作完成的专利成果，并取得专利证书的项目××个</td><td></td><td></td></tr>
<tr><td>…………</td><td colspan="2"></td><td></td><td></td></tr>
<tr><td rowspan="4">本年度专业知识传播</td><td>课程开发</td><td colspan="2">聘期内，所开发的培训课程×门，且主讲×学时</td><td></td><td></td></tr>
<tr><td>参与聘用单位培训授课</td><td colspan="2">聘期内，参与聘用单位内部授课×次，主讲《××》，×学时</td><td></td><td></td></tr>
<tr><td>参与外单位培训授课</td><td colspan="2">聘期内，参与外单位授课×次，主讲《××》，×学时</td><td></td><td></td></tr>
<tr><td>标准制度建设</td><td colspan="2">聘期内，参与起草或评审的标准或流程制度×个</td><td></td><td></td></tr>
<tr><td colspan="4">合　　计</td><td>100</td><td></td></tr>
<tr><td colspan="3">聘用部门意见（简要评价）：

签字：

年　　月　　日</td><td colspan="3">聘用单位意见：

盖章：

年　　月　　日</td></tr>
</table>

附录 5　辖区主要江河重要断面洪水流量对应表

辖区主要江河重要断面洪水流量对应表

江河名称	断面名称	洪水流量/(m^3/s)			
		10 年一遇	20 年一遇	50 年一遇	100 年一遇

附录6　水库、水电站汛期报汛制度（建议案）

水库、水电站汛期报汛制度（建议案）

1　目的

为更好地解决水库、水电站防洪与兴利之间的矛盾，切实做到有计划地充蓄和消落上游来水，有目的地拦蓄与泄放洪水，尽量充分利用水库、水电站库容，确保水库、电站和下游地区安全，特制定本制度。

2　范围

本制度规定了水库和水电站报汛内容、要求等。

本制度适用于各类人为控制的水库与水电站汛期动态调控库容、出入库流量和上游降雨情况的报告。

3　报汛内容

3.1　每日8时和20时，水库、水电站值班人员做完观测记录，进行流量计算完毕后，务必通过电话将入库流量、水位、总下泄流量报调度指挥中心，并作好记录。

3.2　当下泄流量 $Q<X\mathrm{m}^3/\mathrm{s}$ 时，每变化 $X\mathrm{m}^3/\mathrm{s}$ 报一次；下泄流量 $Q>X\mathrm{m}^3/\mathrm{s}$ 而小于 $X\mathrm{m}^3/\mathrm{s}$ 时，每变化 $X\mathrm{m}^3/\mathrm{s}$ 报一次；下泄流量 $Q>X\mathrm{m}^3/\mathrm{s}$ 时每变化 $X\mathrm{m}^3/\mathrm{s}$ 时加报一次。（注：各地可根据当地防汛抗旱指挥部要求和实际情况，拟定下泄流量和变化流量指标并报当地防汛抗旱指挥部办公室批复〈以下简称防汛办〉后执行）

3.3　汛期当电站入库流量达 $X\mathrm{m}^3/\mathrm{s}$ 时将水位、流量数据报调度指挥中心。如果洪水继续上涨，则每上升 $X\mathrm{m}^3/\mathrm{s}$ 时加报一次，退水则报峰值。

3.4　每年5月1日—10月1日，每天8时将上日8时至当日8时的平均降雨量、平均出入库流量，当日8时水位、库容数据报当地防汛办，每月1日、11日、21日向当地防汛办加报旬降雨量、旬平均出入库流量，每月1日加报月平均降雨量、月平均出入库流量，所有数据按要求要及时向防汛办汇报。

4　报讯要求

4.1　枯水期由于开停机引起下泄流量变化较大时，水库、水电站调度中心必须及时通知下游梯级电站值班人员和下游地区防汛办。

4.2　汛期如遇大雨、泄洪、负荷变化、停机捞浪渣等引起水位、流量变化较大时必须增加联络次数，及时将下泄流量及水情变化趋势通知下游梯级电站，确保水工建筑物及坝址上游库区的安全。

4.3　报汛应建立专门的簿册。传真报汛时，应先在相应的报汛单上填好内容，经校对无误后再报出，并及时留存底稿；闸门变动报汛时，应先在闸门操作记录本填好内容，经校对无误后，再按闸门操作记录本的内容报出，并要求接报对方通报姓名，记入簿内；其他雨水情电话报讯时，应将报汛内容及对方接收人姓名记录于值班记录本内。

4.4　同一时间，同一项目报往不同单位的数据必须统一。

4.5　传真底稿字迹必须工整清晰，只能用国务院颁布的社会通用字体，不得用随意乱写的怪体字，如因乱写怪体字造成错认，引起不良后果，填写人负直接责任。

4.6　报汛后，如发现错误要立即更正并及时补报。

4.7　雨、水情报汛必须真实，不论任何人，出于何种目的，均不得报送假情报。

4.8　如遇电话有故障问题或其他情况不能进行正常的报汛工作时，应及时向领导报告，同时应想办法通过各种渠道及时把汛情向有关单位报告。

4.9　电话报汛时，为使数据传递准确，以下阿拉伯数字应读异音：0（洞）、1（邀）、2（两）、7（拐）、8（捌）。

4.10　电站值班人员应严格执行以上规定，如遇报汛单位或报汛内容发生变化，应按新的报汛项目向有关单位报送。

附录7　水库、水电站工程技术信息和抢险报告情况表

（一）水库、水电站工程技术特性表

高程系统：

<table>
<tr><td colspan="2">水库名称</td><td></td><td rowspan="8">主坝</td><td>坝型</td><td></td></tr>
<tr><td colspan="2">建设地点</td><td></td><td>坝顶高程/m</td><td></td></tr>
<tr><td colspan="2">所在河流</td><td></td><td>最大坝高/m</td><td></td></tr>
<tr><td colspan="2">流域面积/km^2</td><td></td><td>坝顶长度/m</td><td></td></tr>
<tr><td colspan="2">管理单位名称</td><td></td><td>坝顶宽度/m</td><td></td></tr>
<tr><td colspan="2">主管单位名称</td><td></td><td>坝基地质</td><td></td></tr>
<tr><td colspan="2">竣工日期</td><td></td><td>坝基防渗措施</td><td></td></tr>
<tr><td colspan="2">工程等别</td><td></td><td>防浪墙顶高程/m</td><td></td></tr>
<tr><td colspan="2">地震基本烈度/抗震设计烈度</td><td>—</td><td rowspan="4">副坝</td><td>坝型</td><td></td></tr>
<tr><td colspan="2">多年平均降水量</td><td></td><td>坝顶高程/m</td><td></td></tr>
<tr><td rowspan="3">设计</td><td>洪水标准/%</td><td></td><td>坝顶长度/m</td><td></td></tr>
<tr><td>洪峰流量/(m^3/s)</td><td></td><td>坝顶宽度/m</td><td></td></tr>
<tr><td>3日洪量/m^3</td><td></td><td rowspan="8">正常溢洪道</td><td>型式</td><td></td></tr>
<tr><td rowspan="3">校核</td><td>洪水标准/%</td><td></td><td>堰顶高程/m</td><td></td></tr>
<tr><td>洪峰流量/(m^3/s)</td><td></td><td>堰顶净宽/m</td><td></td></tr>
<tr><td>3日洪量/m^3</td><td></td><td>闸门型式</td><td></td></tr>
<tr><td rowspan="10">水库特性</td><td>水库调节特性</td><td></td><td>闸门尺寸</td><td></td></tr>
<tr><td>校核洪水位/m</td><td></td><td>最大泄量/(m^3/s)</td><td></td></tr>
<tr><td>设计洪水位/m</td><td></td><td>消能型式</td><td></td></tr>
<tr><td>正常蓄水位/m</td><td></td><td>启闭设备</td><td></td></tr>
<tr><td>汛限水位/m</td><td></td><td rowspan="5">非常溢洪道</td><td>型式</td><td></td></tr>
<tr><td>死水位/m</td><td></td><td>堰顶高程/m</td><td></td></tr>
<tr><td>总库容/m^3</td><td></td><td>堰顶净宽/m</td><td></td></tr>
<tr><td>调洪库容/m^3</td><td></td><td>最大泄量/(m^3/s)</td><td></td></tr>
<tr><td>兴利库容/m^3</td><td></td><td>消能型式</td><td></td></tr>
<tr><td>死库容/m^3</td><td></td><td rowspan="2">其他
泄洪
设施</td><td colspan="2" rowspan="2"></td></tr>
<tr><td rowspan="3">工程运行</td><td>历史最高库水位/m，
发生日期</td><td></td></tr>
<tr><td>历史最大入库流量/(m^3/s)，
发生日期</td><td></td><td rowspan="2">备注</td><td colspan="2" rowspan="2"></td></tr>
<tr><td>历史最大出库流量/(m^3/s)，
发生日期</td><td></td></tr>
</table>

（二）水库（水电站）险情及抢险情况报告表

填报时间：

<table>
<tr><td rowspan="3"></td><td colspan="2">工　情</td><td colspan="3">险　情</td><td colspan="2">灾　情</td><td colspan="4">抢　险　措　施</td><td rowspan="3">备注</td></tr>
<tr><td rowspan="2">设计标准</td><td rowspan="2">现行标准</td><td rowspan="2">出险部位</td><td rowspan="2">出险时间</td><td rowspan="2">处理情况</td><td rowspan="2">险情可能造成的影响</td><td rowspan="2">可能造成的损失</td><td rowspan="2">技术措施</td><td rowspan="2">抢险物资</td><td colspan="2">抢险队伍</td></tr>
<tr><td>部队</td><td>地方</td></tr>
<tr><td>水库大坝</td><td></td><td></td><td></td><td></td><td></td><td></td><td></td><td></td><td></td><td colspan="3"></td></tr>
<tr><td>泄水建筑物</td><td></td><td></td><td></td><td></td><td></td><td></td><td></td><td></td><td></td><td colspan="3"></td></tr>
<tr><td>输水建筑物</td><td></td><td></td><td></td><td></td><td></td><td></td><td></td><td></td><td></td><td colspan="3"></td></tr>
<tr><td>下游堤防</td><td></td><td></td><td></td><td></td><td></td><td></td><td></td><td></td><td></td><td colspan="3"></td></tr>
<tr><td>其他</td><td></td><td></td><td></td><td></td><td></td><td></td><td></td><td></td><td></td><td colspan="3"></td></tr>
<tr><td>水情</td><td colspan="2">水库水位
/m</td><td colspan="2">蓄水量
/m^3</td><td colspan="2">入库流量
/(m^3/s)</td><td colspan="2">出库流量
/(m^3/s)</td><td colspan="3">其　他</td><td>备注</td></tr>
<tr><td>出险时水情</td><td colspan="2"></td><td colspan="2"></td><td colspan="2"></td><td colspan="2"></td><td colspan="3"></td><td></td></tr>
<tr><td>最新水情</td><td colspan="2"></td><td colspan="2"></td><td colspan="2"></td><td colspan="2"></td><td colspan="3"></td><td></td></tr>
</table>

填报单位：（盖章）　　　　填报人：　　　　填报单位负责人：　　　　联系电话：

附录8 洪涝灾害风险评估报告编制大纲

洪涝灾害风险评估报告编制大纲

1. 描述洪涝灾害危险有害因素辨识的情况

涝涝灾害危害类型包括淹没、冲毁水工建筑物、滑坡、泥石流、触电伤害、瘟疫等(可用列表形式表述)。

2. 灾害风险分析

描述洪涝灾害风险的类型、灾害发生的可能性、危害后果和影响范围(可用列表形式表述)。

3. 灾害风险评价

描述灾害风险的类别及风险等级(可用列表形式表述)。

4. 结论建议

得出洪涝灾害应急预案体系建设的计划建议。

附录 9　洪涝灾害应急资源调查报告编制大纲

洪涝灾害应急资源调查报告编制大纲

1. 辖区内部应急资源

按照应急资源的分类，分别描述相关应急资源的基本现状、功能完善程度、受可能发生的灾害的影响程度（可用列表形式表述）。

2. 辖区外部应急资源

描述辖区能够调查或掌握可用于参与事故处置的外部应急资源情况（可用列表形式表述）。要素包括人、料、机、用途（功能）、数量、联系方式等。

3. 应急资源差距分析

依据风险评估结果得出本辖区的应急资源需求，与本辖区现有内、外部应急资源对比，提出本辖区内、外部应急资源补充建议。

附录 10　洪涝灾害应急预案编制格式和要求

洪涝灾害应急预案编制格式和要求大纲

1. 封面

应急预案封面主要包括应急预案编号、应急预案版本号、编制工作组名称、应急预案名称及颁布日期。

2. 批准页

应急预案应经编制工作组、防汛抗旱指挥部指挥长和总指挥长签署批准方可发布。

3. 目次

应急预案应设置目次，目次中所列的内容及次序如下：

a）批准页；

b）应急预案执行部门签署页；

c）章的编号、标题；

d）带有标题的条的编号、标题（需要时列出）；

e）附件，用序号表明其顺序。

××洪涝灾害应急预案编制大纲建议案

（××××年×月修订）

一、总则

（一）编制目的

（二）指导思想

（三）编制依据

（四）适用范围

（五）工作原则

（六）工作机制

（七）工作任务

二、组织体系及工作职责

（一）组织体系

1. 地级市防汛抗旱指挥部组织机构组成

2. 区（市）县防汛抗旱指挥部及其办公室

3. 镇（街道）防汛抗旱指挥部

4. 村（社区）防汛抗旱工作

（二）工作职责

1. 地级市防汛抗旱指挥部职责

2. 地级市防汛办职责

3. 地级市防汛抗旱指挥部成员单位职责

三、预防和预报预警

（一）预防

1. 思想准备

2. 组织准备

3. 工程准备

4. 预案准备

5. 物资准备

6. 通信准备

7. 隐患排查

8. 汛前检查

9. 培训和演练

（二）预报预警

1. 监测

（1）雨情、水情。

（2）工程信息（堤防、水库）。

（3）山洪灾害信息。

（4）内涝积水信息。

2. 预报

3. 预警

（1）预警体系。

（2）会商机制。

（3）预警内容。

（4）预警发布。（江河洪水、山洪灾害、工程险情、干旱灾害）

四、应急响应

（一）总体要求

（二）启动、终止条件及响应行动

1. Ⅰ级（红色）应急响应

2. Ⅱ级（橙色）应急响应

3. Ⅲ级（黄色）应急响应

4. Ⅳ级（蓝色）应急响应

（三）不同洪涝灾害的应急响应措施

1. 江河洪水

2. 城市洪涝

3. 突发性或超标洪水

（四）信息报送和发布

1. 报送

2. 发布

（五）舆情应对

（六）社会力量动员

五、应急保障

（一）通信与信息保障

（二）应急装备保障

（三）应急抢险队伍保障

（四）供电保障

（五）交通运输保障

（六）医疗卫生保障

（七）治安保障

（八）物资保障

（九）资金保障

（十）技术保障

六、后期处置

（一）物质补充和工程修复

（二）防汛抗旱工作总结评估

（三）调查评估

（四）奖励与责任追究

七、预案管理

（一）培训宣传

（二）应急演练

（三）批准与备案

（四）修编修订

八、附则

（一）有关名词术语

（二）附件（图表格式）

（三）预案解释

（四）实施时间

附录 11　××××年汛期应急救援桌面推演工作清单

××××年汛期应急救援桌面推演工作清单

一、预警

例如：暴雨橙色预警发布。

2021 年 6 月××日 00：00，××市气象台 6 月××日××时××分将××时××分发布的第 x 号暴雨黄色预警信号升级为暴雨橙色预警信号："预计未来 3 小时内，我市××等部分地方累计雨量可到 50mm 以上，并伴有雷电和短时阵性大风，请注意防范。"

提供：橙色暴雨预警后应急准备建议（已准备）。

具体动作：

（一）派人到市防办跟班值守，参加市水务（水利）局防汛调度会议，跟踪掌握雨情、水情、工情、险情、灾情信息。

（二）加强防汛值班室值守力量，持续收集气象、水文、水务（水利）等部门和××主要江河上游市（州）会商结果，将结果报指挥中心。

（三）向相关重点部门和区县发出应急工作提示函（已准备），配合指挥中心督促落实"三个避让""三个紧急撤离"刚性要求。

"三避让"，指提前避让、主动避让和预防避让。

"三个紧急撤离"，指在危险隐患点发生强降雨时，紧急撤离；接到暴雨蓝色及以上预警或预警信号，立即组织高风险区域群众紧急撤离；出现险情征兆或对险情不能准确研判时，组织受威胁群众紧急避险撤离。

（四）参与局内部会商和应急系统防汛调度视频会议，提出应急应对建议意见。

（五）系统展示：水务（水利）局防汛指挥系统、大数据自然灾害一张图。

（六）视频调度：选择受灾可能较重或重点保护区域。

二、会商

（一）灾情报告：

1. ××河道××段一处河心岛围困群众××人；

2. ××区县××镇一路段积水最深处达 1.5m；

3. ××区县××镇一停车场积水严重；

4. ××区县××镇一加油站塌陷。

（二）灾情续报：

1. 解救被困群众救援力量不足；

2. 道路积水、停车场排水能力不足；

3. 塌陷加油站险情在继续扩大，塌陷区域已达长 24m、宽 6m、深 1.5m。

（三）提供资料：气象、水文资料（如下）。

1. 雨情：×月××日前后，我市出现区域性暴雨天气过程，中心城区和××区（县）普降暴雨，局部地方大暴雨。截至目前，本次过程累计雨量达 100～249.9mm 之间的站

点×××个，主要分布在××（×个）、××（×个）、××（×个），最大为×××站点×××mm；在50～99.9mm之间的站点×××个，主要分布在××（×个）、××（×个）、××（×个），最大为×××站点×××mm。据预测，未来6h内我市中心城区雨势将逐渐减弱，××和××区（县）强降雨将持续。

2. 水情：本次降雨过程，全市江河水位涨幅较大，江河水位普遍高位运行。超警戒水位的河道主要有×条，分别是：×××、××××××。其中，×××站×月××日×时达到洪峰值×××m^3/s，水位×××m，超警戒水位××m；×江、×江、××河、××河等河流水位涨幅较大，部分低洼河段出现洪水漫堤。

（四）汇总指挥调度组综合研判意见和处置建议，协助指挥中心通知相关小组动作。

（五）值班室加强值班值守、加密监测、持续调度相关区县，密切跟踪水情、雨情和灾险情变化。

（六）综合研判：由于未来6h××区降雨将持续，中心城区前期降雨形成的径流正在向×江汇集，××段水位可能还会持续上涨，根据××区的灾情报告，建议我局启动自然灾害应急Ⅲ级响应，立即派出汛期应急工作组和相关救援队伍前往支援。具体处置意见请大家讨论决定。

处置意见：工作组、队伍、携带装备、机动线路、联络人、救助行动。

三、机动

按导调组给出问题进行处置。

四、处置

各工作组到达后报告对接当地情况，工作组、队伍到位情况，需解决的问题。

各工作组向现场指挥部报告处置情况，现场指挥部向指挥调度组报告。

五、总结

桌面推演结束后，演练组织单位根据演练记录、演练评估报告、应急预案、现场总结等材料，对演练进行全面总结，并形成演练书面总结报告。报告可对应急演练准备、策划等工作进行简要总结分析。参与单位也可对本单位的演练情况进行总结。

六、完善、改进

1. 修订预案：发现应急预案中存在的问题，提高应急预案的针对性、实用性和可操作性。

2. 完善准备：完善应急管理标准制度，改进应急处置技术，补充应急装备和物资，提高应急能力。

附录 12　××××年极端洪涝灾害应急救援演练导调脚本

××××年极端洪涝灾害应急救援演练导调脚本

（××市防汛抗旱指挥部）

××××年××月

××××年极端洪涝灾害应急救援演练导调脚本

演练前准备
（约 30min）

动作开始时刻	指挥导调流程	部门/地点	参演单位	流程或动作	台词	××分场主屏场景显示	备注
−30min	道具准备	各点位	各点人员	按要求进入演练角色，导调组逐一督导练前准备		网络理政中心大屏显示："××××年暴雨洪涝巨灾应急演练（××市防汛抗旱指挥部）"	
	演练公告		宣传组、各演练点	1. 向媒体发布 2. 向演练点周边社区、公众发布			
−15min	演练报告		导调组	向省防汛抗旱指挥部报告即将举行演练			
−10min	核实准备情况		导调组、各组	各点位通过 800M 电台向导调组报告准备情况		1. 主屏显示：××××年暴雨洪涝巨灾应急演练； 2. 分屏显示各点位准备情况	−10min 准备切换
−2min	确认准备情况		导调组	导调组向总导调报告准备就绪		大屏显示：××××年暴雨洪涝巨灾应急演练	

正式演练
（约 60min）

动作开始时刻	指挥导调流程	部门/地点	参与人员	动作	台词	××分场主屏场景显示	备注
0：00	演练准备就绪，各就位	××市网络理政中心	演练总调度、演练总指挥	演练总调度核实演练准备情况，并向总指挥报告	1. 演练总调度×××同志向演练总指挥××同志报告："报告总指挥，演练准备工作就绪，是否开始请指示，报告人××。" 2. 演练总指挥："开始!"	大屏显示报告画面	

续表

动作开始时刻	指挥导调流程	部门/地点	参与人员	动　作	台　词	××分场主屏场景显示	备注
一、监　测　预　警							
0：01	导调："演练开始，气象水文推送信息。"	××市网络理政中心	气象、水文、水务(水利)、应急等部门	1. 气象推送暴雨红色预警信息。 2. 水文推送河流预报信息	解说词：气象信息：××月××日××点，市气象台发布气象暴雨橙色预警升级为气象暴雨红色预警。预计未来24h，××市大部分区（市）县将普降大暴雨，其中××、××、××等地累计雨量将达300mm以上，最大小时雨强将达150mm。水文信息：××月××日××点，据水文部门预报，未来24h，××市中小河流将普遍出现超保证水位洪水，中心城区各河道水位将普遍超过保证水位0.5m左右，河道低洼地带淹没水深将可能达到1～2m，内涝严重	主屏显示： 1. 预警信息画面； 2. 会商研判画面	
二、预　警　行　动							
0：03	导调："预警信息报告及预警行动，准备播放插片1。"	××市网络理政中心	应急、水务（水利）、气象、水文等部门和专家	1. 市防办组织开展会商研判，建议市防指发布风险提示，加强重大危险源、重要目标管控。 2. 请示总指挥同意后，发布停产停工停课停业等相关公告。 3. 市防办通知所有成员单位集中应急值守。 4. 市防指调集队伍前置、安排队伍备勤。 5. 市防指开通救援热线、公告××应急救援队伍联系方式、关注网络舆情。（桌面推演） 6. 市防指紧急疏散转移可能受灾区域的群众。（插片1，30s） 7. 成员单位做好灾情收集报送、受灾群众安置、救灾物资调拨等准备工作。（桌面推演） 8. 各成员单位开展预警行动桌面推演（桌面推演）	解说词：市防办接到信息后，立即组织开展会商研判。 动作：1. ×××同志向××总指挥报告："报告总指挥，接气象和水文等部门预警信息，我市将遭遇极端暴雨天气，可能造成城市严重内涝和洪涝灾害，市防办立即组织会商研判，建议向市民发布风险提示、停产停业停课公告，同时加强重大危险源和重要目标管控，调集队伍前置、安排队伍备勤、开通救援热线，做好应急准备。" ××总指挥："立即开展相关工作。" ×××同志："收到，立即执行。" 解说词：根据会商结果，市防指立即采取相应预警行动。应急指挥中心启动应急指挥信息系统（一键通），通知市防指成员单位立即赶赴网络理政中心	主屏显示： 1. 会商研判画面； 2. ×××同志报告画面； 3. 桌面推演画面 4. 插片1。 分屏显示： 1. 重大危险源和重要目标管控（××市化工危险化学品安全风险监测预警系统）； 2. 一键通画面； 3. 队伍名单和联系方式上屏	

续表

动作开始时刻	指挥导调流程	部门/地点	参与人员	动　　作	台　　词	××分场主屏场景显示	备注
0：06	导调："播放插片 2，市防办向省防办报告准备。"	××市网络理政中心	市防办、省防办	1. 插片 2（30s）：城市积水和车辆被淹； 2. 省防办调度市防办	解说词：暴雨来袭，我市××、××、××等地产生积水，部分车辆被淹，市防办指挥前置队伍赶赴。 2. 省防办调度市防办： 动作：市防办×××同志向省防办报告："报告省防办，受持续暴雨影响，×江××段部分河段超警戒水位 3.33m，××、××、××等城区出现内涝，××区××河堤附近 2 车被淹，3 名被困人员已成功转移。市防办已转移安置 5 万名余群众，出动×支队伍应急抢险，发布停产停业停课公告，开辟救援热线，公布救援队伍联系方式，当前，我市暴雨正持续加大，灾情险情正进一步收集统计中。" 省防办："请××市密切关注雨情水情，持续收集灾情险情信息，切实做好应急应对工作。" 市防办×××同志："收到。"	主屏显示： 1. 插片 2； 2. 市防办向省防办报告画面。 分屏显示： 1. 部分道路交通管制画面（天网）	视频联通

续表

三、应急响应 第一阶段：灾情报送和先期处置							
动作开始时刻	指挥导调流程	部门/地点	参与人员	动作	台词	××分场主屏场景显示	备注
0：11	导调："灾情信息报告，启动响应"	××市网络理政中心	市防办、总调度、总指挥	1. 各区（市）县防指、市级各部门陆续向市防办报送灾情险情。 2. 市防办汇集灾情险情信息向总指挥报告	解说词：过去2小时，××市及周边地区降雨量超250mm站点43处，最大降雨点位为××mm，超100mm站点154处，××、××、××等地雨量站普遍超过50mm。受强降雨影响，××大部分地区受灾。灾情还在进一步发展中，市防办正汇集灾情险情信息并向市防指汇报。 动作：1. ×××同志向××总指挥报告："报告总指挥，我市××、××、××等地发生严重内涝，××、××、××等地河道水位急速上涨，暴雨还在持续，我市大部分区域受灾，灾情险情正在进一步统计中，根据《××市防汛抗旱应急预案》《××市应对极端洪涝灾害工作方案》，建议启动Ⅰ级应急响应和应对极端洪涝灾害工作机制。" ××总指挥："同意启动Ⅰ级响应和应对极端洪涝灾害工作机制，立即开展应急处置工作，持续收集整理灾情险情并上报省防指。" ×××同志："收到，立即执行。"	主屏显示： 1. 市防办向×××同志提供灾情资料画面； 2. ×××同志向总指挥报告画面。 分屏显示： 1. 部分道路交通管制画面（天网）	

续表

动作开始时刻	指挥导调流程	部门/地点	参与人员	动作	台词	××分场主屏场景显示	备注
0：14	导调："前置队伍开展行动，播放插片 3，各部门开始先期响应行动桌面推演。"	××市网络理政中心	市防指各成员单位	1. 展示应急指挥信息系统 2. 插片 3（30s）：市防指指挥前置队伍展开行动，统筹调集各备勤应急队伍，陆续赶赴灾害现场。 3. 市防指发布自救互救、注意事项等温馨提示。（桌面推演） 4. 市防指开辟避难场所、调拨救灾物资。（桌面推演） 5. 市级相关部门根据《××市应对极端洪涝灾害工作方案》开展桌面推演，市发改委、市经信局、市教育局、市公安局、市规划和自然资源局、市住建局、市城管委、市水务（水利）局、市卫健委、市交通运输局、市商务局、市文广旅局发言。（桌面推演） 6. 市防指开展舆情应对处置工作，召开新闻发布会（桌面推演）	解说词：1. 市防指通过应急指挥信息系统，开辟避难场所、调拨物资，并通知市防指成员单位立即并按Ⅰ级响应和极端洪涝灾害工作机制开展应急处置工作。 2. 市防指根据灾情险情，分别调集武警、民兵、公安、消防、卫生、城管、水务（水利）、社会救援等各类应急队伍赶赴指定灾害现场开展应急救援处置工作。 3. 市防指通过应急广播、媒体、三大运营商等多种渠道发布市民自我防护、自救互救、安全注意事项等温馨提示。 4. 相关区（市）县及时启动应急响应，在市委、市政府、市防汛抗旱指挥部的统一指挥下开展应急处置工作。 5. 市防指及时开辟避难场所、调拨救灾物资、转移安置受灾群众。 6. 市防指调用大型排涝设备和抢险装备开展城市排涝和应急处置工作。 7. 市政府新闻办、市网信办、市公安局等部门开展舆情应对处置工作。 8、市级相关部门（单位）根据《××市应对极端洪涝灾害工作方案》开展桌面推演工作。 9. 市防指召开新闻发布会，回应社会关切	主屏显示： 1. 应急指挥信息系统开辟避难场所、调拨物资画面； 2. 队伍行动画面（插片 3）； 3. 市级部分部门发言画面。 分屏显示： 1. 市级部门桌面推演画面； 2. 新闻发布桌面推演画面； 3. 部分道路交通管制画面（天网）	

续表

动作开始时刻	指挥导调流程	部门/地点	参与人员	动　作	台　词	××分场主屏场景显示	备注
0：18	导调："灾情汇报和灾情上报。"	××市网络理政中心	市防指、省防指	1. 市防办将灾情信息向总指挥报告。 2. 市防指将灾情险情上报省防指	解说词：暴雨导致市防指与省防指视频传输画面暂时中断，灾情收集和上报通过卫星电话进行信息传递，市防指正调集应急通信队伍对指挥部通信予以保障，预计 3min 后恢复。 1. 市防办将收集整理的灾情险情和救援情况向总指挥报告。 动作：×××同志向××总指挥报告："报告总指挥，最新接报：雨水倒灌入地铁 6 号线××段隧道，部分人员被困；××河流水位持续上涨形成孤岛造成群众被困；××、××、××等地电力、通信、道路、桥梁部分中断；多座水库超汛限水位，形势严峻。目前已紧急疏散群众×人，开辟×个避难场所，出动×支队伍、×台排涝设施、×艘冲锋舟，调拨了×吨救灾物资，建议请求省防指增派空中灾情侦查、水域救援、城市排涝、桥梁架设、基础设施恢复等救援力量，调拨×吨救灾物资。" ××总指挥："收到。" 2. 省防指调度市防指。 ××总指挥："报告省防指，我市遭遇特大暴雨，部分主城区和郊区发生严重内涝和洪涝灾害，雨水倒灌入地铁 6 号线××段隧道，大量乘客被困；××河流水位持续上涨形成孤岛造成群众被困；××、××、××等地电力、通信、道路、桥梁部分中断；多座水库超汛限水位，形势严峻。市防指已启动Ⅰ级响应和应对极端洪涝灾害工作机制，靠前指挥，目前已紧急疏散群众×人，开辟×个避难场所，安置×名受灾群众，出动×支队伍、×台排涝设施、×艘冲锋舟，调拨了×吨救灾物资，现请求省防指增派空中灾情侦查、水域救援、城市排涝、桥梁架设、基础设施恢复等救援力量，同时调拨×吨救灾物资支援我市救灾。" 省防指："收到，请××市防指持续做好救灾救助工作，省防指立即增派力量支援你市。"	主屏显示： 1. ×××同志向总指挥报告画面； 2. 市防指总指挥向省防指报告画面； 3、接省演习指挥部画面。 分屏显示： 1. 市级部门桌面推演画面； 2. 新闻发布桌面推演画面； 3. 部分道路交通管制画面（天网）	音频联通

续表

动作开始时刻	指挥导调流程	部门/地点	参与人员	动作	台词	××分场主屏场景显示	备注
第二阶段：灾中救援							
科目 1：空中灾情侦查和区域通信保障							
0：20	导调："空中灾情侦查。"	现场	市应急局、中讯公司、无人机保障队	1. 调集无人机开展空中灾情侦查和三维建模； 2. 调集无人机搭载空中通信基站保障空中区域通信	解说词：1. 市防指指派市应急局调集无人机对我市洪涝、城市内涝灾情险情开展空中侦查和三维建模，为防指指挥决策提供支撑。 2. 调集无人机搭载空中通信基站保障空中区域通信	主屏显示： 1. 侦查无人机起飞及实时传输画面； 2. 无人机搭载通信基站起飞画面。 分屏显示： 1. 三维建模投屏	1. 由市应急局负责； 2. 下个科目开始时，上个科目主屏全部切到分屏，下同
科目 2：地铁内涝应急处置							
0：21	导调："地铁内涝处置开始"	6 号线××站	××市轨道集团、××地铁运营、市消防支队、公安、卫健委、××区政府	1. 轨道集团： 人员疏散、禁止无关人员进入； 调集企业专业队先期处置。 2. 高新区： （1）调集救援力量、防洪器材赶赴现场； （2）制定处置方案； （3）转移救治受伤溺水人员、安全警戒、交通管制。 3. ××市： （1）进一步了解灾情，掌握现场救援动态； （2）调集市级应急支援力量、物资协助开展应急处置工作	解说词：1. ××市轨道集团、××地铁运营公司开展先期处置：实施人员疏散、禁止无关人员进入，调集企业专业救援队实施先期处置。 2. ××区立即调集辖区内救援力量、防洪器材赶赴现场，制定处置方案，开展转移救治受伤溺水人员、安全警戒、交通管制等工作。 3. 市级工作组到达现场，进一步了解灾情，掌握现场救援动态，及时向市防指汇报现场救援情况。根据现场情况调集市级应急支援力量、物资协助开展应急处置工作	主屏显示： 1. 地铁站内人员疏散、临时封站、防水挡板、沙袋等先期处置画面； 2. 地铁专业力量（排水）画面； 3. 呛水、受伤人员救治和转移画面； 4. 飞鲨吸水、排涝画面。 分屏显示： 1. 安全警戒、交通管制画面	市交通运输局负责本科目

续表

科目3：水上救援应急处置							
动作开始时刻	指挥导调流程	部门/地点	参与人员	动　作	台　词	××分场主屏场景显示	备注
0：26	导调："无人船水域侦查开始。"	现场	××第三方服务公司	1. 获取水上、水下三维点云数据； 2. 获取水域流速、流量数据	解说词：市防指指派市应急局调集无人船搭载多波速获取水上、水下高密度三维点云数据和水域流速、流量等数据	主屏显示： 1. 无人船水域出动画面； 2. 无人船侦查实时传输画面	由市应急局牵头，消防、森消、××应急无人机保障队、××警备区、××应急移动救援队和××区负责。
0：27	导调："船只编队航行开始。"	现场	市消防救援支队	冲锋舟航行编队穿插	解说词：市消防救援支队开展水域救援冲锋舟航行编队穿插，对洪灾区域开展人员搜救	主屏显示： 1. 编队出发及穿插画面	
0：28	导调："水面快速营救开始。"	现场	市消防救援支队	冲锋舟营救被困者	解说词：洪水导致水位迅速上涨，有群众被洪水冲走，救援队2只冲锋舟加速向水中2名被困者行驶，利用"O"型离心力将被困者带上船艇并迅速靠岸	主屏显示： 1. 冲锋舟营救画面	
××0：29	导调："无人机及机器人营救开始。"	现场	市消防救援支队	机器人营救被困者	解说词：市消防救援支队利用水上机器人营救人员（通过无人机向1名被困者抛投游泳圈，救援队利用水上机器人将人员救上后迅速靠岸）	主屏显示： 1. 无人机抛投游泳圈画面； 2. 水上机器人营救人员画面	
0：30	导调："孤岛救援开始。"	现场	市消防救援支队	1. 橡皮艇营救被困人员； 2. 搭建绳桥营救被困人员	解说词：暴雨造成河流水位急剧上升，几名人员被困于河中孤岛，由于水流湍急，不能直接涉水救援。消防救援人员采取两种方式开展营救：1. 救援人员在下游驾驶橡皮艇，从孤岛的回流区营救被困人员；2. 救援人员从上游采用进攻式游到孤岛，协助岸边救援人员利用绳索抛投器搭建横渡系统，并通过绳桥营救被困人员	主屏显示： 1. 市消防支队橡皮艇营救画面； 2. 绳桥营救画面	
0：32	导调："T型绳索和活饵救援开始。"	现场	省森林消防总队、市森林消防特勤大队	1. 构建绳索救援系统营救转移受困人员； 2. 活饵救援手段营救落水者	解说词：1. 省森林消防总队和成都市森林消防特勤大队利用绳索、救生抛投器、三角架及绳索套件构建绳索救援系统营救转移受困人员。 2. 救援人员驾驶舟艇利用活饵救援手段营救落水者	主屏显示： 1. 省森消总队绳索营救画面； 2. 活饵救援画面	

续表

科目 4：水陆两栖车、动力舟转移人员							
动作开始时刻	指挥导调流程	部门/地点	参与人员	动　作	台　词	××分场主屏场景显示	备注
0：36	导调："水陆两栖车开始。"	现场	××救援队伍	1. 水陆两栖搜救遇险群众； 2. 自扶正救生艇救援遇险群众	解说词：1. 水陆两栖车，该车辆采用高性能全铝合金柴油发动机，具有浮渡能力的承载式车身等高新技术，具备全地形、全天候、全地域、水路两栖使用特点，可快速通过山地、丛林、岸滩、沼泽等复杂地域，是适应各项应急救援任务的战略装备。在"7·20"郑州特大暴雨险情救援任务中，1 台全地形车平均转移被困群众 150 余人次。 2. 自扶正救生艇，该装备采取三角形船身设计，船身与船底共有 12 个气室，能够在 10min 内完成充气，正常情况下核载 11 人，能够在平缓水域平稳行驶，救援能力与效率突出，是较为新颖的特种水域救援装备。在郑州特大暴雨险情救援任务中，该装备用于水上人员搜救和被困群众转移，效果显著	主屏显示： 1. 水陆两栖营救画面； 2. 自扶正救生艇营救画面	××救援队伍负责
0：37	导调："动力舟桥转移人员开始。"	现场	省交通运输厅、××警备区、市交通局、××救援队伍负责	使用动力舟桥保障人员和装备通过	解说词：省交通运输厅调集力量使用动力舟桥保障各型抢险救灾装备快速通过和运送受灾人员，并将 4 名伤员（2 名重伤、2 名轻伤）移交现场 120 救护人员	主屏显示： 1. 装备和受困人员快速通过动力舟桥画面； 2. 伤员移交画面	省交通运输厅负责
0：38	导调："伤员救治开始。"	现场	受伤人员、市卫健委、××警备区	伤者救治	解说词：市卫健委调集医疗救护力量对动力舟桥转移群众中的 4 名伤员（2 名重伤、2 名轻伤）进行紧急救治，2 名重伤员用 120 救护车送医院	主屏显示： 1. 医疗救护和转运画面	市卫健委负责

续表

动作开始时刻	指挥导调流程	部门/地点	参与人员	动　　作	台　　词	××分场主屏场景显示	备注
第三阶段：灾后恢复与救助安置							
科目5：空中侦查（省上负责）							
0：39	导调："省上空中灾情侦查科目开始。"	现场	省地理测绘局、省消防救援总队	调集无人机开展空中灾情侦查	解说词：目前降雨已停止，江河水位退至警戒水位以下，经过前期救援，抢险工作基本结束，但城市还有大量积水需要排涝，转入灾后恢复与救助安置阶段。××市防指请求省防指调集省地理测绘局、省消防救援总队对成都市开展空中侦查	主屏显示： 1. 空中侦查及实时传输画面	省地理测绘局
科目6：城 市 排 涝 处 置							
0：40	导调："城市排涝处置先期处置。"	现场	市水务局、市公安局、和省住建厅、消防总队、省应急保障队	插片4（30s）：多地低洼地区出现内涝，部分道路下穿隧道、住宅小区地下室车库被雨水淹没。 ××市： （1）核实灾情，制定排涝方案； （2）开展安全警戒、交通管制等工作； （3）调集排涝器材、装备、队伍，开展抽排、疏通、排查等工作。 省级增援力量： 协助××市开展排涝工作	解说词：我市多地低洼地区出现内涝，部分道路下穿隧道、住宅小区地下室车库被雨水淹没。 1. 市防指调集市水务、公安等力量对现场进行安全警戒、交通管制，制定排涝方案，开展抽排、疏通、排查等工作。 2. 省防指调集省住建厅、省消防救援总队、省应急救援总队、省应急保障队等力量协助××开展城市排涝	主屏显示： 1. 插片4（城市内涝画面）； 2. ××市城市排涝画面； 3. 省级力量到达并开展排涝处置画面。 分屏显示： 1. 排涝现场交通管制、安全警戒画面	市水务局、市公安局、和省住建厅、消防总队、省应急保障队负责

续表

动作开始时刻	指挥导调流程	部门/地点	参与人员	动　　作	台　　词	××分场主屏场景显示	备注
科目 7：基础设施恢复							
0：42	导调：“基础设施恢复处置开始。”	现场	市经信局、专业应急队伍、软中、新津区	××市处置： 市经信局开展电力、通讯等基础设施抢修恢复工作	解说词：市防指指派市经信局调集电力、通信专业队伍开展基础设施抢修恢复工作。	主屏显示： 1. 电力现场抢修画面； 2. 通信现场抢修画面	市经信局负责
科目 8：空投救灾物资（省上负责）							
0：43	导调：“播放插片 5。”	现场	空投人员	插片 5（1min）：省应急厅，省级通航救援队伍空投救灾物资	解说词：接市防指请求，省防指指派省应急厅、省级通航救援队伍空投救灾物资	主屏显示： 1. 插片 5（物资空投画面）	省应急，通航队伍共同负责
科目 9：受灾群众安置							
0：44	导调：“播放插片 6”	现场	××区、受灾人员、工作人员	插片 6（1min）：受灾群众安置	解说词：××市防指指派市应急局、市发改委、市民政局、市商务局、市红十字会等部门开展受灾群众安置：开放避难场所，公布社会捐赠渠道，发放救灾物资，安抚受灾群众	主屏显示： 1. 插片 6（受灾群众安置画面）	××区、市应急、发改、民政、商务、红十字负责
科目 10：红十字会救援队净水系统运行展示（省上负责，接省上音视频）							
0：45	导调：“净水系统展示。”	现场	红十字会救援队	净水系统展示	解说词：市防指请求省防指调集省红十字会救援力量协助成都开展饮用水净水行动，保障受灾群众和安置群众饮水安全	主屏显示： 1. 净水系统运行画面	

续表

第四阶段　响　应　终　止							
0：59	导调："汇报处置情况，集结待命。"	网络理政中心	现场负责人、总指挥	1. 现场负责人向总指挥报告处置情况； 2. 灾后恢复	现场负责人向市防指××总指挥报告应急处置情况："报告总指挥，现场处置完毕，受灾受困人员得到妥善安置，受伤人员得到有效救治，各项险情已全部排除，建议终止响应。" ××总指挥："同意终止应急响应，请做好清淤排险、防疫消杀、秩序恢复等重建工作。" 现场负责人："收到。" 解说词：市防汛抗旱指挥部相关成员单位指导区（市）县和相关单位做好清淤排险、防疫消杀、秩序恢复等重建工作	主屏显示： 1. 报告画面； 分屏显示： 1. 现场处置完毕画面； 2. 队伍陆续集结画面	
四、演　练　结　束							
0：60	导调："演习结束。"	网络理政中心	市防指、省防指	1. ×××同志向总指挥提出演习结束建议。 2. 市防指总指挥向省防指请示结束演习。 3. 领导讲话	1. ×××同志向总指挥提出演习结束建议。 演练总调度×××同志向××总指挥报告："报告总指挥，演练所有科目已完成，建议向省防指请示结束演习。" ××总指挥："收到，队伍集结待命。" 2. ××市防指总指挥向省防指请示演习结束。 ××总指挥向省防指报告："报告省防指，演练所有科目已完成，是否结束演练请指示。" 省防指："演练结束。" 3. 领导讲话	主屏显示： 报告画面。 分屏显示： 1. 现场队伍集结待命画面	视频联通

附录 13　××市应对极端洪涝灾害应急响应总体工作方案

××市应对极端洪涝灾害应急响应总体工作方案

为有效应对极端强降雨天气诱发的极端洪涝灾害，快速有序、规范高效处置各种洪涝险情、灾情，全力减少人员伤亡和财产损失，全力保障城市有序运转，全力降低极端洪涝灾害对城市生产、生活秩序及生态环境等影响，制定本工作方案。

一、总体要求

（一）指导思想。以习近平新时代中国特色社会主义思想为指导，坚持以人民为中心、生命至上，始终把保障人民群众生命财产安全放在防汛减灾第一位，持续推进防汛减灾体系和应急能力现代化建设，有效预防、高效处置极端洪涝灾害。

（二）总体目标。树立底线思维，按照救人优先，保水、电、气、讯，保城市交通有序运行，保城市居民生活供应的顺序，积极妥善处置极端洪涝灾害，全力确保“标准内洪水不死人、极端洪涝灾害无重大人员伤亡”，全力保障城市生产生活及各类设施有效运转。

（三）基本原则

1. 以人为本、生命至上。认真践行习近平总书记关于防灾减灾救灾工作的重要论述和“两个坚持、三个转变”防灾减灾救灾理念，坚持人民至上、生命至上，牢固树立生命重于泰山思想，千方百计确保人民群众生命安全。

2. 统一指挥、分级负责。坚持党政同责，一岗双责，坚持统一指挥、分行业分层级负责，坚持党员、领导干部身先士卒、靠前指挥，第一时间组织力量防汛救灾，妥善安置受灾群众。

3. 落实四预、科学救灾。落实“预报、预警、预案、预演”四预措施，坚持专群结合，以综合消防救援队伍为主力，军队应急力量为突击，专业应急救援力量为骨干，社会应急救援力量为辅助，基层应急救援队伍为补充，专家应急救援队伍为支撑，实施科学救灾，严防次生灾害，坚决确保救援和被救人员双安全。

4. 群策群力、全民参与。坚持自救与互救相结合，广泛开展防灾避灾知识宣传，增强市民防范意识，采取不同的方式、选择不同类型和灾种场景培育市民防灾避灾意识，提升自救互救能力，引导市民配合政府履行极端洪涝灾害条件下的公民义务，落实个人避险脱险措施；加强抢险救灾事迹宣传报道，营造众志成城、共克时艰的城市氛围，弘扬社会正能量。

二、适用条件

达到下列条件之一时，启动本方案。

（一）市防汛抗旱指挥部启动Ⅰ级（红色）防汛应急响应且可能发生极端洪涝灾害时；

（二）局部发生极端洪涝灾害需要启动应对极端洪涝灾害总体工作方案时；

（三）市防汛抗旱指挥部已启动Ⅰ级（红色）防汛应急响应且××市上游区域将遭遇极端强降雨过程，可能对我市洪涝灾害造成叠加影响时。

三、组织领导

（一）市级组织架构

在市委、市政府领导下，依托市防汛抗旱指挥部组织架构，成立市应对极端洪涝灾害工作领导小组，负责组织、指挥、调度极端洪涝灾害各项防范应对工作。

市应对极端洪涝灾害工作领导小组总指挥由市委书记、市长共同担任，分管应急管理工作的副市长、分管水务工作的副市长共同担任指挥长，××警备区副司令员任第一副指挥长，市水务局局长、市应急局局长任常务副指挥长，市政府分工副秘书长、市规划和自然资源局局长、市气象局局长、市消防救援支队支队长以及市水务局、市应急局分管负责同志任副指挥长。成员单位由市防汛抗旱指挥部 30 个成员单位和××轨道集团、市公交集团等组成。

依托市防汛抗旱指挥部办公室成立市应对极端洪涝灾害工作领导小组办公室，具体负责组织、协调、牵头落实各项工作措施。

（二）相关市领导工作任务。当启动市应对极端洪涝灾害工作方案时，在市委、市政府统一领导下，负责对口联系区（市）县的市领导要身先士卒、靠前指挥，及时赶赴一线指导开展各项应急处置工作。

（三）区（市）县组织架构。各区（市）县政府（管委会）比照市级成立属地应对极端洪涝灾害工作领导小组及办公室，并按照相关职责开展防范应对和应急处置工作。

四、工作流程

（一）监测预报。气象、水文部门为极端强降雨天气过程气象、水文信息主要提供单位，启动市应对极端洪涝灾害工作方案后，实行 24 小时不间断滚动通报机制，向市应对极端洪涝灾害工作领导小组提供准确全面的监测信息。

（二）会商研判。应急、水务、气象、水文等部门要严格落实会商研判制度，借助高校、科研机构专业技术力量组建专家队伍，加强极端天气条件下气象、水文要素分析，落实 24 小时不间断滚动会商机制，科学做好超标洪水、山洪地灾、城市内涝等灾害风险分析，为市应对极端洪涝灾害工作领导小组提供技术支持。

（三）决策建议。根据专家组形成的决策建议，由市应对极端洪涝灾害工作领导小组办公室（市防汛办）及时向市应对极端洪涝灾害工作领导小组提出应对极端洪涝灾害决策建议。

（四）审签程序。极端天气风险提示、洪涝灾害风险提示等由市防汛抗旱指挥部指挥长审签同意后，以市防汛抗旱指挥部名义发布实施；停产停工停课停业停运等相关公告由市防汛抗旱指挥部总指挥审签同意后，以市防汛抗旱指挥部名义发布实施。由市应对极端洪涝灾害工作领导小组办公室（市防汛办）具体负责承办。

（五）信息发布。利用移动通信、应急广播、电视电台、报刊、微博、微信公众号等传统和互联网媒体，多渠道、多方式向社会全面发布风险提示和相关公告。市应对极端洪涝灾害工作领导小组各成员单位可结合本部门、本行业工作实际，及时向全体市民发出倡议，引导市民配合做好相应的防范工作。

（六）应急处置。各成员单位要按照救人优先，保水、电、气、讯，保城市交通有序运行，保城市居民生活供应的顺序，及时启动预案，科学调度、高效处置，坚决确保城市

安全、社会安定、市民安宁。

1. 高效指挥。启动市应对极端洪涝灾害工作方案后，根据工作需要，1 名总指挥坐镇市应急指挥中心指挥调度，1 名总指挥赶赴一线靠前指挥，其他市领导加强分管行业领域和对口联系区（市）县应急应对工作。

2. 灵敏响应。各相关部门收到市应对极端洪涝灾害工作领导小组办公室（市防汛办）指令后，及时启动本部门工作方案，全面开展各项防范应对和应急处置工作。

3. 队伍前置。针对高风险区域，强化救援力量备勤，适当前置应急队伍、物资装备，第一时间开展抢险救援。

4. 科学处置。坚持自救为主，险情、灾情发生后，优先组织本部门救援队伍进行先期应急处置，按照“边处置边报告”要求，第一时间向市应对极端洪涝灾害工作领导小组办公室（市防汛办）报告。市应对极端洪涝灾害工作领导小组办公室（市防汛办）根据险情、灾情相关情况，合理统筹全市救援力量，全力处置险情、灾情。

5. 紧急调用。紧急防汛期，市应对极端洪涝灾害工作领导小组有权依法调用物资、设备、交通运输工具和人力投入应急抢险，事后及时归还或给予适当补偿。

五、工作任务

各相关部门按照《××应对极端洪涝灾害总体工作方案》，及时修订完善本单位、本行业应急预案。其中，市经信局、市教育局、市公安局交管局、市民政局、市住建局、市城管委、市交通运输局、市水务局、市公园城市局、市文广旅局、市卫健委、市应急局要重点完成以下工作任务。

（一）市经信局牵头、国网××供电公司以及移动、联通、电信三大运营商配合，负责编制城市应对极端洪涝灾害能源保障、电力安全保障、通讯保障等子方案，并负责组织实施；

（二）市教育局负责编制城市中小学、幼儿园、市属高校和校外培训机构应对极端洪涝灾害子方案（包含组织开放校内公共空间作为市民避灾场所等内容），并负责组织实施；

（三）市公安局交管局负责编制城市应对极端洪涝灾害公路、城市道路交通、地面停车管控子方案，并负责组织实施；

（四）市民政局负责建立慈善捐赠通道、编制城市灾后救助等子方案，并负责组织实施；

（五）市住建局牵头，市商务局、市人防办配合，编制地下商场、地下车库等城市地下公共空间应对极端洪涝灾害子方案，并负责牵头组织实施；

（六）市城管委负责编制极端洪涝灾害条件下城市户外广告、招牌、占道施工围挡、城市井盖安全防护等子方案，并负责牵头组织实施；

（七）市交通运输局牵头，市公交集团、××轨道集团等配合，负责编制公路、城市道路公交、城市轨道交通、水上航运等应对极端洪涝灾害子方案，并负责组织实施；

（八）市水务局负责编制水库应对极端洪涝灾害子方案，并负责组织实施；

（九）市公园城市局负责编制极端洪涝灾害条件下城市公园、城市绿地作为应急避难场所使用管理的子方案，并负责组织实施；

（十）市文广旅局负责编制旅游景区、景点应对极端洪涝灾害子方案，并负责组织实施；

（十一）市卫健委负责编制应对极端洪涝灾害卫生防疫子方案，并负责组织实施；

（十二）市应急局负责编制危化品企业应对极端洪涝灾害以及应急抢险队伍准备等子方案，并负责组织实施；

（十三）×××轨道集团负责编制极端洪涝灾害条件下城市地铁停运、管控、疏散、救援等（专项）子方案，并负责组织实施；

（十四）市公交集团负责编制极端洪涝灾害条件下城市道路公共交通停运、管控、疏散、救援等（专项）子方案，并负责组织实施。

六、保障措施

市应对极端洪涝灾害工作领导小组成员单位，要立足于应对极端气象条件、极端洪涝灾害，按照“适当过度”的原则，从人员、物资、技术等方面全面做好“防大汛、抢大险、救大灾”各项准备，着力提高应对极端洪涝灾害应急保障能力。

（一）组织领导保障。各区（市）县及各成员单位要加强应对极端洪涝灾害工作的组织领导，成立本地、本行业（部门）各专项工作组，确保应对极端洪涝灾害工作有力有序有效推进。

（二）物资队伍保障。各区（市）县及各成员单位应按照“适当超储”的原则，在储备常规应急抢险工作所需物资装备外，适当储备部分超常规的抢险机械、抢险物资和救生器材。要按照专群结合、以专为主的原则组建本地、本行业（部门）专业防汛抢险队伍，统筹社会各方力量参与救援工作。

（三）资金技术保障。各级财政应安排资金用于本行政区内的抗洪抢险、应急修复等。建立洪涝灾害防御专家库，强化应急抢险技术支撑；加强防汛减灾工作研究，提高防汛减灾技术能力和水平。

附录14　极端洪涝灾害（超Ⅰ级）应急预案（建议稿）

极端洪涝灾害（超Ⅰ级）应急预案（建议稿）

编制单位：××市防汛抗旱指挥部

时间：××××年×月

目　录

一、总则
（一）指导思想
（二）基本原则
（三）编制依据
（四）适用范围
二、极端洪涝灾害应急指挥体系与运行模式
（一）指挥体系
（二）运行模式
（三）职责分工
三、极端洪涝灾害应急会商研判与启动响应
（一）信息接报
（二）会商研判
（三）启动响应与指挥部运行
四、极端洪涝灾害现场救援与应对处置
（一）处置措施
（二）信息发布与舆论引导
（三）社会动员
（四）紧急防汛期
（五）应急结束
五、灾情评估与恢复重建
六、附则

一、总则

（一）指导思想

深入学习贯彻习近平总书记关于应急管理、安全生产、防灾减灾救灾重要论述和防汛救灾重要指示批示精神，立足防大汛、抗大洪、抢大险、救大灾，建立“党委领导、政府负责、社会协同、全民参与、法治保障”的防范应对极端洪涝灾害的组织指挥体系、工作责任体系，提高指挥决策、预报预警、抢险救援、社会动员能力，有效防控极端强降雨造成的灾害和引发的生产安全事故，最大限度减少人员伤亡和财产损失，确保全市城乡安全度汛和社会稳定。

（二）基本原则

坚持人民至上、生命至上，安全第一、常备不懈；坚持统一领导、整体联动，分级负责、属地为主；坚持依法防汛、科学规范，专业处置、社会参与；坚持因地制宜、突出重点，城乡统筹、整合资源。

（三）编制依据

依据《中华人民共和国突发事件应对法》《中华人民共和国防洪法》《中华人民共和国防汛条例》《国家防汛抗旱应急预案》《××省突发事件总体应急预案（试行）》《××省暴雨洪涝巨灾应急预案（试行）》《××市防汛抗旱应急预案》《××市应对极端洪涝灾害总体工作方案》等有关法律法规和政策文件，结合机构改革职能职责调整和辖区实际，制定本预案。

（四）适用范围

本预案是对地级市有关自然灾害专项应急预案的细化、实化和强化，适用于全市范围内极端洪涝灾害及其引发的次生灾害的应对处置。达到下列条件之一时，启动本预案。

1. 市防汛抗旱指挥部启动Ⅰ级（红色）防汛应急响应且可能诱发极端洪涝灾害时。

2. 局部发生极端洪涝灾害需要启动应对极端洪涝灾害预案时。

3. 地级市防汛抗旱指挥部已启动Ⅰ级（红色）防汛应急响应且上游区域将遭受极端强降雨过程，可能对辖区洪涝灾害造成叠加影响时。

二、极端洪涝灾害应急指挥体系与运行模式

地级市防汛抗旱指挥部（以下简称市防指）经会商研判、充分论证可能在市域内发生极端洪涝灾害时，即提出启动实施以市防指为基础的扩大应急响应建议，报市委、市政府批准后，成立“××市应对极端洪涝灾害指挥部”，在国家防汛抗旱指挥部、应急管理部、省防汛抗旱指挥部、应急厅指导下，组织领导全市极端洪涝灾害应对处置工作。

（一）指挥体系

××市应对极端洪涝灾害指挥部（以下简称市指挥部），由市委书记、市长担任总指挥；有关市领导和××警备区副司令员担任指挥长；受灾特别严重的区（市）县党委、政府和市级有关部门、有关单位主要负责同志等为成员。

市指挥部下设综合协调组、专家指导组、抢险救援组、医疗救治组、交通保障组、通信能源保障组、灾情评估组、群众安置组、救灾物资组、社会治安组、宣传舆情组等工作组，承担抢险救援等具体工作。

受灾特别严重的区（市）县党委政府对应成立应对极端洪涝灾害指挥部，履行属地主

体责任，接受国家、省级层面和市指挥部的统一领导指挥。

（二）运行模式

1. 搭建前方联合指挥部。1 名总指挥带领相关工作组赶赴灾害现场靠前指挥，与受灾区（市）县组建前方联合指挥部。多地受灾特别严重时，成立前方分指挥部。

2. 搭建后方指挥部。设在市网络理政中心（应急、人防、公安指挥中心作为预备指挥部），由另一名总指挥牵头，抽派宣传、经济和信息化、公安、规划和自然资源、住房和城乡建设、交通运输、卫生健康、水务、应急等市级有关部门（单位）和军方有关负责同志以及相关专家在市网络理政中心集中办公，与前方联合指挥部各工作组无缝衔接。

（三）职责分工

1. 前方联合指挥部职责。贯彻落实党中央、国务院和省委、省政府、市委、市政府以及国家防总、省防汛抗旱指挥部关于防汛救灾工作的决策部署和中央领导同志重要批示指示精神，统筹部署、指挥调度极端洪涝灾害抢险救援、应对处置工作。

2. 后方指挥部职责。极端洪涝灾害应对处置期间，承担值班值守任务，负责接收、传达国家和省级层面指示指令；督促落实市指挥部决策部署和协调处理相关事务；承办市指挥部会议和指挥部领导召开的专题会议；收集、汇总、分析、报送、发布重要信息；负责市指挥部文稿的起草、印发和新闻稿件的审核；做好相关保障支撑等工作。

3. 市指挥部各工作组职责。

（1）综合协调组。传达指挥部决策部署，做好会务、文电处理等综合协调工作；收集汇总救援救灾进展情况，明确前后方指挥平台各工作组人员编组，加强前方联合指挥部和后方指挥部衔接；做好与国家、省级层面工作组对接；承办市指挥部交办的其他工作。（牵头单位：市应急局；责任单位：市发展改革委、市公安局、市规划和自然资源局、市交通运输局、市水务局、市国资委等）

（2）专家指导组。负责指导抢险救援行动，具体负责专家辅助决策机制的启动，召集和承办专家组会议等；负责做好气象、水文、地质、测绘以及专家研判等技术保障；承办市指挥部交办的其他工作。（牵头单位：市应急局；责任单位：市水务局、市规划和自然资源局、市气象局、水文局等）

（3）抢险救援组。负责组织协调应急救援力量参加抢险救援，动员引导社会应急力量有序参与抢险救援；组织所属部队和民兵担负抗洪抢险、营救群众、转移运送物资、稳定秩序及执行其他防汛任务；承办市指挥部交办的其他工作。（牵头单位：市应急局；责任单位：市公安局、市规划和自然资源局、市住房和城乡建设局、市城管委、市水务局、市人防办、团市委、市红十字会、警备区司令部、武警支队、市消防救援支队、国有平台公司、社会救援队伍等）

（4）医疗救治组。负责医疗救治和卫生防疫工作，承办市指挥部交办的其他工作。（牵头单位：市卫生健康委；责任单位：市经济和信息化局、市红十字会等）

（5）交通保障组。负责做好交通运输保障和管控，承办市指挥部交办的其他工作。（牵头单位：市交通运输局；责任单位：市公安局、铁路监管局、民航辖区地区管理局、市公安局交通管理局、市公共交通集团有限公司、轨道交通集团有限公司等）

（6）通信能源保障组。负责应急通信、能源、供水等保障工作；组织抢修供电、供

气、供油、供水、通信等设施，承办市指挥部交办的其他工作。（牵头单位：市经济和信息化局；责任单位：市水务局、国网辖区供电公司、燃气集团、中石油油气田分公司、中石化油气分公司、国有平台公司、电信分公司、移动分公司、联通分公司、铁塔分公司等）

（7）灾情评估组。负责灾情统计、核查调查和灾损评估，承办市指挥部交办的其他工作。（牵头单位：市应急局；责任单位：市规划和自然资源局、市住房和城乡建设局、市交通运输局、市经济和信息化局、市农业农村局、市水务局等）

（8）群众安置组。负责组织指导受灾群众转移安置和基本生活保障，承办市指挥部交办的其他工作。（牵头单位：市应急局；责任单位：市教育局、市民政局、市财政局、市规划和自然资源局、市住房和城乡建设局、市商务局、市文化广电旅游局、市总工会、团市委、市妇联、市红十字会等）

（9）救灾物资组。负责组织、调集抢险救援应急物资，保障灾区物资供应；组织调运生活必需品，加强市场监测，保障市场供应，确保灾区价格稳定，承办市指挥部交办的其他工作。〔牵头单位：市应急局；责任单位：市发展和改革委（市粮食和储备局）、市经济和信息化局、市民政局、市财政局、市商务局、市红十字会、市慈善总会等〕

（10）社会治安组。负责灾区社会治安维稳工作，承办市指挥部交办的其他工作。（牵头单位：市公安局；责任单位：市委政法委、市委网信办、市司法局、市人力资源和社会保障局、市国安局、武警支队等）

（11）宣传舆情组。统筹新闻报道和舆情引导管控工作；承办市指挥部交办的其他工作。（牵头单位：市委宣传部、市政府新闻办；责任单位：市委网信办、市水务局、市应急局、市文化广电旅游局等）

市级有关部门、有关单位按照自身职能职责以及《××市防汛抗旱应急预案》明确的工作职责，做好极端洪涝灾害防范应对工作。

三、极端洪涝灾害应急会商研判与启动响应

（一）信息接报

市防办（市应急局）在启动Ⅰ级防汛响应之后，根据接报的最新汛情、雨情、灾情，经迅速组织研判分析，充分论证可能发生极端洪涝灾害时，立即以电话或其他快捷方式向市委、市政府分管领导、主要领导报告情况，提出启动极端洪涝灾害应急响应建议，并向国家和省级层面报告灾情及演变趋势。

市指挥部成立并启动运行后，所有信息接报处理、公开等统一由后方指挥部负责，严格归口管理，坚决防止多渠道造成信息混乱。向中办、国办和省委办公厅、省政府办公厅的报告，分别由市委办公厅和市政府办公厅负责，后方指挥部统一提供文稿。

（二）会商研判

在启动Ⅰ级防汛响应的基础上，参考以下七种情形，进一步会商研判，提出启动极端洪涝灾害应急响应。

1. 气象预警类。气象部门对同一区域连续发布2次及以上暴雨红色预警。

2. 水利工程及江河湖险情灾情类。大型水库、中型水库溃坝或极有可能溃坝；或者3条市管以上河道同时发生洪峰流量重现期大于70年一遇的洪水；或者2个以上区（市）

县的城区主要防洪工程设施已经或可能发生决口、溃堤、倒闸等特大险情、灾情，严重威胁人民生命财产安全，或已导致 10 人以上死亡（含失踪）。

3. 城市内涝类。因强降雨导致成都市主城区城市道路积水深度大范围在 50cm 以上；或者道路、桥梁、隧道、轨道、地下管廊等重要基础设施和交通枢纽、有限空间、城市低洼地、人员密集场所等重点部位大范围塌陷或被淹，造成城市大面积停电停水停气和交通大范围中断或瘫痪，严重影响城市正常运行和市民正常生产生活；或者内涝已导致 10 人以上死亡（含失踪）或生命受到严重威胁。

4. 山洪和暴雨导致的地质灾害类。山区因强降雨引发特大山洪泥石流，出现滑坡、崩塌、堰塞湖等险情、灾情，直接威胁人口密集城镇安全；或者山洪、暴雨导致的地质灾害致 1 条以上国省干线交通严重中断并在 1 周内难以恢复，或已导致 10 人以上死亡（含失踪）。

5. 城镇房屋和在建工程灾情类。城镇房屋因强降雨受损造成 2.5 亿元以上直接经济损失，或建筑物倒塌致 10 人以上死亡；或者在建工程浸泡造成 5 亿元以上直接经济损失；或者出现 50 人以上重伤或 10 人以上死亡（含失踪）。

6. 旅游景区、河心洲岛险情灾情类。因强降雨造成旅游景区、河心洲岛出现 50 人以上被困且生命受到严重威胁，或已导致景区游客、河心洲岛群众 10 人以上死亡（含失踪）。

7. 其他灾害类。因强降雨引发的其他特别重大次生灾害。

（三）启动响应与指挥部运行

市委、市政府作出启动极端洪涝灾害应急响应决定，并及时报告党中央、国务院和省委、省政府，及时向社会公布。市防办立即筹备市应对极端洪涝灾害指挥部第一次会议，并通知相关市领导、有关部门（单位）主要负责同志立即赶到网络理政中心或总指挥指定的地点参加会议。会议内容包括但不限于以下方面：

1. 了解灾情险情和先期处置情况。

2. 宣布成立市应对极端洪涝灾害指挥部，明确指挥部编组和架构。

3. 安排部署救灾工作。调派全市范围内各类救援队伍、应急装备支援受灾地区，必要时协调周边市（州）或请求省级层面、军队给予增援；向受威胁的毗邻市（州）通报险情；安排部署信息报告、交通管控、群众转移安置、救灾物资调拨、社会秩序维护、次生灾害排查、新闻宣传与舆情引导等工作。

4. 总指挥带队赶赴灾害现场靠前指挥时，后方指挥部做好保障支撑工作。

四、极端洪涝灾害现场救援与应对处置

前方指挥部到达现场后，迅速了解灾情并听取受灾地区党委政府先期处置情况汇报，分析研判灾情发展趋势，统一组织调度现场救援队伍和跨区增援力量开展救援救灾工作。

（一）处置措施

各有关部门（单位）应根据应急处置实际情况，立即采取下列措施：

1. 市指挥部总指挥对防汛工作进行紧急部署，必要时，市委或市政府主要领导发表电视广播讲话，动员全市军民全力做好抢险救灾工作和转移避险。

2. 险情灾情特别严重的有关区（市）县党委政府主要领导，各有关部门、企事业单

位，各基层组织，包括乡镇（街道）、村（社区）主要负责人迅速到达工作岗位，统一安排部署和落实防范应对工作，全力保障辖区群众特别是撤离转移人员、老弱病残孕幼群体、受灾群众的生命财产安全。

3. 在确保抢险救援人员安全的前提下，根据相关行业专家意见，对受到流域洪水、山洪、泥石流、积滞水威胁的人员进行抢险救援、疏散、撤离并及时妥善安置。

4. 各有关部门、企事业单位等应果断采取停止或错峰上下班措施，暂停举办大型群众性活动。

5. 学校采取停课、调整上课时间、停止校车运营等措施。

6. 加强公路、水路、地铁、场站等重点部位的临时管制，及时采取停运、封闭等措施。

7. 停止受影响地区一切户外体育赛事活动，组织开展相关人员的转移避险和应急救援工作。

8. 关闭受影响山区景区及涉水类景区，疏导游客，取消受影响地区的一切户外旅游活动。

9. 各级各类抢险救援队伍按要求快速有效展开抢险救援救灾行动，各类应急物资保障单位为防汛抢险救灾工作提供全力保障。

10. 驻地军队、武警部队按照上级相关要求和地方请求，迅速展开抢险救援救灾行动。

11. 对灾区实行交通管制以及其他控制措施，交通、公安等有关部门要保证抢险救援车辆的优先安排、优先调度、优先放行。

12. 加密水库、河道的洪水预报、汛情研判分析，提出洪水发展态势与应对措施，开展洪水调度；持续加大对河道水情、山洪灾害危险区、河心洲岛等重点部位的监测预警和预报工作。

13. 加强城市易涝点、地下商场、地下车库、在建工地等重点场所的防汛应对，及时采取停工、封闭等措施。

14. 抢修被损坏的交通、通信、网络、供水、排水、供电、供气、供油等公共设施；造成中断且短时间难以恢复的，及时调用特殊应急救援设备装备，实施临时性过渡方案，维护社会生产生活秩序。

15. 启用储备的防汛应急抢险物资，重点调集先进实用的装备设备器具，及时调用其他急需物资。

16. 拆除、迁移妨碍防汛抢险和救援的设施、设备或其他障碍物等。

17. 向受害被困人员提供避难场所和食品、饮用水、燃料等生活必需品。

18. 通过应急广播、电视、手机、网络等多渠道向公众进行应急告知、安全宣传等工作。

19. 做好社会治安秩序维护，确保社会稳定。

20. 采取防止因极端洪涝灾害引发次生、衍生灾害事故的必要措施，以及有关法律、法规、规章规定或认为必要的其他应急处置措施。

（二）信息发布与舆论引导

1. 极端洪涝灾害发生后，市指挥部要及时通过权威媒体向社会发布简要信息，最迟

要在 3 小时内发布权威信息；随后发布初步核实情况、应对措施和公众防范措施等，最迟要在 24 小时内举行新闻发布会；根据抢险救援、应对处置情况做好后续发布工作。

2. 市指挥部要加强网络媒体和移动新媒体信息发布内容管理和舆情分析，及时回应社会关切，迅速澄清谣言，引导网民依法、理性表达意见，形成积极健康的社会舆论氛围。

（三）社会动员

各级指挥部应当根据防汛应对工作的实际需要，动员公民、法人及其他组织参与防汛工作，充分发挥社会力量在防汛工作中的作用，形成政府主导、全社会广泛动员、民众积极参与的防汛工作格局。

社会志愿服务组织在各级指挥部统一指挥下，在保证自身安全的前提下，依法参加防汛抢险救灾工作。

广大市民要及时关注天气动态和防汛信息提示，主动学习防汛避险知识，提高自救互救能力，当遇到重大汛情险情时，根据属地指挥部安排参与防汛工作。

（四）紧急防汛期

需要宣布全市或有关区域进入紧急防汛期时，由市指挥部作出决定并向社会公布。

灾情险情特别严重的有关区（市）县需要宣布进入紧急防汛期时，由本级指挥部作出决定并向社会公布，同时向上一级指挥部报备。

在紧急防汛期，各级指挥部有权依法对壅水、阻水严重的桥梁、引道、码头和其他跨河工程设施作出紧急处置；根据防汛抗洪的需要，有权依法在其管辖范围内调用物资、设备、交通运输工具和人力，决定采取取土占地、砍伐林木、清除阻水障碍物和其他必要的紧急措施；必要时，公安机关、交通管理等有关部门按照市指挥部的决定，依法对陆地和水面交通实施强制管控。

紧急防汛期结束，由宣布单位依法宣布解除并向社会公布。

（五）应急结束

极端洪涝灾害抢险救援、应对处置结束或相关威胁和危害得到控制、消除后，市指挥部宣布响应结束，转入恢复灾后生产生活秩序和启动重建工作，及时以市委、市政府名义向省委、省政府作出专题报告。

五、灾情评估与恢复重建

市指挥部启动运行后，灾情调查评估工作即同步开展。宣布抢险救援与应对处置结束后，即在市委、市政府领导下，以受灾区（市）县党委、政府为主体，依据灾损评估报告，组织制定恢复重建计划。

六、附则

本预案由市防办（市应急局）制定并负责解释。各区（市）县、市级有关部门（单位）结合实际，参照本预案制定本级、本部门（单位）极端洪涝灾害应急预案，并报市防指备案。

市防办负责适时组织对本预案进行修订，形成正式预案。

本预案自发布之日起试行，有效期×年。

附录 15　洪涝灾害营救情况统计表

洪涝灾害营救情况统计表

<table>
<tr><td>救援队名称</td><td colspan="11"></td></tr>
<tr><td>工作场地
名称及位置</td><td colspan="11"></td></tr>
<tr><td>开始时间</td><td colspan="11">月　　日　　时　　分</td></tr>
<tr><td>结束时间</td><td colspan="11">月　　日　　时　　分</td></tr>
<tr><td rowspan="7">营救方案</td><td>人员</td><td>指挥</td><td></td><td>营救</td><td></td><td>专家</td><td></td><td>医疗</td><td></td><td>保障</td><td></td></tr>
<tr><td rowspan="4">装备配置</td><td>照明</td><td></td><td></td><td></td><td></td><td></td><td></td><td></td><td></td><td></td></tr>
<tr><td>车辆</td><td></td><td>船只</td><td></td><td>无人机</td><td></td><td>机械</td><td></td><td>通信
设备</td><td></td></tr>
<tr><td>救生
抛投器</td><td></td><td>绳索</td><td></td><td>救生衣</td><td></td><td>救生圈</td><td></td><td>其他</td><td></td></tr>
<tr><td></td><td></td><td></td><td></td><td></td><td></td><td></td><td></td><td></td><td></td></tr>
<tr><td>轮班时间</td><td colspan="2">班组</td><td colspan="2"></td><td colspan="2">队伍</td><td colspan="2"></td><td colspan="2">其他</td></tr>
<tr><td>安全措施</td><td></td><td></td><td></td><td></td><td></td><td></td><td></td><td></td><td></td><td></td></tr>
<tr><td rowspan="5">营救过程</td><td>方案确定</td><td colspan="10">日　　时　　分</td></tr>
<tr><td>打开通道</td><td colspan="10">日　　时　　分</td></tr>
<tr><td>接近受困者</td><td colspan="10">日　　时　　分</td></tr>
<tr><td>医疗处置</td><td colspan="10">日　　时　　分</td></tr>
<tr><td>转移被困者</td><td colspan="10">日　　时　　分</td></tr>
<tr><td>特别事项</td><td colspan="11"></td></tr>
<tr><td>行动启示</td><td colspan="11"></td></tr>
<tr><td colspan="12">负责人：　　　填表人：　　　　　　年　　月　　日　　时</td></tr>
</table>

附录 16　洪涝灾害应急救援任务总结报告编制大纲

洪涝灾害应急救援任务总结报告编制大纲

一、任务概况

1. 事件发生时间、地点；

2. 事件类型；

3. 事件其他信息简述。

二、救援队基本情况

1. 出队规模；

2. 人员构成；

3. 组织结构。

三、救援行动物资投入

1. 救援装备；

2. 后勤保障物资；

3. 资金。

四、救援行动重要节点

1. 接到命令时间；

2. 启动时间；

3. 集结时间；

4. 出发及到达时间；

5. 现场灾情信息采集与评估时间；

6. 搭建营地时间；

7. 救援工作场地确定时间；

8. 开始救援时间；

9. 转场/撤离时间。

五、机动方式

1. 交通工具种类及数量；

2. 交通工具的调配及路线。

六、现场救援

1. 救援成果（包括人员搜救成果、重要物资抢救成果和其他任务的成果）；

2. 救援装备使用效果；

3. 后勤保障方式；

4. 救援队状况（包括：救援队在现场的工作状态以及事故、伤害、疾病、死亡等情况）；

5. 救援经典过程和案例分析（包括：救援队科学施救方法，攻克难关过程，典型案例分析）；

6. 行动基地勘选与效果。

七、经验、教训与建议

1. 任务特点；

2. 简要评述；

3. 经验教训（包括：救援工作管理，技术培训，启动方式，信息管理，装备配置，救援技术，救援作业组织形式及协作模式等方面取得的经验教训）；

4. 救援效能评价与建议；

5. 相关问题思考和建议。

附录 17　水上救援应急预案范本

××市防汛机动抢险队应急预案

为保证市抢险队在汛期完成各项职能任务，立足实战，强化提升救援技能，提高防汛抢险综合实力，现就抢险队涉及的水上救援、物资储备、调运方面，特制定本应急预案。

一、市防汛机动抢险队按照市水务局、市防汛办的统一要求和部署，受市防汛办领导、指挥并完成相关水上救援和物资储备、调运等工作。

二、综合科、物管科负责落实日常物资储备、应急物资出入库并及时上报相关情况；在出险时，负责外出抢险所需的后勤保障；安排好汛期 24 小时值班等工作。

三、抢险队业务科负责落实防汛抢险各项工作，如：水上救援技能培训，参与完成水上救援任务，临时接受省市防汛办下达的应急支援任务。

四、组织机构

市抢险队应急抢险领导小组

组长：队长 电话　　　　副组长：副队长　　　　电话

成员：综合科、业务科、物管科科长　　　　　　　电话

五、应急抢险制度

1. 市抢险队应急抢险领导小组，全面负责防汛抢险的领导组织和指挥工作，加强防汛工作的基础建设，及时收集我市汛期气象预报，了解必要的水文资料及主要大江大河、水库大坝情况，做到有制度，有计划，有安排；了解雨季洪水的基本情况，摸清我市主要水利枢纽泄洪设施运行状况，特别是在汛期下大到暴雨时，我市洪水流量和流域，及时进行相应的防汛措施和抗洪物资的准备，指定抗洪抢险工作方案，接到市防汛办指令时能够做到统一指挥，统一安排，统一调遣。

2. 在夜间或节假日出现强降雨（大到暴雨）时，值班员应立即向队领导汇报，并及时与市防汛办值班人员取得联系，及时了解降雨区域和雨量，密切关注主要大江大河上游流量，并认真做好值班记录。

3. 市抢险队要求职工牢固树立“险情就是命令”，哪怕在没有通信联络时，都应第一时间赶赴单位待命。

4. 市抢险队接到上级应急抢险命令时，综合科应迅速组织抢险所需物资、资金，并与受灾相关部门取得联系，及时了解现场实际情况并迅速与业务科会商应采取何种抢险方案，如单纯的城市或村庄院落内涝，应携带橡皮艇参与救援；如大江大河洪涝，应携带冲锋舟参与救援。业务科应迅速按照预案物资清单，组织相关人员、设备、车辆、通讯等赶赴现场，同时与现场相关部门取得联系，进一步了解灾情发展情况，进场交通情况，及需要预先提供的人员、油料、工具及易损配件等；及时与舟艇、其他设备特约维保单位联系，争取指派专人到抢险现场支援设备维修保障。

5. 抢险人员到达现场后，迅速面见现场指挥员，勘察现场了解受灾区域面积，淹没平均深度，受困群众，以及现场救援力量等，制定救援方案的同时，取得现场指挥部协

同，组织人员卸船组装，安排当地村社干部当向导，开辟安全航线。严格水上救援操作规定，严禁单船在陌生水域中航行；严禁橡皮艇或小马力（＜60 马力）的冲锋舟在江河洪水中航行；严格控制舟艇距离水工建筑物不小于 1000m；严禁舟艇超载行驶。

6. 市抢险队现场负责人应及时与市防汛办，队领导、队值守人员取得联系，汇报现场救援进展及成果。

7. 综合科负责应急抢险政治宣传发动工作，对于涌现出的好人好事及时给予报道和表扬；并及时向市水务局、市防汛办报送信息简报。

8. 当完成现场救援任务时，现场负责人应及时与指挥部领导衔接，做好群众交接工作，物资清理，救援任务完成单签收，组织人员装车撤回。

六、物资储备、调运制度

1. 严格按照物资管理制度，专人轮班负责日常管理。分类、分片集中存储，建立即时进出库数量台账，要求管理员填报，分管领导审核签报，并坚持每月由管理员小盘点，每季度由分管领导牵头大盘点，及时上报库存物资种类、数量及需要补充物资建议。

2. 维修由××、××负责小修，大修则及时通知质保单位完成。按照管理细则要求，落实汛前物资、设备大检查，发现问题及时整改，由分管领导签报整改回执单并存档。杜绝库存物资霉烂变质，设备运行不良等问题。要求每月对库存灯具一月充电一次，冲锋舟发动机、发电机运转一次，库区内机电设备，吊装设备，监控设备，信息系统保证随时正常运转。

3. 进出库原则，分轻型、重型分片码放，充分考虑便于起吊装卸，场内交通便捷。调拨顺序严格“先陈后新”原则，严防由于物资库存日久而出现变质老化现象。

4. 物管科在汛期应对库房机电设备进行不定期检查，采取防范措施，以免电器设备进水，影响设备正常运转和对人员造成人身伤害。同时负责对库房建筑物和排水设施的检查，并负责进行修缮及排水管路的疏通等工作。

5. 如抢险队无人员考取电工操作资格证，建议由劳务派遣公司招聘一名专职电工（具备弱电操作许可证），负责库区内所有电路维护。

6. 库区内要求 24 小时有四名值班员轮流值守，保安、保洁工作由四名值班人员兼职完成。

7. 交通由××、××负责，须保证 24 小时有一台皮卡车在库区内待命。

8. 如需对外雇用卸货机械、人工，则由综合科负责根据卸货量，现场确定金额并报市防汛办核销。

9. 按规定做好所有参照设备的清理、保养及入库登记工作。

10. 按规定做好抢险救援行动总结、汇报工作。

11. 根据抢险救援行动总结中的经验与教训，及时修订应急预案，并重新报批、备案。

××××年××月××日

附录 18　冲锋舟、艇船员适任证书考核申请表、体检表

冲锋舟、艇船员适任证书考核申请表

本表请申请人用正楷字体及黑色或蓝黑色墨水笔填写。

<table>
<tr><td>姓　名</td><td></td><td>性　别</td><td></td><td>出生地点</td><td></td><td rowspan="5">近期直边正面二寸免冠白底彩色照片</td></tr>
<tr><td>出生日期</td><td></td><td>居民身份证号码</td><td colspan="3"></td></tr>
<tr><td>文化程度</td><td></td><td>联系电话</td><td></td><td>邮政编号</td><td></td></tr>
<tr><td>通讯地址</td><td colspan="2"></td><td>服务单位</td><td colspan="2"></td></tr>
<tr><td>船员服务簿编号</td><td colspan="2"></td><td>签发日期</td><td colspan="2"></td></tr>
<tr><td>现持适任证书</td><td colspan="6">类别：　　等级：　　职务：　　编号：　－</td></tr>
<tr><td>专 业 学 历</td><td colspan="6">校名：　　毕业时间：　　专业：　　毕业证书编号：</td></tr>
<tr><td>已核准航线</td><td colspan="6"></td></tr>
<tr><td colspan="7">最　近　五　年　水　上　资　历</td></tr>
<tr><td>船　　名</td><td>职 务</td><td>航 区</td><td>船舶总吨</td><td>主机功率</td><td>船舶或主机种类</td><td>任　解　职　日　期</td></tr>
<tr><td></td><td></td><td></td><td></td><td></td><td></td><td>年　月　日至　年　月　日</td></tr>
<tr><td></td><td></td><td></td><td></td><td></td><td></td><td>年　月　日至　年　月　日</td></tr>
<tr><td></td><td></td><td></td><td></td><td></td><td></td><td>年　月　日至　年　月　日</td></tr>
<tr><td></td><td></td><td></td><td></td><td></td><td></td><td>年　月　日至　年　月　日</td></tr>
<tr><td></td><td></td><td></td><td></td><td></td><td></td><td>年　月　日至　年　月　日</td></tr>
<tr><td>最近五年内发生海损、机损责任事故情况</td><td colspan="6"></td></tr>
<tr><td>经过何种专业、特殊培训</td><td colspan="6">名称：　　证号：　　签发机关：　　签发时间：
名称：　　证号：　　签发机关：　　签发时间：</td></tr>
<tr><td colspan="7">申　请　项　目</td></tr>
<tr><td colspan="7">□考试发证　□换 证　□验 证　□补 发　□延伸航线</td></tr>
<tr><td>申请适任证书</td><td colspan="6">类别：　　等级：　　职务：</td></tr>
<tr><td>申　请　航　线</td><td colspan="6">至　　航线（经　　水道）
至　　航线（经　　水道）</td></tr>
<tr><td colspan="7">申请人声明：本人或本单位对以上填写内容的真实性负责，如有弄虚作假，愿意承担一切后果。

申请人：__________
（个人签名或单位盖章）</td></tr>
</table>

冲锋舟、艇船员体检表

<table>
<tr><td rowspan="5">申请人填报事项</td><td rowspan="3">申请人信息</td><td>姓名</td><td></td><td>性别</td><td></td><td>出生日期</td><td></td><td>籍贯</td><td></td></tr>
<tr><td>身份证明名称</td><td></td><td>号码</td><td colspan="5"></td></tr>
<tr><td>所在部门</td><td colspan="4">□甲板部 □轮机部 □其他</td><td colspan="3">联系电话：</td></tr>
<tr><td rowspan="2">申告事项</td><td colspan="6">本人如实申告 □具有 □不具有 下列疾病或者情况</td><td colspan="2" rowspan="2">照 片</td></tr>
<tr><td colspan="6">□器质性心脏病 □癫痫 □美尼尔氏证 □晕眩
□癔病 □震颤麻痹 □精神病 □痴呆
□开放性结核病和其他损害健康的慢性病、传染病
□影响肢体活动的神经性系统疾病等妨碍安全驾驶疾病
□吸食、注射毒品、长期服用依赖性精神药品成瘾尚未戒除
本人签名：</td></tr>
<tr><td colspan="2" rowspan="8">医疗机构填写事项</td><td>身高</td><td></td><td>体重</td><td colspan="3"></td><td colspan="2" rowspan="3">（医疗机构盖章）</td></tr>
<tr><td rowspan="2">视力</td><td colspan="5">左眼</td></tr>
<tr><td colspan="5">右眼</td></tr>
<tr><td>色觉</td><td colspan="5">色盲（有 □ 无 □） 色弱（有 □ 无 □）
夜盲症（有 □ 无 □）</td><td colspan="2"></td></tr>
<tr><td rowspan="2">听力</td><td colspan="2">左耳：</td><td colspan="2" rowspan="2">四肢</td><td colspan="3">上肢：</td></tr>
<tr><td colspan="2">右耳：</td><td colspan="3">下肢</td></tr>
<tr><td>血压</td><td colspan="2"></td><td colspan="2">语言表达能力</td><td colspan="3"></td></tr>
<tr><td>眼病及其他</td><td colspan="7"></td></tr>
<tr><td colspan="2">医师结论</td><td colspan="4"></td><td colspan="2">医师签名</td><td colspan="2"></td></tr>
</table>